可拓学丛书

可 拓 学

杨春燕　蔡　文　汤　龙　著

国家自然科学基金资助项目

广东省自然科学基金资助项目

广东省科技计划项目

科学出版社

北　京

内 容 简 介

中国原创学科可拓学，用形式化的模型，研究事物拓展的可能性和开拓创新的规律与方法，并用于创新和处理矛盾问题．本书系统地阐述了可拓学的基本理论——可拓论、方法体系——可拓创新方法及其在各领域的应用——可拓工程，并给出可拓工程方法的应用案例．本书理论与应用相结合，分析透彻，可操作性强．读者可以从中学会如何创新、如何化不相容为相容、如何化对立为共存．为方便不同知识背景和不同层次的读者学习，各部分内容都配备了通俗易懂的案例．

本书适合高等院校师生、工程技术人员和管理决策人员阅读，特别适合作为高等院校相关专业本科、硕士、博士生的选修课教材．

图书在版编目(CIP)数据

可拓学/杨春燕, 蔡文, 汤龙著. —北京: 科学出版社, 2014.8
(可拓学丛书)
ISBN 978-7-03-041439-7

Ⅰ.可… Ⅱ.①杨… ②蔡… ③汤… Ⅲ.人工智能-工程数学-管理科学 Ⅳ.TB113

中国版本图书馆 CIP 数据核字 (2014) 第 162971 号

责任编辑: 王丽平／责任校对: 彭珍珍
责任印制: 吴兆东／封面设计: 陈　敬

科学出版社 出版
北京东黄城根北街 16 号
邮政编码: 100717
http://www.sciencep.com

北京虎彩文化传播有限公司 印刷
科学出版社发行　各地新华书店经销
*
2014 年 8 月第 一 版　开本: A5(890×1240)
2023 年 7 月第八次印刷　印张: 14 7/8
字数: 500 000

定价: 78.00 元
(如有印装质量问题, 我社负责调换)

《可拓学丛书》序

人类的历史是一部解决矛盾问题、不断开拓的历史. 可拓学研究用形式化的模型分析事物拓展的可能性和开拓创新的规律, 形成解决矛盾问题的方法, 对于提高人类智能有重要的意义. 根据这些研究成果探讨用计算机处理矛盾问题的理论和方法, 对于提高机器智能的水平有重要的价值. 可拓学的研究正是基于这种目的而进行的.

可拓学选题于 1976 年, 1983 年发表首篇论文 "可拓集合和不相容问题". 十多年来, 在广大可拓学研究者的努力下, 经历了无数的艰辛, 逐步形成了可拓论的框架, 开展了在多个领域的应用研究, 一个新学科的轮廓已经形成.

近年来, 不少学者加入了建设这一新学科的行列. 可拓学的应用研究和普及推广迫切需要一批介绍可拓学的书籍, 供研究者参考. 为此, 我们组织了《可拓学丛书》的编写, 希望通过这套丛书, 把可拓学介绍给广大学者.

诚然, 目前可拓学还未完全成熟, 可拓学的研究水平还不高, 理论体系还要进一步建设, 应用研究还需深入进行, 大量的问题尚待解决. 因此, 这套丛书只能起抛砖引玉的作用. 我们希望通过这套丛书, 为广大学者提供可拓学的初步知识和思维方法, 并提供研究的课题.

我们相信, 丛书的出版将会吸引更多学者加入可拓学的研究行列, 成为可拓学研究的生力军, 推动可拓学的完善和发展. 我们也希望广大读者对本丛书提出宝贵意见, 为可拓学的建设添砖加瓦.

中国人工智能学会可拓工程专业委员会主任

国家级有突出贡献的专家

新学科可拓学的创立者

蔡 文

2002.6

《可拓学丛书》前言

"可拓学"是以蔡文教授为首的我国学者们创立的新学科，它用形式化的模型，研究事物拓展的可能性和开拓创新的规律与方法，并用于处理矛盾问题.

经过可拓学研究者们多年的艰苦创业、共同奋斗，可拓学已初具规模，包括可拓论、可拓创新方法、可拓工程等. 在理论和方法研究上取得了创新性、突破性的研究成果，在实际应用中，具有多领域、多类型的成功事例. 可拓学及其应用已引起国内外学术界的广泛关注，具有一定的影响. 其主要成果如下：

★ 可拓论　包括基元理论、可拓集合理论和可拓逻辑.

基元理论提出了描述事、物和关系的基本元——"事元"、"物元"和"关系元"，讨论了基元的可拓性和可拓变换规律，研究了定性与定量相结合的可拓模型. 提供了描述事物变化与矛盾转化的形式化语言. 基元理论为知识表示提供了新的形式化工具，可拓模型为人工智能的问题表达提供了定性与定量相结合的模型，对人工智能的发展有重要的意义.

可拓集合论是传统集合论的一种开拓和突破. 它是描述事物"是"与"非"的相互转化及量变与质变过程的定量化工具，可拓集合的可拓域和关联函数使可拓集合具有层次性与可变性，从而为研究矛盾问题，发展定量化的数学方法——可拓数学和可拓逻辑奠定基础.

可拓逻辑是研究化矛盾问题为不矛盾问题的变换和推理规律的科学，它是可拓学的逻辑基础.

★ 可拓创新方法　是可拓论应用于实际的桥梁. 在可拓学研究过程中提出了基于可拓论的多种可拓创新方法，如发散树、分合链、相关网、蕴含系、共轭对等方法；优度评价方法；基本变换、复合变换和传导变换等可拓变换方法；菱形思维方法及转换桥方法等.

★ 可拓工程　将可拓方法应用于工程技术、社会经济、生物医学、交通环保等领域，与各学科、各专业的方法和技术相结合，发展出各领域的应用技术，统称为"可拓工程". 可拓工程研究的基本思想是用形式化的方法处理各领域中的矛盾问题, 化不可行为可行, 化不相容为相容. 近年来, 可拓学在计算机、人工智能、检测、控制、管理和决策等领域进行的应用研究取得了良好的成绩. 实践证明, 可拓学的发展及应用, 具有广阔的前景.

　　《可拓学丛书》的出版, 总结了多年来可拓学在理论和应用上的研究成果, 这对于可拓学的应用和普及具有重要的意义. 它将推动可拓学研究的深入和发展. 虽然可拓学研究目前已经取得了初步的成绩, 但是还有许多工作要做, 也可能遇到各种各样的困难和挫折. 尽管科学的道路是不平坦的, 但前途是光明的. 特赋诗一首以祝贺《可拓学丛书》的出版:

人工智能天地广,

可拓工程征途长.

中华学者勇创新,

敢教世界看东方.

中国人工智能学会荣誉理事长

《可拓学丛书》编委会主任

涂序彦

2002.6

再 版 前 言

可拓学创立于 1983 年. 2023 年，可拓学将迎来 40 华诞. 遗憾的是，可拓学创始人蔡文教授已于 2021 年 11 月 5 日逝世！

蔡教授生前曾经嘱咐我要在可拓学创立 40 年庆典前修订完于 2014 年由科学出版社出版的专著《可拓学》，以向可拓学创立 40 年献礼.

为完成蔡教授的遗愿，在科学出版社的大力支持下，在汤龙博士的倾力协助下，历时一年时间，终于修订完成！

本书中增加了近年来可拓学理论、方法和应用方面的最新成果，并参考 2017 年科学出版社出版的专著《可拓创新方法》，对第 3 章中的部分内容进行了调整：增加 "可拓模型建立方法" 和 "产品可拓创意生成方法"，强化了可拓创新方法在创新中的作用，并相应增加了更多的案例解析，以使内容可读性更强，更便于读者阅读学习；将原有的 "可拓思维模式" 放于第 5 章，说明可拓思维模式是可拓学与思维科学的交叉融合，在各领域的创新和解决矛盾问题中都有重要作用. 第 5 章各节内容都进行了更新，参考 2017 年出版的中国人工智能学会系列研究报告之《中国原创学科可拓学发展报告 2016》，增加了最新研究进展和应用案例，并将原书第 3 章中的 "可拓集方法" 并入第 5 章相应小节，方便学习和应用，增加 "可拓智能的研究进展"，综述近年来在可拓智能研究方面的进展情况.

本书第 1 章简要介绍可拓学的研究概况与发展历程，第 2 章介绍可拓学的基本理论——可拓论，第 3 章介绍可拓学的基本方法——可拓创新方法，第 4 章介绍矛盾问题的求解方法，第 5 章介绍可拓论与可拓创新方法在多个领域中的应用——可拓工程. 各部分内容都以若干案例来帮助读者理解可拓学的基本理论、基本方法和应用方法.

本书的部分新增内容也是作者承接和参与的国家自然科学基金项目 (61503085, 72071049) 和广东省科技计划项目 (2016A040404015) 的有关研究成果.

作者衷心感谢广东工业大学机电工程学院、省部共建精密电子制造技术与装备国家重点实验室为本书的出版给予的大力支持和对作者的研究工作的大力支持！

　　在本书的修订过程中，得到了中国人工智能学会可拓学专业委员会主任、广东工业大学可拓学与创新方法研究所所长李兴森教授的大力支持，并提出许多宝贵的意见和建议，此致衷心谢意！感谢《中国原创学科可拓学发展报告 2016》编委会的顾问陈文伟教授、刘巍教授和余永权教授、副主编赵燕伟教授、邹广天教授、李兴森教授和杨国为教授、编委汪明慧博士、周玉博士、李卫华教授等为可拓学的研究与发展做出的重要贡献！

　　谨以此书致敬可拓学创始人蔡文教授！向可拓学创立 40 年献礼！

杨春燕

2023.1.19

前　言

可拓学创立于 1983 年. 30 多年来, 可拓学已初步形成了它的理论框架, 并向应用领域发展, 不少学者和专业技术人员开始研究应用可拓学的基本理论去解决实践中碰到的各种矛盾问题. 可拓学研究的现状表明, 可拓学的应用研究和实际应用的阶段已经到来.

把理论应用于各实际领域的关键在于方法. 为了使更多的学者能运用可拓学的基本理论去处理所在领域的矛盾问题, 我们总结了多年来的研究工作, 从可拓学的基本原理出发, 完善和发展了可拓创新方法, 它是可拓论应用于实际的桥梁. 把可拓创新方法与各实际领域相结合, 去解决其中的矛盾问题的方法, 统称为可拓工程方法.

本书是在 2007 年由科学出版社出版的《可拓工程》的基础上修订完善而成的, 增加了近年来可拓学理论、方法和应用方面的最新成果. 第 1 章简要介绍可拓学的概况, 第 2 章介绍可拓学的基本理论——可拓论, 第 3 章介绍可拓学的基本方法——可拓创新方法, 第 4 章介绍矛盾问题的求解方法, 第 5 章介绍可拓工程方法与技术. 各部分内容都以若干案例来帮助读者理解可拓学的基本方法和可能的应用. 我们期望高等院校和科研单位的教学科研人员能将这些方法与自己的研究领域相结合, 提出更多适合于各专业的可拓工程方法.

本书是作者承接的国家自然科学基金资助项目 (61273306, 70671031, 70271060, 70140003, 79870107)、广东省自然科学基金资助项目 (05001832, 010049, 10151009001000044) 和广东省科技计划项目 (2012B061000012) 的有关研究成果的总结, 作者冀求以此拙作作为引玉之砖, 以使更多领域的学者利用可拓工程方法去处理所在领域的矛盾问题, 同时, 我们也希望这本书能成为可拓学通向应用之路的桥梁.

本书是《可拓学丛书》之一. 作者感谢国家自然科学基金委员会、广东省自然科学基金委员会和广东省科技厅对我们的研究工作给予的大力支持! 感谢广东工业大学为我们提供的良好科研环境, 感谢科学出版社和《可拓学丛书》编委会全体编委的辛勤工作, 感谢我的研究生李志明同学参加本书书稿的校对和部分案例的修订工作.

　　由于作者才疏学浅, 疏漏乃至错误之处在所难免, 恳请读者批评指正.

作　者

2014.3.25

目　　录

第1章 绪 论

1.1 可拓学的研究概况与发展历程

可拓学是由中国学者于 1983 年提出的一门原创性横断学科, 它以形式化的模型, 探讨事物拓展的可能性以及开拓创新的规律与方法, 并用于创新和解决矛盾问题. 所谓矛盾问题, 就是指在现有条件下无法实现人们要达到的目标的问题.

矛盾问题比比皆是. 处理矛盾问题, 有无规律可循? 有无理论可依? 能否建立一套方法, 最终实现利用计算机来帮助人们处理它们? 这是可拓学研究的出发点.

40 年来, 可拓学从一个人的学术思想、一篇论文, 发展成为一门具有较成熟理论框架的新学科. 一批学者参与了该学科的建设工作. 全国可拓学学者成立了二级学会——中国人工智能学会可拓学专业委员会, 组织召开过 17 届全国年会; 2013 年 8 月在北京成功召开了首届"可拓学与创新方法国际研讨会"; 科学出版社正在陆续出版《可拓学丛书》. 可拓学已形成较成熟的理论体系–可拓论和方法体系–可拓创新方法, 并发展到多个领域的应用研究, 形成可拓工程. 目前已在工程技术、信息科学与智能科学、经济与管理、教育教学、创新创业等领域得到广泛的应用, 已在机械、机器人、建筑、家电、日用品等的产品创新设计、技术创新、管理创新、组织创新等方面发挥重要作用, 成为沟通自然科学和社会科学的桥梁, 并从中国大陆发展到中国香港、澳门、台湾地区与日本、美国、意大利、法国、罗马尼亚和英国等. 在我国, 20 多个省市的可拓学研究者都参与了建设可拓学的工作. 随着研究的深入, 可拓学将在国民经济和社会发展中发挥重要作用.

据不完全统计, 截至 2022 年, 支持可拓学研究的国家自然科学基金项目已达到 91 项, 科学出版社等相继出版了可拓学专著 33 部 (包括可拓学丛书), 国内外应用可拓学成果的著作、教材和论文集 57 部, 有关可拓学的国内期刊论文 5962 篇 (2019 年开始只统计中文核心期刊), 博士硕士学位论文 2533 篇, 国际期刊和国际会议论文集中发表有关可拓学的英文论文 1000 余篇, 并申请了一大批相关专利和软件著作权.

经过多年的努力, 可拓学研究工作经历了以概念与思想的提出、基础理论框架的建立为主的两个阶段. 目前, 开始进入应用研究和理论研究相结合的阶段. 但是, 要使可拓学成为一门成熟的学科, 还要做大量艰苦、认真的工作.

2004 年 2 月, 以中国科学院吴文俊院士和中国工程院李幼平院士为首的鉴定委员会认为 "经过 20 多年的连续研究, 蔡文教授等已经建立了一门横跨哲学、数学和工程学的新学科, 它是由我国科学家自己建立的、具有深远价值的原创性学科". 并指出, 可拓学具有形式化、逻辑化和数学化的特点. 2011 年, 成果 "可拓论及其应用" 获首届吴文俊人工智能科学技术奖创新一等奖.

2005 年, 香山科学会议第 271 次学术讨论会 "可拓学的科学意义与未来发展" 取得了如下共识:

(1) 可拓学是以矛盾问题为研究对象、以矛盾问题的智能化处理为主要研究内容、以可拓方法论为主要研究方法的一门新兴学科. 矛盾问题智能化处理的研究对现代科学的发展具有重要意义.

(2) 关于可拓学的 "定位": 认同可拓学是哲学、数学和工程学的交叉学科; 由于可拓学的研究对象存在于各个领域中, 因此, 讨论中比较赞同把可拓学定位于如同信息论、控制论和系统论那样的横断学科.

由于可拓学是中国原创的新学科, 正在逐步由中国走向世界. 因此, 目前国际可拓学的研究水平, 中国仍处于领先地位, 还代表着国际最新的进展. 如果在可拓学研究方面加强研究力度, 有可能取得走在世界前列的突破性技术成果.

可拓学是数学、哲学与工程学交叉的一门新兴学科, 它与控制论、信息论、系统论一样, 是一门涉及范围广泛的横断学科. 如同有数量关系与空间形式的地方, 就有数学的存在一样, 有矛盾问题存在的地方, 就有可拓学的用武之地. 它在各门学科和工程技术领域中应用的成效, 不在于发现新的实验事实, 而在于提供一种新的思想和方法.

为了解决具体的矛盾问题, 必须研究能处理一般矛盾问题和领域中矛盾问题所需要的形式化模型、定性和定量相结合的可操作工具、推理的规则和特有的方法. 对处理矛盾问题的研究, 正如上述的鉴定委员会所指出的 "到现在为止, 我们还没有见到国内外有人做过如此全面、深入的类似工作".

1.2 可拓学的理论框架

目前已初步确定了可拓论的核心是基元理论、可拓集理论和可拓逻辑, 建立了以它们为支柱的可拓学理论框架, 初步研究了各支柱的构成、基本概念和有关内容. 如图 1.1 所示.

1. 建立了基元理论

在可拓学中, 建立了物元、事元和关系元 (统称为基元) 等作为可拓学的逻辑细胞, 基元概念把质与量、动作与关系的相应特征分别统一在一个三元组中, 可以形式化描述物、事和关系; 建立了形式化描述复杂事物和关系的复合元; 利用它们描述万事万物和问题, 描述信息、知识和策略; 研究了基元的可拓展性和变换以及运算的规律; 建立了把数学模型拓广的可拓模型, 去表示矛盾问题及其解决过程, 从而作为处理矛盾问题的形式化工具. 研究了基元的拓展分析理论和物的共轭分析理论, 探讨了可拓变换的类型和性质, 提出了可拓变换理论. 它们统称为基元理论.

2. 建立了可拓集和关联函数

康托集是对确定性事物的分类, 经典数学就以康托集为基础. 扎德提出的模糊集描述了模糊性的事物, 是模糊数学的基础. 康托集和模糊集表达的事物性质是固定的, 而解决矛盾问题, 必须考虑事物性质的变化, 有关的事物要从不具有某种性质变为具有某种性质; 问题要从矛盾变为不矛盾. 由于康托集和模糊集无法描述在一定条件下非与是的转化, 因而, 无法作为解决矛盾问题的集合论基础. 这就导致了需要研究对事物进行可变性分类的集合论.

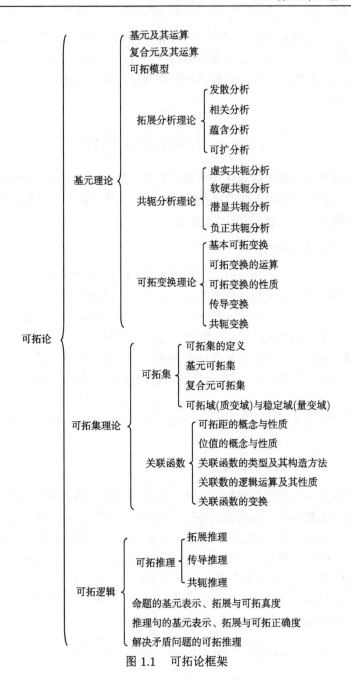

图 1.1   可拓论框架

在康托集和模糊集之后,文献 [1] 提出了表述事物性质变化的集合概念——可拓集,它的提出把辩证法关于矛盾转化和变换的思想引入集合论. 以基元为元素的基元可拓集把质与量综合考虑,使解决矛盾问题的理论与方法有了集合论的基础. 目前,对其性质也有了初步的研究. 但对于以基元和系统为元素的可拓集还研究得不多.

为了定量地描述事物性质的变化,表达量变和质变,在可拓学中,研究了关联函数及定量化的计算公式,以关联函数值表征事物具有某种性质的程度. 关联函数的计算公式使人们可以根据专业知识和历史资料,客观地进行计算,从而摆脱主观因素的过分干预. 目前,已经建立了低元低维关联函数的计算公式,比较详细地研究了它们的性质,但对于多元多维和区间关联函数的计算公式及其性质还有待深入研究.

在空间形式、概率和规划中矛盾问题的形式化、定量化研究还很罕见. 今后,必须在可拓集和关联函数的基础上,研究有关可拓几何、可拓代数和可拓概率等的基本概念、理论和方法.

3. 建立了可拓逻辑

解决矛盾问题的工具是变换和推理. 现有的形式逻辑不考虑事物的内涵和外延,因此,无法表达物、事、关系和特征的变换以及变换所引起的其他物、事、关系和特征的传导变换. 辩证逻辑研究了事物的变化和发展,讨论了量变和质变、事物的内涵和外延. 但由于它是用自然语言表达的,因此,不能进行推理和计算,更不能由计算机操作. 所以,在可拓学中,探索了新的逻辑——可拓逻辑,它利用形式逻辑形式化的优点和辩证逻辑研究事物及其变化的长处,结合为以解决矛盾问题的变换和推理为核心的可拓逻辑.

目前,已经建立了可拓逻辑的基本概念,研究了一批基元和复合元的可拓推理规则及解决矛盾问题的推理形式. 但从总体考虑,尚缺乏深入的体系化研究工作,特别是可拓推理的研究还处于很初步的水平.

1.3 可拓学的方法论体系

到目前为止,可拓学研究了描述现实世界中的事、物和关系、信息和知识及问题的可拓模型建立方法,研究了用形式化方法描述事、物和关系拓展的可能性的拓展分析方法，研究了从物质性、动态性、对立性和系统性分析物的结构的共轭分析方法，提出了矛盾问题转化的基本方法，包括不相容问题的求解方法、对立问题的求解方法和从整体出发处理复杂问题的综合方法.

可拓学从新的角度为人们认识和分析现实世界、研究各领域的创新、解决现实世界中的矛盾问题，提出了一种新的方法论.

可拓学的方法论是在可拓学的思想体系指导下产生和形成的，其基本特征如下.

(1) 形式化、模型化特征：社会科学研究矛盾问题采用自然语言. 为了使人们能够按照一定的程序推导出解决问题的策略，为了让计算机帮助人们生成解决矛盾问题的策略，可拓学采用形式化语言表达事、物、关系和问题，建立问题的可拓模型，表达量变和质变的过程及临界状态，表达策略的生成方法和奇谋妙计的生成过程，从而能描述解决矛盾问题的过程. 它是用符号方式反映研究对象内在关系的模型，是一种抽象模型.

(2) 可拓展、可收敛特征：在一定条件下，任何对象都是可拓展的，拓展出来的对象又是可收敛的，这是可拓学方法论的重要特征，它符合人类解决矛盾问题的"发散 → 收敛"的思维模式，称为菱形思维模式. 多级菱形思维模式表达了"发散 → 收敛 → 再发散 → 再收敛"的过程. 由于人们的创造性思维过程包括发散性思维和集中性思维，所以它将可以作为研究思维过程，特别是创造性思维过程的形式化工具.

(3) 可转换、可传导特征：可拓学研究事物的质与量的可变性、"是"与"非"的可转化性，不仅研究直接变换和变换的形式化，而且研究变换的传导作用. 用形式化、定量化的工具研究化不相容问题为相容问题的策略生成、化对立问题为共存问题的转换桥，以及传导矛盾问题求解的方法，是可拓学方法论的重要特征.

(4) 整体性、综合性特征：可拓学用形式化模型从四个角度对物的整体进行了共轭分析，研究全面认识物的共轭分析方法，既体现了中国古代的系统观和整体论的思想，也结合了还原论的分析方法；基元概念体现了质与量动作、关系与相应的特征值的有机结合，利用全征基元又可从整体的角度分析事物及关系；在可拓集中，用关联函数值的变化表达了量变与质变的过程, 而对论域的变换又体现了从整体的角度处理矛盾问题的思想.

由于可拓学的方法论特别适合于创新, 因此也被称为可拓创新方法. 图 1.2 是可拓创新方法体系.

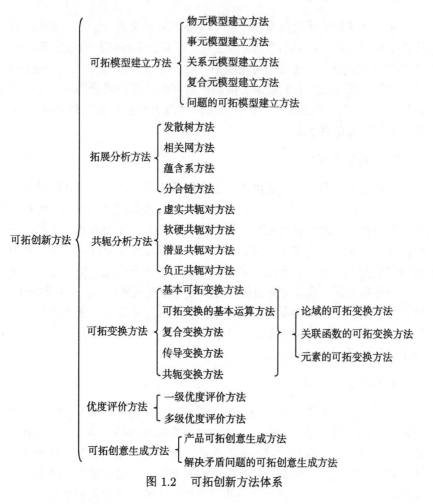

图 1.2 可拓创新方法体系

1. 可拓模型建立方法

为了用形式化方法进行创新或解决矛盾问题, 并最终实现智能化创新和矛盾问题的智能化处理, 首先要根据已知条件和领域知识, 把待创新或待解决的问题所涉及的物、事、关系、目标、条件等用基元、复合元或它们的运算式进行形式化表达，从而建立相应的可拓模型，作为创新或解决矛盾问题的入手点.

2. 拓展分析方法

在创新或解决矛盾问题的过程中，要把所涉及的事、物、关系、目标和条件等都看成可以拓展的. 为使创新或解决矛盾问题的过程形式化，针对用基元和复合元建立的可拓模型，研究了表达事物拓展规律的拓展分析方法. 该方法为人们提供了解决矛盾问题的各种可能路径，可以使人们摆脱习惯领域的束缚，更是利用计算机进行创新和处理矛盾问题、提高机器智能的重要方法.

3. 共轭分析方法

对物的结构的研究，有助于利用物的各个部分及各部分之间的相互关系去解决矛盾问题. 物具有物质性、系统性、动态性和对立性，统称为物的共轭性. 根据物的共轭性，利用物元和关系元作为形式化工具，对物的虚部、实部与虚实中介部、软部、硬部与软硬中介部、潜部、显部与潜显中介部、负部、正部与负正中介部进行的形式化分析的方法，称为共轭分析方法. 通过对物的各共轭部及其相互关系和相互转化的分析，可以得到解决矛盾问题的多种策略. 共轭分析方法立足于整体论与还原论相结合的思想，为人们全面分析物的结构提供了新的视角，也是某些解决矛盾问题的奇谋妙计的源泉.

4. 可拓变换方法

实现创新或使矛盾问题转化的工具是变换. 把可拓学中采用的变换统称为可拓变换. 可拓变换包括主动可拓变换和传导变换. 不少创新或解决矛盾问题的策略是通过对与问题的目标或条件相关的事、物或关系的可拓变换产生的. 因此，在创新或解决矛盾问题的方法中，既要研究主动可拓变换，也要研究间接的传导变换；既要研究数量的变换，也要研究特征的变换和对象本身的变换.

在对可拓变换的研究中，既要讨论其变换的形式，也要讨论变换的主体、方法、工具、时间和地点，即需要从定性和定量两个角度去研究变换的形式和内涵. 基于研究对象间的相关性, 还必须研究传导变换的形式、内涵和传导效应.

从变换的方式考虑, 可拓变换方法包括基本可拓变换方法、可拓变换的运算方法、可拓变换的复合方法和传导变换方法. 从变换的对象考虑, 可拓变换方法包括论域的可拓变换方法、关联准则的可拓变换方法和论域中的元素 (包括基元及其要素、复合元及其要素) 的可拓变换方法. 如果可拓变换的对象是物, 根据物的共轭分析, 可拓变换方法还包括共轭部的变换和共轭部的传导变换.

对可拓变换方法的研究, 为把创新和解决矛盾问题的过程形式化提供了可操作的工具.

5. 优度评价方法

优度评价方法是综合多种衡量指标对某一对象、创意、方案、策略等的优劣程度进行综合评价的实用方法. 关于一个对象的评价往往不能只考虑有利的一面, 还要考虑不利的一面. 例如, 某企业生产某产品, 虽然可以赢利很多, 但废气对环境的污染十分严重, 另一个产品虽然赢利没那么多, 但无公害. 对应该生产何种产品, 必须考虑利弊双方, 进行综合评价, 最后才能得到合适的筛选方案. 此外, 在评价时, 往往要考虑到动态性和可变性, 对潜在的利弊进行考虑. 优度评价方法恰恰具备了这方面的优点, 它利用关联函数来计算各衡量条件符合要求的程度. 由于关联函数的值可正可负, 因此这样建立的优度可以反映一个对象利弊的程度, 使得评价更符合实际.

根据衡量指标体系的不同, 优度评价方法可分为一级优度评价方法和多级优度评价方法.

6. 可拓创意生成方法

创意的产生是一个创造性的思维过程, 它遵循 "菱形思维模式", 即 "先发散, 后收敛" 的模式. 对于其发散的过程, 一般人认为是比较难以把握的, 似乎没有规律可循. 实际上, 在进行了恰当的问题界定之后, 利用拓展分析、共轭分析和可拓变换, 可以用形式化的方法, 甚至借助计算机形成多种创意思路. 这是发散过程的一种非常可行的形式化方法, 对创意的产生有极大的帮助. 其收敛的过程, 就是定量化的创意优选的过程，据此获得创新或解决矛盾问题的较优创意.

可拓创意生成方法主要包括两类：

(1) 产品可拓创意生成方法：在产品创新方面，建立了形式化、定量化、流程化生成新产品创意的三个创造法，这些创造法都可以开发成产品创意生成系统，辅助产品创新人员生成新产品创意，进而创造新产品. 为了便于普及推广，还将第二创造法总结归纳成了便于人们学习掌握、便于推广应用的"可拓创新四步法"，即"建模-拓展-变换-优选"，可以告诉人们创意从何而来、如何获得以及如何确定满意可行的创意. 这些方法将在本书第 3 章介绍.

(2) 解决矛盾问题的可拓创意 (策略) 生成方法：目前重点研究了解决不相容问题的可拓创意 (策略) 生成方法和解决对立问题的可拓创意 (策略) 生成方法. 这些方法将在本书第 4 章介绍.

计算机长于定量计算，它具有存储量大、计算速度快的优点. 人的长处是定性分析，从定性的角度分析处理问题的能力强于计算机. 创新或解决矛盾问题，既需要从定性的角度去探讨事物拓展的可能性，提出多种拓展的创意或策略，又需要存储量大、速度快的计算. 因此，创新与处理矛盾问题的方法体系必须能把定量计算和定性分析结合起来，必须把人的创造性思维过程形式化，必须能借助计算机实现创新或处理矛盾问题，即实现智能化创新和矛盾问题的智能化处理，而可拓创新方法体系正是一种这样的方法体系.

可拓创新方法是用于对创新所涉及的对象或所要解决的矛盾问题进行建模、拓展、变换、推理、判断，最终生成创新或解决矛盾问题的创意或策略的有效方法. 它把人类解决矛盾问题的过程程式化，为人们用形式化模型完成"发现问题 → 建立问题模型 → 分析问题 → 生成解决问题的策略"的过程提供了理论依据与方法，并可通过人—机结合的方式，借助计算机来实现.

可拓创新方法体系的建立和初步的应用实践说明，经过进一步的深入研究，应用可拓创新方法把人的创造性思维过程形式化和定量化是可行的，智能化创新和矛盾问题的智能化处理是可以实现的. 可拓创新方法体系的进一步完善，必将推动思维科学、决策科学和智能科学的发展，必将提高这些相关学科研究的科学性和可操作性.

1.4 可拓学研究的科学意义

经过多年的探索,可拓学已初具规模. 可拓学研究具有如下科学意义.

1.4.1 可拓学的数学基础和逻辑基础将使数学和逻辑产生较大的变革

数学主要研究不矛盾的问题如何求解,把大量的矛盾问题弃之. 而可拓学是研究这些矛盾问题,探讨用形式化的方法使矛盾问题转化的规律和方法. 为此,首先要对数学和逻辑作较大的拓展,这必将使数学和逻辑产生比较大的变革. 主要表现在如下四个方面:

(1) 可拓集的建立,使数学的静态分类拓展为可拓学中基于变换的分类;

(2) 把实变函数的 "距离" 概念拓展为 "可拓距",形成以可拓距为基础的关联函数;

(3) 基元和复合元概念的建立,使数学模型拓展为把质与量结合起来研究的可拓模型;

(4) 可拓逻辑的建立,使形式逻辑和辩证逻辑结合起来,以处理矛盾问题转化过程的逻辑关系.

正是由于可拓论是在数学和逻辑的基础上进行了四个方面的较大拓广,所以将使数学和逻辑产生较大的变革,而产生可拓数学和可拓逻辑. 它与经典数学、模糊数学的区别与联系如表 1.1 所示.

表 1.1   可拓数学与经典数学、模糊数学的区别与联系

形式模型	集合基础	性质函数	取值范围	距离概念	逻辑思维	处理的问题
数学模型	康托集	特征函数	$\{0, 1\}$	距离	形式逻辑	确定性问题
模糊数学模型	模糊集	隶属函数	$[0, 1]$	距离	模糊逻辑	模糊性问题
可拓模型	可拓集	关联函数	$(-\infty, +\infty)$	可拓距	可拓逻辑	矛盾问题

1.4.2 可拓学构建了连接自然科学和社会科学的桥梁

1. 可拓模型及其处理矛盾问题的哲学基础

任何科学发现必然涉及关于客观世界的总括观点,这种总括观点用哲学形式表现出来即自然观,而对以往总括观点的改变,必然导致新的科学理论,最后形成新的思维形式. 可拓学把拓展转化这一基本思想纳入科学思维总原则的框架之中. 可拓学不承认绝对的非此即彼, 也不承认绝对的亦此亦彼. 而是把 "此" 与 "彼" 置于变化之中, 考察事物 "此" 与 "彼" 的相互转化. 转化思想是可拓学最基本的哲学概念, 它发展了以往自然观 "转化" 的总括概念, 为可拓学提供辩证的正确思维形式, 为创造性思维的形式化和逻辑化提供自然观基础, 显示了辩证唯物主义自然观与可拓学的致密关系. 同时, 可拓学给出了寻找转化关系项的基本方法, 研究用形式化模型解决被转化项向转化项的转化, 这类模型是可拓模型, 用可拓模型解决矛盾问题的依据是基元的拓展分析理论和物的共轭分理论.

发展中的新学科所依据的自然观, 不一定是现有哲学体系中现成的东西, 否则就不会有哲学和科学的进步. 可拓学的研究对象是现实世界中的矛盾问题, 这些矛盾问题是人类改造世界的障碍, 解决矛盾问题是人类前进的阶梯.

在可拓学中, 客观世界就是一个基元与复合元构成的世界, 处理客观世界的矛盾问题就是处理基元或复合元间的矛盾问题.

基元或复合元间的相互联系和相互作用, 在一定条件下会相互转化, 转化的形式和结果可以通过适当的主动可拓变换、可拓变换的运算及传导变换来实现. 基元理论奠定了认识世界和改造世界的一种形式化体系的基础.

2. 探索了连接自然科学和社会科学的桥梁

马克思指出: "自然科学往后将包括人的科学, 正像关于人的科学包括自然科学一样, 这将是一门科学."

1) 可拓模型探索了社会科学通向自然科学之路

某一社会学科, 如果只限于用自然语言定性地描述, 还不算是科学, 只有当它用数学或部分地用数学定量地描述, 才算进入科学的领域.

可拓论建立了描述客观世界的事、物、关系和问题的可拓模型, 以及表示对立统一、量变质变和否定之否定等规律的形式化模型, 建立了可计算的公式, 因而它跨越了自然科学和社会科学, 探索了沟通社会科学通向自然科学之路.

2) 可拓创新方法摸索了自然科学通向社会科学之门

自然科学和工程技术中化矛盾问题为不矛盾问题的可拓变换都必须

遵循自然辩证法的基本规律. 可拓创新方法把社会科学中有关的规律和方法用形式化模型表达, 这就探索了自然科学利用社会科学的成果, 通往社会科学之门. 今后, 通过这道门, 自然科学和社会科学将逐步互相沟通.

3) 可拓学将逐步发展成为连接自然科学与社会科学的桥梁

随着可拓学研究的深入, 社会科学的学者参与可拓学研究, 将可以利用开启之门和已经踩出的小径. 逐步扩大沟通的渠道, 使更多社会科学成果用可拓模型表示; 另一方面, 这些形式化了的规律和方法将逐步进入自然科学, 应用于自然科学的研究中.

概言之, 可拓学表达了人类的高级思维模式, 它力求符合辩证自然观, 又对辩证自然观形式化. 它有两个基本作用: 对于自然科学, 它把思维形式中最辩证的内容引入其中, 使自然科学更加富于理性; 对于社会科学, 它将其中定性的辩证的转化观念予以形式化和数量化, 探索使它成为可以形式化和定量化描述的科学. 从而构建了连接自然科学和社会科学的桥梁, 随着可拓学的发展, 这座桥梁将逐步完善、成形和巩固.

1.4.3 构建创新与解决矛盾问题的方法论体系

可拓学建立了创新与解决矛盾问题的方法论体系, 对人的创造性思维过程进行形式化、数学化和逻辑化的探讨, 以进行智能化创新和矛盾问题的智能化处理. 可拓创新方法体系的进一步完善, 必将推动思维科学、决策科学和智能科学的发展, 提高这些相关学科的可操作性. 其方法论意义如下.

1. 质与量有机地结合起来研究, 并形式化描述量变和质变

客观世界中, 一切事物都是质与量的统一体, 它们紧密联系、互相制约. 数学却是从客体中抽象出量与形, 撇去事物的质. 因此有广泛的适应性. 但大量矛盾问题的解决, 既需要量的变换, 也需要质的变换, 这时数学就无能为力了. 物元的建立突破了数学的框架, 反映了质与量的辩证关系.

可拓学中建立的关联函数表示了量变到质变的辩证规律. 正域、负域和零界的概念表达了事物的质所规定的量的变化范围, 当量的变换在

正域、负域或零界各自的范围内进行时，质就保持它的稳定性；当量从正域或零界到负域、或从负域或零界到正域变化时，就会产生质的变换. 与此相对应的是可拓集的稳定域 (量变域) 和可拓域 (质变域).

能够用形式化语言描述量变和质变，是可拓学的重要功能，这就为表达人类有关的智能活动提供了形式化的模型.

2. 引入可拓变换及其运算，作为解决矛盾问题的基本工具

可拓变换是可拓学的基本工具，与数学变换不同的特点如下：

解决矛盾问题的策略生成方法的关键就是把矛盾问题转化为不矛盾问题的可拓变换，即解变换. 可拓变换突破了数学变换的框架，带有浓厚的实验科学和工程技术科学的性质.

在可拓学中，传导变换是极为重要的工具，它表达了某对象的可拓变换对其相关对象的影响，同时，也用传导效应表达变换对整体的作用.

3. 用拓展分析方法使人们摆脱习惯领域的控制

可拓学中研究了基元与复合元的拓展分析方法，从而使人们能够摆脱习惯领域的控制，利用可拓变换和可拓推理推导出多种创新或解决矛盾问题的创意或策略.

另一方面，对于多个创新或处理矛盾问题的创意或策略，又利用优度评价方法进行收敛. 通过多次拓展、收敛，得到创新或解决矛盾问题的较优创意或策略. 这种菱形思维方法成为可以表述创造性思维的形式化工具.

4. 从共轭性的角度分析物的结构与内外关系

可拓学用形式化模型从物质性、系统性、动态性和对立性四个角度分析物的结构与内外关系，合称为共轭性，这是对系统性的拓广. 它使人们更全面地了解物的结构和内外关系. 从而为创新或生成解决矛盾问题的策略，特别是奇谋妙计提供了依据.

5. 研究了从整体出发和分析还原相结合的处理方法

可拓学中，利用基元理论对物、事和关系进行分析，研究它们的不同特征及其拓展的基元；另一方面，全征基元和共轭分析又从整体的角度去研究物、事和关系.

可拓学利用传导变换从整体及其内外关系研究创新与解决矛盾问题,另一方面,可拓学又从可拓集的角度讨论论域和关联准则的变换,探索从既考虑整体又考虑局部的角度去创新与处理矛盾问题的理论与方法.

1.5 可拓工程研究现状

可拓论和可拓创新方法与若干领域交叉融合,产生了可拓工程.

可拓学研究者把可拓论和可拓创新方法与若干领域的专业知识相结合,提出了这些领域的可拓工程理论与方法. 目前,这些工作已经取得了初步的成果,如果加强研究力度,有望在科学技术上取得重要的突破.

凡是有矛盾问题的地方,可拓学就有其用武之地. 可拓学的基本理论与方法和各领域的知识相结合,拓广了该领域的理论,也产生了处理该领域矛盾问题的可拓工程方法. 下面介绍目前研究较多的领域.

1. 与信息科学、智能科学的交叉融合

可拓学研究了可拓模型在信息与智能领域中的应用. 它以物元、事元、关系元和复合元表示信息,建立了信息和知识的形式化模型,研究了可拓知识表示、生成与获取的理论与方法,形成了"可拓信息-知识-策略的形式化体系",并逐步形成了可拓知识工程.

网络,特别是复杂网络中,存在各种各样的矛盾问题,如信息的需要量和提供量过多的矛盾、大世界和小世界的矛盾等. 内容处理已成为网络浏览、检索、集成、网格等计算机应用的瓶颈. 为解决这些矛盾问题,需要探索新的工具. 用可拓学研究网络中的矛盾问题是可取的. 通过建立可拓模型,利用可拓推理和可拓变换、传导变换和传导效应,生成解决这些矛盾问题的策略,将可能使复杂问题简单化.

很多智能活动的过程,甚至所有智能活动的过程,都可以看作或抽象为一个"问题求解"的过程. 而可拓学研究的矛盾问题是问题的难点,解决矛盾问题是重要的智能活动,也是人工智能水平的体现,它比一般解题更富创造性,更强调智能的发挥,对解决矛盾问题的深入研究有助于人工智能理论水平的提高.

解决矛盾问题的策略生成理论和方法是可拓学与信息科学、智能科学相结合的重要方面,这将成为研究高智能的计算机和各种能处理矛盾

问题的智能机器的基础. 广东工业大学和国防科技大学等高校的可拓学研究者探讨了"信息—知识—策略的形式化体系"的可拓模型和生成策略的变换, 研究了可拓策略生成与可拓数据挖掘的基本概念和基本方法, 承担了相应的国家自然科学基金项目和省自然科学基金项目. 专著《可拓策略生成系统》总结了这些研究工作, 使可拓创新方法的计算机实现有了基本思路和方法. 目前, 国内有十几所大学的可拓学研究者正在积极研究可拓创新方法的计算机实现软件. 正在研制的可拓策略生成系统是这种结合在技术上实现的结果, 而可拓数据挖掘理论与方法立足于挖掘"变化的知识"——可拓知识, 将为生成解决矛盾问题的策略提供变换的依据. 也有学者将可拓学与模式识别、神经网络相结合, 研究了可拓模式识别、可拓神经网络等, 承接了相应的国家自然科学基金项目, 取得了多项研究成果.

要使计算机能利用可拓模型处理矛盾问题, 生成解决矛盾问题的策略, 必须研究带有矛盾前提的逻辑. 可拓逻辑研究矛盾问题转化的推理规律, 为人工智能领域提高智能水平提供了理论依据.

可拓论将成为人工智能处理问题、生成策略的依据. 正如人工智能专家所预言的, 可拓论将成为人工智能的理论基础之一.

2. 与工程科学的交叉融合

工程科学领域中存在大量的矛盾问题, 如控制中准确性、稳定性和快速性的对立, 检测中检测参数与检测仪器不能检测的矛盾, 检测仪器的要求与检测环境的矛盾等. 不可控制和不可检测的问题影响了自动化的水平.

另一方面, 机器在运转过程中, 经常要产生各种各样的矛盾问题, 能否在机器中装上能处理该领域矛盾问题的智能系统, 当机器遇到不能解决的矛盾问题时, 这个系统便能提出处理的策略, 并指挥机器把该矛盾问题转化为不矛盾问题, 这是一项具有前瞻性的重要课题, 其目的是创制高水平的智能系统.

要做这些工作, 必须把可拓学的基本理论和方法与工程科学领域的专业知识相结合, 研究处理该领域中矛盾问题的可拓工程理论与方法.

为了解决控制系统的不可控以及需要控制之间的矛盾, 华东理工大学王行愚教授首先提出了可拓控制的概念、定义和架构. 近年, 中国台湾和大陆部分学者不断摸索可拓控制的应用问题. 广东工业大学余永权教授根据控制系统中很多物理量无法检测或难以检测的问题, 研究了处理检测领域矛盾问题的新方法和新技术, 提出了可拓检测的基本概念、思想和性质, 承接了相应的国家自然科学基金项目和省自然科学基金项目, 发表了多篇论文.

浙江工业大学赵燕伟教授等学者针对设计领域中存在的大量矛盾问题, 将可拓学与机械设计、人工智能等相结合, 研究了可拓设计的理论、方法与可拓智能设计系统, 承接了多项国家自然科学基金项目; 哈尔滨工业大学邹广天教授将可拓学、建筑学和计算机科学结合在一起进行交叉研究, 提出处理建筑设计中矛盾问题的 "可拓建筑策划与设计", 并承担了相应的国家自然科学基金项目. 还有很多学者将可拓学的理论与方法应用于智能机器人、发电机、发动机、家电产品等的设计、控制与检测研究, 进行产品创新和解决其中的矛盾问题, 也取得了较好的成果.

3. 与管理科学的交叉融合

管理可拓工程从处理矛盾问题的角度去审视管理的过程, 利用可拓学的理论与方法, 必将建立一套新的管理工程理论与方法, 包括可拓策划、可拓营销、可拓决策等理论和方法. 管理可拓工程理论与方法的成熟, 将使可拓学和管理科学的交叉融合更加紧密.

十多年来, 在国家自然科学基金委员会管理科学部的大力支持下, 广东工业大学、浙江大学、南京财经大学等单位的可拓学研究者承担了多项关于管理可拓工程的国家自然科学基金项目, 研究了解决管理中矛盾问题的规律, 发表了一批关于管理中的可拓思想、可拓营销、可拓策划、可拓决策、关键策略和转换桥理论等的初步成果, 探讨了管理可拓工程的基本概念和思想. 但是, 这些研究还是比较粗浅和零散的, 有必要对管理可拓工程的理论和方法进行系统的研究, 以形成管理可拓工程的基本理论和方法体系.

4. 与其他学科的交叉融合

将可拓学理论与方法和思维科学相结合, 建立了模型化的可拓思维模式, 助力各领域的创新和处理矛盾问题. 随着可拓学研究的深入, 必然导致用计算机进行创造性思维的研究，这一研究将是思维科学、计算机科学和可拓学的交叉融合，所建立的理论与方法将推动模仿人脑进行创造性思维，延伸人脑的智能机器的研制.

　　为了探讨可拓论与可拓创新方法在中医药领域的应用，广州中医药大学和暨南大学等单位的可拓学研究者在国家自然科学基金的支持下，运用可拓学理论与方法对中医药领域中的矛盾问题进行研究. 但是，这些研究还是很初步的，有必要通过可拓创新方法、临床流行病学方法等的结合，建立中医可拓诊断方法学体系.

　　目前，可拓学的理论与方法也已被经济、金融、工业工程、工业设计、教育创新等众多领域中的学者应用于所在领域的创新和矛盾问题处理，取得较好的效果.

　　无论从可拓学的研究对象考虑，还是从可拓学的过去和未来分析，它都是一门涉及学科众多、应用范围广泛的新兴交叉学科，在未来的发展中，它将越来越多地与其他学科进行交叉融合.

1.6　可拓学的国际化、社会化和未来发展

1.6.1　可拓学的国际化

1. 出版英文版专著和论文集

　　可拓学诞生以后，从中国逐步走向海外. 除了在海外的学术刊物和国际会议论文集陆续发表可拓学研究成果外，还出版了多本英文版可拓学专著，将可拓学理论与方法介绍到世界各地. 中国的科学出版社 2003 年出版了首部英文专著 *Extension Engineering Methods*；2012 年，美国教育出版社出版了美国新墨西哥州大学数学系 Florentin Smarandache 教授撰写的可拓学专著 *Extenics in Higher Dimensions*；2013 年，中国的科学出版社和美国的教育出版社联合出版英文版专著 *Extenics: Theoy, Method and Application*，并被美国国会图书馆馆藏；2013 年，由 CRC Press 出版英文版论文集 *Extenics and Innovation Methods*，并全部被 EI 收录；2018 年，由 CRC Press 出版英文版专著 *Extension Innovation Methods*，并被美国国会图书馆馆藏.

2. 招收国际可拓学研究学者

为了使可拓学走向世界，2012 年开始招收国际可拓学研究学者，已招收 5 期. 美国 Florentin Smarandache 教授、罗马尼亚 Luige Vladareanu 教授、Adrian Olaru 教授、印度 Ramesh Kumar Choudhary 教授和 Akhilesh R. Upadhyay 教授等作为"国际可拓学研究学者"先后到广东工业大学学习、研究可拓学. Luige Vladareanu 教授与广东工业大学可拓学与创新方法研究所蔡文研究员等签订了国际合作协议，把可拓论应用于机器人领域. Luige Vladareanu 教授与广东工业大学联合申请了可拓学应用于机器人的专利"Method and Device for Extension Hybrid Force-Position Control of the Robotics and Mechatronics Systems". 2014 年获得日内瓦国际发明博览会金奖、俄罗斯联邦奖等多项奖项. 2013 年 5 月，蔡文研究员和杨春燕研究员到罗马尼亚科学院举办了第 4 期国际可拓学研究学者班，这些工作对可拓学的发展起了重要的推动作用.

3. 召开首届可拓学与创新方法国际会议

2013 年是可拓学创立 30 年. 首届"可拓学与创新方法国际研讨会"在北京成功召开. 8 月 16~18 日，来自中国、美国、英国、德国、日本、印度、罗马尼亚、澳大利亚等国的专家学者和中国工程院李幼平院士、中国科学院顾基发研究员、北京师范大学汪培庄教授等国内外专家、学者 120 余人汇聚北京西郊宾馆，交流国内外研究可拓学与创新方法的成果. 这标志着中国的科学技术从跟踪国外向引领外国转变. 中国科学院资深院士、国家最高科学技术奖获得者吴文俊作为本次国际研讨会的名誉主席发来贺信："热诚祝贺可拓学与创新方法国际学术大会顺利召开，圆满成功！" 吴院士 2004 年在报纸上发表了对可拓学的高度评价：**"这是一门原创学科，而且既有理论又有实际，是基础与应用的结合 …… 中国能出这样的创新成果很好，我们不能老跟在外国人后面跑 …… 可拓工程树立了创新的榜样."**

李幼平院士在致辞中说："2004 年，我有幸同吴文俊老师一起，主持对蔡文教授等人的可拓学研究鉴定工作. 时过 9 年，可拓学研究又有许多可喜的进展，我可以更有把握重申当年的评语：'蔡文教授等人已经建立一门横跨哲学、数学与工程的新学科——可拓学，它是一门由我国科学家自己建立的、具有深远价值的原创性学科'. 当时，我还转达了吴文俊院士的意见——'**要支持和保护中国学者的自主创新，如果认为这个学科是有道理的，为什么不支持？**'2011 年，可拓学获得'首届吴文俊智能科学技术奖'创新一等奖，这是对这门学科的正确评价".

日本模糊数学专家 Takeshi Yamakawa 教授和中国广东工业大学副校长郝志峰教授发表了热情洋溢的讲话，他们指出：随着科学技术不断向新的深度推进，在许多领域，现有的数学工具无法描述和演绎相继出现的复杂问题，这给科学工作者提出了全新的课题. 蔡文研究员带领创新团队，三十年如一日，瞄准世界科学殿堂的"无人区"，研究新理论和新方法，使看似"不可解"的矛盾问题转变为"可解"的问题，创立了可拓学，在国际学术界独树一帜.

大会上，中国蔡文研究员作"可拓学的科学意义和未来发展"的报告、杨春燕研究员作"可拓创新方法"的报告、美国 Florentin Smarandache 教授作"高维的关联函数计算公式"的报告、罗马尼亚 Luige Vladareanu 教授作"可拓学在机器人领域的应用"的报告、印度 Ramesh Choudhary 教授作"利用可拓学解决认知和计算问题"的报告、中国赵燕伟教授作"可拓设计理论与方法"的报告. 欧洲 TRIZ 学会主席、德国 T. H. J. Vaneker 教授向与会专家学者介绍十年来 ETRIA 会议的创新研究工作. 顾基发研究员阐述了智慧理论和可拓学的关系，认为可拓学学科体系的形成和发展，符合他提出的智慧的 CADPOM 模型结构. 汪培庄教授介绍了他对可拓学的认识，认为可拓学是迎接我们这个时代的最强有力的学科. 本次会议还分组交流了一批国内外可拓学研究者的最新研究成果，内容涉及可拓论的研究进展、可拓创新方法的应用推广和其他创新方法的研究. 会议征文由 CRC Press 出版论文集 *Extenics and Innovation Methods*，并全部被 EI 收录.

本次会议同时庆祝可拓学创立 30 周年. 本次会议的成功举办，对可拓学的深入研究和应用推广必将起到积极的促进作用，为可拓学更加成熟，走进世界科学殿堂迈出了坚实的一步！

4. 可拓学研究者积极参加国际交流活动

可拓学研究者多次应邀到美国、法国、意大利、罗马尼亚、英国、巴西、印度、新加坡、日本、韩国等国的高等院校讲学和参加国际学术会议，宣传推广可拓学；同时，也多次邀请美国、英国、意大利、罗马尼亚、印度、日本等国的专家到中国参加可拓学学术交流活动；已在 ITQM 国际会议上组织召开 9 届"智能决策与可拓创新"分会，分会论文全部被 EI 收录.

香港、台湾、澳门地区的学者和企业界人士积极参与可拓学研究与应用推广工作，在多国多次国际会议上介绍可拓学研究成果，并多次参加在中国大陆举办的可拓学学术会议和各种交流活动，在港澳台地区组织举办多次可拓创新方法培训班、研讨会等活动. 香港品质学会和澳门品质管理协会还积极推动在全球华人品质峰会上宣传推广可拓学，2016 年 7 月，由香港品质学会承办的首届全球华人品质峰会上，可拓学作为两主题演讲之一，受到香港企业界的热烈欢迎；2018 年 11 月，可拓学专家应邀参加在新加坡南洋理工大学举办的第三届全球华人品质峰会，并作大会主旨报告和平行论坛报告；2020 年 9 月，由澳门品质管理协会承办的第五届全球华人品质峰会在澳门线下和线上举行，可拓学专家应邀作大会主旨演讲.

上述可拓学国际交流活动，有力地推动了可拓学的国际化进程.

1.6.2 可拓学的社会化

为了将中国原创的可拓创新方法社会化，助力更多领域的创新发展，可拓学研究者和应用推广人员，非常重视可拓学科普图书的撰写和出版工作. 1996 年，在台湾出版可拓学科普书《不按牌理出牌》；2000 年和 2001 年由台湾全华科技图书股份有限公司在台湾出版繁体版可拓学专著《可拓工程方法》和《可拓行销》；2010 年，科学出版社出版科普著作《创意的革命》；2016 年，机械工业出版社出版可拓学科普教材《可拓创新思维及训练》；2019 年，香港品质学会 (HKSQ) 在香港出版繁体版可拓学科普书《创新之理则》；2020 年，科学普及出版社出版面向青少年的可拓学科普书《创新，我也行》.

在中国人工智能学会、广东省科技厅和广东工业大学的大力支持下，中国人工智能学会可拓学专业委员会和广东工业大学可拓学与创新方法研究所联合中国大陆和港澳台地区的多所大学、科研机构、企业和社会组织，开展了广泛的可拓学社会化普及推广工作，例如，在广州、深圳、北京、南昌、大连、哈尔滨、大庆、宁波、中山、济南、烟台、珠海、香港、澳门、台湾等地先后举办了多期可拓学讲座、报告会、师资培训班、企业培训班、研讨会等活动，并在珠海、中山、广州、深圳、宁波、济南等地为多家企业进行可拓创新方法企业内训，取得很好的效果. 多所大学为研究生、本科生、职业院校学生开设《可拓创新方法》《可拓创新思维》《趣味可拓学》《系统性创意生成与问题处理的智慧》《可拓智能》《创新思维与创意生成》等可拓学相关课程. 目前已有部分师资开始进行青少年可拓创新方法培训，助力青少年创新能力提升.

1.6.3 可拓学的未来发展

2023 年，是可拓学创立 40 周年. 面向未来，可拓学需要发展如下三方面的工作：

(1) 把矛盾问题智能化处理和智能化创新 (即可拓智能) 发展为成熟的技术. 当前，网络和计算机已渗透到人们生活和工作的各个层面，很多领域都涉及矛盾问题的处理，创制能处理矛盾问题的智能机器和辅助人们创新的智能系统与平台将成为促进未来科学技术发展的重要工作. 计算机智能化和创制智能机器的目的就是让计算机能够帮助人们处理各种各样的问题，特别是主观愿望与客观环境矛盾的问题，可拓学将为此提供基本的工具. 随着可拓学理论与方法研究的进一步深化和人工智能技术的快速发展，可拓智能研究必将得到更快的发展，应用领域也将进一步拓展.

① 要提高可拓智能系统的智能化水平，还有很多基础工作需要进一步深化，例如：可拓逻辑的深入研究—推理、运算、算法；领域基元库、知识库与可拓规则库的构建；从各种类型领域知识库中获取可拓知识，并构建相应的可拓知识库；领域可拓知识图谱的构建. 对可拓智能的理论与方法的深入研究，将为人工智能研究提供新的基础理论，为创造性思维的形式化和矛盾问题的形式化研究提供可行的方法，为利用计算机帮助人们进行创新和解决矛盾问题提供基础理论与基本方法.

② 研制适用于各领域的创新和矛盾问题智能化处理的可拓智能系统与平台将成为研究热点，例如：可拓智能搜索引擎、可拓策略智能生成引擎、解决领域矛盾问题的可拓策略智能生成 APP 及平台、领域产

品可拓创意生成 APP 及平台、领域可拓数据挖掘系统、领域可拓智能设计系统、领域可拓智能控制系统及可拓控制器的研制，以及基于可拓识别、可拓搜索的领域可拓智能识别系统、可拓智能搜索系统的研制等. 这些研究将为实现矛盾问题的智能化处理和智能化创新设计打下坚实的基础，将成为促进未来科学技术发展的重要工作，必将有广阔的应用前景，且具有鲜明的自主知识产权.

(2) 可拓论与可拓创新方法在多个领域得到应用. 包括：

① 利用可拓论与可拓创新方法研究设计领域中成熟的、适用于更多类型产品的可拓设计方法和解决更多领域中矛盾问题的操作方法.

② 使可拓论与可拓创新方法在信息与智能领域得到更广泛的应用.

③ 可拓控制的研究提出了解决控制领域中矛盾问题的新理论与方法. 随着研究的深入，把不可控制问题转化为可控制问题的可拓控制将为控制领域提供新的控制方式，研究基于可拓控制的可拓机器人将成为新的生长点.

④ 网络世界的矛盾问题不计其数，如信息的需要量和提供量过多的矛盾，大世界和小世界的矛盾等，这些矛盾问题将可以利用网络方法和可拓创新方法相结合的技术去处理. 未来，能帮助网民处理矛盾问题的网站的研究将成为网络领域新的研究方向.

⑤在管理领域中，以管理创新和处理管理中的矛盾问题为核心的管理可拓工程理论与方法将逐步为管理者所接受和广泛使用.

(3) 理论体系更加完善，可拓学发展为成熟的学科.

① 可拓论三个支柱的研究将更加深入发展，从而成为公认的理论体系. 可拓集论的提出丰富了集合论，在可拓集论的基础上，将产生异于经典数学和模糊数学的可拓数学，作为处理矛盾问题的定量化工具; 为了更好地使矛盾问题的解决过程定量化，必将对异于实变函数和隶属函数的关联函数进行全面系统的研究，形成关联函数论; 在基元理论的研究方面，将会发展多维基元和复合元的拓展分析理论、共轭分析理论和可拓变换理论，尤其是共轭分析的定量化及传导变换的定量化和可操作方法的研究，使可拓学能为复杂矛盾问题的智能化处理提供更合适的工具; 可拓逻辑的研究目前还很初步，今后必会对可拓逻辑体系，特别是可拓推理体系进行全面深入的研究.

②由于各个专业领域中研制可拓智能系统与平台的需要，今后必然要研究能处理一般矛盾问题和专业领域中矛盾问题所需要的形式化模型、定量化工具、推理的规则和特有的方法，从而使可拓创新方法发展为更为完整的通用可拓创新方法体系和专业领域中应用的可拓创新方法体系.

③由于矛盾问题广泛存在，各领域都需要创新，可拓学的应用必然导致对其理论和方法的深入研究，与各个领域的交叉融合必然发展出多个分支，形成不同领域的可拓工程理论体系和方法体系，从而使可拓学发展为一门成熟的、多分支的学科.

有关可拓学的参考资料请见可拓学网站：http://extenics.gdut.edu.cn/.

第 2 章 可 拓 论

可拓学的基本理论是可拓论, 包括基元理论、可拓集理论、可拓逻辑三大支柱. 本章将介绍基元及其运算、复合元与可拓模型、拓展分析原理、共轭分析原理、可拓变换、可拓集、关联函数及可拓逻辑的初步知识.

2.1 基元及其运算

为了形式化描述物、事和关系, 建立了物元、事元和关系元的概念, 它们是可拓学的逻辑细胞, 统称为基元. 下面分别介绍物元、事元、关系元和基元的概念, 并介绍基元的逻辑运算与算术运算.

2.1.1 物元

定义 2.1 以物 O_m 为对象, c_m 为特征, O_m 关于 c_m 的量值 v_m 构成的有序三元组

$$M = (O_m, c_m, v_m)$$

作为形式化描述物的基本元, 称为一维物元, O_m、c_m、v_m 三者称为物元 M 的三要素, 其中 c_m 和 v_m 构成的二元组 (c_m, v_m) 称为物 O_m 的特征元.

例如, $M=$(衣服 D, 颜色, 红色) 是一个一维物元, 其中 (颜色, 红色) 为该一维物元的特征元.

为方便起见, 把物元的全体记为 $\mathcal{L}(M)$, 物的全体记为 $\mathcal{L}(O_m)$, 特征的全体记为 $\mathcal{L}(c_m)$. 关于特征 c_m 的取值范围记为 $V(c_m)$, 称为 c_m 的量域.

一物具有多个特征, 与一维物元相仿, 可以定义多维物元.

定义 2.2 物 O_m, n 个特征 c_{m1}, c_{m2}, $\cdots$, c_{mn} 及 O_m 关于 $c_{mi}(i = 1, 2, \cdots, n)$ 对应的量值 $v_{mi}(i = 1, 2, \cdots, n)$ 所构成的阵列

$$M = \begin{bmatrix} O_m, & c_{m1}, & v_{m1} \\ & c_{m2}, & v_{m2} \\ & \vdots & \vdots \\ & c_{mn}, & v_{mn} \end{bmatrix} = (O_m, C_m, V_m)$$

称为 n 维物元, 其中

$$C_m = \begin{bmatrix} c_{m1} \\ c_{m2} \\ \vdots \\ c_{mn} \end{bmatrix}, \quad V_m = \begin{bmatrix} v_{m1} \\ v_{m2} \\ \vdots \\ v_{mn} \end{bmatrix}.$$

例如,

$$M_1 = \begin{bmatrix} \text{人}D_1, & \text{身高}, & 170\text{cm} \\ & \text{体重}, & 60\text{kg} \end{bmatrix},$$

$$M_2 = \begin{bmatrix} \text{桌子}D_2, & \text{长度}, & 100\text{cm} \\ & \text{宽度}, & 60\text{cm} \\ & \text{重量}, & 15\text{kg} \end{bmatrix}.$$

物是随时间 t 变化的, 可用物元

$$M(t) = (O_m(t), \ c_m, \ v_m(t))$$

来描述. 类似地, 物也随空间位置和其他条件的改变而改变. 为此, 规定了动态物元.

定义 2.3   在物元 $M = (O_m, \ c_m, \ v_m)$ 中, 若 O_m 和 v_m 是参数 t 的函数, 称 M 为动态物元, 记作

$$M(t) = (O_m(t), \ c_m, \ v_m(t)).$$

这时, $v_m(t) = c_m(O_m(t))$. 为了书写方便起见, 在不引起混淆的地方省略参数 t, 简记为 $v_m = c_m(O_m)$, 它描述了物与其关于某个特征的量值之间的关系.

对于多个特征, 有多维动态物元, 记作

$$M(t) = \begin{bmatrix} O_m(t), & c_{m1}, & v_{m1}(t) \\ & c_{m2}, & v_{m2}(t) \\ & \vdots & \vdots \\ & c_{mn}, & v_{mn}(t) \end{bmatrix} = (O_m(t),\ C_m,\ V_m(t)).$$

例如, 房间 D_3 的温度、亮度、空气湿度等特征都会随着时间 t 的变化而变化, 因此可用如下三维动态物元表示:

$$M_3(t) = \begin{bmatrix} 房间D_3(t), & 温度, & v_1(t) \\ & 亮度, & v_2(t) \\ & 空气湿度, & v_3(t) \end{bmatrix}.$$

给定一物, 它关于任一特征都有对应的量值, 并且在同一时刻是唯一的. 当该量值不存在时, 用空量值 $\varnothing$ 表示. 如果物 O_m 关于特征 c_m 的量值为非空量值, 称 c_m 为 O_m 的非空特征.

定义 2.4 称物 O_m 的一切非空特征所对应的物元

$$\begin{bmatrix} O_m, & c_{m1}, & v_{m1} \\ & \vdots & \vdots \\ & c_{mn}, & v_{mn} \\ & \vdots & \vdots \end{bmatrix}$$

为物 O_m 的全征物元, 记作 $\mathrm{cp}M(O_m)$.

在确定的时刻, 物 O_m 的全征物元是唯一的.

定义 2.5 (物元的相等) 对两个物元 $M_1 = (O_{m1}, c_{m1}, v_{m1})$, $M_2 = (O_{m2}, c_{m2}, v_{m2})$, 当且仅当 $O_{m1} = O_{m2}$, $c_{m1} = c_{m2}$, $v_{m1} = v_{m2}$ 时, 称 M_1 和 M_2 相等, 记作 $M_1 = M_2$.

对任意两个不同的物 O_{m1} 和 O_{m2}, 至少可以找到一个特征 c_m, 使 $c_m(O_{m1}) \neq c_m(O_{m2})$.

物元中的基本要素包括: 物, 特征, 特征元和量值. 要想从实际问题中准确提取出物元的这些要素, 必须明确物的分类、特征的分类和量值的分类.

(1) 物和物的分类: 客观世界中存在各种各样的物, 它们都有许多特征. 物由于特征的差异形成了各种不同的类, 特征值在确定范围内 (或确定值) 的某些物形成了一类, 其他的则不属于该类.

按照物的外延, 物可以分为类物和个物, 如马和白马都是类物, 白马 D 就是个物.

按物的存在性, 物分为存在物和期望物, 如超人、永动机都是期望物.

按物的系统性, 物又分为聚合物和系统.

(2) 特征和特征元: 凡能表示物的性质、功能、行为状态以及物间的关系等征象的都是物的特征. 一物具有各种各样的特征. 对于物的理解, 表现在对该物的特征的了解. 掌握了某物具有哪些特征或不具有哪些特征, 也就有了关于该物的知识.

特征分为本质特征和非本质特征. 一类物所具有它类物所不具有的那些特征, 称为物的本质特征.

例如,

$$
M = \begin{bmatrix}
\text{等腰三角形} D, & \text{边数,} & 3 \\
& \text{顶点数,} & 3 \\
& \text{内角数,} & 3 \\
& \text{内角和,} & 180° \\
& \text{等边数,} & 2 \vee 3
\end{bmatrix}.
$$

等腰三角形的本质特征元为: (等边数, $2 \vee 3$).

特征元实际上就是我们口语中常说的 "特征", 常用的有如下几类:

功能特征元: 描述物的作用或用途等的特征元称为功能特征元. 如 (运输能力, 5), (发光程度, 高) 等.

性质特征元: 描述物的性质的特征元称为性质特征元. 如 (酸碱度, 3), (导电率, 4), (稳定度, v) 等.

实义特征元: 描述物的物质性部分的特征元称为实义特征元. 如 (长度, 3m), (宽度, 2m), (重量, 5kg), (体积, $7m^3$) 等.

其他特征元: 如 (职称, 教授), (学历, 研究生).

(3) 量值和量值域: 一物关于某一特征的数量、程度或范围, 称为该物关于这一特征的量值. 量值分为数量量值和非数量量值. 用实数及某一量纲来表示的量值称为数量量值, 不是使用实数来表示的量值称为非数量量值. 非数量量值可以通过数量化变为数量量值 (如打分、赋值等), 以便进行定量计算.

量域: 给定特征 c_m, 它的量值的取值范围称为 c_m 的量域, 记为 $V(c_m)$. 如

$$V(长) = (0, +\infty), V(温度) =< -273°C, +\infty).$$

量值域: 物 O_m 关于特征 c_m 的量值的取值范围称为量值域, 记为 $V_0(c_m)$. 显然 $V_0(c_m) \subseteq V(c_m)$. 如类物 "桌子" 关于长度的取值范围为 $< 0m, 8m >$, 即 $V_0(长)=< 0m, 8m >$.

注: 在可拓学中, 区间用 $< a, b >$ 表示, 既可表示开区间, 也可表示闭区间或半开半闭区间, 与经典数学中区间的表达不同.

2.1.2 事元

物与物、物与人、人与人的相互作用称为事, 事以事元来形式化描述.

定义 2.6 把动作 O_a、动作的特征 c_a 及 O_a 关于 c_a 所取得的量值 v_a 构成的有序三元组

$$A = (O_a, c_a, v_a)$$

作为形式化描述事的基本元, 称为一维事元.

动作的基本特征有支配对象、施动对象、接受对象、时间、地点、程度、方式、工具等.

定义 2.7 动作 O_a, n 个特征 $c_{a1}, c_{a2}, \cdots, c_{an}$ 和 O_a 关于 $c_{a1}, c_{a2}, \cdots, c_{an}$ 取得的量值 $v_{a1}, v_{a2}, \cdots, v_{an}$ 构成的阵列

$$\begin{bmatrix} O_a, & c_{a1}, & v_{a1} \\ & c_{a2}, & v_{a2} \\ & \vdots & \vdots \\ & c_{an}, & v_{an} \end{bmatrix} = (O_a, C_a, V_a) \triangleq A$$

称为 n 维事元, 其中

$$C_a = \begin{bmatrix} c_{a1} \\ c_{a2} \\ \vdots \\ c_{an} \end{bmatrix}, \quad V_a = \begin{bmatrix} v_{a1} \\ v_{a2} \\ \vdots \\ v_{an} \end{bmatrix}.$$

例如,

$$A = \begin{bmatrix} 参加, & 支配对象, & 篮球赛 \\ & 施动对象, & 大二学生 \ D \\ & 地点, & 广东工业大学 \\ & 时间, & 12 \ 月 \ 23 \ 日 \end{bmatrix}$$

表示 "大二学生 D 12 月 23 日在广东工业大学参加篮球赛" 这件事.

再如,

$$A_1 = \begin{bmatrix} 记录, & 支配对象, & 日记 \\ & 施动对象, & 大学生 \ D_1 \\ & 工具, & 钢笔 \ D_2 \\ & 位置, & 笔记本 \ D_3 \end{bmatrix}$$

表示 "大学生 D_1 在笔记本 D_3 上用钢笔 D_2 记录日记" 这件事. 这个事元, 也表达了作为 "工具" 的钢笔 D_2 的功能或用途.

定义 2.8 若 $A = (O_a, c_a, v_a)$ 中, O_a 和 v_a 是某参数 t 的函数, 称 A 为动态事元, 记作

$$A(t) = (O_a(t), c_a, v_a(t)).$$

对多维事元, 有

$$A(t) = (O_a(t), C_a, V_a(t)).$$

例如, 随着时间 t 的变化, "讲授" 的支配对象、施动对象、接受对象、地点和方式等特征的量值都可能发生变化, 可以用动态事元表示如下:

$$A(t) = \begin{bmatrix} 讲授(t), & 支配对象, & v_{a1}(t) \\ & 施动对象, & v_{a2}(t) \\ & 接受对象, & v_{a3}(t) \\ & 地点, & v_{a4}(t) \\ & 方式, & v_{a5}(t) \end{bmatrix}.$$

当 t 表示时间时，称事元 $A(t)$ 为时序事元；当 t 表示地点或位置时，称事元 $A(t)$ 为空序事元.

定义 2.9（事元的相等） 给定事元 $A_1 = (O_{a1}, c_{a1}, v_{a1})$，$A_2 = (O_{a2}, c_{a2}, v_{a2})$，称 A_1 和 A_2 相等，当且仅当 $O_{a1} = O_{a2}$，$c_{a1} = c_{a2}$，$v_{a1} = v_{a2}$，记作 $A_1 = A_2$.

说明：从自然语言的角度分析，所有的事都包含表示"动作"的词——动词，人的所有行为、人的目标、用户的需要、产品的功能、产品的工艺、机器的行为等，都包含动作，也就都可以用事元形式化表示，此处不详述，详情参见本书第 3 章 3.1 节.

2.1.3 关系元

在大千世界中，任何物、事、人、信息、知识等与其他的物、事、人、信息、知识，都有千丝万缕的关系. 由于这些关系之间又有互相作用、互相影响. 因此，描述它们的物元、事元和关系元也与其他的物元、事元和关系元有各种各样的关系，这些关系的变化也会互相作用、互相影响. 关系元是描述这类现象的形式化工具.

定义 2.10 关系 O_r，n 个特征 $c_{r1}, c_{r2}, \cdots, c_{rn}$ 和相应的量值 v_{r1}，$v_{r2}, \cdots, v_{rn}$ 构成的 n 维阵列

$$\begin{bmatrix} O_r, & c_{r1}, & v_{r1} \\ & c_{r2}, & v_{r2} \\ & \vdots & \vdots \\ & c_{rn}, & v_{rn} \end{bmatrix} = (O_r, \ C_r, \ V_r) \overset{\triangle}{=} R$$

称为 n 维关系元，用于描述 v_{r1} 和 v_{r2} 的关系，其中

$$C_r = \begin{bmatrix} c_{r1} \\ c_{r2} \\ \vdots \\ c_{rn} \end{bmatrix}, \quad V_r = \begin{bmatrix} v_{r1} \\ v_{r2} \\ \vdots \\ v_{rn} \end{bmatrix}.$$

例如，

$$R_1 = \begin{bmatrix} \text{父子关系}, & \text{前项}, & v_{r1} \\ & \text{后项}, & v_{r2} \\ & \text{程度}, & 100 \\ & \text{维系方式}, & \text{血缘} \\ & \vdots & \vdots \end{bmatrix}$$

描述了人 v_{r1} 与人 v_{r2} 之间的父子关系. 而

$$R_2 = \begin{bmatrix} \text{朋友关系}, & \text{前项}, & D_1 \\ & \text{后项}, & D_2 \\ & \text{程度}, & \text{密切} \\ & \text{维系方式}, & \text{感情} \\ & \text{联系通道}, & \text{直接见面} \\ & \text{联系方式}, & \text{谈话} \\ & \text{地点}, & D \text{ 地} \end{bmatrix}$$

描述了 D_1 和 D_2 的朋友关系.

再如,

$$R_3 = \begin{bmatrix} \text{螺旋关系}, & \text{前项}, & \text{笔帽 } D_1 \\ & \text{后项}, & \text{笔杆 } D_2 \\ & \text{程度}, & \text{紧密} \\ & \text{维系方式}, & \text{螺纹} \end{bmatrix}$$

描述了笔帽 D_1 和笔杆 D_2 通过螺纹连接的一种螺旋结构关系.

在上述特征中, c_{r1}、c_{r2}、c_{r3} 是常用的基本特征, 它们表达了关系的对象及其程度.

定义 2.11   在关系元 R 中, 若 R 表达的关系是某参数 t 的函数, 称

$$R(t) = \begin{bmatrix} O_r(t), & c_{r1}, & v_{r1}(t) \\ & c_{r2}, & v_{r2}(t) \\ & \vdots & \vdots \\ & c_{rn}, & v_{rn}(t) \\ & \vdots & \vdots \end{bmatrix}$$

为动态关系元. 动态关系元描述了 v_{r1} 和 v_{r2} 的关系 O_r 随参数 t 的变化而变化. 例如, 当 t 是时间参数时, $R(t)$ 表示 v_{r1} 和 v_{r2} 的关系 O_r 随时间 t 的改变而产生的动态变化 (包括关系程度的变化). 不同的人、事、物的影响也使关系产生变化, 这些变化表现为关系程度的改变.

关系程度的变化表达关系的建立、加深、中断、恶化等, 它可以是正值、零或负值.

定义 2.12 (关系元的相等)   两个关系元

$$R_1 = \begin{bmatrix} O_{r1}, & c_{r1}, & v_{r11} \\ & c_{r2}, & v_{r12} \\ & \vdots & \vdots \\ & c_{rn}, & v_{r1n} \end{bmatrix} \quad R_2 = \begin{bmatrix} O_{r2}, & c_{r1}, & v_{r21} \\ & c_{r2}, & v_{r22} \\ & \vdots & \vdots \\ & c_{rn}, & v_{r2n} \end{bmatrix}.$$

当且仅当 $O_{r1} = O_{r2}$, 且对一切 $i \in \{1, 2, \cdots, n\}$, 有 $v_{r1i} = v_{r2i}$, 称两关系元是相等的, 记作 $R_1 = R_2$.

在解决矛盾问题时, 人们要面对数量众多、纷纭复杂的人、事、物和关系. 决策者的一项基本任务就是要理清人与人、事与事、物与物、人与事、人与物、事与物之间的关系, 并在此基础上进行创造性思考, 使得这些要素间能够相互协调, 相互促进, 以实现目标. 因此, 如何去认识这些关系就显得尤为重要. 因为从本质上去把握这些关系, 需要经过一个去粗取精、去伪存真、由表及里的艰苦探索过程.

2.1.4 基元

把物元、事元和关系元统称为基元. 下面介绍基元与类基元的形式.

(1) 静态基元和动态基元

静态基元: 在不致引起混淆的情况下, 我们把基元记作

$$B = (O, C, V) = \begin{bmatrix} O, & c_1, & v_1 \\ & c_2, & v_2 \\ & \vdots & \vdots \\ & c_n, & v_n \end{bmatrix},$$

其中, O(Object) 表示某对象 (物、动作或关系); $c_1, c_2, \cdots, c_n$ 表示对象 O 的 n 个特征; $v_1, v_2, \cdots, v_n$ 表示对象 O 关于上述特征的相应量值, 且

$$C = \begin{bmatrix} c_1 \\ c_2 \\ \vdots \\ c_n \end{bmatrix}, \quad V = \begin{bmatrix} v_1 \\ v_2 \\ \vdots \\ v_n \end{bmatrix}.$$

动态基元: 若基元 B 是某参变量 t 的函数, 则有如下动态基元

$$B(t) = (O(t), C, V(t)) = \begin{bmatrix} O(t), & c_1, & v_1(t) \\ & c_2, & v_2(t) \\ & \vdots & \vdots \\ & c_n, & v_n(t) \end{bmatrix}.$$

特别地, 若基元 B 同时随时间 t 和空间位置 s 而变化, 则动态基元

$$B(t, s) = (O(t, s), C, V(t, s)) = \begin{bmatrix} O(t, s), & c_1, & v_1(t, s) \\ & c_2, & v_2(t, s) \\ & \vdots & \vdots \\ & c_n, & v_n(t, s) \end{bmatrix}$$

称为时空动态基元.

(2) 类基元

对于一类对象, 我们规定了类基元的概念:

定义 2.13 给定一类对象 $\{O\}$, 若对任一 $O \in \{O\}$, 关于特征 $c_i(i = 1, 2, \cdots, n)$, 有 $v_i = c_i(O) \in V_i$, 则称基元集

$$\{B\} = \begin{bmatrix} \{O\} & c_1, & V_1 \\ & c_2, & V_2 \\ & \vdots & \vdots \\ & c_n, & V_n \end{bmatrix} = (\{O\}, C, V)$$

为类基元. 其中 V_i 为类对象 $\{O\}$ 关于特征 c_i 的量值域.

显然, 类基元包括类物元、类事元和类关系元.

例如, 要描述某单位的职工的情况, 可用类物元表示为

$$\{M\} = \begin{bmatrix} \{\text{职工}\}, & \text{年龄}, & V_{m1} \\ & \text{性别}, & V_{m2} \\ & \text{学历}, & V_{m3} \\ & \text{职称}, & V_{m4} \\ & \text{职务}, & V_{m5} \end{bmatrix},$$

类事元

$$\{A\} = \begin{bmatrix} \{\text{唱}\}, & \text{支配对象}, & V_{a1} \\ & \text{施动对象}, & V_{a2} \\ & \text{时间}, & V_{a3} \\ & \text{地点}, & V_{a4} \\ & \text{程度}, & V_{a5} \end{bmatrix}$$

可表达 "唱什么"、"谁唱"、"什么时间唱"、"什么地点唱"、"唱的程度" 等.

类关系元

$$\{R\} = \begin{bmatrix} \{\text{朋友关系}\}, & \text{前项}, & V_{r1} \\ & \text{后项}, & V_{r2} \\ & \text{程度}, & V_{r3} \\ & \text{维系方式}, & V_{r4} \end{bmatrix}$$

可表达一群人 V_{r1} 和另一群人 V_{r2} 的类朋友关系的程度和维系方式情况.

(3) 基元的相等

定义 2.14 对两个基元 $B_1 = (O_1, c_1, v_1)$, $B_2 = (O_2, c_2, v_2)$, 当且仅当 $O_1 = O_2, c_1 = c_2, v_1 = v_2$ 时, 称两个基元是相等的.

2.1.5 基元的逻辑运算

基元的逻辑运算包括 "与运算"、"或运算" 和 "非运算".

1. 与运算

给定基元 $B_1 = (O_1, c_1, v_1)$, $B_2 = (O_2, c_2, v_2)$, B_1 和 B_2 的 "与运算" 是指既取 B_1, 又取 B_2, 记作 $B = B_1 \wedge B_2$.

例如, 如下两个事元

$$A_1 = \begin{bmatrix} 建设, & 支配对象, & 高尔夫球练习场 \\ & 施动对象, & 企业\ E \\ & 时间, & t \\ & 地点, & s \end{bmatrix},$$

$$A_2 = \begin{bmatrix} 建设, & 支配对象, & 钓鱼场 \\ & 施动对象, & 企业\ E \\ & 时间, & t \\ & 地点, & s \end{bmatrix}.$$

则 $A_1 \wedge A_2$ 表示 "企业 E 在时间 t 地点 s 同时建高尔夫球练习场和钓鱼场".

对于事元的与运算, 就是两个事元同时实现; 对于物元的与运算, 就是两个物元同时存在; 对于关系元的与运算, 就是两个关系元同时存在.

对基元 B_1 与 B_2, 显然有, $B_1 \wedge B_2 = B_2 \wedge B_1$.

2. 或运算

给定基元 $B_1 = (O_1, c_1, v_1), B_2 = (O_2, c_2, v_2)$, B_1 和 B_2 的 "或运算" 是指至少取 B_1 和 B_2 中的一个, 记作 $B = B_1 \vee B_2$.

对于上例中的两个事元, $A_1 \vee A_2$ 表示 "企业 E 在时间 t 地点 s 至少建高尔夫球练习场和钓鱼场之一".

对于事元的或运算, 就是两个事元至少一个实现; 对于物元的与运算, 就是两个物元至少一个存在; 对于关系元的与运算, 就是两个关系元至少一个存在.

对基元 B_1 与 B_2, 显然有, $B_1 \vee B_2 = B_2 \vee B_1$.

同样可定义多个基元的与运算和或运算. 此略.

3. 非运算

基元的非运算包括基元关于对象的非运算和量值的非运算两种情况.

(1) 对基元 $B = (\{O\}, c, V_0)$, V_0 为对象 O 关于特征 c 的量值域. 当 $B_1 = (\{O\}, c, v)$, $v \notin V_0$ 时, 称 B_1 为 B 的关于量值的非基元, 记作 $\bar{B}_v = B_1$, 当 $V_0 = \{v_0\}$ 时, $\bar{B}_v = (\{O\}, c, v)$, $v \neq v_0$.

把上述基元 B 变为 $\bar{B}_v$ 的运算, 称为关于基元 B 的量值的非运算, 记作 $\neg B_y$. 显然

$$\neg B_v = \{\bar{B}_v \mid \bar{B}_v = (\{O\}, c, v), v \notin V_0\} = \{\bar{B}_v\}.$$

例如, $M = (\{小学生\}, 年龄, [6\ 岁, 12\ 岁])$, 则 $\{\bar{M}_v\} = \{(\{小学生\}, 年龄, v), v < 6\ 岁或\ v > 12\ 岁\ \}$, 表示所有年龄小于 6 岁或大于 12 岁的小学生.

再如, $A = (唱, 支配对象, \{中国民歌\})$, 则 $\neg A_v = \{(\ 唱, 支配对象, v), v \notin \{\ 中国民歌\}\}$. 显然, $(唱, 支配对象, 京剧) \in \neg A_v$, $(唱, 支配对象, 茉莉花) \notin \neg A_v$.

(2) 对基元 $B = (O, c, v)$, 当 $B_1 = (\{O_1\}, c, v)$, 且对任一 $O_1 \in \{O_1\}, O_1 \neq O$ 时, 称 B_1 为 B 的关于对象的非基元, 记作 $\bar{B}_O = (\bar{O}, c, v)$.

把上述基元 B 变为 $\bar{B}_O$ 的运算, 称为关于基元 B 的对象的非运算, 记作 $\neg B_O$. 显然

$$\neg B_O = \{\bar{B}_O \mid \bar{B}_O = (\bar{O}, c, v), \bar{O} \notin \{O_1\}\} = \{\bar{B}_O\}.$$

例如, 若 $M = (小学生\ D, 年龄, 6\ 岁)$, 则

$$\bar{M}_O = \left(\overline{小学生\ D, \quad 年龄, \quad 6\ 岁}\right) = (非小学生\ D \quad 年龄, \quad 6\ 岁),$$

表示 "非小学生 D 的年龄为 6 岁".

再如, 若 $A = (\ 保护, 支配对象, 脚\ )$, 则 $\bar{A}_O = (\overline{保护, 支配对象, 脚})$, 表示非保护脚.

特别地, 若 $B = (O, c, v), B_1 = (O_1, c, v_1)$, 且 v_1 与 v 互为对立量值, 则称基元 B 与 B_1 关于量值互为逆基元; 若 $B = (O, c, v), B_1 = (O_1, c, v)$, 且 O_1 与 O 互为对立对象, 则称基元 B 与 B_1 关于对象互为逆基元.

例如, 物元 $M_1 = (D_1, 位置, 上方\ ), M_2 = (D_2, 位置, 下方\ )$, 则 M_1 与 M_2 关于量值互为逆物元.

再如, 物元 $M_1 = (D_1, 温度, 10°\text{C}), M_2 = (D_2, 温度, -10°\text{C})$, 则 M_1 与 M_2 关于量值互为逆物元.

事元 $A_1 = ($推, 支配对象, 桌子$)$, $A_2 = ($拉, 支配对象, 桌子$)$, 则 A_1 与 A_2 关于对象互为逆物元.

关系元

$$R_1 = \begin{bmatrix} 上下关系, & 前项, & 冷藏柜 \ D_1 \\ & 后项, & 冷冻柜 \ D_2 \end{bmatrix},$$

$$R_2 = \begin{bmatrix} 下上关系, & 前项, & 冷藏柜 \ D_1 \\ & 后项, & 冷冻柜 \ D_2 \end{bmatrix},$$

则 R_1 与 R_2 关于对象互为逆关系元.

注意: 逆基元是非基元的特例.

例如, 对某一正方体, 设其 6 个面分别为 D_1、D_2、D_3、D_4、D_5、D_6, 记

$M_1 = (D_1, 位置, 上方)$, $M_2 = (D_2, 位置, 下方)$, $M_3 = (D_3, 位置, 左方)$, $M_4 = (D_4, 位置, 右方)$, $M_5 = (D_5, 位置, 前方)$, $M_6 = (D_6, 位置, 后方)$

则 M_1 与 M_2 关于量值互为逆物元; M_3 与 M_4 关于量值互为逆物元; M_5 与 M_6 关于量值互为逆物元. 而 M_1 与 $\bigwedge_{i=2}^{6} M_i$ 互为非物元.

2.1.6　基元的算术运算

基元的算术运算包括 "可加运算" 及相应 "可减运算"、"可积运算" 及相应的 "可删运算".

1. 可加运算

1) 物元的可加运算

原理 2.1　对于给定 p 维物元 M_1 和 q 维物元 M_2:

$$M_1 = \begin{bmatrix} O_{m1}, & c_{m11}, & c_{m11}(O_{m1}) \\ & c_{m12}, & c_{m12}(O_{m1}) \\ & \vdots & \vdots \\ & c_{m1p}, & c_{m1p}(O_{m1}) \end{bmatrix}, M_2 = \begin{bmatrix} O_{m2}, & c_{m21}, & c_{m21}(O_{m2}) \\ & c_{m22}, & c_{m22}(O_{m2}) \\ & \vdots & \vdots \\ & c_{m2q}, & c_{m2q}(O_{m2}) \end{bmatrix}.$$

若 M_1 和 M_2 构成聚合物元 M, 且 M_1 和 M_2 在 M 中相互独立, 则称物元 M_1 和 M_2 为可加物元, 记作:

$$M = M_1 \oplus M_2 = \begin{bmatrix} O_{m1} \oplus O_{m2}, & c_{m1}, & c_{m1}(O_{m1}) \oplus c_{m1}(O_{m2}) \\ & c_{m2}, & c_{m2}(O_{m1}) \oplus c_{m2}(O_{m2}) \\ & \vdots & \vdots \\ & c_{ms}, & c_{ms}(O_{m1}) \oplus c_{ms}(O_{m2}) \end{bmatrix},$$

其中, $\{c_{mk}|k=1,2,\cdots,s\} = \{c_{m1i}|1 \leqslant i \leqslant p\} \cup \{c_{m2j}|1 \leqslant j \leqslant q\}$.

例 2.1 用物元的可加运算表示 "20 摄氏度下, 将一定量的氢气和氧气混合".

设

$$M_1 = \begin{bmatrix} 氢气, & 体积, & v_1 \text{mm}^3 \\ & 密度, & d_1 \text{g/mm}^3 \\ & 温度, & 20°\text{C} \end{bmatrix},$$

$$M_2 = \begin{bmatrix} 氧气, & 体积, & v_2 \text{mm}^3 \\ & 密度, & d_2 \text{g/mm}^3 \\ & 温度, & 20°\text{C} \end{bmatrix}.$$

这里, $p=q=3$, $\{c_{m11}, c_{m12}, c_{m13}\} = \{c_{m21}, c_{m22}, c_{m23}\} = \{$体积, 密度, 温度$\}$, 根据原理 2.1 可知, $s=3$, $\{c_{m1}, c_{m2}, c_{m3}\} = \{$体积, 密度, 温度$\}$, 故有:

$$M = M_1 \oplus M_2 = \begin{bmatrix} 氢气 \oplus 氧气, & 体积, & (v_1 \oplus v_2) \text{mm}^3 \\ & 密度, & (d_1 \oplus d_2) \text{g/mm}^3 \\ & 温度, & (20 \oplus 20)°\text{C} \end{bmatrix}.$$

例 2.2 用物元的可加运算表示 "将纸片 D_1 和纸片 D_2 叠放在一起".

设

$$M_1 = (纸片\ D_1, 长度, l_1\text{mm}), M_2 = (纸片\ D_2, 宽度, w_2\text{mm}),$$

此例中, $p=q=1$, $\{c_{m11}\} = \{$长度$\}$, $\{c_{m12}\} = \{$宽度$\}$, 故有 $s=2$, $\{c_{m1}, c_{m2}\} = \{$长度, 宽度$\}$, 则:

$$M = M_1 \oplus M_2 = \begin{bmatrix} 纸片\ D_1 \oplus\ 纸片\ D_2, & 长度, & (l_1 \oplus l_2)\,\text{mm} \\ & 宽度, & (w_1 \oplus w_2)\,\text{mm} \end{bmatrix}.$$

推论 2.1 若存在物元 M，M_1 和 M_2，满足 $M = M_1 \oplus M_2$，则称物元 M_1 为物元 M 关于 M_2 的可减物元，记作 $M_2 = M \ominus M_1$. 同样，物元 M_2 为物元 M 关于 M_1 的可减物元，记作 $M_1 = M \ominus M_2$.

特别地，对于两个一维可加物元 $M_1 = (O_{m1}, c_{m1}, v_{m1})$，$M_2 = (O_{m2}, c_{m2}, v_{m2})$，有

$$M_1 \oplus M_2 =$$

$$
\begin{cases}
(O_{m1} \oplus O_{m2}, c_m, v_{m1} \oplus v_{m2}), & O_{m1} \neq O_{m2}, c_{m1} = c_{m2} = c_m, \\[2mm]
\begin{bmatrix} O_m, & c_{m1}, & v_{m1} \\ & c_{m2}, & v_{m2} \end{bmatrix}, & O_{m1} = O_{m2} = O_m, c_{m1} \neq c_{m2}, \\[4mm]
\begin{bmatrix} O_{m1} \oplus O_{m2}, & c_{m1}, & v_{m1} \oplus c_{m1}(O_{m2}) \\ & c_{m2}, & c_{m2}(O_{m1}) \oplus v_{m2} \end{bmatrix}, & O_{m1} \neq O_{m2}, c_{m1} \neq c_{m2},
\end{cases}
$$

这是原理 2.1 的特例，它也说明，两个同物不同特征的一维物元，可以构成一个二维物元.

2) 事元的可加运算

原理 2.2 若事元

$$
A_1 = \begin{bmatrix} O_{a1}, & c_{a11}, & c_{a11}(O_{a1}) \\ & c_{a12}, & c_{a12}(O_{a1}) \\ & \vdots & \vdots \\ & c_{a1p}, & c_{a1p}(O_{a1}) \end{bmatrix} \text{ 和 } A_2 = \begin{bmatrix} O_{a2}, & c_{a21}, & c_{a21}(O_{a2}) \\ & c_{a22}, & c_{a22}(O_{a2}) \\ & \vdots & \vdots \\ & c_{a2q}, & c_{a2q}(O_{a2}) \end{bmatrix}
$$

构成事元序列 A，且 A_1 和 A_2 在 A 中相互独立，则称 A_1 和 A_2 为可加事元，记作：

$$
A = A_1 \oplus A_2 = \begin{bmatrix} O_{a1} \oplus O_{a2}, & c_{a1}, & c_{a1}(O_{a1}) \oplus c_{a1}(O_{a2}) \\ & c_{a2}, & c_{a2}(O_{a1}) \oplus c_{a2}(O_{a2}) \\ & \vdots & \vdots \\ & c_{as}, & c_{as}(O_{a1}) \oplus c_{as}(O_{a2}) \end{bmatrix},
$$

其中，$\{c_{ak} | k = 1, 2, \cdots, s\} = \{c_{a1i} | 1 \leqslant i \leqslant p\} \cup \{c_{a2j} | 1 \leqslant j \leqslant q\}$.

原理 2.2 也有类似原理 2.1 的特例, 此略.

例 2.3 用事元的可加运算表示 "小明一边跑步一边听音乐".

设

$$A_1 = (跑步, 施动对象, 小明),$$

$$A_2 = \begin{bmatrix} 听, & 施动对象, & 小明 \\ & 支配对象, & 音乐 \end{bmatrix},$$

这里, $p = 1, \{c_{a11}\} = \{施动对象\}, q = 2, \{c_{a21}, c_{a22}\} = \{施动对象, 支配对象\}$, 故有: $s = 2, \{c_{a1}, c_{a2}\} = \{施动对象, 支配对象\}$, 根据原理 2.2, 有

$$A = A_1 \oplus A_2 = \begin{bmatrix} 跑步 \oplus 听, & 施动对象, & 小明 \oplus 小明 \\ & 支配对象, & \Phi \oplus 音乐 \end{bmatrix},$$

其中, A_1 的支配对象为空, 用 Φ 表示.

推论 2.2 若存在事元 A, A_1 和 A_2, 满足 $A = A_1 \oplus A_2$, 则称事元 A_1 为事元 A 关于 A_2 的可减事元, 记作 $A_2 = A \ominus A_1$. 同样, 事元 A_2 为事元 A 关于 A_1 的可减事元, 记作 $A_2 = A \ominus A_1$.

3) 关系元的可加运算

原理 2.3 对于给定关系元 R_1 和 R_2:

$$R_1 = \begin{bmatrix} O_{r1}, & c_{r1}, & c_{r1}(O_{r1}) \\ & c_{r2}, & c_{r2}(O_{r1}) \\ & c_{r13}, & c_{r13}(O_{r1}) \\ & \vdots & \vdots \\ & c_{r1p}, & c_{r1p}(O_{r1}) \end{bmatrix} \text{ 和 } R_2 = \begin{bmatrix} O_{r2}, & c_{r1}, & c_{r1}(O_{r2}) \\ & c_{r2}, & c_{r2}(O_{r2}) \\ & c_{r23}, & c_{r23}(O_{r2}) \\ & \vdots & \vdots \\ & c_{r2q}, & c_{r2q}(O_{r2}) \end{bmatrix},$$

其中 c_{r1} 表示前项, c_{r2} 表示后项. 若它们构成聚合关系元 R, 且 R_1 和 R_2 在 R 中独立, 则称 R_1 和 R_2 可加, 记作:

$$R = R_1 \oplus R_2 = \begin{bmatrix} O_{r1} \oplus O_{r2}, & c_{r1}, & c_{r1}(O_{r1}) \oplus c_{r1}(O_{r2}) \\ & c_{r2}, & c_{r2}(O_{r1}) \oplus c_{r2}(O_{r2}) \\ & c_{r3}, & c_{r3}(O_{r1}) \oplus c_{r3}(O_{r2}) \\ & \vdots & \vdots \\ & c_{rs}, & c_{rs}(O_{r1}) \oplus c_{rs}(O_{r2}) \end{bmatrix},$$

其中, $\{c_{rk}|k=1,2,\ldots,s\} = \{c_{r1},c_{r2}\} \cup \{c_{r1i}|3 \leqslant i \leqslant p\} \cup \{c_{r2j}|3 \leqslant j \leqslant q\}$.

原理 2.3 也有类似原理 2.1 的特例, 此略.

例 2.4 用关系元的可加运算表示杯子的结构关系.

设

$$
R_1 = \begin{bmatrix} 上下关系, & 前项, & 杯盖D_1 \\ & 后项, & 杯身D_2 \\ & 维系方式, & 扣合式 \end{bmatrix},
$$

$$
R_2 = \begin{bmatrix} 连接关系, & 前项, & 杯身D_2 \\ & 后项, & 杯把D_3 \\ & 维系方式, & 一体式 \end{bmatrix},
$$

这里, $p = q = 3, \{c_{r13}\} = \{c_{r23}\} = \{维系方式\}$, 根据原理 2.3, 有:

$$
R = R_1 \oplus R_2
$$

$$
= \begin{bmatrix} 上下关系 \oplus 连接关系, & 前项, & 杯盖D_1 \oplus 杯身D_2 \\ & 后项, & 杯身D_2 \oplus 杯把D_3 \\ & 维系方式, & 扣合式 \oplus 一体式 \end{bmatrix}.
$$

推论 2.3 若存在关系元 R, R_1 和 R_2, 满足 $R = R_1 \oplus R_2$, 则称关系元 R_1 为关系元 R 关于 R_2 的可减关系元, 记作 $R_2 = R \ominus R_1$. 同样, 关系元 R_2 为关系元 R 关于 R_1 的可减关系元, 记作 $R_1 = R \ominus R_2$.

2. 可积运算

1) 物元的可积运算

定义 2.15 若特征 c_1 和 c_2 可以相互结合生成新的特征 c_3, 则称特征 c_1 和 c_2 可积, 且 c_3 为 c_1 和 c_2 的可积特征, 记作: $c_1 \otimes c_2 = c_3$.

原理 2.4 对于给定物元 $M_1 = (O_{m1}, c_{m1}, c_{m1}(O_{m1}))$ 和 $M_2 = (O_{m2}, c_{m2}, c_{m2}(O_{m2}))$, 若特征 c_{m1} 和 c_{m2} 可积, 即 $c_{m3} = c_{m1} \otimes c_{m2}$, 则由 M_1 和 M_2 可以形成新的物元 (此处可参考 2.3 中的拓展分析部分), 即:

$$M_1' = \begin{bmatrix} O_{m1}, & c_{m1}, & c_{m1}(O_{m1}) \\ & c_{m2}, & c_{m2}(O_{m1}) \\ & c_{m3}, & c_{m3}(O_{m1}) \end{bmatrix},$$

$$M_2' = \begin{bmatrix} O_{m2}, & c_{m1}, & c_{m1}(O_{m2}) \\ & c_{m2}, & c_{m2}(O_{m2}) \\ & c_{m3}, & c_{m3}(O_{m2}) \end{bmatrix}.$$

例如, 对于 $M_1 = ($电器 $D_1,$额定电压$,u_1\mathrm{V})$ 和 $M_2 = ($电器 $D_2,$额定电流, $i_2\mathrm{A})$, 由于额定电压 $\otimes$ 额定电流 = 额定功率, 则 M_1 和 M_2 可分别形成新物元:

$$M_1' = \begin{bmatrix} 电器 D_1, & 额定电压, & u_1\ \mathrm{V} \\ & 额定电流, & i_1\ \mathrm{A} \\ & 额定功率, & p_1\ \mathrm{W} \end{bmatrix}$$

$$M_2' = \begin{bmatrix} 电器 D_2, & 额定电压, & u_2\ \mathrm{V} \\ & 额定电流, & i_2\ \mathrm{A} \\ & 额定功率, & p_2\ \mathrm{W} \end{bmatrix}$$

原理 2.5 对于给定物元 M_1 和 M_2:

$$M_1 = \begin{bmatrix} O_{m1}, & c_{m11}, & c_{m11}(O_{m1}) \\ & c_{m12}, & c_{m12}(O_{m1}) \\ & \vdots & \vdots \\ & c_{m1p}, & c_{m1p}(O_{m1}) \end{bmatrix}, \ M_2 = \begin{bmatrix} O_{m2}, & c_{m21}, & c_{m21}(O_{m2}) \\ & c_{m22}, & c_{m22}(O_{m2}) \\ & \vdots & \vdots \\ & c_{m2q}, & c_{m2q}(O_{m2}) \end{bmatrix}.$$

若 M_1 和 M_2 构成系统物元 M, 且 M_1 和 M_2 在 M 中相互关联, 则称 M_1 和 M_2 是可积物元, 记作:

$$M = M_1 \otimes M_2 = \begin{bmatrix} O_{m1} \otimes O_{m2}, & c_{m1}, & c_{m1}(O_{m1}) \otimes c_{m1}(O_{m2}) \\ & c_{m2}, & c_{m2}(O_{m1}) \otimes c_{m2}(O_{m2}) \\ & \vdots & \vdots \\ & c_{ms}, & c_{ms}(O_{m1}) \otimes c_{ms}(O_{m2}) \end{bmatrix},$$

其中, $\{c_{mk} \mid k = 1, 2, \ldots, s\} = \{c_{m1i} \mid 1 \leqslant i \leqslant p\} \cup \{c_{m2j} \mid 1 \leqslant j \leqslant q\} \cup \{c_{m1i} \otimes c_{m2j} \mid c_{m1i}$ 和 c_{m2j} 可积, $1 \leqslant i \leqslant p, 1 \leqslant j \leqslant q\}$.

特别地, 对于两个一维可积物元 $M_1 = (O_{m1}, c_{m1}, v_{m1})$, $M_2 = (O_{m2}, c_{m2}, v_{m2})$, 有

$M_1 \otimes M_2$

$$
= \begin{cases}
(O_{m1} \otimes O_{m2}, c_m, v_{m1} \otimes v_{m2}), O_{m1} \neq O_{m2}, c_{m1} = c_{m2} = c_m \\[2mm]
\begin{bmatrix} O_m, & c_{m1}, & v_{m1} \\ & c_{m2}, & v_{m2} \\ & c_m, & c_m(O_m) \end{bmatrix}, \quad \begin{matrix} O_{m1} = O_{m2} = O_m, c_{m1} \neq c_{m2}, \\ c_{m1} \otimes c_{m2} = c_m \end{matrix} \\[6mm]
\begin{bmatrix} O_{m1} \otimes O_{m2}, & c_{m1}, & v_{m1} \otimes c_{m1}(O_{m2}) \\ & c_{m2}, & c_{m2}(O_{m1}) \otimes v_{m2} \\ & c_m, & c_m(O_{m1}) \otimes c_m(O_{m2}) \end{bmatrix}, \quad \begin{matrix} O_{m1} \neq O_{m2}, \\ c_{m1} \neq c_{m2}, \\ c_{m1} \otimes c_{m2} = c_m \end{matrix} \\[6mm]
\begin{bmatrix} O_{m1} \otimes O_{m2}, & c_{m1}, & v_{m1} \otimes c_{m1}(O_{m2}) \\ & c_{m2}, & c_{m2}(O_{m1}) \otimes v_{m2} \end{bmatrix}, \quad \begin{matrix} O_{m1} \neq O_{m2}, c_{m1} \neq c_{m2}, \\ c_{m1} \text{ 与 } c_{m2} \\ \text{是不可积特征.} \end{matrix}
\end{cases}
$$

这是原理 2.5 的特例, 它也说明, 两个同物不同特征的一维物元, 如果特征是可积特征, 则可以构成一个三维物元.

例 2.5 用物元的可积运算表示 "将纯净的氢气 (燃点 400 摄氏度) 在氧气中点燃, 将发生化学反应生成水".

设

$$
M_1 = \begin{bmatrix} 氢气, & 体积, & v_1 \text{ mm}^3 \\ & 密度, & d_1 \text{ g/mm}^3 \\ & 温度, & 400°C \end{bmatrix},
$$

$$
M_2 = \begin{bmatrix} 氧气, & 体积, & v_2 \text{ mm}^3 \\ & 密度, & d_2 \text{ g/mm}^3 \\ & 温度, & 20°C \end{bmatrix}.
$$

这里, $p = q = 3$, $\{c_{m11}, c_{m12}, c_{m13}\} = \{c_{m21}, c_{m22}, c_{m23}\} = \{$体积, 密度, 温度$\}$, 且有 $c_{m11} \otimes c_{m22} = c_{m12} \otimes c_{m21} =$ 体积 $\otimes$ 密度 $=$ 质量, 根据原理 2.5 可知, $s = 4$, $\{c_{m1}, c_{m2}, c_{m3}, c_{m4}\} = \{$体积, 密度, 温度, 质量$\}$, 故有:

$$M_1 \otimes M_2 = \begin{bmatrix} 氢气 \otimes 氧气, & 体积, & (v_1 \otimes v_2)\,\text{mm}^3 \\ & 密度, & (d_1 \otimes d_2)\,\text{g/mm}^3 \\ & 温度, & (400 \otimes 20)°\text{C} \\ & 质量, & (v_1 d_1 \otimes v_2 d_2)\,\text{g} \end{bmatrix}.$$

例 2.6 用物元的可积运算表示 "将纸片 D_1 和纸片 D_2 装订在一起". 设

$$M_1 = (纸片 D_1, 长度, l_1\,\text{mm})\,, M_2 = (纸片 D_2, 宽度, w_2\,\text{mm})$$

此例中, $p = q = 1$, $\{c_{m11}\} = \{长度\}$, $\{c_{m21}\} = \{宽度\}$, $c_{m11} \otimes c_{m21} = 长度 \otimes 宽度 = 面积$, 故有 $s = 3$, $\{c_{m1}, c_{m2}, c_{m3}\} = \{长度, 宽度, 面积\}$, 则:

$$M = M_1 \otimes M_2 = \begin{bmatrix} 纸片 D_1 \otimes 纸片 D_2, & 长度, & (l_1 \otimes l_2)\,\text{mm} \\ & 宽度, & (w_1 \otimes w_2)\,\text{mm} \\ & 面积, & (l_1 w_1 \otimes l_2 w_2)\,\text{mm}^2 \end{bmatrix}.$$

推论 2.4 若存在物元 M, M_1 和 M_2, 满足 $M = M_1 \otimes M_2$, 则称物元 M_1 为物元 M 关于 M_2 的可删物元, 记作 $M_2 = M \oslash M_1$. 同样, 物元 M_2 为物元 M 关于 M_1 的可删物元, 记作 $M_1 = M \oslash M_2$.

2) 事元的可积运算

原理 2.6 若事元

$$A_1 = \begin{bmatrix} O_{a1}, & c_{a11}, & c_{a11}(O_{a1}) \\ & c_{a12}, & c_{a12}(O_{a1}) \\ & \vdots & \vdots \\ & c_{a1p}, & c_{a1p}(O_{a1}) \end{bmatrix} 和 A_2 = \begin{bmatrix} O_{a2}, & c_{a21}, & c_{a21}(O_{a2}) \\ & c_{a22}, & c_{a22}(O_{a2}) \\ & \vdots & \vdots \\ & c_{a2q}, & c_{a2q}(O_{a2}) \end{bmatrix}$$

构成事元体系 A, 且 A_2 的实现要以 A_1 的实现为前提, 即 A_2 依赖于 A_1, 则称 A_1 和 A_2 是可积事元, 记作:

$$A = A_2 \otimes A_1 = \begin{bmatrix} O_{a2} \otimes O_{a1}, & c_{a1}, & c_{a1}(O_{a2}) \otimes c_{a1}(O_{a1}) \\ & c_{a2}, & c_{a2}(O_{a2}) \otimes c_{a2}(O_{a1}) \\ & \vdots & \vdots \\ & c_{as}, & c_{as}(O_{a2}) \otimes c_{as}(O_{a1}) \end{bmatrix},$$

其中，$\{c_{ak}|k = 1, 2, \cdots, s\} = \{c_{a1i}|1 \leqslant i \leqslant p\} \cup \{c_{a2j}|1 \leqslant j \leqslant q\}$.

注意：事元与物元不同, 没有可积特征.

例 2.7 用事元的可积运算表示 "用手 H 将生鸡蛋 D_1 打到碗 D_2 里, 并用筷子 D_3 搅拌".

设已去壳的生鸡蛋为 D_1', 且

$$A_1 = \begin{bmatrix} 打, & 支配对象, & 生鸡蛋D_1 \\ & 接受对象, & 碗D_2 \\ & 工具, & 手H \end{bmatrix},$$

$$A_2 = \begin{bmatrix} 搅拌, & 支配对象, & D_1' \\ & 接受对象, & D_1' \\ & 工具, & 筷子D_3 \end{bmatrix},$$

此例中, $p = 3$, $q = 3$, $\{c_{a11}, c_{a12}, c_{a13}\} = \{$支配对象, 接受对象, 工具$\}$, $\{c_{a21}, c_{a22}, c_{a23}\} = \{$支配对象, 接受对象, 工具$\}$, 故有:

$$s = 3, \{c_{a1}, c_{a2}, c_{a3}\} = \{支配对象, 接受对象, 工具\},$$

$$A = A_2 \otimes A_1 = \begin{bmatrix} 搅拌 \otimes 打, & 支配对象, & D_1' \otimes 生鸡蛋D_1 \\ & 接受对象, & D_1' \otimes 碗D_2 \\ & 工具, & 筷子D_3 \otimes 手H \end{bmatrix},$$

例 2.8 用事元的可积运算表示 "在机器 D 上按顺序装配零件 D_1 和 D_2".

设

$$A_1 = \begin{bmatrix} 装配O_{a1}, & 支配对象, & 零件D_1 \\ & 接受对象, & 机器D \end{bmatrix},$$

$$A_2 = \begin{bmatrix} 装配O_{a2}, & 支配对象, & 零件D_2 \\ & 接受对象, & 机器D \end{bmatrix},$$

这里, $p = q = 2$, $\{c_{a11}, c_{a12}\} = \{c_{a21}, c_{a22}\} = \{$支配对象, 接受对象$\}$, 则有:

$$\{c_{a1}, c_{a2}\} = \{支配对象, 接受对象\},$$

$$A = A_2 \otimes A_1$$

$$= \begin{bmatrix} 装配O_{a2} \otimes 装配O_{a1}, & 支配对象, & 零件D_2 \otimes 零件D_1 \\ & 接受对象, & 机器D \end{bmatrix}.$$

说明：两个事元中表示动作的词相同，但含义不同时，要用符号区分.

推论 2.5 若存在事元 A, A_1 和 A_2，满足 $A = A_2 \otimes A_1$，则称事元 A_2 为事元 A 关于 A_1 的可删事元，记作 $A_1 = A \oslash A_2$.

这里，由于 A_2 和 A_1 有先后顺序，A_2 依赖于 A_1，因此，不能称 A_1 为 A 关于 A_2 的可删事元.

3) 关系元的可积运算

原理 2.7 对于给定关系元 R_1 和 R_2：

$$R_1 = \begin{bmatrix} O_{r1}, & c_{r1}, & c_{r1}(O_{r1}) \\ & c_{r2}, & c_{r2}(O_{r1}) \\ & c_{r13}, & c_{r13}(O_{r1}) \\ & \vdots & \vdots \\ & c_{r1p}, & c_{r1p}(O_{r1}) \end{bmatrix}$$

和 $R_2 = \begin{bmatrix} O_{r2}, & c_{r1}, & c_{r1}(O_{r2}) \\ & c_{r2}, & c_{r2}(O_{r2}) \\ & c_{r23}, & c_{r23}(O_{r2}) \\ & \vdots & \vdots \\ & c_{r2q}, & c_{r2q}(O_{r2}) \end{bmatrix}$,

若 R_1 和 R_2 形成新的关系 $O_{r1} \otimes O_{r2}$，则称 R_1 和 R_2 是可积关系元，记作：

$$R = R_1 \otimes R_2 = \begin{bmatrix} O_{r1} \otimes O_{r2}, & c_{r1}, & c_{r1}(O_{r1}) \otimes c_{r1}(O_{r2}) \\ & c_{r2}, & c_{r2}(O_{r1}) \otimes c_{r2}(O_{r2}) \\ & \vdots & \vdots \\ & c_{rs}, & c_{rs}(O_{r1}) \otimes c_{rs}(O_{r2}) \end{bmatrix},$$

其中，$\{c_{rk}|k = 1,2,\cdots,s\} = \{c_{r1},c_{r2}\} \cup \{c_{r1i}|3 \leqslant i \leqslant p\} \cup \{c_{r2j}|3 \leqslant j \leqslant q\}$.

特别地，若 $O_{r1} = O_{r2}$，则 $O_{r1} \otimes O_{r2} = O_{r1} = O_{r2}$.

注意：关系元也与物元不同，没有可积特征.

例 2.9 女 D_1 和男 D_2 是母子关系，男 D_2 和女 D_3 是夫妻关系，则女 D_1 和女 D_3 关于男 D_2 构成婆媳关系，可用如下符号表示：

$$R_1 = \begin{bmatrix} 母子关系, & 前项, & 女D_1 \\ & 后项, & 男D_2 \\ & 维系方式, & 血缘 \end{bmatrix},$$

$$R_2 = \begin{bmatrix} 夫妻关系, & 前项, & 男D_2 \\ & 后项, & 女D_3 \\ & 维系方式, & 婚姻 \end{bmatrix},$$

$$R = R_1 \otimes R_2$$

$$= \begin{bmatrix} 母子关系 \otimes 夫妻关系, & 前项, & 女D_1 \otimes 男D_2 \\ & 后项, & 男D_2 \otimes 女D_3 \\ & 维系方式, & 血缘 \otimes 婚姻 \end{bmatrix}$$

$$\triangleq \begin{bmatrix} 婆媳关系, & 前项, & 女D_1 \otimes 男D_2 \\ & 后项, & 男D_2 \otimes 女D_3 \\ & 维系方式, & 血缘 \otimes 婚姻 \end{bmatrix}.$$

推论 2.6 若存在关系元 R，R_1 和 R_2，满足 $R = R_1 \otimes R_2$，则称关系元 R_1 为关系元 R 关于 R_2 的可删关系元，记作 $R_2 = R \oslash R_1$. 关系元 R_2 为关系元 R 关于 R_1 的可删关系元，记作 $R_1 = R \oslash R_2$.

2.2 复合元与可拓模型

现实世界中的问题，往往是非常复杂的，是人、事、物组合或复合的结果. 因此，描述这些对象，需要使用物元、事元和关系元复合的形式来表达，统称为复合元. 研究复合元的构成、运算和变换就成为研究复杂问题的基础.

利用基元、复合元及其运算式形式化表达万事万物及其关系和问题的模型, 统称为可拓模型.

2.2.1 复合元

复合元可以有多种形式, 此处只介绍常用的几种.

1. 物元和物元形成的复合元

若 $M = (O_m, c_m, v_m)$, $M_1 = (O_{m1}, c_{m1}, v_{m1})$, 则 $M_O(M_1) = (M_1, c_m, v_m) = ((O_{m1}, c_{m1}, v_{m1}), c_m, v_m)$ 为物元 M 和 M_1 关于对象构成的复合元, $M_v(M_1) = (O_{m2}, c_m, M_1) = (O_{m2}, c_{m_i}(O_{m1}, c_{m1}, v_{m1}))$ 为物元 M 和 M_1 关于量值构成的复合物元, 也可记作 $Co(M, M_1)$.

例如, 设 $M_1 = ($设备 E, 所有者, 公司 $D)$, 则

$$M_O(M_1) = ((设备E, 所有者, 公司D), 时间, \langle 1999 年, 2003年\rangle)$$

表示 "在 1999~2003 年间设备 E 是属于公司 D 的".

特别地, 把对物元进行评价的特征称为它的评价特征, 以 c_0 表示, 即对

$$M = (O_m, \ c_m, \ v_m),$$

有相应的复合元

$$M_O(M) = (M, c_0, c_0(M)),$$

例如, 若

$$M = (甲, 身高, 1.7m),$$

则有复合元

$$M_O(M) = (M, 摸高, 2.2m).$$

再如, "杯子 D 的材质是食品级 304 不锈钢 D_1", 可以用复合元表示为:

$$M_v(M_1) = (杯子D, 材质, M_1),$$

$$M_1 = \begin{bmatrix} 不锈钢D_1, & 型号, & 304 \\ & 级别, & 食品级 \end{bmatrix}.$$

对于多维物元之间, 也有类似的复合方式. 例如,

$$
M_v(M_1, M_2) = \begin{bmatrix} \text{充电桩}D, & \text{输入/输出电压,} & 220\,\text{V} \\ & \text{输出功率,} & [200, 1000]\text{W} \\ & \text{材质,} & M_1 \\ & \text{安装位置,} & M_2 \end{bmatrix},
$$

$$
M_1 = \begin{bmatrix} \text{材料}D_1, & \text{绝缘性,} & \text{很好} \\ & \text{阻燃性,} & \text{很好} \end{bmatrix},
$$

$$
M_2 = \begin{bmatrix} \text{建筑}D_2, & \text{类型,} & \text{公共} \\ & \text{面积,} & 100\text{m}^2 \end{bmatrix}.
$$

2. 物元和事元形成的复合元

若 $M = (O_m, c_m, v_m)$, $A = (O_a, c_a, v_a)$, 则 $A(M) = (O_a, c_a, M)$、$M_v(A) = (O_m, c_m, A)$ 及 $M_O(A) = (A, c_m, v_m)$ 均为物元和事元形成的复合元.

例如, $M =$ (大象 E, 重量, $v$kg), $A(M) =$ (称, 支配对象, M), 则

$$A(M) = (\text{称, 支配对象, (大象}E, \text{重量, } v\text{kg})).$$

又如, 复合元 $M_v(A) =$ (电灯 D, 开关方式, (控制, 工具, 光)), 表示 "电灯 D 的开关方式是用光控制的".

如果要形式化表达 "容积为 300ml 的不锈钢茶杯 D 具有测量温度的功能", 则可以用如下复合元表示:

$$
A(M) = \begin{bmatrix} \text{测量,} & \text{支配对象,} & \text{温度} \\ & \text{工具,} & M \end{bmatrix},
$$

$$
M = \begin{bmatrix} \text{茶杯}D, & \text{容积,} & 300\text{ml} \\ & \text{材质,} & \text{不锈铜} \end{bmatrix}.
$$

特别地, 我们把对事元进行评价的特征称为它的评价特征, 以 c_0 表示, 即对

$$A = (O_a, c_a, v_a)$$

有相应的复合元

$$M_O(A) = (A, c_0, c_0(A)).$$

例如, 要表示"发动战争的代价是很高的", 就是对一个事元 (发动, 支配对象, 战争) 的评价, 可以用复合元 $M_0(A) =$ ((发动, 支配对象, 战争), 代价, 很高) 形式化表示.

对于多维物元和多维事元之间, 也有类似的复合方式. 例如, "9 岁的小学三年级的小明, 用容积为 300ml 的不锈钢茶杯 D 测量水的温度", 则可以用如下复合元表示:

$$A(M, M_1) = \begin{bmatrix} 测量, & 支配对象, & 温度 \\ & 工具, & M \\ & 施动对象, & M_1 \end{bmatrix},$$

其中,

$$M = \begin{bmatrix} 茶杯D, & 容积, & 300ml \\ & 材质, & 不锈钢 \end{bmatrix},$$

$$M_1 = \begin{bmatrix} 小明, & 年龄, & 9 岁 \\ & 年级, & 小学三年级 \end{bmatrix}.$$

更一般地, 将多维事元 $A = (O_a, C_a, V_a)$ 关于 n 个特征的量值与 n 个物元 $M_1, M_2, \cdots, M_n$ 构成的复合元记作: $A(M_1, M_2, \cdots, M_n)$.

3. 物元和关系元形成的复合元

若 $M_1 = (O_{m1}, c_{m1}, v_{m1})$, $M_2 = (O_{m2}, c_{m2}, v_{m2})$, $R = \begin{bmatrix} O_r, & c_{r1}, & v_{r1} \\ & c_{r2}, & v_{r2} \end{bmatrix}$, $M = (O_m, c_m, v_m)$, 则

$$R(M_1, M_2) = \begin{bmatrix} O_r, & c_{r1}, & M_1 \\ & c_{r2}, & M_2 \end{bmatrix} \text{ 或 } M_O(R) = (R, c_m, v_m),$$

称为物元和关系元形成的复合元.

例如, 设 $M_1 =$ (甲, 性格, 暴躁), $M_2 =$ (乙, 性格, 温和), 则有

$$R(M_1, M_2) = \begin{bmatrix} 互补关系, & c_{r1}, & M_1 \\ & c_{r2}, & M_2 \end{bmatrix}.$$

在可拓学中, 把对关系元进行评价的特征称为它的评价特征, 以 c_0 表示, 即对

$$R = \begin{bmatrix} O_r, & c_{r1}, & v_{r1} \\ & c_{r2}, & v_{r2} \end{bmatrix},$$

有相应的复合元

$$M_O(R) = (R, c_0, c_0(R)).$$

4. 事元和事元形成的复合元

若 $A = (O_a, c_a, v_a), A_1 = (O_{a1}, c_{a1}, v_{a1})$, 则称 $A(A_1) = (O_a, c_a, (O_{a1}, c_{a1}, v_{a1}))$ 为事元与事元形成的复合元.

例如,

$$A(A_1) = \begin{bmatrix} 同意, & 支配对象, & A_1 \\ & 施动封象, & 他 \end{bmatrix},$$

$$A_1 = \begin{bmatrix} 参加, & 接受对象, & 舞蹈比赛 \\ & 施动对象, & 我 \end{bmatrix},$$

则复合元 $A(A_1)$ 表示 "他同意我参加舞蹈比赛".

更一般地, 将多维事元 $A = (O_a, C_a, V_a)$ 关于 n 个特征的量值与 n 个事元 $A_1, A_2, \cdots, A_n$ 构成的复合元记作: $A(A_1, A_2, \cdots, A_n)$.

5. 事元和关系元形成的复合元

若

$$A = (O_a, c_a, v_a), \ R = \begin{bmatrix} O_r, & c_{r1}, & v_{r1} \\ & c_{r2}, & v_{r2} \end{bmatrix},$$

则称 $A(R) = (O_a, c_a, R)$ 为由关系元与事元形成的复合元.

类似地, 若 $A_1 = (O_{a1}, c_{a1}, v_{a1})$, $A_2 = (O_{a2}, c_{a2}, v_{a2})$, $R = \begin{bmatrix} O_r, & c_{r1}, & v_{r1} \\ & c_{r2}, & v_{r2} \end{bmatrix}$, 则称

$$R(A_1, A_2) = \begin{bmatrix} O_r, & c_{r1}, & A_1 \\ & c_{r2}, & A_2 \end{bmatrix}$$

为由事元 A_1、A_2 和关系元 R 形成的复合元.

例如，"恢复甲国与乙国的外交关系"，可以用如下复合元表示：

$$A(R) = (\text{恢复, 支配对象}, R), R = \begin{bmatrix} \text{外交关系,} & \text{前项,} & \text{甲国} \\ & \text{后项,} & \text{乙国} \end{bmatrix}.$$

再如，"小明先吃饭再做作业"，可以用如下复合元形式化表示：

$$R(A_1, A_2) = \begin{bmatrix} \text{前后关系,} & \text{前项,} & A_1 \\ & \text{后项,} & A_2 \end{bmatrix},$$

$$A_1 = \begin{bmatrix} \text{吃,} & \text{支配对象,} & \text{饭} \\ & \text{施动对象,} & \text{小明} \end{bmatrix},$$

$$A_2 = \begin{bmatrix} \text{做,} & \text{支配对象,} & \text{作业} \\ & \text{施动对象,} & \text{小明} \end{bmatrix}.$$

说明：此复合关系元也可用事元的积运算形式化表达.

6. 关系元和关系元形成的复合元

若

$$R_1 = \begin{bmatrix} O_{r1}, & c_{r1}, & v_{r11} \\ & c_{r2}, & v_{r12} \end{bmatrix}, \quad R_2 = \begin{bmatrix} O_{r2}, & c_{r1}, & v_{r21} \\ & c_{r2}, & v_{r22} \end{bmatrix},$$

称

$$R(R_1, R_2) = \begin{bmatrix} O_r, & c_{r1}, & R_1 \\ & c_{r2}, & R_2 \end{bmatrix}$$

为由关系元 R_1 和关系元 R_2 复合成的复合元.

例如，

$$R_1 = \begin{bmatrix} \text{借贷关系,} & \text{前项,} & \text{公司} D_1 \\ & \text{后项,} & \text{银行} D_2 \end{bmatrix},$$

$$R_2 = \begin{bmatrix} \text{担保关系,} & \text{前项,} & \text{公司} D_3 \\ & \text{后项,} & \text{公司} D_1 \end{bmatrix},$$

则

$$R(R_1, R_2) = \begin{bmatrix} \text{连带关系,} & \text{前项,} & R_1 \\ & \text{后项,} & R_2 \end{bmatrix}$$

为 R_1 和 R_2 复合而成的复合元.

说明: 此处也可用关系元的积运算形式化表达.

另外, 在实际应用中, 还可能有物元、事元与关系元形成的复合元, 由于应用不多, 所以此处不做介绍, 需要用到时, 读者可以参考上述复合元的复合方式自行构造.

特别需要注意的是: 复合元的复合方式是有顺序关系的. 以一个物元与一个事元构成的复合元为例, 物元 $M = (O_{m_s}, c_m, v_m)$ 与事元 $A = (O_a, c_a, v_a)$ 构成的关于量值的复合元为 $M_v(A) = (O_m, c_m, A)$, 而事元 $A = (O_a, c_a, v_a)$ 与物元 $M = (O_m, c_m, v_m)$ 构成的复合元为 $A(M) = (O_a, c_a M)$, 说明 $M_v(A) \neq A(M)$.

2.2.2 动态复合元

与基元类似, 当复合元随某个参数动态变化时, 就形成动态复合元.

例如, $A(M_1, M_2)(t)$ 表示动态物元 $M_1(t)$、$M_2(t)$ 和动态事元 $A(t)$ 形成的动态复合元; $R(M_1, M_2)(t)$ 表示动态物元 $M_1(t)$、$M_2(t)$ 和动态关系元 $R(t)$ 形成的动态复合元. 其余情况类似, 此不详述.

2.2.3 复合元的逻辑运算与算术运算

1. 复合元的逻辑运算

下面以事元 $A_1 = (O_{a1}, c_{a1}, v_{a1})$ 与物元 $M_1 = (O_{m1}, c_{m1}, v_{m1})$ 构成的复合元 $A_1(M_1)$ 和事元 $A_2 = (O_{a2}, c_{a2}, v_{a2})$ 与物元 $M_2 = (O_{m2}, c_{m2}, v_{m2})$ 构成的复合元 $A_2(M_2)$ 为例, 介绍复合元的逻辑运算. 事元与事元、事元与关系元构成的复合元的逻辑运算类似.

类似于基元的逻辑运算, 复合元的逻辑运算也包括与运算、或运算和非运算.

1) 与运算: $A_1(M_1) \wedge A_2(M_2)$ 表示两个复合元同时实现.

2) 或运算: $A_1(M_1) \vee A_2(M_2)$ 表示两个复合元至少有一个实现.

3) 非运算: $A_1(M_1)$ 的非运算包括三种情况, $\bar{A}_1(M_1)$ 或 $A_1(\bar{M}_1)$ 或 $\bar{A}_1(\bar{M}_1)$, 其中物元和事元的非运算遵循基元的非运算, 此不详述.

说明: 不同类复合元也可以进行与或运算, 此不详述.

例如, 设

$$A_1(M_1) = \begin{bmatrix} 防止 O_{a1}, & 支配对象, & 辐射 \\ & 工具, & M_1 \end{bmatrix},$$

$$M_1 = \begin{bmatrix} 太阳伞面 D_1, & 材质, & 黑胶布 \\ & 面积, & 1m^2 \end{bmatrix},$$

$$A_2(M_2) = \begin{bmatrix} 防止 O_{a2}, & 支配对象, & 风沙 \\ & 工具, & M_2 \end{bmatrix},$$

$$M_2 = \begin{bmatrix} 面罩 D_2, & 材质, & 防尘滤棉布 \\ & 面积, & 0.3m^2 \end{bmatrix},$$

则 $A_1(M_1) \wedge A_2(M_2)$ 表示 "用面积为 $1m^2$ 的黑胶布太阳伞面 D_1 防止辐射" 和 "用面积为 $0.3m^2$ 的防尘滤棉布面罩 D_2 防止风沙" 同时实现; 而 $A_1(M_1) \vee A_2(M_2)$ 表示 "用面积为 $1m^2$ 的黑胶布太阳伞面 D_1 防止辐射" 和 "用面积为 $0.3m^2$ 的防尘滤棉布面罩 D_2 防止风沙" 至少有一个实现.

$$\bar{A}_1(M_1) = \begin{bmatrix} \overline{防止 O_{a1}}, & 支配对象, & 辐射 \\ & 工具, & M_1 \end{bmatrix}$$

表示 "用面积为 $1m^2$ 的黑胶布太阳伞面 D_1 非防止辐射".

$$A_1(\bar{M}_1) = \begin{bmatrix} 防止 O_{a1}, & 支配对象, & 辐射 \\ & 工具, & \bar{M}_1 \end{bmatrix}$$

表示 "用非面积为 $1m^2$ 的黑胶布太阳伞面 D_1 防止辐射".

$$\bar{A}_1(\bar{M}_1) = \begin{bmatrix} \overline{防止 O_{a1}}, & 支配对象, & 辐射 \\ & 工具, & \bar{M}_1 \end{bmatrix}$$

表示 "用非面积为 $1m^2$ 的黑胶布太阳伞面 D_1 非防止辐射".

当然, 按照物元的非运算, $\bar{M}_1$ 又包括对象的非和量值的非, 此不详述.

2. 复合元的算术运算

类似于基元的算术运算, 复合元的算术运算包括可加运算及相应的可减运算、可积运算及相应的可删运算, 并且只有同类复合元才可以进行算术运算.

下面以复合元 $A_1(M_1) = (O_{a1}, c_{a1}, M_1)$ 与复合元 $A_2(M_2) = (O_{a2}, c_{a2}, M_2)$ 为例, 结合基元的算术运算, 介绍复合元的算术运算. 其中 $M_1 = (O_{m1}, c_{m1}, v_{m1})$ 与 $M_2 = (O_{m2}, c_{m2}, v_{m2})$ 为物元. 其他类型的复合元及各种多维复合元, 都有类似的运算规则, 在创新或解决实际问题中如果用到, 请读者自行推演.

1) 可加运算

$$A_1(M_1) \oplus A_2(M_2)$$

$$= (O_{a1}, c_{a1}, M_1) \oplus (O_{a2}, c_{a2}, M_2)$$

$$= \begin{cases} (O_{a1} \oplus O_{a2}, c_{a1}, M_1 \oplus M_2), & \text{当} O_{a1} \neq O_{a2}, c_{a1} = c_a \text{时}, \\[2mm] \begin{bmatrix} O_{a1}, & c_{a1}, & M_1 \\ & c_{a2}, & M_2 \end{bmatrix}, & \text{当} O_{a1} = O_{a2}, c_{a1} \neq c_{a2} \text{时}, \\[3mm] \begin{bmatrix} O_{a1} \oplus O_{a2}, & c_{a1}, & M_1 \oplus M_{21} \\ & c_{a2}, & M_{12} \oplus M_2 \end{bmatrix}, & \text{当} O_{a1} \neq O_{a2}, c_{a1} \neq c_{a2} \text{时}, \end{cases}$$

其中 $M_{21} = c_{a1}(O_{a2})$, $M_{12} = c_{a2}(O_{a1})$.

例如, 对上例中的 $A_1(M_1)$ 和 $A_2(M_2)$, 有

$$A_1(M_1) \oplus A_2(M_2)$$

$$= \begin{bmatrix} 防止 O_{a1}, & 支配对象, & 辐射 \\ 工具, & & M_1 \end{bmatrix} \oplus \begin{bmatrix} 防止 O_{a2}, & 支配对象, & 风沙 \\ 工具, & & M_2 \end{bmatrix}$$

$$= \begin{bmatrix} 防止 O_{a1} \oplus 防止 O_{a2}, & 支配对象, & 辐射 \oplus 风沙 \\ 工具, & & M_1 \oplus M_2 \end{bmatrix},$$

其中,

$$M_1 \oplus M_2$$

$$= \begin{bmatrix} \text{太阳伞面 } D_1, & \text{材质}, & \text{黑胶布} \\ & \text{面积}, & 1\text{m}^2 \end{bmatrix} \oplus \begin{bmatrix} \text{面罩 } D_2, & \text{材质}, & \text{防尘滤棉布} \\ & \text{面积}, & 0.3\text{m}^2 \end{bmatrix}$$

$$= \begin{bmatrix} \text{太阳伞面 } D_1 \oplus \text{面罩 } D_2, & \text{材质}, & \text{黑胶布} \oplus \text{防尘滤棉布} \\ & \text{面积}, & 1\text{m}^2 \oplus 0.3\text{m}^2 \end{bmatrix}.$$

2) 可减运算

若存在复合元 $A(M)$、$A_1(M_1)$ 和 $A_2(M_2)$, 满足 $A(M) = A_1(M_1) \oplus A_2(M_2)$, 其中 $M = M_1 \oplus M_2$, 则称复合元 $A_1(M_1)$ 为复合元 $A(M)$ 关于 $A_2(M_2)$ 的可减复合元, 记作 $A_2(M_2) = A(M) \ominus A_1(M_1)$. 同样, 复合元 $A_2(M_2)$ 为复合元 $A(M)$ 关于 $A_1(M_1)$ 的可减复合元, 记作 $A_1(M_1) = A(M) \ominus A_2(M_2)$.

3) 可积运算

$A_2(M_2) \otimes A_1(M_1)$ 表示两个复合元按照先后顺序实现, 且 $A_1(M_1)$ 先实现, $A_2(M_2)$ 后实现, 即 $A_1(M_1) \otimes A_2(M_2) \neq A_2(M_2) \otimes A_1(M_1)$, 根据基元的可积运算, 有

$$A_2(M_2) \otimes A_1(M_1)$$
$$= (O_{a2}, c_{a2}, M_2) \otimes (O_{a1}, c_{a1}, M_1)$$
$$= \begin{cases} (O_{a2} \otimes O_{a1}, c_{a1}, M_2 \otimes M_1), & \text{当} O_{a1} \neq O_{a2}, c_{a1} = c_{a2}\text{时}, \\ \begin{bmatrix} O_{a2} \otimes O_{a1}, & c_{a1}, & M_{21} \otimes M_1 \\ & c_{a2}, & M_2 \otimes M_{12} \end{bmatrix}, & \text{当} O_{a1} \neq O_{a2}, c_{a1} \neq c_{a2}\text{时}, \end{cases}$$

其中 $M_{21} = c_{a1}(O_{a2}), M_{12} = c_{a2}(O_{a1})$.

说明: 当 $O_{a1} = O_{a2}, c_{a1} \neq c_{a2}$ 时, 说明两个复合元 $A_2(M_2)$ 和 $A_1(M_1)$ 表示的是同一件事的两个不同维度, 没有先后顺序关系, 是不可积复合元, 可以构成一个二维复合元.

例如, 对上例中的 $A_1(M_1)$ 和 $A_2(M_2)$, 有

$$A_1(M_1) \otimes A_2(M_2)$$

$$= \begin{bmatrix} \text{防止} O_{a1}, & \text{支配对象}, & \text{辐射} \\ & \text{工具}, & M_1 \end{bmatrix} \otimes \begin{bmatrix} \text{防止} O_{a2}, & \text{支配对象}, & \text{风沙} \\ & \text{工具}, & M_2 \end{bmatrix}$$

$$= \begin{bmatrix} \text{防止} O_{a1} \otimes \text{防止} O_{a2}, & \text{支配对象}, & \text{辐射} \otimes \text{风沙} \\ & \text{工具}, & M_1 \otimes M_2 \end{bmatrix}$$

表示"先用面罩 D_2 防止风沙, 再用太阳伞面 D_1 防止辐射". 而

$$A_2\left(M_2\right) \otimes A_1\left(M_1\right)$$

$$= \begin{bmatrix} \text{防止} O_{a1}, & \text{支配对象}, & \text{风沙} \\ & \text{工具}, & M_2 \end{bmatrix}$$

$$\otimes \begin{bmatrix} \text{防止} O_{a2}, & \text{支配对象}, & \text{辐射} \\ & \text{工具}, & M_1 \end{bmatrix}$$

$$= \begin{bmatrix} \text{防止} O_{a1} \otimes \text{防止} O_{a2}, & \text{支配对象}, & \text{风沙} \otimes \text{辐射} \\ & \text{工具}, & M_2 \otimes M_1 \end{bmatrix}$$

表示"先用太阳伞面 D_1 防止辐射, 再用面罩 D_2 防止风沙".

4) 可删运算

若存在复合元 $A(M)$、$A_1\left(M_1\right)$ 和 $A_2\left(M_2\right)$, 满足 $A(M) = A_1\left(M_1\right) \otimes A_2\left(M_2\right)$, 其中 $M = M_1 \otimes M_2$, 则称复合元 $A_1\left(M_1\right)$ 为复合元 $A(M)$ 关于 $A_2\left(M_2\right)$ 的可删复合元, 记作 $A_2\left(M_2\right) = A(M) \oslash A_1\left(M_1\right)$.

2.2.4 可拓模型

基元、复合元、基元或复合元的逻辑运算与算术运算, 又可以构成更复杂的模型, 成为表达和研究复杂产品创新、解决复杂问题的基础, 为叙述方便, 将这些模型统称为可拓模型, 包括静态可拓模型和动态可拓模型, 分别记作 E_M 和 $E_M(t)$.

静态可拓模型, 包括静态基元 (物元、事元、关系元) 模型、静态复合元模型、静态基元及静态复合元的运算式构成的可拓模型、问题的静态可拓模型等.

动态可拓模型包括动态基元 (物元、事元、关系元) 模型、动态复合元模型、动态基元及动态复合元的运算式构成的动态可拓模型、问题的动态可拓模型等.

在可拓学中, 认为问题都是由目标和条件构成的, 而目标可以由事元、复合元或其运算式形式化表示, 构成目标的可拓模型; 条件可以由基元、复合元或其运算式形式化表示, 构成条件的可拓模型.

在后续研究与应用中, 在不致引起混淆的情况下, 一般不特别指明静态可拓模型和动态可拓模型.

2.2.5 问题的可拓模型及其逻辑运算

为便于分析问题, 我们按照问题的目标的数量及目标间的逻辑运算关系构建问题的可拓模型, 包括单目标问题、双目标问题和多目标问题.

1. 单目标问题的可拓模型及其逻辑运算

若某单目标问题 P 的目标的可拓模型为 G, 条件的可拓模型为 L (可以是单条件, 也可以是多条件), 则该单目标问题的静态可拓模型为: $P = G * L$.

若某单目标问题的目标的可拓模型为 $G(t)$, 条件的可拓模型为 $L(t)$ (可以是单条件, 也可以是多杂件), 则该单目标问题的动态可拓模型为: $P(t) = G(t) * L(t)$.

根据基元与复合元的逻辑运算, 可以定义单目标问题的逻辑运算, 包括与运算、或运算、非运算. 根据这些运算, 可以形成单目标问题的与问题、或问题和非问题.

定义 2.16 (与问题) 单目标问题 P_1 和 P_1 的与问题是指 P_1 和 P_2 都要实现它才实现的问题, 记为 $P_1 \wedge P_2$.

定义 2.17 (或问题) 单目标问题 P_1 和 P_2 的或问题是指 P_1 和 P_2 两者中只要有一个实现就认为它实现的问题, 记为 $P_1 \vee P_2$.

由 "与问题" 和 "或问题" 的定义, 不难得到如下问题的逻辑运算:

① 若 $P_1 = G_1 * L_0, P_2 = G_2 * L_0$, 则

$$P_1 \wedge P_2 = (G_1 * L_0) \wedge (G_2 * L_0) = (G_1 \wedge G_2) * L_0,$$

$$P_1 \vee P_2 = (G_1 * L_0) \vee (G_2 * L_0) = (G_1 \vee G_2) * L_0.$$

由 "与问题" 的定义可见, 在同样的条件下, 如果要求两个不同目标的单目标问题同时实现, 就转化成了一个双目标同时实现的问题. 由 "或问题" 的定义可见, 在同样的条件下, 如果要求两个不同目标的单目标问题中的任意一个实现, 就转化成了一个双目标任意实现一个的问题.

② 若 $P_1 = G_0 * L_1, P_2 = G_0 * L_2$, 则

$$P_1 \wedge P_2 = (G_0 * L_1) \wedge (G_0 * L_2) = G_0 * (L_1 \wedge L_2),$$

$$P_1 \vee P_2 = (G_0 * L_1) \vee (G_0 * L_2) = G_0 * (L_1 \vee L_2).$$

由"与问题"和"或问题"的定义可见, 上述问题依然是单目标问题, 只是条件不同而已.

定义 2.18 (非问题)   给定单目标问题 $P = G * L$, 称问题 $\bar{G} * L$ 为 P 的非问题, 记作 $\bar{P} = \bar{G} * L$.

2. 双目标问题的可拓模型

设某双目标问题 P 的目标的可拓模型为 G_1 和 G_2, 条件的可拓模型为 L (可以是单条件, 也可以是多条件).

若实际问题要求两个目标同时实现, 则建立该问题的可拓模型为: $P = (G_1 \wedge G_2) * L$;

若实际问题要求两个目标至少有一个实现, 则建立该问题的可拓模型为: $P = (G_1 \vee G_2) * L$, 此时的双目标问题可以化为两个单目标问题或两个目标同时实现的问题: $P_1 = G_1 * L$ 或 $P_2 = G_2 * L$ 或 $P_3 = (G_1 \wedge G_2) * L$.

与单目标问题类似, 动态双目标问题的可拓模型为

$$P(t) = (G_1(t) \wedge G_2(t)) * L(t) \text{ 或} P(t) = (G_1(t) \vee G_2(t)) * L(t).$$

对于两个双目标问题, 也有类似单目标问题的逻辑运算, 将形成多目标问题或双目标多条件问题, 此不详述.

3. 多目标问题的可拓模型

设某多目标问题 P 的目标的可拓模型为 $G_1, G_2, \cdots, G_n$, 条件的可拓模型为 L (可以是单条件, 也可以是多条件).

若实际问题要求所有目标同时实现, 则建立该问题的可拓模型为

$$P = (G_1 \wedge G_2 \wedge \cdots \wedge G_n) * L.$$

若实际问题要求多个目标至少一个实现, 则建立该问题的可拓模型为

$$P = (G_1 \vee G_2 \vee \cdots \vee G_n) * L.$$

此时的多目标问题可以化为 n 个单目标问题或任意几个目标同时实现的问题, 此不详述.

动态多目标问题的可拓模型为

$$P(t) = (G_1(t) \land G_2(t) \land \cdots \land G_n(t)) * L(t)$$

或

$$P(t) = (G_1(t) \lor G_2(t) \lor \cdots \lor G_n(t)) * L(t).$$

4. 复合问题及问题的逻辑联式

根据基元与复合元的逻辑运算和问题的逻辑运算, 可以复合形成更复杂的问题.

定义 2.19 (复合问题) 问题 $P = G * L$ 中, 若 G 或 L 是由若干基元或复合元用逻辑符号 $\land$、$\lor$、$^-$ 联结而成 (如 $G = G_1 \lor (G_2 \land \bar{G}_3)$, $L = \bar{L}_1 \land (L_2 \lor L_3)$), 则称 P 为复合问题, 记为

$$P = \hat{G} * \hat{L} = G\left(\land, \lor, ^-\right) * L\left(\land, \lor, ^-\right),$$

其中 $\hat{G} = G\left(\land, \lor, ^-\right)$, $\hat{L} = L\left(\land, \lor, ^-\right)$, 表示目标由 $G_1, G_2, \cdots, G_m$ 用逻辑符号联结而成, 条件由 $L_1, L_2, \cdots, L_n$ 的逻辑符号联结而成. 称 $\hat{G}$ 为 $G_1, G_2, \cdots, G_m$ 的逻辑联式, 称 $\hat{L}$ 为 $L_1, L_2, \cdots, L_n$ 的逻辑联式.

定义 2.20 (问题的逻辑联式) 若问题 P 由问题 $P_1, P_2, \cdots, P_n$ 用逻辑符号 $\land$、$\lor$、$^-$ 联结而成, 则称 P 为 $P_1, P_2, \cdots, P_n(n \geqslant 1)$ 的逻辑联式, 记为 $\hat{P} = P_i(\land, \lor, ^-)$.

说明: 本节只介绍了几种常见问题的可拓模型, 包括单目标问题、双目标问题和多目标问题的可拓模型. 矛盾问题的可拓模型, 将在第 4 章 4.1 节详细介绍, 此不赘述.

2.3 拓展分析原理

基元的拓展分析原理包括发散分析原理、相关分析原理、蕴含分析原理和可扩分析原理.

复合元也有类似于基元的拓展分析原理, 相应地, 可以对复合元进行拓展分析. 读者可根据基元的拓展分析原理自行推导, 此不详述.

2.3.1 发散分析原理

发散分析是根据物、事、关系的发散性, 对基元所进行的形式化分析.

原理 2.8 从一个基元出发, 可以拓展出多个同对象基元, 且同对象基元集一定是非空集合, 即

$$B = (O, \quad c, \quad v) \dashv \{(O, \quad c_1, \quad v_1), (O, \quad c_2, \quad v_2), \cdots, (O, \quad c_n, \quad v_n)\}$$
$$= \{(O, \quad c_i, \quad v_i), i = 1, 2, \cdots, n\}.$$

该原理简称为"一对象多特征元". 根据多维基元的定义, 上式也可写成

$$B = (O, \quad c, \quad v) \dashv \begin{bmatrix} O, & c, & v \\ & c_1, & v_1 \\ & \vdots & \vdots \\ & c_n, & v_n \end{bmatrix}.$$

根据原理 2.8, 在创新或处理矛盾问题时, 如果利用某一基元不能解决问题, 则可以考虑利用该基元的对象与其他特征形成的基元去解决.

例 2.10   对一张纸 D, 人们都知道它可用于书写, 即有物元

$$M = (纸D, \quad 可书写度, \quad v_m) = (O_m, \quad c_m, \quad v_m).$$

当需要"写字"时, 可利用纸 D. 如果需要"包东西"时, 只考虑特征 c 就无法解决问题了, 此时, 可以考虑物元 M 的同物物元

$$M_1 = (纸D, \quad 可折叠度, \quad v_{m1}) = (O_m, \quad c_{m1}, \quad v_{m1}).$$

至于此物元能否解决问题, 就要看 v_{m1} 的取值情况. 如果 v_{m1} 的取值很小, 即纸 D 属于硬纸板, 则 M_1 也不能解决问题. 这时就只能考虑其他事物了. 如果桌子不平, 需要拿一个东西来"垫平桌子腿"时, 由物元 M 不但可以拓展出 M_1, 还可以拓展出

$$M_2 = (纸D, \quad 厚度, \quad v_{m2}) = (O_m, \quad c_{m2}, \quad v_{m2}),$$

即

$$M \dashv \begin{cases} M_1 = (O_m, \quad c_{m1}, \quad v_{m1}) \\ M_2 = (O_m, \quad c_{m2}, \quad v_{m2}) \end{cases}.$$

如果 v_{m1} 的取值很大, 即可折叠性很好, 则可把纸 D 折叠起来垫桌子腿, 使问题解决; 如果 v_{m1} 的取值很小, 即可折叠性很差, 一般来讲, 此时 v_{m2} 的值应较大, 则可直接利用 M_2 来解决问题.

原理 2.8 为解决矛盾问题提供了多条途径. 但在考虑基元中的特征时, 要注意不要人为地给对象增加不恰当的限制, 否则, 不但不能解决问题, 反而会使有解的问题变成无解的问题.

例 2.11 大家都经常玩的用牙签摆图案的游戏, 要用 6 支牙签摆 4 个正三角形. 这本是一个有解的问题, 但很多人认为这是一个矛盾问题, 主要原因是对物元进行了如下不恰当的拓展:

$$M = (\text{三角形组} D, \ \text{三角形个数}, 4) \dashv \begin{cases} M_1 = (\text{三角形组} D, \ \text{位置}, \text{平面}) \\ M_2 = (\text{三角形组} D, \ \text{三角形边长}, a) \end{cases}.$$

(其中 a 为每支牙签的长度) 即物元 M_1 和 M_2 不但不能帮助解决问题, 由于它们的量值取值不恰当, 反倒使 M_1 和 M_2 成了解决问题的障碍.

说明: 对物元而言, 原理 2.8 简称为 "一物多特征元"; 对事元而言, 简称为 "一动作多特征元"; 对关系元而言, 简称为 "一关系多特征元". 下面的原理不再解析.

推论 2.7 从一个基元出发, 可以拓展出多个同对象同值的基元, 即

$$B = (O, \ c, \ v) \dashv \{(O, \ c_1, \ v), \ (O, \ c_2, \ v), \cdots, \ (O, \ c_n, \ v)\}.$$

由推论 2.7 拓展出的基元集称为同对象同值基元集. 该推论简称为 "一对象多特征一量值".

对事元而言, 该原理是根据事件的 "一动作多特征一量值" 的发散性得到的.

例 2.12 某企业针对企业的产品在 D 市的销售情况, 拟作一 "提高市场占有率" 的策划, 但如何使目标具体化, 往往是策划者和决策者沟通的关键.

下面利用原理 2.8 给出目标具体化的形式化方法.

"提高市场占有率" 这一事件用事元来形式化地表达为

$$A = (\text{提高}, \ \text{支配对象}, \ \text{市场占有率}) = (O_a, \ c_a, \ v_a).$$

根据原理 2.8, 动作 O_a 不但有 c_a 这一特征, 还有施动对象、接受对象、数量、时间、地点、方式、程度等特征, 即由 A 可拓展出:

$$A \dashv \begin{cases} A_1 = (提高, \ 施动对象, \ 企业 E) \\ A_2 = (提高, \ 接受对象, \ 产品 P) \\ A_3 = (提高, \ 地点, \ D 市) \\ A_4 = (提高, \ 程度, \ 10\%) \end{cases} .$$

该原理也说明，一个一维事元一定可以拓展成一个多维事元，即

$$A = (O_a, \ c_a, \ v_a) \dashv \begin{bmatrix} O_a, & c_a, & v_a \\ & c_{a1}, & v_{a1} \\ & \vdots & \vdots \\ & c_{an}, & v_{an} \end{bmatrix} .$$

对上例，可写成

$$A \dashv A' = \begin{bmatrix} 提高, & 支配对象, & 市场占有率 \\ & 施动对象, & 企业 E \\ & 接受对象, & 产品 P \\ & 地\quad 点, & D 市 \\ & 程\quad 度, & 10\% \end{bmatrix} .$$

这样，就把一个很不明确的事件"提高市场占有率"拓展成了明确的事件"提高企业 E 的产品 P 在 D 市的市场占有率 10%".

原理 2.9　从一个基元出发，可以拓展出多个同征基元，且同征基元集一定是非空的，即

$$B = (O, \ c, \ v) \dashv \{(O_1, \ c, \ v_1), \ (O_2, \ c, \ v_2), \ \cdots, \ (O_n, \ c, \ v_n)\}.$$

该原理简称为"多对象一特征多量值".

根据原理 2.9，在处理矛盾问题时，如果一个基元不能解决矛盾问题，则可以考虑与它同特征的其他对象构成的基元能否用于解决矛盾问题.

例如，同功能的部件可互相替代，同功能的材料可选择成本低的使用等，都是这种思想的应用. 在企业人才选拔时，具有同一能力的人才有很多，利用这一思想处理问题，就不会犯"一条胡同走到底"的错误.

这一原理也是价值工程的理论依据.

推论 2.8 由一个基元可以拓展出多个具有同一特征元的基元，即

$$B = (O, c, v) \dashv \{(O_1, c, v), (O_2, c, v), \cdots, (O_n, c, v)\}.$$

该推论简称为"多对象一特征元"，可应用于事件和事件的匹配研究. 例如:

$$A = (创造, 支配对象, 产品D) \dashv \begin{cases} A_1 = (生产, 支配对象, 产品D) \\ A_2 = (销售, 支配对象, 产品D) \\ A_3 = (购买, 支配对象, 产品D) \\ A_4 = (抱怨, 支配对象, 产品D) \end{cases}.$$

推论 2.9 由一个基元可以拓展出多个同对象、同特征的基元，或者说，在不同的参数下，同一对象关于同一特征的取值可以有多个，即

$$B(t) = (O(t), c, v(t)) \dashv \{(O(t_1), c, v_1(t_1)),$$
$$(O(t_2), c, v_2(t_2)), \cdots, (O(t_n), c, v_n(t_n))\}.$$

对例 2.11 的用 6 支牙签摆 4 个正三角形的问题，再用推论 2.9 进行分析.

对由 M 拓展出的基元 M_1 和 M_2，在不同的时刻 t_1 和 t_2，还可以利用推论 2.9 作进一步的拓展:

$$M_1(t_1) = (三角形组D(t_1), 位置, 平面(t_1))$$
$$\dashv M_{11}(t_2) = (三角形组D(t_2), 位置, 空间(t_2)),$$
$$M_2(t_1) = (三角形组D(t_1), 三角形边长, a(t_1))$$
$$\dashv M_{21}(t_3) = (三角形组D(t_3), 三角形边长, a'(t_3)) \ (a' < a).$$

根据条件物元

$$l = \begin{bmatrix} 牙签组E, & 牙签数量, & 6 支 \\ & 牙签长度, & a \end{bmatrix}$$

和在时刻 t 由 $M(t), M_{11}(t), M_2(t)$ 形成的三维物元

$$M'(t) = \begin{bmatrix} 三角形组D(t), & 三角形个数, & 4 \\ & 位置, & 空间(t) \\ & 三角形边长, & a(t) \end{bmatrix},$$

可摆出一个立体的图形——正四面体, 它的上面有 4 个正三角形. 在时刻 t' 再由 $M(t'), M_1(t'), M_{21}(t')$ 形成的三维物元

$$M''(t') = \begin{bmatrix} 三角形组D(t'), & 三角形个数, & 4 \\ & 位置, & 平面(t') \\ & 三角形边长, & a'(t') \end{bmatrix},$$

即可在平面上摆出多个边长小于牙签长度 a 的图形, 每个图形上面都有 4 个正三角形.

例 2.13 v_{r_1} 和 v_{r_2} 之间可以有很多种关系, 利用关系元的发散分析, 可写成如下形式:

$$\begin{bmatrix} 师生关系, & 前项, & v_{r1} \\ & 后项, & v_{r2} \\ & 程度, & 100 \end{bmatrix} \triangleq \begin{bmatrix} 师生关系, & c_{r1}, & v_{r1} \\ & c_{r2}, & v_{r2} \\ & c_{r3}, & 100 \end{bmatrix}$$

$$\dashv \left\{ \begin{bmatrix} 同事关系, & c_{r1}, & v_{r1} \\ & c_{r2}, & v_{r2} \\ & c_{r3}, & -10 \end{bmatrix}, \begin{bmatrix} 同乡关系, & c_{r1}, & v_{r1} \\ & c_{r2}, & v_{r2} \\ & c_{r3}, & 100 \end{bmatrix}, \right.$$

$$\left. \begin{bmatrix} 亲戚关系, & c_{r1}, & v_{r1} \\ & c_{r2}, & v_{r2} \\ & c_{r3}, & 0 \end{bmatrix}, \cdots \right\}$$

$$\dashv \left\{ \begin{bmatrix} 师生关系, & c_{r1}, & v_{r1} \\ & c_{r2}, & v_{r21} \\ & c_{r3}, & -1 \end{bmatrix}, \begin{bmatrix} 师生关系, & c_{r1}, & v_{r1} \\ & c_{r2}, & v_{r22} \\ & c_{r3}, & 10 \end{bmatrix}, \cdots \right\}$$

$$\dashv \left\{ \begin{bmatrix} 同事关系, & c_{r1}, & z_1 \\ & c_{r2}, & z_2 \\ & c_{r3}, & -3 \end{bmatrix}, \begin{bmatrix} 同乡关系, & c_{r1}, & z_1 \\ & c_{r2}, & z_2 \\ & c_{r3}, & 50 \end{bmatrix}, \cdots \right\}.$$

2.3.2 相关分析原理

相关分析是根据物、事和关系的相关性，对基元与基元之间的关系所进行的形式化分析. 这一分析是为了以形式化的方法让人们更清晰地了解事物之间的相互关系和相互作用的机理.

一个基元与其他基元关于某一评价特征的量值之间，同一基元或同集基元关于某些评价特征的量值之间，如果存在一定的依赖关系，则称之为相关.

首先给出基元相关的一般定义.

定义 2.21 给定两个基元集 $\{B_1\}$ 和 $\{B_2\}$，若对任意 $B_1 \in \{B_1\}$，至少存在一个 $B_2 \in \{B_2\}$，使 B_1 与 B_2 对应，则称 $\{B_1\}$ 和 $\{B_2\}$ 是相关的，记作 $\{B_1\} \bar{\rightharpoonup} \{B_2\}$.

特别地，对基元集 $\{B_1\}$ 和 $\{B_2\}$，c_0 为其评价特征，若对任意 $B_1 \in \{B_1\}$，至少存在一个 $B_2 \in \{B_2\}$，使得 $c_0(B_2) = f[c_0(B_1)]$，则称 $\{B_1\}$ 与 $\{B_2\}$ 关于评价特征 c_0 相关，记作

$$\{B_1\} \bar{\rightharpoonup} (c_0)\{B_2\}.$$

若 $c_0(B_2) = f[c_0(B_1)]$，且 $c_0(B_1) = g[c_0(B_2)]$，则称 $\{B_1\}$ 与 $\{B_2\}$ 关于评价特征 c_0 互为相关，记作 $\{B_1\} \sim (c_0)\{B_2\}$.

对于两个评价特征 c_{01} 和 c_{02}，若 $c_{01}(B_1) = f[c_{02}(B_1)]$，且 $c_{02}(B_1) = g[c_{01}(B_1)]$，则称基元集 $\{B_1\}$ 关于评价特征 c_{01} 和 c_{02} 为同集异特征互为相关. 同理，可定义有向相关.

若 $c_{01}(B_1) = f[c_{02}(B_2)]$，且 $c_{02}(B_2) = g[c_{01}(B_1)]$，则称 $\{B_1\}$ 与 $\{B_2\}$ 关于评价特征 c_{01} 和 c_{02} 互为相关. 同理，可定义有向相关.

对动态基元 $B_1(t)$ 和 $B_2(t)$，若存在 f，使得 $c_0(B_2(t)) = f[c_0(B_1(t))]$，则称 $B_1(t)$ 与 $B_2(t)$ 关于评价特征 c_0 相关，记作 $B_1(t) \bar{\rightharpoonup} (c_0)B_2(t)$.

同理，可定义动态基元的互为相关 $B_1(t) \sim B_2(t)$. 在不致引起混淆的情况下，通常记为 $B_1 \bar{\rightharpoonup} B_2$ 或 $B_1 \sim B_2$.

说明：在应用中，若无特别说明，均用符号 "$\sim$" 表示相关，需特别指明方向性时才应用符号 "$\bar{\rightharpoonup}$".

① 一个基元 B 与多个基元 $B_1, \cdots, B_m$ 的与相关，记作 $B \sim \overset{m}{\underset{i=1}{\wedge}} B_i$.

② 一个基元 B 与多个基元 $B_1, \cdots, B_m$ 的或相关，记作 $B \sim \overset{m}{\underset{i=1}{\vee}} B_i$.

③ 一个基元 B 与多个基元 $B_1,\cdots,B_m$ 的单向与相关, 记作 $B \tilde{\rightarrow} \overset{m}{\underset{i=1}{\wedge}} B_i$.

④ 一个基元 B 与多个基元 $B_1,\cdots,B_m$ 的单向或相关, 记作 $B \tilde{\rightarrow} \overset{m}{\underset{i=1}{\vee}} B_i$.

⑤ 多个基元 $B_1,\cdots,B_m$ 与一个基元 B 的单向与相关, 记作 $\overset{m}{\underset{i=1}{\wedge}} B_i \tilde{\rightarrow} B$.

⑥ 多个基元 $B_1,\cdots,B_m$ 与一个基元 B 的单向或相关, 记作 $\overset{m}{\underset{i=1}{\vee}} B_i \tilde{\rightarrow} B$.

多个基元与多个基元相关的情形, 也有类似的记法, 此不详述.

特别地, 当动态基元的评价特征与动态基元的特征相同时, 定义 2.21 可改写为:

定义 2.22　对动态基元

$$B_1(t) = (O_1(t), c_1, v_1(t)),$$

$$B_2(t) = (O_2(t), c_2, v_2(t))).$$

若 $v_2(t) = f[v_1(t)]$, 则称基元 $B_1(t)$ 与 $B_2(t)$ 是单向相关的, 记作 $B_1(t) \tilde{\rightarrow} B_2(t)$.

(1) 当 $c_1 = c_2 = c$, 且 $O_1(t) \neq O_2(t)$ 时, 称基元 $B_1(t)$ 与 $B_2(t)$ 是关于特征 c 相关的基元, 记作 $B_1(t) \tilde{\rightarrow} (c) B_2(t)$.

(2) 当 $O_1(t) = O_2(t) = O(t)$, 且 $c_1 \neq c_2$ 时, 称基元 $B_1(t)$ 与 $B_2(t)$ 是关于对象 $O(t)$ 相关的基元, 记作 $B_1(t) \tilde{\rightarrow} (O(t)) B_2(t)$.

特别地, 若 $v_2(t) = f[v_2(t)]$, 且 $v_1(t) = f^{-1}[v_2(t)]$, 则称基元 $B_1(t)$ 与 $B_2(t)$ 互为相关, 记作 $B_1(t) \sim B_2(t)$.

该定义说明: ①两个动态基元是异对象同特征基元时, 如果两个基元的量值之间存在一定的函数关系, 则这两个动态基元是相关的, 有时也称为异对象同特征基元相关, 这是对对象之间的相关关系的定量化表达; ②两个动态基元是同对象异特征基元时, 如果两个基元的量值之间存在一定的函数关系, 则这两个动态基元是相关的, 有时也称为同对象异特征基元相关, 这也说明, 同一对象的某些不同特征构成的基元之间也会存在相关性.

原理 2.10　给定基元 $B(t) = (O(t), c, v(t))$, 则至少存在一个异对象同特征基元 $B_c(t) = (O'(t), c, v'(t))$ 或同对象异特征基元 $B_o(t) =$

$(O(t)\ c', v'(t))$ 或异对象异特征基元 $B'(t) = (O'(t), c', v'(t))$, 使 $B(t) \sim B_c(t)$, 或 $B(t) \sim B_O(t)$, 或 $B(t) \sim B'(t)$.

由此可见, 利用原理 2.10, 既可以形式化、定量化地分析事物的外部相关关系, 也可以形式化、定量化地分析事物内部的相关关系. 当人们用某一基元不能解决矛盾问题时, 可以考虑应用与其相关的基元去解决. 对相关的基元而言, 其中一个基元的量值的改变, 必然会导致另一基元的改变, 这是后面要介绍的传导变换的依据.

例 2.14 为了扩大内需, 激活国内市场, 中国在 1998 年实行了三次银行降息. 这一方案主要应用了西方经济学中的如下相关分析:

$$M(t) \overset{\frown}{\leftarrow} M_1(t) \overset{\frown}{\leftarrow} M_2(t),$$

其中, $M(t) =$(消费者 $O_{m1}(t)$, 购买能力, $v_m(t)$), $M_1(t) =$(消费者 $O_{m1}(t)$, 存款数量, $v_{m1}(t)$), $M_2(t) =$(银行 $O_{m2}(t)$, 存款利率, $v_{m2}(t)$), 即降低银行存款利率, 会导致消费者存款数量减少, 进而导致消费者的购买能力提升.

因此, 要想提高社会购买力, 就必须使消费者的存款数量减少, 而使存款数量减少的一个直接办法是降低银行存款利率. 这是在西方国家常用的方法. 但由于我国当时的社会状况是大批工人下岗, 再加上东方人的传统思想, 因此单纯实行银行降息不但没有使消费者的存款额减少, 反而有所增加, 社会购买力当然也不会有大幅度的提高.

实际上, 若再同时考虑到其他的相关因素, 进行更全面细致的相关分析, 如图 2.1 所示, 采取同时增加消费者的年收入、降低银行贷款利率、取消福利分房、对贷款购房、购汽车等给予较多优惠, 则可以使消费者的存款数量减少, 而变为消费投资, 从而可使社会购买力大大提高, 达到扩大内需的目的.

注意: 对事元而言, 如果在同一时刻所做的两件事, 或某一件事完成后又做另一件事时, 其可行性、效果、价值或代价的量值之间有一定的函数关系, 则认为这两件事是相关的. 这也提示我们, 在做任何事情时, 一定要充分考虑与此事相关的其他事情, 以避免 "顾此失彼".

此外, 事元的相关是与参数 t 有密切关系的, t 可以是时间, 也可以是地点, 或其他参数, 在某一时刻相关的事元, 在另一时刻可能相关性降低或不相关；在某一地点相关的事元，在另一地点可能相关性降低或不相关.

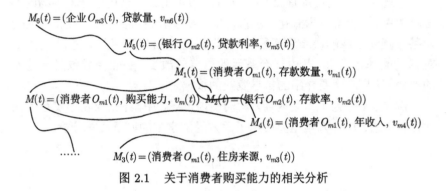

图 2.1　关于消费者购买能力的相关分析

2.3.3　蕴含分析原理

蕴含分析原理是根据物、事和关系的蕴含性，以基元为形式化工具而对物、事或关系进行的形式化分析.

首先介绍一下基元蕴含的概念.

定义 2.23　设 B_1、B_2 为两个基元，若 B_1 实现必有 B_2 实现，则称基元 B_1 蕴含基元 B_2，记作 $B_1 \Rightarrow B_2$. 通常"B_i 实现"可记为"$B_i@$"$(i = 1, 2)$.

若在条件 l 下，$B_1@$ 必有 $B_2@$，则称在条件 l 下 B_1 蕴含 B_2，记作 $B_1 \Rightarrow (l)B_2$.

不论是 $B_1 \Rightarrow B_2$，还是 $B_1 \Rightarrow (l)B_2$，通常称 B_1 为下位基元，B_2 为上位基元.

定义 2.24　设有基元 B 和 B_1、B_2，

(1) 若 B_1 与 B_2 同时实现必有 B 实现，则称 B_1、B_2 与蕴含 B，记作 $B_1 \wedge B_2 \Rightarrow B$.

(2) 若 B_1 或 B_2 实现都有 B 实现，则称 B_1、B_2 或蕴含 B，记作 $B_1 \vee B_2 \Rightarrow B$.

(3) 若 B 实现，必有 B_1 与 B_2 同时实现，则称 B 与蕴含 B_1、B_2，记作 $B \Rightarrow B_1 \wedge B_2$.

(4) 若 B 实现，必有 B_1 或 B_2 实现，则称 B 或蕴含 B_1、B_2，记作 $B \Rightarrow B_1 \vee B_2$.

定义 2.24 还可以推广到更一般的情形：

$$B \Rightarrow \bigwedge_{i=1}^{n} B_i, \quad B \Rightarrow \bigvee_{i=1}^{n} B_i, \quad \bigwedge_{i=1}^{n} B_i \Rightarrow B, \quad \bigvee_{i=1}^{n} B_i \Rightarrow B.$$

原理 2.11 若 $B_1 \Rightarrow B_2$，$B_2 \Rightarrow B_3$，则 $B_1 \Rightarrow B_3$，也可记作 $B_1 \Rightarrow B_2 \Rightarrow B_3$.

由定义 2.24 和原理 2.11，可得如下的推论：

推论 2.10 (1) 若 $B_{11} \wedge B_{12} \Rightarrow B_1$，$B_{21} \wedge B_{22} \Rightarrow B_2$，且 $B_1 \wedge B_2 \Rightarrow B$，则

$$B_{11} \wedge B_{12} \wedge B_{21} \wedge B_{22} \Rightarrow B.$$

(2) 若 $B_{11} \vee B_{12} \Rightarrow B_1$，$B_{21} \vee B_{22} \Rightarrow B_2$，且 $B_1 \vee B_2 \Rightarrow B$，则

$$B_{11} \vee B_{12} \vee B_{21} \vee B_{22} \Rightarrow B.$$

推论 2.10 表明，在与蕴含中，最下位基元的全体蕴含最上位基元；在或蕴含中，最下位的每一基元都蕴含最上位基元. 由此推论所形成的系统称为基元蕴含系统，简称基元蕴含系. 基元蕴含系包括与蕴含系、或蕴含系、与或蕴含系等形式. 以与蕴含系为例，一般形式如图 2.2 所示.

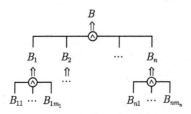

图 2.2 与蕴含系示意图

由此可见，蕴含系可以是多层的. 当上位基元不易实现时，可以寻找它的下位基元，如果下位基元易于实现，则认为找到了创新或解决矛盾问题的路径.

例 2.15 如果某人购买了汽车，那他一定要购买汽油、购买或租用停车位、购买交强险等，而要购买汽油，就一定要去加油站，……，可用如下蕴含系分析：

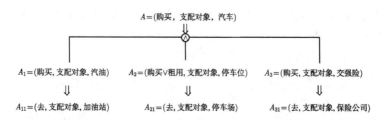

根据此蕴含系,加油站、停车场和保险公司就可以制定针对有车一族的营销方案,以获得更高的利润.

2.3.4　可扩分析原理

事、物和关系可以组合、分解及扩缩的可能性,分别称为可组合性、可分解性和可扩缩性,统称为可扩性.

根据可组合性,一个事物可以与其他事物结合起来生成新的事物,从而提供解决矛盾问题的可能性;根据可分解性,一个事物也可以分解为若干新的事物,它们具有原事物不具有的某些特性,从而为解决矛盾问题提供可能性;同样,一个事物也可以通过扩大或缩小,为解决矛盾问题提供可能性.

将事、物和关系用基元表示后,就可以对基元进行可扩分析,包括可组合、可分解、可扩缩分析.

1) 可组合分析

原理 2.12　给定基元 $B_1=(O_1, c_1, v_1)$,则至少存在一个基元 $B_2=(O_2, c_2, v_2)$,使 B_1 和 B_2 可以组合成 B,并称 B_2 是 B_1 的可组合基元.

这时,需要根据基元 B_1 和 B_2 的对象的类别,选择应用基元的可加运算或可积运算规则进行组合,不同类型基元的组合结果不同. 详情参见 2.1 节基元的算术运算.

记 B_1 的可组合基元的全体为 $\{B_2\}$,把 B_1 与 $\{B_2\}$ 中的任一基元组合为 $\{B_1 \oplus B_2\}$ 或 $\{B_1 \otimes B_2\}$,称为可组合分析,记作

$$B_1 \dashv \{B_1 \oplus B_2, B_1 \otimes B_2\},\text{ 其中} B_2 \in \{B_2\}.$$

根据基元的可加运算和可积运算可知,可组合分析包括可加分析和可积分析.

例 2.16 设 $M_1 = ($产品 D_1, 图案, 几何图形$)$, 根据原理 2.12 和物元的可加运算, 至少可以找到一个物元 $M_2 = ($产品 D_2, 形状, 椭球体$)$, 使

$$M_1 \oplus M_2 = \begin{bmatrix} 产品D_1 \oplus 产品D_2, & 图案, & 几何图形 \oplus a_1 \\ & 形状, & b_1 \oplus 椭球体 \end{bmatrix}.$$

其中, a_1 为产品 D_2 关于图案的量值, b_1 为产品 D_1 关于形状的量值, 可以根据发散分析原理获得.

此例说明, 当某一物元不能满足创新或解决问题的需要时, 可以考虑加上另一物元, 使它们组合起来共同用于创新或解决问题. 若用 M_1 不能吸引顾客, 而 M_2 可以给顾客一个惊喜, 则 $M_1 \oplus M_2$ 后即可达到促销的目的.

例 2.17 设 $M_1 = ($灯管D_1, 功率, 40W$)$, $M_2 = ($灯座D_2, 长度, 1m$)$, 则

$$M_1 \oplus M_2 = \begin{bmatrix} 灯管\ D_1 \oplus 灯座D_2, & 功率, & 40W \oplus \phi \\ & 长度, & am \oplus 1m \end{bmatrix},$$

说明一个功率为 40W、长度为 am 的灯管 D_1 和一个长度为 1m 的灯座 D_2 是可加的. 至于这两个物元是否可积, 以构成系统, 则要看 a 的取值. 一般来讲, 灯管和灯座要想匹配, 必须满足一定的要求, 这时, M_1 和 M_2 构成系统, 即

$$M_1 \otimes M_2 = \begin{bmatrix} 灯管D_1 \otimes 灯座D_2, & 功率, & 40\ W \\ & 长度, & 1m \otimes 1m \end{bmatrix}$$

$$\triangleq \begin{bmatrix} 日光灯D, & 功率, & 40W \\ & 长度, & 1m \end{bmatrix}.$$

可积分析也是通常所采用的 "以有余补不足" 的做法的理论依据. 对于劣势条件, 可通过发散分析, 找出可与其组合的优势条件, 从而化解矛盾.

此外, 根据原理 2.12, 对 n 个同特征物元构成的系统, 通过组合前后的量值大小, 可以判断组合的效果. 即若

$M_1 = (O_{m1}, \ c_m, \ c_m(O_{m1})), \ M_2 = (O_{m2}, \ c_m, \ c_m(O_{m2})), \ \cdots,$
$M_n = (O_{mn}, \ c_m, \ c_m(O_{mn})),$

$M_1 \otimes M_2 \otimes \cdots \otimes M_n$
$= (O_{m1} \otimes O_{m2} \otimes \cdots \otimes O_{mn}, \ c_m, \ c_m(O_{m1}) \otimes c_m(O_{m2}) \otimes \cdots \otimes c_m(O_{mn}))$
$\triangleq (O_m, \ c_m, \ c_m(O_m)).$

$c_m(O_m)$ 与原量值之和 $\displaystyle\sum_{i=1}^{n} c_m(O_{mi})$ 的关系可以有以下三种情况:

(1) 若 $c_m(O_m) > \displaystyle\sum_{i=1}^{n} c_m(O_{mi})$, 说明组合后的量值大于原量值之和;

(2) 若 $c_m(O_m) = \displaystyle\sum_{i=1}^{n} c_m(O_{mi})$, 说明组合后的量值等于原量值之和;

(3) 若 $c_m(O_m) < \displaystyle\sum_{i=1}^{n} c_m(O_{mi})$, 说明组合后的量值小于原量值之和.

这也说明了 "三个臭皮匠, 胜过一个诸葛亮" 和 "三个和尚没水吃" 的不同结果, 是由于组合后的内部关系导致的.

2) 可分解分析

原理 2.13　任何基元可以按一定的条件分解为若干基元, 即设 $B = (O, c, c(O))$, $B_i = (O_i, c, c(O_i))$, $i = 1, 2, \cdots, n$, 则在一定的条件 ℓ 下, 对某一特征 c, 有

$$(O, c, c(O)) // (\ell) \{(O_1, c, c(O_1)), (O_2, c, c(O_2)), \cdots, (O_n, c, c(O_n))\},$$

记作 $B // (\ell) \{B_1, B_2, \cdots, B_n\}$.

显然, 不同的条件有不同的分解形式, 也即 B 可以分解为多组基元 $\{B_{i1}, B_{i2}, \cdots, B_{im_i}\}$, $i = 1, 2, \cdots, n$. 在条件 ℓ_i 下把 B 分解为 $\{B_{i1}, B_{i2}, \cdots, B_{im_i}\}$ 称作 B 的可分解分析, 记作: $B // (\ell_i) \{B_{i1}, B_{i2}, \cdots, B_{im_i}\}$, $i = 1, 2, \cdots, n$.

3) 可扩缩分析

原理 2.14　任何基元在一定条件下可以扩大或缩小, 即设 $B = (O, c, v)$, 在一定条件 ℓ 下, 必存在实数 $\alpha(\alpha > 0)$, 使 $\alpha B = (\alpha O, c, \alpha v)$.

当 $0 < \alpha < 1$ 时, 称基元 B 可缩小为 αB; 当 $\alpha > 1$ 时, 称基元 B 可扩大为 αB. 其中 αO 表示量值为 αv 的对象 O.

原理 2.15　若某物 $O_m = O_{m1} \otimes O_{m2} \otimes \cdots \otimes O_{mn}$, 即 O_m 为可分解物: $O_m // \{O_{m1}, O_{m2}, \cdots, O_{mn}\}$, 则对任一特征 c_m, 有

$$(O_m, c_m, c_m(O_m)) // \{(O_{m1}, c_m, c_m(O_{m1})), (O_{m2}, c_m, c_m(O_{m2})), \\ \cdots, (O_{mn}, c_m, c_m(O_{mn}))\},$$

且分解前物的量值 $c_m(O_m)$ 与分解后各物的量值之和 $\sum\limits_{i=1}^{n} c_m(O_{mi})$ 的关系有如下三种情况:

(1) 若 $\sum\limits_{i=1}^{n} c_m(O_{mi}) > c_m(O_m)$, 说明分解后各物关于特征 c_m 的量值之和大于原物 O_m 关于 c_m 的量值;

(2) 若 $\sum\limits_{i=1}^{n} c_m(O_{mi}) = c_m(O_m)$, 说明分解后各物关于特征 c_m 的量值之和等于原物 O_m 关于 c_m 的量值;

(3) 若 $\sum\limits_{i=1}^{n} c_m(O_{mi}) < c_m(O_m)$, 说明分解后各物关于特征 c_m 的量值之和小于原物 O_m 关于 c_m 的量值.

利用原理 2.15, 可以分析对物的分解是否有利于创新或解决矛盾问题.

例 2.18　一把筷子 O_m 由 10 根筷子 $O_{m1}, O_{m2}, \cdots, O_{m10}$ 组成, 即

$$O_m = O_{m1} \otimes O_{m2} \otimes \cdots \otimes O_{m10}.$$

设 c_1 为强度特征, 记 $M_1 = (O_m, c_1, v_1)$, $M_{1i} = (O_{mi}, c_1, v_{1i})$, $i = 1, 2, \cdots, 10$, 则有

$$v_1 > \sum_{i=1}^{10} v_{1i}.$$

设 c_2 为重量特征, 记 $M_2 = (O_m, c_2, v_2)$, $M_{2i} = (O_{mi}, c_2, v_{2i})$, $i = 1, 2, \cdots, 10$, 则有

$$v_2 = \sum_{i=1}^{10} v_{2i}.$$

设 c_3 为长度特征, 记 $M_3 = (O_m,\ c_3,\ v_3)$, $M_{3i} = (O_{mi},\ c_3,\ v_{3i})$, $i = 1, 2, \cdots, 10$, 则有

$$v_3 < \sum_{i=1}^{10} v_{3i}.$$

2.4 共轭分析原理

对物的结构进行研究, 有助于利用物的各个部分去解决矛盾问题. 系统论从系统的组成部分和内外关系去研究物, 这是对物的结构一个方面的描述. 通过对物的分析发现, 除了系统性以外, 物的结构还可以从物质性、动态性和对立性去研究. 例如, 三国时期的诸葛亮, 以数千老弱残兵, 致使司马懿的精兵十万不战而退, 诸葛亮使用的绝不是物质性部分——数千老弱残兵, 而是使用了他的非物质性部分——"平生谨慎"的名声, 从而取得了空城计的成功. 因此, 研究物的结构时, 既要研究其物质性部分, 也要研究其非物质性部分. 另外, 从物的动态性考虑, 物都有显化部分和潜在部分, 从物的对立性考虑, 物都有负的方面和正的方面.

2.4.1 共轭性 —— 对物的全面认识

从物的物质性、系统性、动态性和对立性出发去认识物, 能够使人们更完整地了解物的结构, 更深刻地揭示物的发展变化的本质. 从这四个角度出发, 在可拓学中, 相应提出了虚实、软硬、潜显、负正这四对概念来描述物的构成, 称为物的共轭部. 认真研究物的共轭部及其相互转化, 可以为解决矛盾问题提供新的方法.

1. 虚部、实部与虚实中介部

从物的物质性考虑, 任何物都由物质性部分和非物质性部分组成, 在可拓学中, 将物的物质性部分称为物的实部, 非物质性部分称为物的虚部. 实以为基, 虚以为用, 虚实结合, 方成一物. 房子的墙壁、天花板和地板等物质性部分是实部, 但我们是生活在它们围成的空间 (虚部) 里; 产品的实体是实部, 而它的品牌、形象等是虚部; 人的实体和衣着等是

实部; 人的气质、形象、名声、知识等是虚部. 对一个企业而言, 资金、设备、厂房、产品、人员等实体部分是其实部, 企业形象、技术状况、管理状况等都是企业的虚部.

在解决矛盾问题时, 一定要既注意物的实部, 又注意物的虚部, 有时需要利用实部去解决虚部的矛盾问题, 有时需要利用虚部去解决实部的矛盾问题.

在虚部与实部之间可以存在中介的部分, 称为虚实中介部. 例如, 一只空杯子, 其空间部分是其虚部的一部分, 但该杯子装了一部分水后, 杯中既有实的部分 (水), 又有虚的部分 (空间), 并随着水的多少而不断转化, 当喝完全部水后, 空间部分全部变成虚部. 在这里, 包含水的空间称为虚实中介部. 人体的经络也可能是虚实中介部.

2. 软部、硬部与软硬中介部

从物的系统性考虑物的结构, 把物的组成部分的全体称为物的硬部, 物与它的组成部分之间及与该物以外的物之间的关系称为物的软部. 中国有两句俗话 "一个和尚挑水喝, 两个和尚抬水喝, 三个和尚没水喝", "三个臭皮匠, 顶个诸葛亮". 也就是说, 同样三个人, 结合得好不好, 效果完全不同. 因此, 对物的研究, 只研究其组成部分是远远不够的, 还必须深入研究其内外关系. 对于一部发生故障的机器, 有时可能每个部件都是完好的, 之所以不能运转, 只是由于某连接处 (软部) 接触不良, 或连接线断裂, 若在检测时, 不注意软部, 即使把每一个部件都检测一遍也无法查出故障的原因.

物的软部由物的组成部分之间的关系 (内属关系)、物与其所隶属的物之间的关系 (外属关系)、物与其他物之间的关系 (外联关系) 组成.

物的某些组成部分所起的作用如果是连接另外两个组成部分, 则此部分既是该物的硬部, 又是该物的软部. 为了便于对物的系统性进行分析, 把这些部分称为物的软硬中介部. 如连接计算机主机和屏幕、打印机等的所有连接线, 都称为计算机的软硬中介部.

解决矛盾问题时, 对物的认识一定不能单纯地局限于硬部或软部, 所谓的 "整体 ≠ 部分之和", "1+1≠2" 等, 都表达了软部与硬部是互相作用、互相影响的.

3. 潜部、显部与潜显中介部

从物的动态性考虑，物是处于不断变化之中的，静止永远是相对的，变化才是永恒的. 疾病有潜伏的阶段，种子有发芽的孕育过程，鸡蛋在一定的温度和时间内会孵化成小鸡. 我们把物的潜在部分称为物的潜部，显化的部分称为物的显部.

有些物的潜部在一定条件下会显化，如母体中的胎儿 (潜在的人) 会显化成婴儿 (显化的人)；有些物的潜部在一定条件下可能不会显化，如种子在缺水的情况下就不会发芽；有些物的潜部可能是空的；有些物的显部可能有潜功能或潜特征，如有些装饮料的瓶子的潜功能是作水杯，没工作的空调机有潜在的用电量；有些物的显部可能有潜在的危险，如手提电脑的电池如果温度过高可能会使手提电脑爆炸. 有些物的潜部可能有显功能或显特征，如胎儿在母体中会运动、要吸收营养、有重量等. 潜部与显部相互转化的过程中必有一临界，称这种处于临界的部分为潜显中介部，如破壳前的小鸡、临盆前的胎儿等.

4. 负部、正部与负正中介部

从物的对立性考虑，任何物都有对立的两个部分. 物的对立性是相对于某一特征而言的，物关于某特征的量值是物内部产生正值的部分和产生负值的部分综合作用的结果. 在可拓学中，把物关于某特征的量值取正值的部分称为物关于该特征的正部，把物关于某特征的量值取负值的部分称为物关于该特征的负部.

在负部和正部之间，也存在关于某特征的量值取 0 的部分，如企业中创收和消耗平衡的机构，对于利润而言，其量值为 0. 把物关于某特征的量值取 0 的部分称为物关于该特征的负正中介部.

"正负" 和 "利弊" 是有区别的. 例如，对企业的利润而言，废水、废气、废渣都需要处理，这些部分关于利润的取值是负值，因此是企业的负部；由于 "三废" 会造成环境的污染，因此是企业的 "弊端". 而对企业的利润而言，职工福利部、幼儿园、宣传部门等关于利润的取值都是负值，是企业的负部，但这些部分会提高职工的工作积极性，提升企业形象，因此对企业是 "有利" 的部分. 也就是说，关于某特征的负部，既可以是对物有利的部分，也可是对物有弊的部分.

2.4.2 共轭分析原理

对物的共轭分析包括虚实共轭分析、软硬共轭分析、负正共轭分析和潜显共轭分析.

对问题中所涉及的物, 不论是问题涉及的主体、客体, 还是资源, 都应遵循如下共轭分析原理.

原理 2.16 任何物都具有共轭部, 且每对共轭部和它们的中介部之和都等于原物, 即若设某物为 O_m, 实部为 $\mathrm{re}(O_m)$, 虚部为 $\mathrm{im}(O_m)$, 虚实中介部为 $\mathrm{mid_{re\text{-}im}}(O_m)$, 软部为 $\mathrm{sf}(O_m)$, 硬部为 $\mathrm{hr}(O_m)$, 软硬中介部为 $\mathrm{mid_{sf\text{-}hr}}(O_m)$, 潜部为 $\mathrm{lt}(O_m)$, 显部为 $\mathrm{ap}(O_m)$, 潜显中介部为 $\mathrm{mid_{lt\text{-}ap}}(O_m)$, 关于特征 c 的负部为 $\mathrm{ng_c}(O_m)$, 正部为 $\mathrm{ps_c}(O_m)$, 负正中介部为 $\mathrm{mid_{ng\text{-}ps}}(O_m)$, 则

$$
\begin{aligned}
O_m &= \mathrm{re}\,(O_m) \otimes \mathrm{im}\,(O_m) \otimes \mathrm{mid_{re\text{-}im}}\,(O_m) \\
&= \mathrm{hr}\,(O_m) \otimes \mathrm{sf}\,(O_m) \otimes \mathrm{mid_{sf\text{-}hr}}\,(O_m) \\
&= \mathrm{lt}\,(O_m) \otimes \mathrm{ap}\,(O_m) \otimes \mathrm{mid_{lt\text{-}ap}}\,(O_m) \\
&= \mathrm{ng_c}\,(O_m) \otimes \mathrm{ps_c}\,(O_m) \otimes \mathrm{mid_{ng\text{-}ps}}\,(O_m).
\end{aligned}
$$

对于各共轭部间的中介部, 由于认识能力的限制, 目前一般不单独研究, 常常根据实际问题的需要, 把它们归为某一共轭部进行讨论. 对某些物而言, 其某一共轭部可能是空的, 其中介部也可能是空的. 例如, 对音乐光盘而言, 盘片是其实部, 其中的音乐是其虚部; 而所谓的 "空光盘", 实际上就是虚部为空的光盘. 死去的先人, 其实体是不存在的, 但其名声、精神等虚部却存在.

原理 2.17 任何物的每一共轭部都有无数特征, 且每一共轭部都可由多维基元或者其组合形式化表示. 其中虚部、实部、硬部、潜部、显部、负部、正部可用多维物元或者多维物元的组合表示, 软部用多维关系元或者多维关系元的组合表示. 如

$$
M_{\mathrm{re}} = \begin{bmatrix} \mathrm{re}(O_m), & c_{\mathrm{re1}}, & v_{\mathrm{re1}} \\ & c_{\mathrm{re2}}, & v_{\mathrm{re2}} \\ & \vdots & \vdots \\ & c_{\mathrm{re}n_1}, & v_{\mathrm{re}n_1} \end{bmatrix} \quad \text{表示实部物元;}
$$

$$M_{\mathrm{im}} = \begin{bmatrix} \mathrm{im}(O_m), & c_{\mathrm{im}1}, & v_{\mathrm{im}1} \\ & c_{\mathrm{im}2}, & v_{\mathrm{im}2} \\ & \vdots & \vdots \\ & c_{\mathrm{im}n_2}, & v_{\mathrm{im}n_2} \end{bmatrix} \quad 表示虚部物元;$$

$$M_{\mathrm{hr}} = \bigwedge_{i=1}^{s} \begin{bmatrix} \mathrm{hr}_i(O_m), & c_{\mathrm{hr}1i}, & v_{\mathrm{hr}1i} \\ & c_{\mathrm{hr}2i}, & v_{\mathrm{hr}2i} \\ & \vdots & \vdots \\ & c_{\mathrm{hr}ni}, & v_{\mathrm{hr}ni} \end{bmatrix} \quad \begin{array}{l} 表示硬部 \ s \ 个部分的硬部 \\ 物元的全体; \end{array}$$

$$M_{\mathrm{sf}} = \bigwedge_{i=1}^{t} \begin{bmatrix} \mathrm{sf}_i(O_m), & c_{\mathrm{sf}1i} & v_{\mathrm{sf}1i} \\ & c_{\mathrm{sf}2i}, & v_{\mathrm{sf}2i}, \\ & \vdots & \vdots \\ & c_{\mathrm{sf}ni}, & v_{\mathrm{sf}ni} \end{bmatrix} \quad \begin{array}{l} 表示软部 \ t \ 个部分的软部 \\ 关系元的全体. \end{array}$$

......

原理 2.18　　任一物的一对共轭部中, 某一共轭部至少有一个特征与其对应的共轭部中的某特征是相关的. 即

(1) 任何物都有虚部和实部, 同一物的虚部和实部中, 至少有一个虚部特征与一个实部特征是相关的;

(2) 任何物都有软部和硬部, 同一物的软部和硬部中, 至少有一个软部特征与一个硬部特征是相关的;

(3) 任何物都有负部和正部, 同一物的负部和正部中, 至少有一个负部特征与一个正部特征是相关的;

(4) 任何物都有潜部和显部, 同一物的潜部和显部中, 至少有一个潜部特征与一个显部特征是相关的.

由上述原理可知, 要全面分析物, 必须从其各共轭部去分析, 不仅要分析各共轭部的构成, 更要分析对应的共轭部间的相关关系. 只有这样, 才不会犯 "以偏概全"、"顾此失彼" 的错误.

2.5 可 拓 变 换

解决矛盾问题的工具是可拓变换. 通过某些可拓变换, 可以使不可知问题变为可知问题, 不可行问题转化为可行问题, 假命题变为真命题, 错误的推理转化为正确的推理. 这些变换就是通常所说的点子、窍门和办法. 本节将介绍可拓变换的一般概念、可拓变换的性质、可拓变换的基本运算、传导变换、可拓变换的类型、共轭部的变换和共轭变换等.

2.5.1 可拓变换的一般概念

可拓学中采用的变换统称为可拓变换. 下面用形式化语言给出可拓变换的一般定义.

1. 可拓变换的一般定义

定义 2.25 设对象 $\Gamma_0 \in \{M, A, R, Co, k, U\}$(即 Γ_0 为物元、事元、关系元、复合元、准则、论域中的任一对象), 将 Γ_0 改变为另一个同类对象 Γ 或多个同类对象 $\Gamma_1, \Gamma_2, \cdots, \Gamma_n$ 的变换, 称为对象 Γ_0 的可拓变换, 记作

$$T\Gamma_0 = \Gamma$$

或

$$T\Gamma_0 = \{\Gamma_1, \Gamma_2, \cdots, \Gamma_n\}.$$

如果某个可拓变换是主动实施的, 则称其为主动可拓变换, 通常简称为可拓变换; 若某个可拓变换是由于其他可拓变换引起的, 则称其为传导变换.

特别地, 称变换 e 为幺变换. 显然, $e\Gamma_0 = \Gamma_0$.

2. 可拓变换的内涵

可拓变换, 是把一个对象变为另一个对象或者分解为若干对象. 可拓变换可以用事元的形式表示为

$$T = \begin{bmatrix} O_T, & c_{T1}, & v_{T1} \\ & c_{T2}, & v_{T2} \\ & c_{T3}, & v_{T3} \\ & c_{T4}, & v_{T4} \\ & c_{T5}, & v_{T5} \\ & c_{T6}, & v_{T6} \\ & c_{T7}, & v_{T7} \\ & \vdots & \vdots \end{bmatrix} = \begin{bmatrix} 变换, & 支配对象, & v_{T1} \\ & 接受对象, & v_{T2} \\ & 变换结果, & v_{T3} \\ & 施动对象, & v_{T4} \\ & 方法, & v_{T5} \\ & 工具, & v_{T6} \\ & 时间, & v_{T7} \\ & \vdots & \vdots \end{bmatrix},$$

其中 O_T 是动作的名称, 表示实施的变换的名称, 即

$$O_T \in \{置换, 分解, 增加, 删减, 扩大, 缩小, \cdots\},$$

O_T 可以通过对拟实施变换的对象的拓展分析或共轭分析确定.

上述变换 T 可以解析为: v_{T4} 在时间 v_{T7}, 以 v_{T6} 为工具, v_{T5} 为方法, 对 v_{T2} 实施变换 O_T, 支配对象为 v_{T1}, 变换结果为 v_{T3}. 此变换通常简记为

$$Tv_{T2} = v_{T3},$$

其中 v_{T5} 和 v_{T6} 可通过历史资料、人为指定或经验等确定. 确定了 v_{Ti}, $i = 1, 2, \cdots$, 就确定了可拓变换 T. 当需要考虑变换的内涵时, 就需要用事元表示变换.

3. 基本可拓变换

设 $\Gamma \in \{O_m, c_m, v_m, O_a, c_a, v_a, O_r, c_r, v_r, M, A, R, Co, k, U\}$, 其中, Co 表示复合元, k 表示关联准则, U 表示论域, 其余同前.

Γ 可以有如下五种形式的基本可拓变换.

(1) 置换变换: $T\Gamma = \Gamma'$, 即

$$T = \begin{bmatrix} 置换, & c_{T1}, & \Gamma \\ & c_{T2}, & \Gamma \\ & c_{T3}, & \Gamma' \\ & \vdots & \vdots \end{bmatrix}.$$

例如, 英语课的王老师把他的上课时间从 "星期一 1~2 节" 改为 "星期三 1~2 节", 可用置换变换表示为

$$T \begin{bmatrix} 英语课, & 上课时间, & 星期一1 \sim 2节 \\ & 任课老师, & 王老师 \end{bmatrix}$$

$$= \begin{bmatrix} 英语课, & 上课时间, & 星期三1 \sim 2节 \\ & 任课老师, & 王老师 \end{bmatrix},$$

也可用事元表示该变换为

$$T = \begin{bmatrix} 置换, & 支配对象, & (英语课, 上课时间, 星期一 1 \sim 2 节) \\ & 变换结果, & (英语课, 上课时间, 星期三 1 \sim 2 节) \\ & 施动对象, & 王老师 \end{bmatrix},$$

通常用第一种形式表示变换即可, 下面的例子中, 均用第一种表示形式.

(2) 增删变换.

增加变换: $T_1 \Gamma = \Gamma \oplus \Gamma_1$, 即

$$T_1 = \begin{bmatrix} 增加, & c_{T1}, & \Gamma_1 \\ & c_{T2}, & \Gamma \\ & c_{T3}, & \Gamma \oplus \Gamma_1 \\ & \vdots & \vdots \end{bmatrix},$$

例如, 在装水用的杯子的杯身 D 上增加温度计 D_1 (功能的增加), 可用事元的增加变换表示为

$$T_1 \begin{bmatrix} 容纳, & 支配对象, & 水 \\ & 工具, & 杯身 D \end{bmatrix}$$

$$= \begin{bmatrix} 容纳, & 支配对象, & 水 \\ & 工具, & 杯身 D \end{bmatrix} \oplus \begin{bmatrix} 测, & 支配对象, & 水温 \\ & 工具, & 温度计 D_1 \end{bmatrix}$$

$$= \begin{bmatrix} 容纳 \oplus 测, & 支配对象, & 水 \oplus 水温 \\ & 工具, & 杯身 D \oplus 温度计 D_1 \end{bmatrix}$$

删减变换: $T_2 \Gamma = \Gamma \ominus \Gamma_1$, 即

$$T_2 = \begin{bmatrix} \text{删减,} & c_{T1}, & \Gamma_1 \\ & c_{T2}, & \Gamma \\ & c_{T3}, & \Gamma \ominus \Gamma_1 \\ & \vdots & \vdots \end{bmatrix}.$$

例如, 删减手机上的上网和玩游戏功能, 类似于增加变换, 可用事元的删减变换表示, 此略.

说明：根据基元的可加运算和可积运算, 基元的增加变换还可以细分为"和增变换"和"积增变换", 此不详述, 后续用到时再说明. 同样, 根据基元的可减运算和可删运算, 基元的删减变换可以细分为"减变换"和"删变换".

(3) 扩缩变换：$T\Gamma = \alpha\Gamma$, 即

$$T = \begin{bmatrix} \text{扩大} \vee \text{缩小,} & c_{T1}, & \alpha \text{ 倍} \\ & c_{T2}, & \Gamma \\ & c_{T3}, & \alpha\Gamma \\ & \vdots & \vdots \end{bmatrix},$$

当 $\alpha > 1$ 时为扩大变换, 当 $0 < \alpha < 1$ 时为缩小变换.

例如, 专为老年人设计的手机, 要扩大字号和音量, 以解决老年人眼花和耳背不方便用常规手机的问题, 即

$$T \begin{bmatrix} \text{手机}D, & \text{最大字号,} & v_1 \\ & \text{最大音量,} & v_2 \end{bmatrix} = \begin{bmatrix} \text{手机}D', & \text{最大字号,} & 2v_1 \\ & \text{最大音量,} & 3v_2 \end{bmatrix}.$$

再如, 深圳世界之窗里的各国名胜都是按照实际尺寸通过缩小变换得到的, 以埃菲尔铁塔为例, 是按照 1:3 的比例制作的, 即

$$T \begin{bmatrix} \text{埃菲尔铁塔}D, & \text{体积,} & v \\ & \text{位置,} & \text{法国巴黎} \end{bmatrix}$$
$$= \begin{bmatrix} \text{埃菲尔铁塔}D', & \text{体积,} & v/3 \\ & \text{位置,} & \text{深圳世界之窗} \end{bmatrix}.$$

(4) 分解变换：$T\Gamma = \{\Gamma_1, \Gamma_2, \cdots, \Gamma_n\}$，其中 $\Gamma_1 \oplus \Gamma_2 \oplus \cdots \oplus \Gamma_n = \Gamma$，即

$$T = \begin{bmatrix} \text{分解}, & c_{T1}, & \Gamma \\ & c_{T2}, & \Gamma \\ & c_{T3}, & \{\Gamma_1, \Gamma_2, \cdots, \Gamma_n\} \\ & \vdots & \vdots \end{bmatrix}.$$

例如, 旧电脑拆解后销售, 每一部分的售价之和会大于整体销售的价格, 因此可使收入增加, 即

$$T(\text{电脑}D, \text{销售价格}, v)$$

$$= \{(\text{显示屏}D_1, \text{销售价格}, v_1), (\text{硬盘}D_2, \text{销售价格}, v_2)\},$$

$$(\text{内存}D_3, \text{销售价格}, v_3), (\text{电源}D_4, \text{销售价格}, v_4), \cdots\}.$$

(5) 复制变换：$T\Gamma = \{\Gamma, \Gamma^*\}$.

复制是一种特殊的基本变换, 如晒照片、复印、扫描、印刷、光盘刻录、录音、录像、反复使用的方法、产品的复制等. 这种变换在信息领域中应用非常广泛. 批量生产也是一种复制, 它既包括实体的复制, 也包括虚部的复制. 提供的条件可分为两类：一类是可以反复使用的条件; 一类是不可复制的, 只能分配使用的条件. 复制变换记为

$$T = \begin{bmatrix} \text{复制}, & c_{T1}, & \Gamma \\ & c_{T2}, & \Gamma \\ & c_{T3}, & \{\Gamma, \Gamma^*\} \\ & \vdots & \vdots \end{bmatrix},$$

例如, 用文件 D 复印成文件 D', 两个文件的颜色肯定不会完全相同, 即

$$T \begin{bmatrix} \text{文件}D, & \text{尺寸}, & v_1 \\ & \text{颜色}, & v_2 \end{bmatrix}$$

$$= \left\{ \begin{bmatrix} \text{文件}D, & \text{尺寸}, & v_1 \\ & \text{颜色}, & v_2 \end{bmatrix}, \begin{bmatrix} \text{文件}D', & \text{尺寸}, & v_1 \\ & \text{颜色}, & v_2' \end{bmatrix} \right\}.$$

复制变换可细分为很多类型. 实施复制变换后, 对象至少变为两个, 即原对象和复制后的对象, 也可以是多个. 根据复制后的对象不同, 复制变换分为

扩大复制：$T\Gamma = \{\{\Gamma, \alpha\Gamma\}, a > 1\}$,

缩小复制：$T\Gamma = \{\{\Gamma, \alpha\Gamma\}, 0 < \alpha < 1\}$,

近似复制：$T\Gamma = \{\{\Gamma, \Gamma^*\}, \Gamma \approx \Gamma\}$, 其中 "$\approx$" 是近似符,

多次复制：$T\Gamma = \{\{\Gamma, \Gamma^*, \Gamma^*, \cdots, \Gamma^*\}, \Gamma^* = \alpha\Gamma\}$.

例如, 洗照片、文件拷贝复印等.

2.5.2　可拓变换的基本运算

可拓变换是解决矛盾问题的手段和工具. 显然, 变换也是可以组合的. 在解决问题时, 有时只通过一种变换难以达到目的, 常常需要通过变换的组合才能完成. 变换的组合也就是解决矛盾问题的方法、创意、规则或论域变换等的组合.

可拓变换具有如下四种基本运算, 下面给出它们的定义：

设可拓变换的对象 $\Gamma_0, \Gamma_1, \Gamma_2 \in \{B, C_o, k, U\}$, 即 $\Gamma_0, \Gamma_1, \Gamma_2$ 可以是基元、复合元、关联准则或论域.

定义 2.26(积变换)　若存在变换 T_1、T_2, 使 $T_1\Gamma_0 = \Gamma_1, T_2\Gamma_1 = \Gamma_2$, 则

$$T\Gamma_0 = T_2(T_1\Gamma_0) = T_2\Gamma_1 = \Gamma_2.$$

并称上式中的变换 $T = T_2T_1$ 为变换 T_1 与 T_2 之积, 积变换是要对某对象通过两个或两个以上连续的变换达到目的的变换.

例 2.19　要把某物品 D 从一楼搬运到 30 楼, 必须首先把它搬进电梯, 通过电梯从 1 楼到达 30 楼, 然后再从电梯搬进房间, 即

$$T_1(物品D, 位置, 1楼) = (物品D, 位置, 1楼电梯内),$$

$$T_2(物品D, 位置, 1楼电梯内) = (物品D, 位置, 30楼电梯内),$$

$$T_3(物品D, 位置, 30楼电梯内) = (物品D, 位置, 30楼房间),$$

则 $T = T_3T_2T_1$ 即为三个变换的积变换.

在解决问题时, 积变换常用于想使 Γ_0 变为 Γ_2, 但无法直接实现时, 若能找到两个变换 T_1 与 T_2, T_1 使 Γ_0 变为 Γ_1, 而 T_2 使 Γ_1 变为 Γ_2, 从而达到目的. 应用积变换时, 一定要注意: 变换 T_1 与 T_2 是有先后次序的.

定义 2.27(与变换) 若同时存在变换 T_1 与 T_2, 使 $T_1\Gamma_1 = \Gamma_1'$, $T_2\Gamma_2 = \Gamma_2'$, 且 $\Gamma_1' \wedge \Gamma_2' = \Gamma'$, 则

$$T_1\Gamma_1 \wedge T_2\Gamma_2 = \Gamma_1' \wedge \Gamma_2' = \Gamma',$$

并称变换 $T = T_1 \wedge T_2$ 为变换 T_1 和 T_2 的与变换. 与变换是同时进行两个或两个以上变换而达到目的的变换.

例 2.20 要想使石墨变成金刚石, 必须同时给石墨加以 1125kba 的压力和 3000℃ 的高温, 二者缺一不可, 即若

$$T_1(石墨D, 压力, 0) = (石墨D_1, 压力, 1125kba),$$

$$T_2(石墨D, 温度, 常温) = (石墨D_2, 温度, 3000℃),$$

则 $T = T_1 \wedge T_2$ 为

$$T\begin{bmatrix} 石墨D, & 压力, & 0 \\ & 温度, & 常温 \end{bmatrix} = \begin{bmatrix} 金刚石D', & 压力, & 1125kba \\ & 温度, & 3000℃ \end{bmatrix}.$$

例 2.21 某家电企业为打开某地的农村市场, 或者说为了使某地的农民成为该企业的顾客, 同时实施了如下变换:

T_1: 减少产品的功能种类, 即

$$T_1(产品 D, 功能种类, 5) = (产品 D_1, 功能种类, 2);$$

T_2: 降低产品价格, 即

$$T_2(产品 D, 价格, 3000 元) = (产品 D_2, 价格, 1700 元);$$

T_3: 提供送货上门服务, 即

$$T_3(产品 D, 送货形式, 顾客自运) = (产品 D_3, 送货形式, 企业送货上门);$$

通过实施变换 $T = T_1 \wedge T_2 \wedge T_3$, 使

$$T \begin{bmatrix} 产品D, & 功能种类, & 5 \\ & 价格, & 3000\ 元 \\ & 送货形式, & 顾客自运 \end{bmatrix}$$

$$= \begin{bmatrix} 产品D', & 功能种类, & 2 \\ & 价格, & 1700\ 元 \\ & 送货形式, & 企业送货 \end{bmatrix},$$

从而大大提高了农村消费者的购买意愿, 成功地打开了该地的农村市场.

定义 2.28(或变换)   若至少存在一个变换 T_1 或 T_2, 使 $T_1\Gamma_1 = \Gamma_1'$ 或 $T_2\Gamma_2 = \Gamma_2'$, 则

$$T_1\Gamma_1 \vee T_2\Gamma_2 = \Gamma_1' \vee \Gamma_2' = \Gamma',$$

并称变换 $T = T_1 \vee T_2$ 为变换 T_1 和 T_2 的或变换. 或变换是对某对象或实施变换 T_1 或实施变换 T_2 而达到目的的变换.

例如, 要想降低产品的生产成本, 或者减少产品的功能种类, 或者更换产品的材质, 这两种变换至少实现一个才能达到目的.

定义 2.29(逆变换)   若存在变换 T', 使 $T'\Gamma_1 = \Gamma_0$, 且 $TT' = e$, 则

$$T\Gamma_0 = T(T'\Gamma_1) = e\Gamma_1 = \Gamma_1.$$

我们称变换 T' 为变换 T 的逆变换, 记作 $T^{-1} = T'$. 逆变换是对变换后的对象再实施一个变换而使其还原为原对象的变换. 逆变换是人们进行逆向思维的一种模式, 将在第 3 章 3.3 节可拓变换方法和第 5 章 5.10 节逆向思维模式中详细介绍.

以上是几种较简单的可拓变换的运算. 在解决实际问题的过程中, 往往需要用到一些更复杂的运算, 即上述基本运算的复合变换, 如中介变换、补亏变换等, 此处不作介绍, 将在 3.3 节介绍.

2.5.3　传导变换

由于事物之间的相关性, 对某一事物、特征、量值、物元、事元或关系元的变换, 往往会引起对其他一系列事物、特征、量值、物元、事元或关系元的变换, 这种传导变换是 "牵一发而动全身" 的贴切描述.

在战略规划中, 有许多企业会采用 "降价战略" 来参与市场竞争, 但降低产品价格这一变换, 会引起其他许多市场因素的变换, 这些传导变

换的结果, 有些对企业有利, 有些则有弊. 例如, 有利的传导变换有: 提高企业的市场占有率, 扩大产品的销售量, 促进企业扩大生产规模, 提高行业的进入门槛, 消除潜在的竞争对手等. 不利的传导变换有: 降低行业平均利润, 造成行业的利润损失, 提高消费者的价格敏感度, 难以使消费者形成品牌忠诚度, 损害企业的形象, 使企业陷入 "价格陷阱" 等. 因此, 必须注重对传导变换的分析和应用, 分清其利弊, 取利舍弊.

在传导矛盾问题中, 有一类问题是人们经常遇到的, 即在原矛盾问题 P 已解决的情况下, 由于发生一系列的传导变换, 又形成了一系列新的矛盾问题, 我们称之为传导矛盾问题. 有的传导矛盾问题最终又导致了原目标无法实现, 即在新的条件下, 形成要实现原目标的新的矛盾问题.

在处理矛盾问题的过程中, 传导矛盾问题的出现往往是很难避免的. 因此, 用形式化的方法研究传导矛盾问题, 有利于利用计算机辅助处理复杂矛盾问题的研究.

1. 传导变换的一般概念

首先介绍可拓变换的蕴含关系和传导变换的概念.

定义 2.30 (可拓变换的蕴含关系) 令 $W = \{\Gamma | \Gamma \in \{B, Co, k, U\}\}$, $\boldsymbol{T}$ 为 W 上的可拓变换集, 即 $\boldsymbol{T} = \{T | T : W \to P(W)\}$. 对于 Γ_1、$\Gamma_2 \in W$, $\Gamma_1', \Gamma_2' \in P(W)$ 及变换 $T_1, T_2 \in \boldsymbol{T}$, 若当 $T_1 \Gamma_1 = \Gamma_1'$ 时, 必有 $T_2 \Gamma_2 = \Gamma_2'$, 则称变换 T_1(关于 Γ_1) 蕴含变换 T_2(关于 Γ_2), 记为 $T_1 \Rightarrow T_2$, 或 $T_{\Gamma_1} \Rightarrow_{\Gamma_1} T_{\Gamma_2}$.

为了表达方便, 通常也将变换 $T\Gamma = \Gamma'$ 记作 $T = (\Gamma, \Gamma')$.

定义 2.31 (一阶传导变换) 令 $W = \{\Gamma | \Gamma \in \{B, Co, k, U\}\}$, $\boldsymbol{T}$ 为 W 上的可拓变换集, 即 $\boldsymbol{T} = \{T | T : W \to P(W)\}$. 对于 $\Gamma_0 \in W, \varphi \in \boldsymbol{T}$ $\varphi = (\Gamma_0, \Gamma_0')$, 若存在 $\varphi_1 \in \boldsymbol{T}$, $\Gamma \in W$, $\varphi_1 = (\Gamma, \Gamma')$, 使 $\varphi \Rightarrow \varphi_1$, 则称 φ_1 为 φ 的一阶传导变换, 简称传导变换, 记作 T_φ 或 $_\varphi T$. 这时有 $T_\varphi \Gamma =_\varphi T\Gamma = \Gamma'$, 并称 φ 为主动变换. φ 的一阶传导变换的全体记为 $\{T_\varphi\} = \{T | T \Leftarrow \varphi\}$.

例 2.22 银行的存款利率的变化, 会导致储户的存款数量的变化, 即

$$\varphi(\text{银行} D, \text{存款利率}, v_1) = (\text{银行} D, \text{存款利率}, v_1'),$$

$$T_\varphi(\text{储户}E, \text{存款数量}, v_2) = (\text{储户}E, \text{存款数量}, v_2'),$$

则称变换 φ 蕴含变换 T_φ, 也称变换 T_φ 为 φ 的一阶传导变换. 如果有多个传导变换发生, 则形成传导变换集.

为了突出传导变换中基元与基元的关系, 上述定义的一阶传导变换也记为 $T_\varphi\ (\Gamma_0,\ \Gamma)$. 并称

$$T_\varphi(\Gamma_0, \Gamma_i) = \{T_i | \varphi = (\Gamma_0, \Gamma_0'), T_i = (\Gamma_i, \Gamma_i'), \varphi \Rightarrow T_i, i = 1, 2, \cdots, m\}$$

为 φ 关于 Γ_0 的传导变换集.

定义 2.32 (n 次传导变换)　令 $W = \{\Gamma | \Gamma \in \{B, C_O, k, U\}\}$, $\boldsymbol{T}$ 为 W 上的可拓变换集, 即 $\boldsymbol{T} = \{T | T : W \to P(W)\}$. 对于 $\Gamma_0 \in W$, $\varphi \in \boldsymbol{T}$, 若存在 $\Gamma_1, \Gamma_2, \cdots, \Gamma_n \in W$, 且 $\Gamma_0 \overrightarrow{\sim} \Gamma_1 \overrightarrow{\sim} \Gamma_2 \overrightarrow{\sim} \cdots \overrightarrow{\sim} \Gamma_n$, 则必存在 $T_i \in \boldsymbol{T}$, 使 $\varphi \Rightarrow T_1 \Rightarrow T_2 \Rightarrow \cdots \Rightarrow T_{n-1} \Rightarrow T_n$, 其中 $\varphi = (\Gamma_0, \Gamma_0'), T_i = (\Gamma_i, \Gamma_i'), (i = 1, 2, \cdots, n)$, 则称 T_i 为 φ 关于 Γ_i 的 i 次传导变换, 记作 $_{i-1}T_i$. φ 关于 Γ_n 的 n 次传导变换为 $_{n-1}T_n$.

显然, 对 n 次传导变换, 有如下变换的蕴含关系:

$$\varphi \Rightarrow {}_0T_1 \Rightarrow {}_1T_2 \Rightarrow \cdots \Rightarrow {}_{n-2}T_{n-1} \Rightarrow {}_{n-1}T_n.$$

其中 $_0T_1$ 也常记作 $_\varphi T_1$.

例 2.23　某老师 D 讲授课程 F 的时间的变化, 会导致学生 E 听课时间的变化; 而学生 E 听课时间的变化, 又会导致学生 E 复习英语时间的变化, 即

$$\varphi \begin{bmatrix} \text{讲授}, & \text{支配对象}, & \text{课程}F \\ & \text{施动对象}, & \text{老师}D \\ & \text{时间}, & t \end{bmatrix} = \begin{bmatrix} \text{讲授}, & \text{支配对象}, & \text{课程}F \\ & \text{施动对象}, & \text{老师}D \\ & \text{时间}, & t' \end{bmatrix},$$

$$_\varphi T_1 \begin{bmatrix} \text{听}, & \text{支配对象}, & \text{课程}F \\ & \text{施动对象}, & \text{学生}E \\ & \text{时间}, & t \end{bmatrix} = \begin{bmatrix} \text{听}, & \text{支配对象}, & \text{课程}F \\ & \text{施动对象}, & \text{学生}E \\ & \text{时间}, & t' \end{bmatrix},$$

$$_1T_2 \begin{bmatrix} \text{复习}, & \text{支配对象}, & \text{英语} \\ & \text{施动对象}, & \text{学生}E \\ & \text{时间}, & t' \end{bmatrix} = \begin{bmatrix} \text{复习}, & \text{支配对象}, & \text{英语} \\ & \text{施动对象}, & \text{学生}E \\ & \text{时间}, & t'' \end{bmatrix},$$

即发生二次传导变换: $\varphi \Rightarrow {}_\varphi T_1 \Rightarrow {}_1 T_2$.

定义 2.33 (m 阶变换和 m 阶传导变换) 设 n 次传导变换 $\varphi \Rightarrow {}_0 T_1 \Rightarrow {}_1 T_2 \Rightarrow \cdots \Rightarrow {}_{n-2} T_{n-1} \Rightarrow {}_{n-1} T_n$, 且 ${}_{n-1} T_n = (\Gamma_n, \Gamma_n)$, $\Gamma_n \widetilde{\rightarrow} \Gamma_0'$. 记 ${}_{n-1} T_n = \psi$, 则 $\psi \Rightarrow {}_\psi T_0 = (\Gamma_0', \Gamma_0'')$, 称 ${}_\psi T_0$ 为 Γ_0 的二阶变换, 记作 ${}_\psi T_0 = \varphi^{(2)}$. 这时, $\varphi^{(2)} = (\Gamma_0', \Gamma_0'')$.

又若 $\Gamma_0'' \widetilde{\rightarrow} \Gamma_1'$, 则必存在传导变换 $T_\varphi' \in \boldsymbol{T}$, 使 $\varphi^{(2)} \Rightarrow T_\varphi'$, $T_\varphi' = (\Gamma_1', \Gamma_1'')$. 称传导变换 T_φ' 为 Γ_1 关于 φ 的二阶一次传导变换, 记作 $T_{\varphi^{(2)}}^{(1)}$.

同理, 若 Γ_0 的 $m-1$ 阶变换为 $\varphi^{(m-1)}$ $(m > 1)$, $\varphi^{(m-1)} \Rightarrow T_{\varphi^{(m-1)}}$, $T_{\varphi^{(m-1)}} = (\Gamma_1^{(m-2)}, \Gamma_1^{(m-1)})$, 而 $T_{\varphi^{(m-1)}} \Rightarrow T$, 使 $T = (\Gamma_0^{(m-1)}, \Gamma_0^{(m)})$, 则称 T 为 Γ_0 的 m 阶变换, 记为 $T = \varphi^{(m)}$.

若 $\varphi^{(m)} \Rightarrow \psi'$, 使 $\psi' = (\Gamma_i^{(m-1)}, \Gamma_i^{(m)})$, 则称 ψ' 为 Γ_i 的 m 阶 i 次传导变换, 记为 $\psi' = T_{\varphi^{(m)}}^{(i)}$.

例 2.24 设 $B_{10} = ($ 粮食 O_1, 价格, 2.0 元/kg), 若

$$B_1 = (\text{粮食} O_1, \text{价格}, v_1 \text{ 元/kg}),$$

$$B_2 = \left[\begin{array}{ccc} \text{粮制品} O_2, & \text{原料}, & \text{粮食} O_1 \\ & \text{价格}, & v_2 \text{元/kg} \end{array} \right] = \left[\begin{array}{c} B_{21} \\ B_{22} \end{array} \right],$$

根据领域知识和相关分析原理, 有如下相关基元:

$$B_1 = (\text{粮食} O_1, \text{价格}, v_1 \text{ 元/kg}) \widetilde{\rightarrow} B_{22} = (\text{粮制品} O_2, \text{价格}, v_2 \text{ 元/kg}),$$

且必存在函数关系: $v_2 = f(v_1)$. 若

$$B_{20} = \left[\begin{array}{ccc} \text{粮制品} O_{20}, & \text{原料}, & \text{粮食} O_{10} \\ & \text{价格}, & 4.0 \text{ 元/kg} \end{array} \right] = \left[\begin{array}{c} B_{210} \\ B_{220} \end{array} \right].$$

当实施主动变换 $\varphi B_{10} = ($ 粮食 O_{10}, 价格, 2.5 元 /kg) $= B_{10}'$ 时, 根据传导变换, 必存在传导变换 ${}_\varphi T_{22}$, 使得

$$_\varphi T_{22} B_{220} = (\text{粮制品} O_{20}, \text{价格}, 5.0 \text{ 元/kg}) = B_{220}'.$$

设 $B_3 = \left[\begin{array}{ccc} \text{工人} O_3, & \text{行业}, & \text{各行业} \\ & \text{工资}, & v_3 \text{ 元/ 月} \end{array} \right] = \left[\begin{array}{c} B_{31} \\ B_{32} \end{array} \right],$

$$B_4 = \begin{bmatrix} 肥料 O_4, & 用途, & 种植粮食 O_1 \\ & 价格, & v_4 元/\text{kg} \end{bmatrix} = \begin{bmatrix} B_{41} \\ B_{42} \end{bmatrix},$$

$$B_5 = \begin{bmatrix} 货运车 O_3, & 用途, & 运输粮食 O_1 \\ & 运费, & v_5 元/\text{km} \end{bmatrix} = \begin{bmatrix} B_{51} \\ B_{52} \end{bmatrix},$$

根据领域知识和相关分析原理, 有:

$$B_{22} \widetilde{\to} B_{32} \overset{\wedge}{\to} \left\{ \begin{array}{c} B_{42} \\ B_{52} \end{array} \right\} \overset{\wedge}{\to} B_1.$$

根据传导变换, 必存在传导变换 $_{22}T_{32}$ 和 $_{32}T_{i2}, i = 4, 5$, 使得

$$_{22}T_{32}B_{320} = B'_{320}, {}_{32}T_{i2}B_{i20} = B'_{i20}, i = 4, 5.$$

即由于提高以粮食 O_{10} 为原料的副食品的价格, 会导致工价提高、引起肥料提价、运输费提价等, 进而与变换 $_{32}T_{42} \wedge_{32} T_{52}$ 又会引起 B_{10} 发生传导变换, 从而又引起粮食的再次提价, 而粮食的再次提价, 又会引起粮制品的再次提价. 此即二阶传导变换.

n 阶传导变换就是通常所说的 "良性循环" 或 "恶性循环" 的形式化表达.

2. 传导效应

传导效应是定量研究传导变换的重要指标, 可以根据需要选择适当的角度加以探讨. 下面以基元为例给出一阶传导效应、n 次传导效应和 m 阶传导效应的计算方法.

1) 关于评价特征 c 的一阶传导效应

定义 2.34 给定基元 B_0 和 B, c_0 为基元 B_0 的某个评价特征, c 为基元 B 的某个评价特征, $B_0 \sim B$, 若存在主动变换 $\varphi = (B_0, B'_0)$, 且 $\{T_\varphi\}$ 是 φ 的传导变换集, $T_\varphi \in \{T_\varphi\}$ 是对 B 的变换: $T_\varphi = (B, B')$, 则称 $c(B') - c(B)$ 为 φ 关于特征 c 对于基元 B 的一阶传导效应, 记作 $c(T_\varphi) = c(B') - c(B)$. 同时称 $c_0(\varphi) = c_0(B'_0) - c_0(B_0)$ 为 φ 关于 c_0 的主动变量. 称

$$\gamma = \frac{c(T_\varphi)}{|c_0(\varphi)|}$$

为传导变换 T_φ 关于主动变换 φ 的传导度.

特别地, 若 $B_0 = (O_0, c_0, v_0)$, $B = (O, c, v)$, 且 $B_0 \sim B$, 若存在主动变换 φ, 使 $\varphi B_0 = (O_0, c_0, v_0') = B_0'$, 且有传导变换 $T_\varphi B = (O, c, v') = B'$, 则 φ 关于特征 c 对于基元 B 的一阶传导效应为 $c(T_\varphi) = v' - v$, φ 关于 c_0 的主动变量为 $c_0(\varphi) = v_0' - v_0$.

例 2.25 银行的存款利率的变化, 会导致储户的存款数量的变化, 即

$$\varphi(\text{银行}D, \text{存款利率}, 3.5\%/\text{年}) = (\text{银行}D, \text{存款利率}, 4.1\%/\text{年})$$

$$T_\varphi(\text{储户}E, \text{存款数量}, 5\text{万元}) = (\text{储户}E, \text{存款数量}, 8\text{万元})$$

则 φ 关于特征 "存款数量" 对于基元 $B =(\text{储户 } E，\text{存款数量}，5 \text{ 万元})$ 的一阶传导效应为 $c(T_\varphi) = 8 - 5 = 3$, φ 关于特征 "存款利率" 的主动变量为 $c_0(\varphi) = 4.1\% - 3.5\% = 0.6\%$.

若 $c(T_\varphi) > 0$, 则称此效应为关于特征 c 的正传导效应; 反之, 若 $c(T_\varphi) < 0$, 则称此效应为关于特征 c 的负传导效应; 若 $c(T_\varphi) = 0$, 则认为此传导变换关于特征 c 无传导效应.

若 $B_0 \sim \bigwedge\limits_{i=1}^{n} B_i$, 对 $_\varphi T_i = (B_i, B_i')$, $i = 1, 2, \cdots, n$, $c(_\varphi T_i) = c(B_i') - c(B_i)$, 称

$$c(T_\varphi^{(1)}) = \sum_{i=1}^{n} c(_\varphi T_i) = \sum_{i=1}^{n} [c(B_i') - c(B_i)]$$

为 φ 关于评价特征 c 的一阶传导效应.

2) 关于评价特征 c 的 n 次传导效应

给定基元 $B_0 \in W$, $\varphi \in T$, 若存在 B_1, B_2, $\cdots$ $B_n \in W$, 且 $B_0 \widetilde{\rightarrow} B_1 \widetilde{\rightarrow} B_2 \widetilde{\rightarrow} \cdots \widetilde{\rightarrow} B_n$, 则有

$$\varphi \Rightarrow {}_\varphi T_1 \Rightarrow {}_1 T_2 \Rightarrow \cdots \Rightarrow {}_{n-2} T_{n-1} \Rightarrow {}_{n-1} T_n.$$

对于某评价特征 c, φ 关于 c 对于基元 B_0 的一阶一次传导效应为

$$c(_\varphi T_1) = c(B_1') - c(B_1),$$

记 $_\varphi T_1 \triangleq {}_0 T_1$, 则 φ 关于 c 对于基元 B_0 的一阶 n 次传导效应为

$$c^{(n)}(T_\varphi^{(1)}) \triangleq \sum_{i=1}^{n} c(_{i-1} T_i) = \sum_{i=1}^{n} [c(B_i') - c(B_i)].$$

变换 φ 产生的一阶传导效应是一个重要的效应. 它表明, 变换 φ 产生的作用不仅是 $\varphi = (B, B')$ 这个直接作用, 而且还有 $c(T_\varphi^{(1)})$ 或 $c^{(n)}(T_\varphi^{(1)})$ 等复杂的传导作用, 更有对一切相关基元的传导作用, 这是 "牵一发而动全身" 的形式表示.

此处的一阶 n 次传导效应只是针对 $B_0 \tilde{\rightarrow} B_1 \tilde{\rightarrow} B_2 \tilde{\rightarrow} \cdots \tilde{\rightarrow} B_n$ 的情况, 若 $B_0 \sim \overset{n}{\underset{i=1}{\wedge}} B_i$, 且每个 $B_i(i = 1, 2, \cdots, n)$ 又与多个基元相关, 其一阶 n 次传导效应将更复杂, 有兴趣的读者可深入研究.

3) 关于评价特征 c 的 m 阶传导效应

给定基元 B_0 和 B, c 为基元的某个评价特征, $B_0 \sim B$, 主动变换 $\varphi = (B_0, B_0')$, $\varphi^{(m)} = (B_0^{(m-1)}, B_0^{(m)})$ 为 B_0 的 m 阶变换, $T_{\varphi^{(m)}} = (B^{(m-1)}, B^{(m)})$ 为 B_0 的 m 阶传导变换, 则关于评价特征 c 的 m 阶传导效应为

$$c(T_{\varphi^{(m)}}) = c(B^{(m)}) - c(B^{(m-1)}).$$

若 $B_0 \sim \overset{n}{\underset{i=1}{\wedge}} B_i$, 或 $B_0 \tilde{\rightarrow} B_1 \tilde{\rightarrow} B_2 \tilde{\rightarrow} \cdots \tilde{\rightarrow} B_n$, 则 B_0 的 m 阶变换和关于评价特征 c 的 m 阶传导效应将有类似的结论, 但更复杂, 此不详述.

3. 可拓变换的蕴含系

由相关性和相关网的性质, 对某一基元的改变, 会引起与它相关的基元的变化, 这种变化互相传导于一个相关网中. 因此, 根据相关网及其中的基元之间的传导变换, 可以产生一个关于可拓变换的蕴含系.

一般而言, 对于基元 B_0, 假设 $B \sim B_0$, 则有 $T_B \Rightarrow {}_B T_{B_0}$ 或 $T_{B_0} \Rightarrow {}_{B_0} T_B$. 其中 T_B 表示对基元 B 的主动变换, ${}_B T_{B_0}$ 表示由于 B 的变换而导致的对 B_0 的传导变换; T_{B_0} 表示对 B_0 的主动变换, ${}_{B_0} T_B$ 表示由于 B_0 的变换而导致的对 B 的传导变换.

关于可拓变换的蕴含关系, 有如下情形:

(1) 对于基元 B 和 B_1, $\cdots$, B_m, 若 $B \sim \overset{m}{\underset{i=1}{\wedge}} B_i$, 则

$$T_B \Rightarrow \overset{m}{\underset{i=1}{\wedge}} {}_B T_{B_i} \quad \text{或} \quad \overset{m}{\underset{i=1}{\wedge}} T_{B_i} \Rightarrow \overset{m}{\underset{i=1}{\wedge}} {}_{B_i} T_B.$$

(2) 对于基元 B 和 B_1, $\cdots$, B_m, 若 $B \sim \overset{m}{\underset{i=1}{\vee}} B_i$, 则

$$T_B \Rightarrow \overset{m}{\underset{i=1}{\vee}} {}_B T_{B_i} \ 或 \ \overset{m}{\underset{i=1}{\vee}} T_{B_i} \Rightarrow \overset{m}{\underset{i=1}{\vee}} {}_{B_i} T_B.$$

(3) 对于基元 B 和 $B_1, \cdots, B_m$, 若 $\overset{m}{\underset{i=1}{\vee}} B_i \widetilde{\to} B$, 则可生成可拓变换蕴含系

$$\overset{m}{\underset{i=1}{\vee}} T_{B_i} \Rightarrow \overset{m}{\underset{i=1}{\vee}} {}_{B_i} T_B.$$

(4) 对于基元 B 和 $B_1, \cdots, B_m$, 若

$$\overset{m}{\underset{i=1}{\wedge}} B_i \widetilde{\to} B$$

则可生成可拓变换蕴含系

$$\overset{m}{\underset{i=1}{\wedge}} T_{B_i} \Rightarrow \overset{m}{\underset{i=1}{\wedge}} {}_{B_i} T_B.$$

(5) 对于基元 B 和 $B_1, \cdots, B_m$, 若 $B \widetilde{\to} \overset{m}{\underset{i=1}{\vee}} B_i$, 则可生成可拓变换蕴含系

$$T_B \Rightarrow \overset{m}{\underset{i=1}{\vee}} {}_B T_{B_i}.$$

(6) 对于基元 B 和 $B_1, \cdots, B_m$, 若 $B \widetilde{\to} \overset{m}{\underset{i=1}{\wedge}} B_i$, 则可生成可拓变换蕴含系

$$T_B \Rightarrow \overset{m}{\underset{i=1}{\wedge}} {}_B T_{B_i}.$$

2.5.4 可拓变换的性质

可拓变换具有如下基本性质:

1) 可拓变换的存在性

设 $\Gamma \in \{B, Co, k, U\}$, 必存在某可拓变换 T, 使 $T\Gamma = \Gamma'$, 且 $\Gamma \neq \Gamma'$.

此性质说明, 世界上的一切物、事、关系、准则或论域都是可以改变的. 遵循这一性质, 在创新或处理矛盾问题时, 才能使思维灵活变通, 得到多种创新或解决矛盾问题的思路.

2) 可拓变换的传导性

设 $\Gamma_1, \Gamma_2 \in \{B, Co, k, U\}$, 若存在某可拓变换 φ, 当 $\varphi\Gamma_1 = \Gamma_1'$ 时, 必有另一变换 T, 使 $T\Gamma_2 = \Gamma_2'$, 则称可拓变换 φ 具有传导性.

由于事物间存在千丝万缕的关系, 因此, 对 Γ_1 的变换 φ, 必然会引起某些与其相关的对象 Γ_2 的传导变换. 此性质说明, 在实施任一可

拓变换之前，都要充分考虑该变换所导致的传导变换，如果传导变换会产生负效应，则要考虑是否必须实施原变换. 若必须实施，则要研究产生负效应的补救措施.

例如，增加工资必然导致社会购买力的提高，从而拉动国内的需求，这种传导效应是正效应. 有些企业为了短期利益，扩大生产污染环境的产品，导致了周围环境的恶化，必将付出大量的赔偿费用，这种得不偿失的变换，得到的是负的传导效应.

3) 可拓变换的不唯一性

设 $\Gamma \in \{B, Co, k, U\}$，若存在某可拓变换 T，使 $T\Gamma = \Gamma'$，则还会存在另一可拓变换 T_1，使 $T_1\Gamma = \Gamma'$.

此性质说明，要想使 Γ 变为 Γ'，可以采取多种可拓变换方法实现. 也正是由于可拓变换具有不唯一性，才使得我们进行创新或解决矛盾问题时可以有多条可供选择的路径.

4) 可拓变换的可组合性

在很多矛盾问题的解决过程中，单用一个基本可拓变换往往是难以解决问题的，一般需要同时使用多个可拓变换，或先实施某可拓变换再实施另一可拓变换才能实现，这些可拓变换是由若干个基本可拓变换构成的，我们把可拓变换的这一性质称为可组合性.

2.5.5 可拓变换的类型

根据可拓变换对象的类型，可以把可拓变换分为论域中元素的可拓变换、关联准则的可拓变换和论域的可拓变换. 由于论域中的元素可以是基元、复合元或它们中的某个要素，因此元素的可拓变换又分为基元的可拓变换和复合元的可拓变换. 复合元的可拓变换与基元的可拓变换类似，但更复杂，此处不做介绍.

1. 基元的可拓变换

基元的可拓变换是指对论域 U 中的基元 B 的可拓变换. 当 B 是物元 M 时，变换 T_B 是物元变换，即 $T_B = T_M$；当 B 是事元 A 时，变换 T_B 是事元变换，$T_B = T_A$；当 B 是关系元 R 时，变换 T_B 是关系元变换，$T_B = T_R$.

1) 基元要素的可拓变换及要素间的传导变换

由于基元 B 是由对象、特征及相应的量值构成的三元组，故对基元的可拓变换又可细分为对 O 的可拓变换，对 c 的可拓变换，对 v 的可拓变换，通常记作

$$T = (T_O, T_c, T_v),$$

称 T_O、T_c、T_v 为对基元要素的可拓变换.

对于基元 $B = (O, c, v)$ 的可拓变换，有如下几种情形.

① 若 $T_O O = O'$ 为主动变换，$T_c c = c$，$T_v v = v$，即 T_c、T_v 均为幺变换，则

$$_O T_B B = (T_O O, c, _O T_v v) = (O', c, v'),$$

其中 $_O T_v$ 是由于对象 O 的主动变换而导致的量值的传导变换.

特别地，若 $_O T_v = e$，即 $_O T_v v = v$，则

$$_O T_B B = (T_O O, c, _O T_v v) = (O', c, v).$$

② 若 $T_c c = c'$ 为主动变换，$T_O O = O$，$T_v v = v$，即 T_O、T_v 均为幺变换，则

$$_c T_B B = (O, T_c c, _c T_v v) = (O, c', v'),$$

其中 $_c T_v$ 是由于特征 c 的主动变换而导致的量值的传导变换.

③ 若 $T_v v = v'$ 为主动变换，$T_O O = O$，$T_c c = c$，即 T_O、T_c 均为幺变换，则

$$_v T_B B = (_v T_O O, c, T_v v) = (O', c, v'),$$

其中 $_v T_O$ 是由于量值 v 的主动变换而导致的对象的传导变换.

④ 若 $T_O O = O'$，$T_c c = c'$，$T_v v = v'$ 均为主动变换，且彼此间没有传导变换发生，则记为

$$T_B B = (T_O O, T_c c, T_v v) = (O', c', v') = B'.$$

2) 基元的基本可拓变换

基元的基本可拓变换包括置换变换、增删变换、扩缩变换、分解变换和复制变换.

(1) 置换变换. 对基元 $B_0(t) = (O(t), c, v(t))$，若存在某一变换 T，使 $B_0(t)$ 变为 $B(t) = (O(t), c, v(t))$，即 $T B_0(t) = B(t)$，则称变换 T 为基元 $B_0(t)$ 的置换变换.

以下为书写方便，在不致引起混淆的情况下，基元均不写成动态基元的形式，例如，$B_0 =$(防止，支配对象，失火)，作 $TB_0 =$(检测，支配对象，失火)$= B$，则 T 为基元 B_0 的对象的置换变换.

(2) 增删变换. 增加变换：对基元 $B_0 = (O_0, c_0, v_0)$，$B = (O, c, v)$ 为 B_0 的可加基元，若存在某一可拓变换 T，使

$$TB_0 = B_0 \oplus B,$$

则称可拓变换 T 为基元 B_0 的增加变换.

例如，对于物元 $M_0 =$(桌子 D_1，高度，0.8m)，$M=$(椅子 D_2，高度，0.5m)，M 为 M_0 的可加物元，作 $TM_0 = M_0 \oplus M =$(桌子 $D_1\oplus$ 椅子 D_2，高度，0.8 m $\oplus$ 0.5 m)，则 T 为 M_0 的增加变换.

说明："桌子 $D_1\oplus$ 椅子 D_2" 关于高度的量值的运算结果，依赖于桌子 D_1 与椅子 D_2 放置的位置，如果椅子 D_2 放在桌子 D_1 上面，则高度的量值为 1.3 m. 其他放置情况，要具体问题具体分析.

删减变换：对基元 $B_0=(O_0, c_0, v_0)$，$B=(O, c, v)$ 为 B_0 经分解后得到的基元，若存在某一可拓变换 T，使

$$TB_0 = B_0 \ominus B,$$

则称可拓变换 T 为基元 B_0 的删减变换.

例如，对于物元 $M_0 =$(产品 D_1，重量，$a_1 \oplus a_2$)，$M=$(部件 D_2，重量，a_1)，$M_0//\{M, M_1\}$，作 $TM_0 = M_0 \ominus M =$(产品 D，重量，a_2)$= M_1$，则 T 为 M_0 的删减变换.

在生产过程中，减少多余的动作或工序，属于事元的删减变换，这些可拓变换可以使生产效率得到明显的提高.

说明：此处的增加变换和删减变换，依据基元的可加运算和可减运算进行运算. 在实际应用中，增加变换还有需要强调增加后是否构成系统的情况，这时需要依据基元的可积运算，并称为积增变换，相应的删减变换依据基元的可删运算. 此不详述，后续内容中用到的时候再做说明.

(3) 扩缩变换. 扩大变换：若 $TB_0 = \alpha B_0(\alpha > 1)$，则称 T 为 B_0 的扩大变换. 量扩大变换是基元以数量倍数的扩大. 例如，把电视节目中的卡通人物做成像真人一样大，在集会中表演，以吸引小朋友的注意.

对物元而言，其量扩大变换必然导致物扩大变换. 例如，一只气球的体积增大，必然导致气球扩大.

缩小变换：若 $TB_0 = \alpha B_0\ (0 < \alpha < 1)$，则称 T 为 B_0 的缩小变换.

对物元而言，物元的量缩小变换必然导致物缩小变换.

(4) 分解变换. 对基元 $B_0 = (O_0, c_0, v_0)$，若 $B_0 = B_1 \oplus B_2 \oplus \cdots \oplus B_n$，且存在可拓变换 T，使

$$TB_0 = \{B_1,\ B_2,\ \cdots,\ B_n\},$$

则称可拓变换 T 为基元 B_0 的分解变换.

例如，在旧货市场上，很多商家常常把旧的机器设备按功能分解后，分别出售，常可获得比整机出售更多的利益. 把生产工序分解后进行流水作业，使不同的工人完成不同的动作.

(5) 复制变换. 若 $TB_0 = \{B_0, B_0^*\}$，则称 T 为基元 B_0 的复制变换.

复制变换是把一个基元复制为多个基元的变换，如洗照片、复印等.

2. 关联准则的可拓变换

在界定矛盾问题时，关联准则是对问题矛盾或不矛盾及矛盾程度的一种规定. 由于这一规定，使某些元素不能满足限制，从而造成"不可知"、"不可行". 当关联准则改变时，不满足原限制的某些元素，可以变为满足"新限制"的元素，从而使不行变行，不是变是，不可知变可知.

在很多实际工作中，关联准则的改变是解决问题的一条途径. 例如，在计划经济限制下的某些矛盾问题，在市场经济的规则下是不矛盾的. 在制订政策时，不同时期使用不同的政策，不同地区执行不同的规定；在市场竞争中，"游戏规则"的改变；在建筑工程中，不同地质环境采取不同的安全系数；在机电产品中，额定电流、额定电压的改变等都属于关联准则的变换. 关联准则的可拓变换正是以这些实际问题为背景的.

例如，若以房子的价格 30 万~80 万元/套考虑，收入在 3000~5000 元/月的工薪人士就无法购买房子，但若改为分期付款，除首付外，按 15 年计，每月付款 2000 多元，则这些人就从不是顾客变成顾客了.

关联函数 k 是关联准则的定量化表示，k 也具有上述五种基本可拓变换：

$$Tk = k';$$

$$Tk = k \oplus k_1;$$

$$Tk = k \ominus k_1;$$

$$Tk = \alpha k;$$

$$Tk = \{k_1, k_2, \cdots, k_n\};$$

$$Tk = \{k, k^*\}.$$

3. 论域的可拓变换

人们把研究对象的全体称为论域. 论域是一个集合.

在经典逻辑和模糊逻辑中, 论域是固定不变的, 这反映了人们的一种习惯思维: 把问题涉及的对象局限于某一固定的范围内. 其优点是便于在固定的范围内研究问题的解, 但这也限制了人们的视野. 特别在处理矛盾问题时, 一种重要的方法就是跳出习惯领域形成的对象集, 如找外语人才就非到外语系去不可等. 在客观世界中, 一定范围内是矛盾的问题, 在另一论域中却可能是不矛盾的. 因此, 在可拓学中, 不把论域视为固定不变的, 而是研究在论域变换的情形下, 如何使矛盾问题转化为不矛盾问题.

例如, 在市场营销中, 销售者不断地扩大其销售范围, 从一个地区扩大到一个省, 扩大到全国, 扩大到世界, 把大量的非顾客变成顾客, 从而使市场不断扩展. 企业考虑自己的资源, 常常要从可控资源扩展到本市的资源、本省的资源、全国的资源, 甚至海外的资源. 因此, 把论域看成固定不变的思想往往妨碍了人们的开拓活动. 论域的可拓变换正是从这些实际背景中抽象出来的.

根据论域的拓展分析, 论域具有如下的基本可拓变换:

(1) 置换变换: 对任一论域 U, 若存在另一个论域 U' 及可拓变换 T, 使

$$TU = U',$$

则称可拓变换 T 为论域 U 的置换变换.

例如, 某企业的目标市场在 A 城市, 则其论域 U 为 A 城市的全体人员. 当把目标市场转化为另一地方时, 就相当于做了论域的置换变换.

(2) 增加变换：对任一论域 U，若存在另一论域 U_1 及可拓变换 T，使

$$TU = U \cup U_1,$$

则称可拓变换 T 为论域 U 的增加变换.

(3) 删减变换：对任一论域 U，若存在另一论域 U_1 及可拓变换 T，使

$$TU = U - U_1, \quad U_1 \subset U,$$

则称可拓变换 T 为论域 U 的删减变换.

例如，设某企业的市场论域 U 为 A 城市的全体人员，当该论域不能满足企业的需求时，则可采取论域的增加变换，如取 $U_1 = \{$B 城市的全体人员$\}$，作 $TU = U \cup U_1$，此即论域的增加变换；当企业调整产品结构，只生产某些特殊群体使用的产品时，还可采取论域的删减变换，如某服装企业只生产学生装，则其论域可不考虑学生以外的人，即 $U_1 = \{$A 城市的全体学生$\}$，$U_1 \subset U$，而不必考虑全部的论域 U.

(4) 数扩大变换：对任一实数论域 U，若存在可拓变换 T 及实数 α $(\alpha > 1)$，使

$$TU = \alpha U,$$

则称可拓变换 T 为实数论域 U 的数扩大变换.

(5) 数缩小变换：对任一实数论域 U，若存在可拓变换 T 及实数 α $(0 < \alpha < 1)$，使

$$TU = \alpha U,$$

则称可拓变换 T 为实数论域 U 的数缩小变换.

(6) 分解变换：对某一论域 U，若存在可拓变换 T，使

$$TU = \{U_1, U_2, \cdots, U_n\}, \quad \text{且 } U_i \subset U, \quad i = 1, 2, \cdots, n,$$

则称可拓变换 T 为论域 U 的分解变换.

2.5.6 共轭部的变换和共轭变换

1. 共轭部的变换

所谓共轭部的变换，是指对物的共轭八部中的任一部分的主动变换，如对产品而言，对形状的变换、对尺寸的变换、对所用材料的变换等，都

是对产品实部的变换；对品牌名称的变换、对品牌知名度的变换等，都是对产品虚部的变换；对产品的组成部分的变换，是对硬部的变换；对产品的结构、各组成部分的连接形式的变换等，是对软部的变换；对产品的显部的潜功能的开发，如把产品的包装设计成可再利用的形式，是对显部的变换；对产品的不利于消费者的部分的改造，如尽量减少药物对人体的负作用，想办法消除手机的辐射等，都是对产品的负部的变换.

一般地，在不考虑中介部的情况下，物 O_m 按物质性、系统性、动态性和对立性，可分为四对共轭部，即虚部 $\mathrm{im}(O_m)$ 与实部 $\mathrm{re}(O_m)$、软部 $\mathrm{sf}(O_m)$ 与硬部 $\mathrm{hr}(O_m)$、潜部 $\mathrm{lt}(O_m)$ 与显部 $\mathrm{ap}(O_m)$、负部 $\mathrm{ng_c}(O_m)$ 与正部 $\mathrm{ps_c}(O_m)$. 这八部分中某一部分的变换统称为共轭部变换.

各共轭部形成的基元的变换对应记为

$$T_{\mathrm{im}}M_{\mathrm{im}} = M'_{\mathrm{im}}, \quad T_{\mathrm{re}}M_{\mathrm{re}} = M'_{\mathrm{re}},$$

$$T_{\mathrm{sf}}M_{\mathrm{sf}} = M'_{\mathrm{sf}}, \quad T_{\mathrm{hr}}M_{\mathrm{hr}} = M'_{\mathrm{hr}},$$

$$T_{\mathrm{lt}}M_{\mathrm{lt}} = M'_{\mathrm{lt}}, \quad T_{\mathrm{ap}}M_{\mathrm{ap}} = M'_{\mathrm{ap}},$$

$$T_{\mathrm{ng_c}}M_{\mathrm{ng_c}} = M'_{\mathrm{ng_c}}, \quad T_{\mathrm{ps_c}}M_{\mathrm{ps_c}} = M'_{\mathrm{ps_c}}.$$

对物的共轭部的变换的研究，是研究共轭变换的基础. 共轭部的变换方式与物的变换方式相同，包括置换变换、增删变换、扩缩变换、分解变换、变换的运算等.

2. 共轭变换

在 2.5.3 节中，曾经介绍了传导变换与传导效应的基本知识，本节将以此为基础，讨论一种特殊类型的传导变换——共轭变换.

对某一共轭部的变换会导致同一共轭对中另一共轭部的变换，称为共轭变换.

共轭变换可分为虚实共轭变换、软硬共轭变换、潜显共轭变换和负正共轭变换.

原理 2.19　对物的实部基元的变换，会导致与其相关的虚部基元发生传导变换；对物的虚部基元的变换，也会导致与其相关的实部基元发生传导变换.

设

$$M_{\mathrm{im}} = \left[\begin{array}{ccc} \mathrm{im}(O_m), & c_{i1}, & v_{i1} \\ & c_{i2}, & v_{i2} \\ & \vdots & \vdots \\ & c_{in}, & v_{in} \end{array} \right],$$

$$M_{\mathrm{re}} = \left[\begin{array}{ccc} \mathrm{re}(O_m), & c_{r1}, & v_{r1} \\ & c_{r2}, & v_{r2} \\ & \vdots & \vdots \\ & c_{rm}, & v_{rm} \end{array} \right].$$

若 $T_{\mathrm{im}}M_{\mathrm{im}} = M'_{\mathrm{im}}$,则必存在 $_{\mathrm{im}}T_{\mathrm{re}}$,$T_{\mathrm{im}} \Rightarrow {}_{\mathrm{im}}T_{\mathrm{re}}$,使 $_{\mathrm{im}}T_{\mathrm{re}}M_{\mathrm{re}} = M'_{\mathrm{re}}$,称 $_{\mathrm{im}}T_{\mathrm{re}}$ 是 T_{im} 的虚实共轭变换. 类似地, 称 $_{\mathrm{re}}T_{\mathrm{im}}$ 是 T_{re} 的虚实共轭变换. 其中 T_{re}、T_{im} 分别表示对物 O_m 的实部基元 M_{re}、虚部基元 M_{im} 的主动变换,$_{\mathrm{re}}T_{\mathrm{im}}$、$_{\mathrm{im}}T_{\mathrm{re}}$ 分别表示对物的虚部基元 M_{im}、实部基元 M_{re} 的传导变换.

例如,对个人计算机而言,主机中的各个配件、显示屏、音响、所有连接线等都是其实部,为了使计算机能正常工作,在组装计算机时,必须把所有的配件都按技术要求通过插口、插槽利用连接线连接起来,还必须安装操作系统和各种应用程序. 计算机的各物质性部分就是它的实部; 其非物质部分,如计算机的品牌价值、外观形象、知名度、美誉度、操作系统和各种应用程序等,都是其虚部. 而要使虚部发生变化,如提高品牌价值,企业必须投入足够的人力、物力,通过改变硬件的功能、质量,或进行大量的广告宣传实现. 这些变换就是虚实共轭变换.

在解决矛盾问题的过程中,经常要用到虚实共轭变换,但虚实共轭变换的实现并不一定都有利于企业的发展,当共轭部间的传导变换产生负效应时,就会妨碍企业的发展. 例如,某企业为了提高企业的知名度而花巨资大做广告. 虽然知名度立即提高了很多,但由于广告费投入过多,使企业没有足够的资金投入生产和产品开发. 即对虚部的变换导致了企业实力的下降,最终使企业的名声如昙花一现. 因此,必须充分重视这种传导效应,并采取有力措施,使变换成为企业发展的动力,这在解决矛盾问题时必须特别注意.

原理 2.20 对物的硬部基元的变换,会导致与其相关的软部基元发生传导变换;对物的软部基元的变换,也会导致与其相关的硬部基元发生传导变换.

这种传导变换称为软硬共轭变换. 软硬共轭变换可用符号表示为

$$T_{\mathrm{hr}} \Rightarrow {}_{\mathrm{hr}}T_{\mathrm{sf}}, \quad T_{\mathrm{sf}} \Rightarrow {}_{\mathrm{sf}}T_{\mathrm{hr}},$$

其中 T_{hr}、T_{sf} 分别表示对物 O_m 的硬部基元 M_{hr}、软部基元 M_{sf} 的主动变换, ${}_{\mathrm{hr}}T_{\mathrm{sf}}$、${}_{\mathrm{sf}}T_{\mathrm{hr}}$ 分别表示对物 O_m 的软部基元 M_{sf}、硬部基元 M_{hr} 的传导变换.

任何一个组织在进行部门人员组合 (硬部) 时, 除了要考虑部门中各个岗位对人员的要求外, 还要考虑人员之间的配合问题 (软部). 如果部门内部人员勾心斗角、互相拆台, 即使每个人有再大的能量也难以释放出来. 如果部门内部人员关系融洽、互相配合, 就会产生强大的凝聚力和创造力. 因此, 部门内部关系的变化 (软部), 会导致部门内每个人 (硬部) 的功能发生变化. 此外, 外部关系的变化也会对硬部产生作用.

在招聘人员时, 常常不只看应聘者本人的情况, 还会关注他以前的工作情况. 如果他以前从事过相关工作, 招聘时必定优先考虑. 因为他有相关工作经验, 就会有相关的关系网, 一旦他被聘用, 他的所有外部关系 (软部) 都将随他来到新的岗位. 由此可见, 硬部的变化, 必将导致软部的变化.

在历史上, 很多弱国为了 "和平" 而不得不与强国签定 "不平等条约", 以 "割让土地" 来委曲求全, 这种以 "土地" 换 "和平" 的做法, 就是利用硬部的变换, 来取得软部变换的方法.

原理 2.21　对物的负部基元的变换, 会导致与其相关的正部基元发生传导变换; 对物的正部基元的变换, 也会导致与其相关的负部基元发生传导变换.

这种传导变换称为负正共轭变换. 负正共轭变换可用符号表示为

$$T_{\mathrm{ng}_c} \Rightarrow {}_{\mathrm{ng}_c}T_{\mathrm{ps}_c}, \quad T_{\mathrm{ps}_c} \Rightarrow {}_{\mathrm{ps}_c}T_{\mathrm{ng}_c},$$

其中 T_{ng_c}、T_{ps_c} 分别表示对物 O_m 关于特征 c 的负部基元 M_{ng}、正部基元 M_{ps} 的主动变换, ${}_{\mathrm{ng}_c}T_{\mathrm{ps}_c}$、${}_{\mathrm{ps}_c}T_{\mathrm{ng}_c}$ 分别表示 T_{ng_c}、T_{ps_c} 对物 O_m 关于特征 c 的正部基元 M_{ps}、负部基元 M_{ng} 的传导变换.

某企业在进行改制和生产结构调整后, 致使一部分厂房和设备成为多余. 对于利润而言, 这些多余的 "厂房、设备", 都成了企业的负部,因为这些厂房、设备不能用于产生效益，企业却要花钱维护和保养. 为了改变这种局面，企业必须进行认真的策划，以使这些负部为企业的目标服务. 根据负正共轭变换原理，可以通过某些变换把负部转化为正部，如出租厂房和设备等.

原理 2.22 对物的潜部基元的变换，会导致与其相关的显部基元发生传导变换；对物的显部基元的变换，也会导致与其相关的潜部基元发生传导变换.

这种传导变换称为潜显共轭变换. 潜显共轭变换可用符号表示为

$$T_{\mathrm{lt}} \Rightarrow {}_{\mathrm{lt}}T_{\mathrm{ap}}, \quad T_{\mathrm{ap}} \Rightarrow {}_{\mathrm{ap}}T_{\mathrm{lt}},$$

其中 T_{lt}、T_{ap} 分别表示对物 O_m 的潜部基元 M_{lt}、显部基元 M_{ap} 的主动变换，${}_{\mathrm{lt}}T_{\mathrm{ap}}$、${}_{\mathrm{ap}}T_{\mathrm{lt}}$ 分别表示 T_{lt}、T_{ap} 对物 O_m 显部基元 M_{ap}、潜部基元 M_{lt} 的传导变换.

物的潜部分正潜部和负潜部. 例如，企业的"隐患"、发展过程中隐含的"危机"等，都是企业的负潜部，而企业的"潜在市场"、员工的"潜能"、企业的"发展潜力"等，都是企业的正潜部. 因此，如何采取有效的变换，使企业的正潜部尽快显化，而使企业的负潜部不要显化或显化为正显部，是企业的一项非常重要的任务.

一个企业往往是被其潜在的竞争对手所击败. 因此，如何准确地发现潜在竞争者，也是企业制胜的关键. 对于柯达公司而言，一般人认为柯达公司的竞争对手是富士公司. 实际上，柯达公司面临的最大威胁是来自家用摄像机技术的迅速发展，即佳能和索尼公司开发出的数码相机.

以上介绍的是物的各对共轭部之间的传导变换，称之为共轭变换. 需要特别注意的是，对实部的某个特征的量值之间的主动变换，可能会引起虚部的多个特征的量值发生传导变换. 其他共轭部也有同样的情况. 如果能够充分利用这一性质，可以取得"一举多得"的效果. 事实上，物的内部还存在其他的传导变换. 例如，对实部中某一部分的变换，会导致实部中与其相关的另一部分的变换；对虚部中某一部分的变换，会导致虚部中与其相关的另一部分的变换；对实部的变换，也可以导致软部的变换；对虚部的变换，也可以导致软部的变换；…… 这些变换都属于传导变换，此不详述.

2.6　可　拓　集

2.6.1　可拓集的概念

可拓集论是可拓学的理论支柱之一. 可拓集是在经典集和模糊集的基础上发展起来的另一集合概念. 集合是描述人脑对客观事物的识别和分类的数学方法. 客观事物是复杂的, 处于不断运动和变化之中. 因此, 人脑思维对客观事物的识别和分类并不是只有一种模式, 而是多种形式的, 因而, 描述这种识别和分类的集合论也不应是唯一的, 而应是多样的. 经典集描述的是事物的确定性概念, 用 0、1 两个数来表征对象属于某一集合或不属于该集合; 模糊集描述的是事物的模糊性, 用 [0, 1] 中的数来描述事物具有某种性质的程度; 可拓集描述的是事物的可变性, 用 $(-\infty, +\infty)$ 中的数来描述事物具有某种性质的程度, 用可拓域描述事物 "是" 与 "非" 的相互转化. 例如, 某企业加工的某种工件, 按经典集的划分方法, 可划分为合格品和不合格品. 但实际上, 在不合格品中, 如果采取 "重新加工" 的方法, 那些大于合格尺寸的工件就是 "可返工品", 其余的才是废品; 如果采取 "电镀" 的方法, 那些小于合格尺寸的工件就是 "可返工品", 其余的才是废品. 由此可见, "可返工品" 是一类特殊的基于变换的不合格品. 这类问题用经典集或模糊集都是无法描述的, 可拓集正是以这类实际问题为背景发展起来的一个概念. 它既可描述事物是与非的相互转化, 又可描述事物具有某种性质的程度, 即既可描述事物质变的过程, 又可描述事物量变的过程. 可拓集的提出, 为把人们解决矛盾问题的过程定量化、形式化和逻辑化提供了理论依据, 为人们处理矛盾问题提供了新的数学工具.

1. 可拓集的定义

定义 2.35　设 U 为论域, u 为 U 中的任一元素, k 是 U 到实域 $\Re$ 的一个映射, $T = (T_U, T_k, T_u)$ 是给定的可拓变换, 称

$$\tilde{E}(T) = \{(u, y, y') \mid u \in U, \ y = k(u) \in \Re; T_u u \in T_U U,$$

$$y' = T_k k(T_u u) \in \Re\}$$

为论域 U 上的一个可拓集, $y = k(u)$ 为 $\tilde{E}(T)$ 的关联函数, $y' = T_k k(T_u u)$ 为 $\tilde{E}(T)$ 的可拓函数. 其中 T_U、T_k、T_u 分别为对论域 U、关联准则 k

和元素 u 的变换.

当 $T \neq e$ 时，称

$$E_+(T) = \{(u, y, y') \mid u \in U,\ y = k(u) \leqslant 0; T_u u \in T_U U,$$

$$y' = T_k k(T_u u) > 0\}$$

为 $\tilde{E}(T)$ 的正可拓域或正质变域；称

$$E_-(T) = \{(u, y, y') \mid u \in U,\ y = k(u) \geqslant 0; T_u u \in T_U U,$$

$$y' = T_k k(T_u u) < 0\}$$

为 $\tilde{E}(T)$ 的负可拓域或负质变域；称

$$E_+(T) = \{(u, y, y') \mid u \in U,\ y = k(u) > 0; T_u u \in T_U U,$$

$$y' = T_k k(T_u u) > 0\}$$

为 $\tilde{E}(T)$ 的正稳定域或正量变域；称

$$E_-(T) = \{(u, y, y') \mid u \in U,\ y = k(u) < 0; T_u u \in T_U U,$$

$$y' = T_k k(T_u u) < 0\}$$

为 $\tilde{E}(T)$ 的负稳定域或负量变域；称

$$E_0(T) = \{(u, y, y') \mid u \in U,\ T_u u \in T_U U,\ y' = T_k k(T_u u) = 0\}$$

为 $\tilde{E}(T)$ 的拓界.

上述定义有如下四种特殊情况：

(1) 当 $T_U = e, T_k = e, T_u = e$ 时，即不实施任何变换时，$\tilde{E}(T) = \tilde{E} = \{(u, y) \mid u \in U,\ y = k(u) \in \Re\}$，称

$$E_+ = \{(u, y) \mid u \in U,\ y = k(u) > 0\}$$

为 $\tilde{E}$ 的正域；称

$$E_- = \{(u, y) \mid u \in U,\quad y = k(u) < 0\}$$

为 $\tilde{E}$ 的负域；称

$$E_0 = \{(u, y) \mid u \in U,\quad y = k(u) = 0\}$$

为 $\tilde{E}$ 的零界.

(2) 当 $T_U = e, T_k = e$ 时, $T_U U = U$, $T_k k = k$, 即只对元素 u 实施变换 T_u 时,

$$\tilde{E}(T) = \tilde{E}(T_u) = \{(u, y, y') \mid u \in U, y = k(u) \in \Re,$$

$$T_u u \in U, \ y' = k(T_u u) \in \Re\},$$

此可拓集为关于元素 u 变换的可拓集.

(3) 当 $T_U = e, T_u = e$ 时, $T_U U = U, T_u u = u$, 即只对关联准则 k 实施变换 T_k 时,

$$\tilde{E}(T) = \tilde{E}(T_k) = \{(u, y, y') \mid u \in U, y = k(u) \in \Re,$$

$$T_u u \in U, \ y' = T_k k(u) \in \Re\}$$

此可拓集为关于关联准则 k 变换的可拓集.

(4) 当 $T_u = e$ 且 $T_U U - U \neq \varnothing$ 时, $T_u u = u$, 即对论域 U 实施变换 T_U 时, 关联准则 k 也随之改变, 记为

$$T_k k(u) = k'(u) = \begin{cases} k(u), & u \in U \cap T_U U, \\ k_1(u), & u \in T_U U - U, \end{cases}$$

$$\tilde{E}(T) = \tilde{E}(T_U) = \{(u, y, y') \mid u \in U, \ y = k(u) \in \Re;$$

$$u \in T_U U, \ y' = k'(u) \in \Re\},$$

此可拓集为关于论域 U 变换的可拓集.

特别地, 当 $T_u = e, T_k = e$ 且 $T_U U \subset U$ 时, $T_k k = k, T_u u = u, y' = k(u) = y$,

$$\tilde{E}(T) = \tilde{E}(T_U) = \{(u, y) \mid u \in T_U U, \ y = k(u) \in \Re\}.$$

由上述定义可见, 可拓集描述了事物 "是" 与 "非" 的相互转化, 它既可用来描述量变的过程 (稳定域), 又可用来描述质变的过程 (可拓域). 零界或拓界是质变的边界, 超过边界, 事物就产生质变.

上述可拓集, 当 $T = e$ 时, 可把论域 U 划分为三部分:

$$V_+ = \{u \mid u \in U, k(u) > 0\},$$

$$V_- = \{u \mid u \in U, k(u) < 0\},$$

$$V_0 = \{u \mid u \in U, k(u) = 0\},$$

分别称为论域 U 的正域、负域和零界. 如图 2.3 所示.

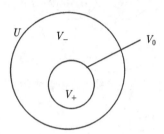

图 2.3　当 $T = e$ 时对论域 U 的划分

当 $T \neq e$ 时，以 $T_U = e$, $T_k = e$, $T_u \neq e$ 为例，可把论域 U 划分为五部分，相应于 $\tilde{E}(T)$ 的四个域和拓界，这五部分分别记为：

$$V_+(T) = \{u \mid u \in U, \quad y = k(u) \leqslant 0; T_u u \in U, \ y' = k(T_u u) > 0\}$$

称为论域 U 关于变换 T_u 的正可拓域或正质变域；

$$V_-(T) = \{u \mid u \in U, \quad y = k(u) \geqslant 0; T_u u \in U, \ y' = k(T_u u) < 0\}$$

称为论域 U 关于变换 T_u 的负可拓域或负质变域；

$$V_+(T) = \{u \mid u \in U, \quad y = k(u) > 0; T_u u \in U, \ y' = k(T_u u) > 0\}$$

称为论域 U 关于变换 T_u 的正稳定域或正量变域；

$$V_-(T) = \{u \mid u \in U, \quad y = k(u) < 0; T_u u \in U, \ y' = k(T_u u) < 0\}$$

称为论域 U 关于变换 T_u 的负稳定域或负量变域；

$$V_0(T) = \{u \mid u \in U, \ T_u u \in U, \ y' = k(T_u u) = 0\}$$

称为论域 U 关于变换 T_u 的拓界. 如图 2.4 所示.

上述可拓集的概念，可作为使矛盾问题转化的理论依据和定量化工具. 为便于理解和应用，下面对可拓集给予通俗化的解析.

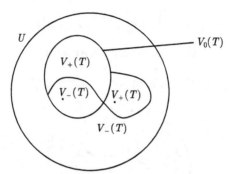

图 2.4   关于元素变换的可拓集对论域 U 的划分

2. 可拓集的通俗化解析

以公司招聘职工为例来说明可拓集中各域的意义.

设论域 U 为某公司招工时应聘者的全体，$u \in U$ 为任一应聘者，$y = k(u)$ 表示应聘者 u 符合招聘条件的程度，则论域 U 的可拓集为

$$\tilde{E}(T) = \{(u, y, y') | u \in U, y = k(u) \in \Re; T_u u \in T_U U, y' = T_k k(T_u u) \in \Re\},$$

其中 $T = (T_U, T_k, T_u)$ 为实施的某一变换，$\Re$ 为实数域.

(1) 在不实施变换 T 时，$\tilde{E}$ 的正域为

$$E_+ = \{(u, y) | u \in U, y = k(u) > 0\},$$

表示应聘者中所有符合招聘条件的人员的全体. 而 $\tilde{E}$ 的负域为

$$E_- = \{(u, y) | u \in U, y = k(u) < 0\},$$

表示应聘者中所有不满足招聘条件的人员的全体. 其零界

$$E_0 = \{(u, y) | u \in U, y = k(u) = 0\},$$

表示应聘者中既符合条件，又不符合条件的人的全体，如已经考到某一证书，但证书还未颁发下来的人员.

(2) 假设招聘条件中对计算机操作水平有一定的要求. 论域和关联准则都不变，变换 T_u 为应聘者突击培训计算机操作一周，部分应聘者培训后提高了自己的计算机水平，则正可拓域

$$\tilde{E}_+(T_u) = \{(u, y, y') | u \in U, y = k(u) \leqslant 0; \ T_u u \in U, \ y' = k(T_u u) > 0\},$$

表示原来不合格或处于零界但突击培训后变为合格的应聘者的全体. 由于这些人变为受聘者, 但招聘岗位数有限, 会使原来部分合格或处于零界者因计算机操作水平比他们低而被淘汰, 负可拓域

$$E_-(T_u) = \{(u, y, y') | u \in U, y = k(u) \geqslant 0; \ T_u u \in U, \ y' = k(T_u u) < 0\},$$

就表示原来合格或处于零界, 但后来被淘汰的应聘者的全体.

　　正稳定域

$$E_+(T_u) = \{(u, y, y') | u \in U, y = k(u) > 0; \ T_u u \in U, \ y' = k(T_u u) > 0\},$$

表示原来合格, 经变换 T_u 后仍然合格的应聘者的全体.

　　负稳定域

$$E_-(T_u) = \{(u, y, y') | u \in U, y = k(u) < 0; \ T_u u \in U, \ y' = k(T_u u) < 0\},$$

表示原来不合格, 经变换 T_u 后仍然不合格的应聘者的全体.

　　(3) 若论域和论域中的人员都不变, 变换 T_k 为对关联准则 k 的变换, 则可拓集为

$$\tilde{E}(T) = \{(u, y, y') | u \in U, y = k(u) \in \Re, y' = T_k k(u) \in \Re\}.$$

设 T_k 为改变某些招聘条件, 如降低对学历的要求, 增强对语言表达能力的要求, 则正可拓域 $E_+(T_k)$ 表示原来不合格, 但变换招聘条件后变为合格的应聘者的全体, 负可拓域 $E_-(T_k)$ 表示原来合格, 但变换招聘条件后变为不合格的应聘者的全体, 正稳定域 $E_+(T_k)$ 表示原来合格, 经变换后仍然合格的应聘者的全体, 负稳定域 $E_-(T_k)$ 表示原来不合格, 经变换后仍然不合格的应聘者的全体.

　　(4) 若变换 T_U 为对论域 U 的变换, 则可拓集为

$$\tilde{E}(T) = \{(u, y, y') | u \in U, y = k(u) \in \Re; u \in T_U U, y' = k'(u) \in \Re\},$$

其中

$$k'(u) = \begin{cases} k(u), & u \in U \cap T_U U, \\ k_1(u), & u \in T_U U - U, \end{cases}$$

即当应聘者属于新论域 $T_U U$ 与原论域 U 的交集时, 招聘条件不变; 当应聘者在原论域 U 之外时, 要重新规定招聘条件, 当然此时的招聘条件既可与原来一样也可不一样, 即 $k_1(u)$ 既可等于 $k(u)$ 也可不等于 $k(u)$.

设 T_U 为扩大招聘区域，其他招聘条件不变，如原来只是在北京招聘，即论域 $U=\{$北京地区的所有适龄人员$\}$，现在扩大到在全国招聘，即 $T_U U =\{$全国的所有适龄人员$\}$．则正可拓域 $E_+(T_U)$ 表示北京市外的应聘者，经变换后变为合格的应聘者的全体；负可拓域 $E_-(T_U)$ 表示北京市内原来合格的应聘者，由于市外人员的加入而变为不合格的应聘者的全体；正稳定域 $E_+(T_U)$ 表示原来合格，经变换后仍然合格的应聘者的全体；负稳定域 $E_-(T_U)$ 表示原来不合格，经变换后仍然不合格的应聘者的全体．

由此可见，可拓集可以定量化地表达事物的转化，利用它可以对事物进行动态分类．

综上所述，可拓集的核心概念是可拓域．可拓域有正可拓域和负可拓域之分．正可拓域表示经典集的非域或论域外一部分元素，它们不具有某种性质，但由于可拓变换 (包括元素本身的变换、关联准则的变换和论域的变换)，变为具有该性质．显然，不同的变换具有不同的可拓域．可拓域中的元素，经过变换产生了质变．可拓域的提出，使人们把矛盾问题转化为不矛盾问题具有合理的理论基础．特别规定：$y' = T_k k(T_u u) \triangleq k(u, T)$

(1) 当

$$k(u)k(u, T) < 0$$

时，称 T 为质变变换．

(2) 当

$$k(u)k(u, T) > 0$$

时，称 T 为量变变换．

(3) 当

$$k(u) < k(u, T)$$

时，称 T 为增效变换．

(4) 当

$$k(u) > k(u, T)$$

时，称 T 为减效变换．

与可拓域相对应的是稳定域，它表示在某变换下，其性质不产生质的变化的元素．事物的变化是在稳定域内进行的，属于量变的范围．

如上所述，可拓集有两条疆界，一条是零界，另一条是论域的边界. 论域的变换表现为它的边界的改变，关联准则的变换表现为正域和负域的分界——零界的改变，元素的变换是它的位置的改变，通俗地说，可拓变换可表现为两疆界和元素的变换.

2.6.2 基元可拓集

基元可拓集是基元理论和可拓集理论的结合部. 在基元可拓集中，论域中的元素可以是物元、事元或关系元，基元具有内部结构，基元三要素的变换使它在可拓集中的位置产生改变，因而，使基元可拓集成为描述事物可变性的定量化工具.

首先介绍单评价特征基元可拓集的概念.

1. 单评价特征基元可拓集的概念

定义 2.36 (单评价特征基元可拓集)　给定基元集 (一维基元或多维基元)

$$S = \{B\} = \{B \mid B = (O, C, V), O \in U, C \in \pounds(C), V \in V(C)\}.$$

设 c_0 为 B 的评价特征，量值为 $c_0(B) = x$, $V(c_0)$ 为其量值域，X_0 为正域，$X_0 \subset V(c_0)$, $\Re$ 为实数域，建立关联函数 $K(B) = k(x)$. 对给定变换 $T = (T_S, T_k, T_B)$, 称

$$\tilde{E}(B)(T) = \{(B, Y, Y') \mid B \in S, \ Y = K(B) = k(x) \in \Re; T_B B \in T_S S,$$

$$Y' = T_K K(T_B B) = T_k k(x') \in \Re, x' = c_0(T_B B)\}$$

为 S 上的一个基元可拓集.

与可拓集的定义 2.35 相仿，当 $T = e$ 时，基元可拓集 $\tilde{E}(B)(T) = \tilde{E}(B)$，它把基元可拓集 $\tilde{E}(B)$ 划分为正域、负域和零界，即

$$E_+(B) = \{(B, Y) \mid B \in S, Y = K(B) > 0\}$$

为 $\tilde{E}(B)$ 的正域;

$$E_-(B) = \{(B, Y) \mid B \in S, Y = K(B) < 0\}$$

为 $\tilde{E}(B)$ 的负域;

$$E_0(B) = \{(B, Y) \mid B \in S, Y = K(B) = 0\}$$

为 $\tilde{E}(B)$ 的零界.

当 $T \neq e$ 时, 称

$$\tilde{E}_+(B)(T) = \{(B, Y, Y') | B \in S, Y = K(B) \leqslant 0;$$
$$T_B B \in T_S S, Y' = T_K K(T_B B) > 0\},$$
$$\tilde{E}_-(B)(T) = \{(B, Y, Y') | B \in S, Y = K(B) \geqslant 0;$$
$$T_B B \in T_S S, Y' = T_K K(T_B B) < 0\}$$

分别为 $\tilde{E}(B)(T)$ 的正可拓域 (正质变域) 和负可拓域 (负质变域); 称

$$E_+(B)(T) = \{(B, Y, Y') | B \in S, Y = K(B) > 0;$$
$$T_B B \in T_S S, Y' = T_K K(T_B B) > 0\},$$
$$E_-(B)(T) = \{(B, Y, Y') | B \in S, Y = K(B) < 0;$$
$$T_B B \in T_S S, Y' = T_K K(T_B B) < 0\}$$

分别为 $\tilde{E}(B)(T)$ 的正稳定域 (正量变域) 和负稳定域 (负量变域); 称

$$E_0(B)(T) = \{(B, Y, Y') | B \in S, T_B B \in T_S S, Y' = T_K K(T_B B) = 0\}$$

为 $\tilde{E}(B)(T)$ 的拓界.

相应地, 关于基元变换的基元可拓集可把基元论域 S 划分为正可拓域、负可拓域、正稳定域、负稳定域和拓界.

特别地, 当 B 为一维物元且 $c_0 = c$, 即 $B = (O, c_0, v)$ 时, $k(x) = k(v)$. 若 $T = e$, $\tilde{E}(B)$ 就是文献 [2] 中定义的物元可拓集.

与一般可拓集类似, 基元可拓集可以定量化地表达基元的转化, 利用它可以对基元进行基于变换的分类.

2. 多评价特征基元可拓集的概念

上述基元可拓集的定义是针对单评价特征而言的. 当某问题需要对论域中的元素 (基元) 用多个评价特征进行评价时, 需要建立多评价特征基元可拓集, 它是多特征综合评价和多特征矛盾问题求解的理论依据.

定义 2.37 对基元集 $S = \{B\}$, 设 $c_{01}, c_{02}, \cdots, c_{0m}$ 为 B 的 m 个评价特征, 相应的量值为

$$c_{01}(B) = x_1, \quad c_{02}(B) = x_2, \quad \cdots, \quad c_{0m}(B) = x_m$$

建立多元关联函数为

$$Y = K(B) = K(x_1, x_2, \cdots, x_m)$$

称

$$\tilde{E}(B)(T) = \{(B, Y, Y) \mid B \in S, Y = K(B) \in \Re; T_B B \in T_S S,$$
$$Y' = T_K K(T_B B) \in \Re\}$$

为 S 上的多评价特征基元可拓集.

多评价特征基元可拓集与单评价特征基元可拓集类似, 当 $T = e$ 时, 根据多元关联函数的不同取值范围, 可以把可拓集划分为正域、负域和零界; 当 $T \neq e$ 时, 根据多元关联函数的不同取值范围和变换后的不同取值范围, 可以把可拓集划分为正质变域、负质变域、正量变域、负量变域和拓界, 此不详述.

在多评价特征基元可拓集中, 对论域中的每一基元 B_i, 若 $K(B_i) > 0$, 则认为基元 B_i 符合要求; 若 $K(B_i) < 0$, 则认为基元 B_i 不符合要求; 若 $K(B_i) = 0$, 则具体问题具体分析, 因为有些实际问题需要把零界元素作为符合要求的, 而另一些实际问题则不然.

多评价特征基元可拓集中多元关联函数的建立方法, 将在 2.7 节介绍.

多评价特征基元可拓集是本书第 3 章 3.5 节介绍的优度评价方法的理论基础.

在本书第 5 章 5.4 节中介绍的可拓市场和可拓资源的形式化定义, 就是基元可拓集的具体应用.

2.7 关 联 函 数

在经典数学中, 用特征函数来描述论域中的元素是否具有某种性质, 特征函数只取描述 "是" 与 "否" 的两个数 0 和 1.

在模糊数学中, 用隶属函数来表征论域中元素具有某种性质的程度, 取值于 $[0, 1]$.

在可拓数学中, 用关联函数来刻划论域中的元素具有某种性质的程度. 建立了实域上可拓集的关联函数的基本公式, 使它能定量地、客观地表述元素具有某种性质的程度及其量变与质变的过程.

一般而言, 某指标 (特征值) 的最优点可能在某个区间中的任意点. 例如: 误差要求越小越好; 成本要求越低越好; 性价比要求越大越好; 洗衣机的洗净率越大越好. 当然也可能在区间的中点达到最优. 初等关联函数可以定量化地表达这种不同.

2.7.1 可拓距的概念——与距离的区别与联系

1. 经典数学中距离的定义

实数轴上点 x 与点 y 之间的距离为

$$\rho(x, y) = |x - y|.$$

实数轴上点 x 与有限区间 $X = <a, b>^{①}$之间的距离为

$$d(x, X) = \begin{cases} 0, & x \in X, \\ \inf_{y \in X} \rho(x, y), & x \notin X. \end{cases}$$

"距离" 这一基本概念规定了 "区间内的点与区间的距离皆为零". 因此, 在本质上, 规定了 "类内即为同" 的定性描述, 无法表达事物的 "量变" 和 "质变".

2. 可拓距的定义

为了描述类内事物的区别, 在建立关联函数之前, 首先规定了点 x 与区间 $X = <a, b>$ 之距, 称为可拓距. 可拓距基于一个固定点 $x_0 \in <a, b>$ (其实际背景就是前述的某指标的最优点), 定量化地描述任意点 x 与 x_0、区间 $X = <a, b>$ 的位置关系.

根据固定点 x_0 在区间中的位置的不同, 可分为中点可拓距、左侧可拓距和右侧可拓距.

定义 2.38 (中点可拓距)   设 x 为实轴上任意一点, 给定有限区间 $X = <a, b>$, 区间中点为 $x_0 = \dfrac{a+b}{2}$, 称

$$\rho_m(x, x_0, X) = \left| x - \frac{a+b}{2} \right| - \frac{b-a}{2} = \begin{cases} a - x, & x \leqslant \dfrac{a+b}{2}, \\ x - b, & x \geqslant \dfrac{a+b}{2}. \end{cases} \quad (2.1)$$

---

① 本书中的区间 $<a, b>$ 与经典数学中的区间表示方法略有不同, 它既可表示开区间, 也可表示闭区间, 还可表示半开半闭区间.

为点 x 与区间 X 关于 x_0 的中点可拓距.

公式 (2.1) 中两段函数所对应的实轴上的区间可用图 2.5 表示.

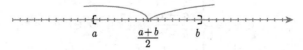

图 2.5 公式 (2.1) 中分段函数对应的 x 的取值范围

定义 2.39 (左侧可拓距) 设 x 为实轴上任意一点, 给定有限区间 $X =< a, b >$, 区间内某固定点 $x_0 \in \left(a, \dfrac{a+b}{2} \right)$, 称

$$\rho_l\left(x, x_0, X\right) = \begin{cases} a - x, & x \leqslant a, \\ \dfrac{b - x_0}{a - x_0}(x - a), & x \in < a, x_0 >, \\ x - b, & x \geqslant x_0 \end{cases} \qquad (2.2)$$

为 x 与区间 X 关于 x_0 的左侧可拓距.

公式 (2.2) 中三段函数所对应的数轴上的区间可用图 2.6 表示.

图 2.6 公式 (2.2) 中分段函数对应的 x 的取值范围

特别地, 当 $x_0 = a$ 时, 取

$$\rho_l(x, a, X) = \begin{cases} a - x, & x < a, \\ a_z, & x = a, \\ x - b, & x > a, \end{cases}$$

其中

$$a_z = \rho_l(a, a, X) = \begin{cases} 0, & a \notin X, \\ a - b, & a \in X. \end{cases}$$

定义 2.40 (右侧可拓距) 设 x 为实轴上任意一点, 给定有限区间

$X = <a, b>$，区间内某固定点 $x_0 \in \left(\dfrac{a+b}{2}, b \right)$，称

$$\rho_r (x, x_0, X) = \begin{cases} a - x, & x \leqslant x_0, \\ \dfrac{a - x_0}{b - x_0}(b - x), & x \in <x_0, b>, \\ x - b, & x \geqslant b \end{cases} \tag{2.3}$$

为 x 与区间 X 关于 x_0 的右侧可拓距.

公式 (2.3) 中三段函数所对应的实轴上的区间可用图 2.7 表示.

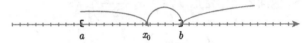

图 2.7　公式 (2.3) 中分段函数对应的 x 的取值范围

特别地, 当 $x_0 = b$ 时, 取

$$\rho_r(x, b, X) = \begin{cases} a - x, & x < b, \\ b_z, & x = b, \\ x - b, & x > b, \end{cases}$$

其中

$$b_z = \rho_r(b, b, X) = \begin{cases} 0, & b \notin X, \\ a - b, & b \in X. \end{cases}$$

中点可拓距、左侧可拓距和右侧可拓距统称为可拓距, 并统一记为 $\rho(x, x_0, X)$.

根据可拓距的定义, 可得如下性质:

性质 2.1　给定区间 $X = <a, b>$, x_0 为 X 内某一固定点, 则

(1) 点 $x \in X$, 且 $x \neq a, b$ 的充要条件是 $\rho(x, x_0, X) < 0$;

(2) 点 $x \notin X$, 且 $x \neq a, b$ 的充要条件是 $\rho(x, x_0, X) > 0$;

(3) 点 $x = a$ 或 $x = b$ 的充要条件是 $\rho(x, x_0, X) = 0$.

性质 2.2　若 X_1, X_2 是实轴上两个区间, $X_2 \supset X_1$, 且无公共端点, 则对于任何 x, 都有

$$\rho(x, x_0, X_2) < \rho(x, x_0, X_1).$$

3. 可拓距 $\rho(x, x_0, X)$ 与经典数学中的距离 $d(x, X)$ 的关系

点与区间之可拓距 $\rho(x, x_0, X)$ 与经典数学中 "点与区间之距离" $d(x, X)$ 的关系是:

(1) 当 $x \notin X$ 或 $x = a, b$ 时, $\rho(x, x_0, X) = d(x, X) \geqslant 0$;

(2) 当 $x \in X$ 且 $x \neq a, b$ 时, $\rho(x, x_0, X) < 0, d(x, X) = 0$.

可拓距的概念的引入, 可以把点与区间的位置关系用定量的形式精确刻划. 当点在区间内时, 经典数学中认为点与区间的距离都为 0, 而在可拓集合中, 利用可拓距的概念, 就可以根据可拓距的值的不同描述出点在区间内的位置的不同. 可拓距的概念对点与区间的位置关系的描述, 使人们从 "类内即为同" 发展到类内也有程度区别的定量描述.

例 2.26 给定区间 $X = <3, 5>$, 求 $\rho(2, 4, X), \rho(5, 4, X), \rho(4, 4, X)$

$$\rho_m(2, 4, X) = \left| 2 - \frac{3+5}{2} \right| - \frac{1}{2}(5-3) = 1;$$

$$\rho_m(5, 4, X) = \left| 5 - \frac{3+5}{2} \right| - \frac{1}{2}(5-3) = 0;$$

$$\rho_m(4, 4, X) = \left| 4 - \frac{3+5}{2} \right| - \frac{1}{2}(5-3) = -1.$$

2.7.2 位值的定义

在现实问题中, 除了需要考虑点与区间的位置关系外, 还经常要考虑区间与区间及一个点与两个区间的位置关系.

例如, 某电机正常运转对电流的要求, 有一个理想的范围, 即通常所说的额定电流 $\langle 20A, 50A \rangle$. 在实际问题中, 电流的大小还有一个可接受的范围, 如 $\langle 15A, 53A \rangle$, 在此范围之外电机才真正不能转动或被烧坏. 这两个区间形成一区间套, 点与这两个区间的关系用位值描述.

下面给出位值的概念.

定义 2.41 设 $X_0 = \langle a_0, b_0 \rangle$, $X = \langle a, b \rangle$, 且 $X_0 \subseteq X$, x_0 为区间 X_0 内某一固定点, 则点 x 关于 x_0 和区间 X_0 和 X 组成的区间套的位值规定为

$$D(x, x_0, X_0, X) = \rho(x, x_0, X) - \rho(x, x_0, X_0). \tag{2.4}$$

$D(x, x_0, X_0, X)$ 就描述了点 x 关于 x_0 与 X_0 和 X 组成的区间套的位置关系.

根据可拓距和位值的定义, 显然有: 当 X_0 和 X 无公共端点时, 有 $D(x, x_0, X_0, X) < 0$; 当 X_0 和 X 有公共端点时, 有 $D(x, x_0, X_0, X) \leqslant 0$.

例 2.27   给定 $X_0 = \,<3, 5>, X = \,<1, 9>, x_0 = 4$, 求 $D(0, 4, X_0, X), D(1, 4, X_0, X), D(2, 4, X_0, X), D(4, 4, X_0, X), D(6, 4, X_0, X), D(10, 4, X_0, X)$.

解   由 $4 = \dfrac{3+5}{2} < \dfrac{1+9}{2} = 5$ 可知, x_0 为 X_0 的中点, 同时在 X 的中点的左侧, 故位值应按以下公式计算:

$$D(x, x_0, X_0, X) = \rho_l(x, x_0, X) - \rho_m(x, x_0, X_0),$$

根据上述公式及公式 (2.1) 与公式 (2.2) 得:

$$D(0, 4, X_0, X) = \rho_l(0, 4, X) - \rho_m(0, 4, X_0)$$
$$= 1 - 0 - \left(\left| 0 - \frac{3+5}{2} \right| - \frac{1}{2}(5-3) \right)$$
$$= 1 - 3 = -2,$$

$$D(1, 4, X_0, X) = \rho_l(1, 4, X) - \rho_m(1, 4, X_0)$$
$$= 1 - 1 - \left(\left| 1 - \frac{3+5}{2} \right| - \frac{1}{2}(5-3) \right)$$
$$= 0 - 2 = -2,$$

$$D(2, 4, X_0, X) = \rho_l(2, 4, X) - \rho_m(2, 4, X_0)$$
$$= \frac{9-4}{1-4}(2-1) - \left(\left| 2 - \frac{3+5}{2} \right| - \frac{1}{2}(5-3) \right)$$
$$= -\frac{5}{3} - 1 = -\frac{8}{3},$$

$$D(4, 4, X_0, X) = \rho_l(4, 4, X) - \rho_m(4, 4, X_0)$$
$$= 4 - 9 - \left(\left| 4 - \frac{3+5}{2} \right| - \frac{1}{2}(5-3) \right)$$

$$= -5 + 1 = -4,$$

$$D(6, 4, X_0, X) = \rho_l(6, 4, X) - \rho_m(6, 4, X_0)$$

$$= 6 - 9 - \left(\left| 6 - \frac{3+5}{2} \right| - \frac{1}{2}(5 - 3) \right)$$

$$= -3 - 1 = -4,$$

$$D(10, 4, X_0, X) = \rho_l(10, 4, X) - \rho_m(10, 4, X_0)$$

$$= 10 - 9 - \left(\left| 10 - \frac{3+5}{2} \right| - \frac{1}{2}(5 - 3) \right)$$

$$= 1 - 5 = -4.$$

例 2.28 给定 $X_0 = <3, 5>$, $X = <3, 9>$, $x_0 = 3.5$, 求 $D(2, 3.5, X_0, X)$, $D(3, 3.5, X_0, X)$, $D(4, 3.5, X_0, X)$, $D(6, 3.5, X_0, X)$, $D(10, 3.5, X_0, X)$.

解 由 $3.5 < \dfrac{3+5}{2} < \dfrac{3+9}{2}$ 可知, x_0 在 X_0 的中点的左侧, 同时也在 X 的中点的左侧, 故位值应按以下公式计算:

$$D(x, x_0, X_0, X) = \rho_l(x, x_0, X) - \rho_l(x, x_0, X_0),$$

根据上述公式及公式 (2.2) 得:

$$D(2, 3.5, X_0, X) = \rho_l(2, 3.5, X) - \rho_l(2, 3.5, X_0)$$

$$= (3 - 2) - (3 - 2)$$

$$= 0,$$

$$D(3, 3.5, X_0, X) = \rho_l(3, 3.5, X) - \rho_l(3, 3.5, X_0)$$

$$= (3 - 3) - (3 - 3)$$

$$= 0,$$

$$D(4, 3.5, X_0, X) = \rho_l(4, 3.5, X) - \rho_l(4, 3.5, X_0)$$

$$= (4 - 9) - (4 - 5)$$

$$= -5 + 1 = -4,$$

$$D(6, 3.5, X_0, X) = \rho_l(6, 3.5, X) - \rho_l(6, 3.5, X_0)$$

$$= (6 - 9) - (6 - 5)$$
$$= -3 - 1 = -4,$$
$$D(10, 3.5, X_0, X) = \rho_l(10, 3.5, X) - \rho_l(10, 3.5, X_0)$$
$$= (10 - 9) - (10 - 5)$$
$$= 1 - 5 = -4.$$

2.7.3 最优点在 x_0 点的初等关联函数的构造方法

如上所述, 很多实际问题对某些指标的要求都有四个区间: 量值符合要求 (或满意) 的区间、可接受的区间、不可接受到可接受的过渡区间和完全不可接受区间. 如: 机械运行对负载的要求; 医学上服药量的控制范围; 孔子的 "中庸之道"——不及则倾, 过之则覆. 为了能用公式描述这些实际问题, 文献 [2] 和文献 [10] 分别建立了初等关联函数的基本公式, 以后不少文章和专著陆续建立了构造关联函数的各种公式. 本书对这些公式进行梳理, 提出几个基本的公式, 并对几个基本概念进行明确的界定, 如有与作者过去的论述不一致之处, 以本书为准.

1. 若干基本概念

在现实生活中, 论域 U 中一个对象关于某特征的量值符合要求的程度往往有满意的区间 $X_0 = \langle a_0, b_0 \rangle$ 和可接受的区间 $X = \langle a, b \rangle$, 显然, $X_0 \subseteq X$.

例如, 到商店购买一件衣服, 心中有满意的价位区间 〈200 元, 250 元 〉, 也有一个可接受的价位区间 〈200 元, 280 元 〉. 进行产品检验时, 工件符合要求的直径是 〈5cm, 5.1cm〉, 这是满意的区间, 但用游标卡尺测量时, 可以允许具有上下偏差 0.01cm, 也就是说, 〈4.99cm, 5.11cm〉 是可接受的区间.

当不实施任何变换时, 对象关于某特征的量值在可接受区间 $<a, b>$ 内, 表示对象具有某种性质, 其程度用 $(0, +\infty)$ 间的实数表征, 这些对象构成 2.6 节介绍的静态可拓集中的 "正域"; 相反, 对象关于某特征的量值不在可接受区间 $\langle a, b \rangle$ 内时, 表示对象不具有某种性质, 其程度用 $(-\infty, 0)$ 间的实数表征, 这些对象构成 2.6 节介绍的静态可拓集中的 "负域"; 对象关于某特征的量值取 a 或 b 时, 对应的对象是临界对象, 临界对象对应的关联函数值为零, 其全体构成 2.6 节介绍的静态可拓集中的"零界".

此时称满意区间 $X_0 = \langle a_0, b_0 \rangle$ 为标准正域, 称区间 $X_+ = \langle a, a_0 \rangle \cup \langle b_0, b \rangle$ 为过渡正域.

与正域相仿, 负域也有过渡负域和标准负域. 例如, 水电站的发动机常常在死水位下运转, 水位降到某阈值以下时, 才无法运转. 也就是说, 事物从临界到完全不具有某种性质有个过渡过程.

设实数域为 $\Re$, 记过渡负域为 $X_- = \langle c, a \rangle \cup \langle b, d \rangle$, 令 $\hat{X} = X \cup X_- = \langle c, d \rangle$, 负域的量值所取区间为 $\bar{X} = \Re - X$, 标准负域的量值所取区间为 $\bar{X}_0 = \Re - \hat{X}$. 于是, 论域 U 可被划分为

$$论域 U \begin{cases} 正域 \begin{cases} 标准正域 \\ 过渡正域 \end{cases} \\ 临界 \\ 负域 \begin{cases} 标准负域 \\ 过渡负域 \end{cases} \end{cases}$$

如图 2.8 所示.

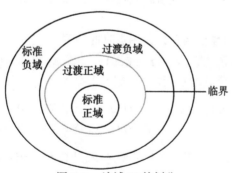

图 2.8 论域 U 的划分

根据实际问题的不同要求, 所选取的区间套是不同的, 因此最优点在区间 X_0 中某一点 x_0 的关联函数的构造方法也有所区别. 区间 $X_0 = <a_0, b_0>$, $X = <a, b>$ 和 $\hat{X} = <c, d>$ 之间的关系如图 2.9 所示.

2. 初等关联函数的构造方法

1) 设 $x \in X$, 即点 x 属于正域 X, 标准正域为 X_0, 最优点 $x_0 \in X_0$, 这时关联函数的构造包括如下两种情形:

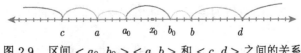

图 2.9　区间 $\langle a_0, b_0 \rangle, \langle a, b \rangle$ 和 $\langle c, d \rangle$ 之间的关系

(1) 正域和标准正域无公共端点时的情形.

若选取的区间套是由正域 X 和标准正域 X_0 构成, 即 $X_0 = \langle a_0, b_0 \rangle$, $X = \langle a, b \rangle$, $X \supset X_0$, 且 X 和 X_0 无公共端点, 则初等关联函数的形式为

$$k(x) = \frac{\rho\left(x, x_0, X\right)}{D\left(x, x_0, X_0, X\right)}. \tag{2.5}$$

此关联函数满足:

① 当 $x \in X_0$ 时, $k(x) \geqslant 1$;

② 当 $x \in X - X_0$ 时, $0 < k(x) \leqslant 1$;

③ 当 $x = a \vee b$ 时, $k(x) = 0$;

④ 当 $x = x_0$ 时, $k(x)$ 达到最大值.

在公式 (2.5) 中, $D\left(x, x_0, X_0, X\right)$ 为点 x 关于 x_0 与区间 X_0 和 X 的位值, 由于 X 和 X_0 无公共端点, 显然有 $D\left(x, x_0, X_0, X\right) = \rho\left(x, x_0, X\right) - \rho\left(x, x_0, X_0\right) \neq 0$.

(2) 正域和标准正域有公共端点时的情形.

若 $D\left(x, x_0, X_0, X\right) = \rho\left(x, x_0, X\right) - \rho\left(x, x_0, X_0\right) = 0$, 表示标准正域 X_0 和正域 X 有公共端点, 这时规定

$$k(x) = \begin{cases} -\rho\left(x, x_0, X_0\right) + 1, & D\left(x, x_0, X_0, X\right) = 0, x \in X_0, \\ 0, & D\left(x, x_0, X_0, X\right) = 0, x \notin X_0, x \in X. \end{cases}$$

综上所述, 当 $x \in X$, 最优点 $x_0 \in X_0$ 时, 初等关联函数规定为

$$k(x) = \begin{cases} \dfrac{\rho\left(x, x_0, X\right)}{D\left(x, x_0, X_0, X\right)}, & D\left(x, x_0, X_0, X\right) \neq 0, x \in X, \\ -\rho\left(x, x_0, X_0\right) + 1, & D\left(x, x_0, X_0, X\right) = 0, x \in X_0, \\ 0, & D\left(x, x_0, X_0, X\right) = 0, x \notin X_0, x \in X, \end{cases} \tag{2.6}$$

这时 $k(x)$ 的最大值在 x_0 点达到.

2) 设 $x \in \Re - X$, 即点 x 属于负域, 这时关联函数的构造也包括如下两种情形:

(1) 设实数域为 $\Re$, 过渡负域为 $X_- = \langle c, a \rangle \cup \langle b, d \rangle$, 令 $\hat{X} = X \cup X_- = \langle c, d \rangle$. 下面讨论由 $\hat{X}$ 和正域 X 构成区间套时关联函数的构造, 即 $X = \langle a, b \rangle, \hat{X} = \langle c, d \rangle, \hat{X} \supset X$, 且两个区间无公共端点, 此时, 位值 $D(x, x_0, X, \hat{X}) = \rho(x, x_0, \hat{X}) - \rho(x, x_0, X) \neq 0$, 初等关联函数规定为

$$k(x) = \frac{\rho(x, x_0, X)}{D(x, x_0, X, \hat{X})}. \tag{2.7}$$

此关联函数满足:

① 当 $x \in \hat{X} - X$ 时, $-1 \leqslant k(x) < 0$;

② 当 $x = a \vee b$ 时, $k(x) = 0$;

③ 当 $x \in \Re - \hat{X}$ 时, $k(x) < -1$.

(2) 若 $D(x, x_0, X, \hat{X}) = \rho(x, x_0, \hat{X}) - \rho(x, x_0, X) = 0$, 表示 X 与 $\hat{X}$ 有公共端点, 这时规定

$$k(x) = -\rho(x, x_0, \hat{X}) - 1.$$

综上所述, 当 $x \in \Re - X$ 时, 初等关联函数规定为

$$k(x) = \begin{cases} \dfrac{\rho(x, x_0, X)}{D(x, x_0, X, \hat{X})}, & D(x, x_0, X, \hat{X}) \neq 0, x \in \Re - X, \\[3mm] -\rho(x, x_0, \hat{X}) - 1, & D(x, x_0, X, \hat{X}) = 0, x \in \Re - X. \end{cases} \tag{2.8}$$

3) 实数域 $\Re$ 上的初等联函数的构造方法

综合 1) 和 2), 设由标准正域 X_0、正域 X 和区间 $\hat{X}$ 构成三个区间的区间套, 即 $X_0 = \langle a_0, b_0 \rangle, X = \langle a, b \rangle, \hat{X} = \langle c, d \rangle, \hat{X} \supseteq X \supseteq X_0$, 则对于任何 $x \in \Re$, 最优点在区间 $x_0 \in X_0$ 时的初等关联函数 $k(x)$ 为

$$k(x) = \begin{cases} \dfrac{\rho(x, x_0, X)}{D(x, x_0, X_0, X)}, & D(x, x_0, X_0, X) \neq 0, x \in X, \\[3mm] -\rho(x, x_0, X_0) + 1, & D(x, x_0, X_0, X) = 0, x \in X_0, \\[3mm] 0, & D(x, x_0, X_0, X) = 0, x \notin X_0, x \in X, \quad (2.9) \\[3mm] \dfrac{\rho(x, x_0, X)}{D(x, x_0, X, \hat{X})}, & D(x, x_0, X, \hat{X}) \neq 0, x \in \Re - X, \\[3mm] -\rho(x, x_0, \hat{X}) - 1, & D(x, x_0, X, \hat{X}) = 0, x \in \Re - X. \end{cases}$$

特别地, 当在 x_0 点处 $D(x_0, x_0, X_0, X) = 0$ 时, 对所有 $x \in X$, 规定 $k(x) = -\rho(x, x_0, X_0) + 1$, 其它区间上的关联函数同上.

上述关联函数的值域是 $(-\infty, +\infty)$, 可用此公式计算点和区间套的关联程度. 用上述公式表述可拓集中的关联函数, 就把 "具有性质 P" 的事物从定性描述拓展到 "具有性质 P 的程度" 的定量描述.

初等关联函数基本公式的建立, 使问题关联度的计算不必依靠主观判断或统计, 而是根据对事物关于某特征的量值要求的范围来确定. 这使关联函数摆脱了主观判断造成的偏差. 在操作上, 只要确定了三个区间或其中的两个区间, 就可以建立关联函数. 因此, 由这个公式扩展的关联函数计算公式对不同实际问题具有重要的价值.

3. a_0, b_0, a, b, c, d 的确定方法

要恰当地建立关联函数, 就必须首先恰当地确定 a_0, b_0, a, b, c, d, 一般方法有: ①根据专业规范和客观规律; ②根据实验记录、历史资料、统计手段等获得; ③利用数据挖掘技术确定. 不同的指标需要建立不同的关联函数, 使用者一定要具体问题具体分析.

例 2.29　给定标准正域 $X_0 = <5, 9>$, 正域 $X = <3, 11>$, $\hat{X} = <1, 17>$, 最优点 $x_0 = 8$, 试建立初等关联函数 $k(x)$, 并计算 $k(2), k(4), k(8), k(10), k(18)$.

解　由于最优点 $x_0 = 8$ 在 X_0 的中点 $\dfrac{5+9}{2} = 7$ 的右侧, 故有

$$\rho(x, x_0, X_0) = \rho_r(x, 8, <5, 9>) = \begin{cases} 5 - x, & x \leqslant 8, \\ 3(x-9), & x \in <8, 9>, \\ x - 9, & x \geqslant 9, \end{cases}$$

由于最优点 $x_0 = 8$ 在 X 的中点 $\dfrac{3+11}{2} = 7$ 的右侧, 故有

$$\rho(x, x_0, X) = \rho_r(x, 8, <3, 11>) = \begin{cases} 3 - x, & x \leqslant 8, \\ \dfrac{5}{3}(x-11), & x \in <8, 11>, \\ x - 11, & x \geqslant 11, \end{cases}$$

由于最优点 $x_0 = 8$ 在 $\hat{X}$ 的中点 $\dfrac{1+17}{2} = 9$ 的左侧, 故有

$$\rho\left(x, x_0, \hat{X}\right) = \rho_l(x, 8, <1, 17>) = \begin{cases} 1 - x, & x \leqslant 1, \\ -\dfrac{9}{7}(x-1), & x \in <1, 8>, \\ x - 17, & x \geqslant 8. \end{cases}$$

本例中，三个区间中的任意两个均无公共端点，位值非零，即

$$\rho_r(x, 8, <3, 11>) \neq \rho_r(x, 8, <5, 9>),$$

$$\rho_l(x, 8, <1, 17>) \neq \rho_r(x, 8, <3, 11>).$$

因此有

$$k(x) = \begin{cases} \dfrac{\rho_r(x, 8, <3, 11>)}{\rho_r(x, 8, <3, 11>) - \rho_r(x, 8, <5, 9>)}, & x \in <3, 11>, \\ \dfrac{\rho_r(x, 8, <3, 11>)}{\rho_l(x, 8, <1, 17>) - \rho_r(x, 8, <3, 11>)}, & x \in \mathfrak{R} - <3, 11>. \end{cases} \tag{2.10}$$

(1) 若 $x \in (-\infty, 1>$，则 $k(x)$ 的计算应属于公式 (2.10) 中的第二种情形：

$$\rho_l(x, 8, <1, 17>) - \rho_r(x, 8, <3, 11>) = 1 - x - (3 - x) = -2,$$

$$k(x) = \frac{\rho_r(x, 8, <3, 11>)}{\rho_l(x, 8, <1, 17>) - \rho_r(x, 8, <3, 11>)} = \frac{3 - x}{-2} = \frac{x - 3}{2}.$$

(2) 若 $x \in <1, 3>$，则 $k(x)$ 的计算应属于公式 (2.10) 中的第二种情形：

$$\rho_l(x, 8, <1, 17>) - \rho_r(x, 8, <3, 11>)$$

$$= -\frac{9}{7}(x-1) - (3 - x) = -\frac{2}{7}(x+6),$$

$$k(x) = \frac{\rho_r(x, 8, <3, 11>)}{\rho_l(x, 8, <1, 17>) - \rho_r(x, 8, <3, 11>)}$$

$$= \frac{3 - x}{-\dfrac{2}{7}(x+6)} = \frac{7(x-3)}{2(x+6)}.$$

(3) 若 $x \in\, <3,8>$, 则 $k(x)$ 的计算应属于公式 (2.10) 中的第一种情形:

$$\rho_r(x,8,<3,11>) - \rho_r(x,8,<5,9>) = 3-x-(5-x) = -2,$$

$$k(x) = \frac{\rho_r(x,8,<3,11>)}{\rho_r(x,8,<3,11>) - \rho_r(x,8,<5,9>)} = \frac{3-x}{-2} = \frac{x-3}{2}.$$

(4) 若 $x \in\, <8,9>$, 则 $k(x)$ 的计算应属于公式 (2.10) 中的第一种情形:

$$\rho_r(x,8,<3,11>) - \rho_r(x,8,<5,9>) = \frac{5}{3}(x-11) - 3(x-9) = -\frac{2}{3}(2x-13),$$

$$k(x) = \frac{\rho_r(x,8,<3,11>)}{\rho_r(x,8,<3,11>) - \rho_r(x,8,<5,9>)}$$

$$= \frac{\frac{5}{3}(x-11)}{-\frac{2}{3}(2x-13)} = \frac{5(11-x)}{2(2x-13)}.$$

(5) 若 $x \in\, <9,11>$, 则 $k(x)$ 的计算应属于公式 (2.10) 中的第一种情形:

$$\rho_r(x,8,<3,11>) - \rho_r(x,8,<5,9>)$$

$$= \frac{5}{3}(x-11) - (x-9) = \frac{2}{3}(x-14),$$

$$k(x) = \frac{\rho_r(x,8,<3,11>)}{\rho_r(x,8,<3,11>) - \rho_r(x,8,<5,9>)} = \frac{\frac{5}{3}(x-11)}{\frac{2}{3}(x-14)}$$

$$= \frac{5(x-11)}{2(x-14)}.$$

(6) 若 $x \in\, <11,+\infty)$, 则 $k(x)$ 的计算应属于公式 (2.10) 中的第二种情形:

$$\rho_l(x,8,<1,17>) - \rho_r(x,8,<3,11>) = x-17-(x-11) = -6,$$

$$k(x) = \frac{\rho_r(x,8,<3,11>)}{\rho_l(x,8,<1,17>) - \rho_r(x,8,<3,11>)} = \frac{x-11}{-6} = -\frac{x-11}{6}.$$

综上所述, 可以得到关联函数 $k(x)$ 在整个实数域上的分段表达式:

$$k(x) = \begin{cases} \dfrac{x-3}{2}, & x \in\, <-\infty, 1>, \\[2mm] \dfrac{7(x-3)}{2(x+6)}, & x \in\, <1, 3>, \\[2mm] \dfrac{x-3}{2}, & x \in\, <3, 8>, \\[2mm] \dfrac{5(11-x)}{2(2x-13)}, & x \in\, <8, 9>, \\[2mm] \dfrac{5(x-11)}{2(x-14)}, & x \in\, <9, 11>, \\[2mm] \dfrac{11-x}{6}, & x \in\, <11, +\infty>. \end{cases}$$

该函数的图像如图 2.10 所示.

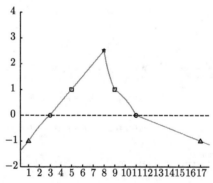

图 2.10　例 2.29 的初等关联函数 $k(x)$ 的图像

根据上述函数, 可求得: $k(2) = -7/16$; $k(4) = 0.5$; $k(8) = 2.5$; $k(10) = 5/8$; $k(18) = -7/6$.

例 2.30　给定标准正域 $X_0 = [3, 7]$, 正域 $X = [3, 13)$, $\hat{X} = (1, 13]$, 最优点 $x_0 = 3$, 试建立初等关联函数 $k(x)$.

解　由于最优点 $x_0 = 3$ 在 X_0 的左端点上, 属于左侧距的特例, 故有

$$\rho\left(x,3,X_{0}\right)=\rho_{l}(x,3,[3,7])=\begin{cases}3-x, & x<3, \\ 3-7=-4, & x=3, \\ x-7, & x>3,\end{cases}$$

而最优点 $x_0=3$ 也在 X 的左端点上, 属于左侧距的特例, 故有

$$\rho(x,3,X)=\rho_{l}(x,3,[3,13))=\begin{cases}3-x, & x<3, \\ 3-13=-10, & x=3, \\ x-13, & x>3,\end{cases}$$

又最优点 $x_0=3$ 在 $\hat{X}$ 的中点 $\dfrac{1+13}{2}=7$ 的左侧, 故有

$$\rho(x,3,\hat{X})=\rho_{l}(x,3,(1,13])=\begin{cases}1-x, & x\leqslant 1, \\ 5(1-x), & x\in<1,3>, \\ x-13, & x\geqslant 3.\end{cases}$$

根据公式 (2.9) 有:

$$k(x)=$$

$$\begin{cases}\dfrac{\rho_{l}(x,3,[3,13))}{\rho_{l}(x,3,[3,13))-\rho_{l}(x,3,[3,7])}, & \rho_{l}(x,3,[3,13))\neq\rho_{l}(x,3,[3,7]),x\in[3,13) \\[2mm] -\rho_{l}(x,3,[3,7])+1, & \rho_{l}(x,3,[3,13))=\rho_{l}(x,3,[3,7]),x\in[3,7] \\[2mm] 0, & \rho_{l}(x,3,[3,13))=\rho_{l}(x,3,[3,7]),x\notin[3,7],x\in[3,13) \\[2mm] \dfrac{\rho_{l}(x,3,[3,13))}{\rho_{l}(x,3,(1,13])-\rho_{l}(x,3,[3,13))}, & \rho_{l}(x,3,(1,13])\neq\rho_{l}(x,3,[3,13)),x\in(-\infty,3)\cup[13,+\infty) \\[2mm] -\rho_{l}(x,3,(1,13])-1, & \rho_{l}(x,3,(1,13])=\rho_{l}(x,3,[3,13)),x\in(-\infty,3)\cup[13,+\infty)\end{cases}$$

$$(2.11)$$

(1) 若 $x\in(-\infty,1]$, 则

$$\rho_{l}(x,3,(1,13])-\rho_{l}(x,3,[3,13))=1-x-(3-x)=-2<0$$

故 $k(x)$ 的计算应属于公式 (2.11) 中的第四种情形

$$k(x)=\frac{\rho_{l}(x,3,[3,13))}{\rho_{l}(x,3,(1,13])-\rho_{l}(x,3,[3,13))}=\frac{3-x}{-2}=\frac{x-3}{2}.$$

(2) 若 $x \in (1, 3)$, 则

$$\rho_l(x, 3, (1, 13]) - \rho_l(x, 3, [3, 13)) = 5(1 - x) - (3 - x) = 2 - 4x < 0,$$

故 $k(x)$ 的计算应属于公式 (2.11) 中的第四种情形

$$k(x) = \frac{\rho_l(x, 3, [3, 13))}{\rho_l(x, 3, (1, 13]) - \rho_l(x, 3, [3, 13))} = \frac{3 - x}{2 - 4x}.$$

(3) 若 $x = 3$, 则

$$\rho_l(x, 3, [3, 13)) - \rho_l(x, 3, [3, 7]) = -10 + 4 = -6 < 0,$$

故 $k(x)$ 的计算应属于公式 (2.11) 中的第一种情开的

$$k(x) = \frac{\rho_l(x, 3, [3, 13))}{\rho_l(x, 3, [3, 13)) - \rho_l(x, 3, [3, 7])} = \frac{-10}{-6} = \frac{5}{3}.$$

(4) 若 $x \in (3, 7]$, 则

$$\rho_l(x, 3, [3, 13)) - \rho_l(x, 3, [3, 7]) = (x - 13) - (x - 7) = -6 < 0,$$

故 $k(x)$ 的计算应属于公式 (2.11) 中的第一种情形

$$k(x) = \frac{\rho_l(x, 3, [3, 13))}{\rho_l(x, 3, [3, 13)) - \rho_l(x, 3, [3, 7])} = \frac{x - 13}{-6} = \frac{13 - x}{6}.$$

(5) 若 $x \in (7, 13)$, 则

$$\rho_l(x, 3, [3, 13)) - \rho_l(x, 3, [3, 7]) = x - 13 - (x - 7) = -6 < 0,$$

故 $k(x)$ 的计算应属于公式 (2.11) 中的第一种情形

$$k(x) = \frac{\rho_l(x, 3, [3, 13))}{\rho_l(x, 3, [3, 13)) - \rho_l(x, 3, [3, 7])} = \frac{x - 13}{-6} = \frac{13 - x}{6}.$$

(6) 若 $x \in [13, +\infty)$, 则

$$\rho_l(x, 3, (1, 13]) - \rho_l(x, 3, [3, 13)) = x - 13 - (x - 13) = 0,$$

故 $k(x)$ 的计算应属于公式 (2.11) 中的第五种情形

$$k(x) = -\rho_l(x, 3, (1, 13)) - 1 = -(x - 13) - 1 = 12 - x.$$

综上所述，可以得到关联函数 $k(x)$ 在整个实数域上的分段表达式：

$$k(x) = \begin{cases} \dfrac{x-3}{2}, & x \in (-\infty, 1], \\[2mm] \dfrac{3-x}{2-4x}, & x \in (1, 3), \\[2mm] \dfrac{13-x}{6}, & x \in [3, 13), \\[2mm] 12 - x, & x \in [13, +\infty). \end{cases}$$

其图像如图 2.11 所示.

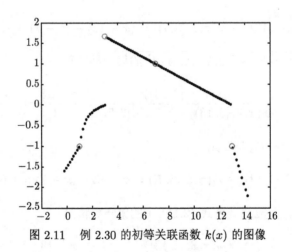

图 2.11   例 2.30 的初等关联函数 $k(x)$ 的图像

2.7.4   区间型初等关联函数 —— 基于区间可拓距的初等关联函数

由于系统的复杂性和信息的不确定性, 使得人们难以获取事物有关特征的精确量值, 因而难以建立精确的关联函数. 所以, 需要研究区间型初等关联函数. 文献 [11] 和 [12] 提出了区间距、区间侧距和区间位值等概念, 探讨了有关性质, 并分别构造了基于区间距和区间侧距的区间型初等关联函数的计算公式, 获得一些性质, 较好地解决了基元的量值为非精确取值情况的定量化问题, 是前面所介绍的初等关联函数的拓展. 区间距和区间侧距统称为区间可拓距. 该方法具有结论简单明确、易于操作等特点. 区间型初等关联函数的提出, 为人们对非精确取值情况的基元进行拓展分析和评价提供了有效的工具. 相关研究还在继续进行中, 有兴趣的读者可参考相应的文献.

2.7.5 基于基函数的初等关联函数

在以上方法中, 初等关联函数是基于可拓距和位值而建立的, 其函数模式在给定的区间套下是固定的, 这在很大程度上制约了初等关联函数在不同类型问题下的适应性. 事实上, 初等关联函数的具体形式应不仅仅取决于给定区间套, 还应取决于相应评价特征所对应的函数模式 (线性以及各种非线性), 即初等关联函数的函数模式能够根据问题的不同类型做出相应合理的变化. 为此, 我们提出一种基于标准区间变换的初等关联函数构造方法. 该方法定义了基函数、标准函数、标准点和标准区间套, 通过建立从标准区间套到实际区间套的线性变换, 将基函数转化为初等关联函数. 该方法最大优势在于能够通过改变基函数的函数模式来实现所建立初等关联函数的模式, 极大地增加了初等关联函数构造的灵活性.

1. 基函数和标准区间套

给定 $[0, +\infty)$ 上的连续函数 $f(x)$ 满足以下三个条件:

1) $f(x)$ 在 $[0, +\infty)$ 单调递减;

2) $f(0) > 1$;

3) 存在 $p > 0$, 当 $x > p$ 时, $f(x) < -1$;

图 2.12 (a) 给出了 $f(x)$ 的图像示意图. $f(x)$ 在 u, v 和 w 上的值分别为 $1, 0$ 和 -1. 定义另一函数 $F(x) = f(|x|)$, 显然, $F(x)$ 如图 2.12 (b) 所示.

如果某一个评价特征 c 满足:

1) 最优点为 $x_0 = 0$;

2) 标准正域为 $X_0 = \langle -u, u \rangle$;

3) 正域为 $X = \langle -v, v \rangle$;

4) 过渡负域为 $X_- = \langle -w, -v \rangle \cup \langle v, w \rangle$;

根据初等关联函数的定义, $F(x)$ 可以作为评价特征 c 的初等关联函数 $k(x)$. 这里, $f(x)$ 为基函数; $F(x)$ 为标准函数; $-u, -v, -w, 0, u, v, w$ 为 $F(x)$ 的标准点; $\langle -u, u \rangle, \langle -v, v \rangle$ 和 $\langle -w, w \rangle$ 为标准区间套.

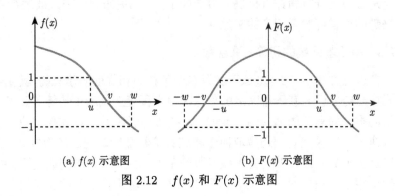

(a) $f(x)$ 示意图　　　　(b) $F(x)$ 示意图

图 2.12　$f(x)$ 和 $F(x)$ 示意图

2. 标准区间变换

显然, 标准点将 x 轴分成 8 个部分, 称为标准区间. 类似地, 2.7.3 节中初等关联函数的区间端点 a_0, b_0, a, b, c, d 和最优点 x_0 将 x 轴分成最多 8 个部分 (有公共端点的情形少于 8 个部分), 称为实际区间. 我们的目标是利用标准函数 $F(x)$ 来构造初等关联函数 $k(x)$. 为此, 需要建立实际区间到标准区间的映射关系, 如图 2.13 所示. 图 2.14 展现了两种不同情形下的映射关系; 在第一种情形中, 实际区间没有公共端点, 则按顺序建立一对一映射; 在第二种情形中, 实际区间包含公共端点, 即 $a_0 = a$ 和 $b = d$, 则需跳过与 $\langle a, a_0 \rangle$ 和 $\langle b, d \rangle$ 对应的两个标准区间 $\langle -v, -u \rangle$ 和 $\langle v, w \rangle$.

根据映射关系, 每一个实际区间均可通过线性变换变为标准区间, 形如:

$$T_i(I_i^a) = \beta_i I_i^a + \gamma_i \to I_i^s$$

其中, I_i^a 代表第 i 个实际区间; I_i^s 表示与 I_i^a 相对应的标准区间; 常数 $\beta_i > 0$ 用于改变 I_i^a 的长度; 常数 γ_i 用于调整 I_i^a 在 x 轴上的位置; β_i

和 γ_i 的值可由区间 I_i^s 和 I_i^a 的端点确定. 进而, 初等关联函数 $k(x)$ 在 I_i^a 上可表示为:

$$k(x) = F\left(\beta_i x + \gamma_i\right) = f\left(|\beta_i x + \gamma_i|\right), x \in I_i^a$$

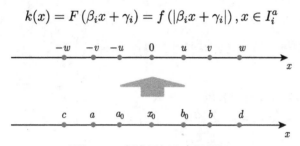

图 2.13　标准区间和实际区间

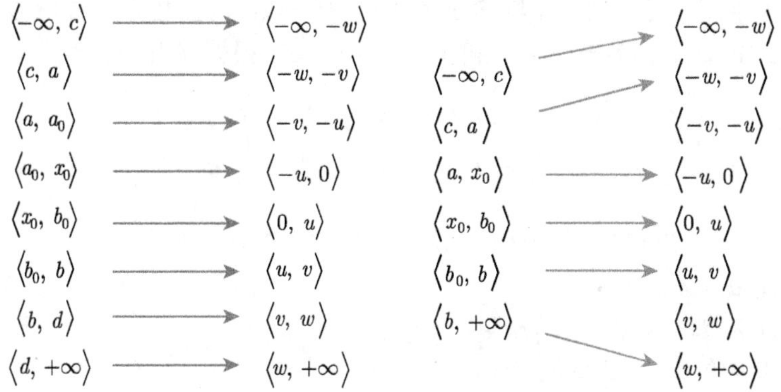

$$
\begin{array}{lcl}
\langle -\infty, c\rangle & \longrightarrow & \langle -\infty, -w\rangle \\
\langle c, a\rangle & \longrightarrow & \langle -w, -v\rangle \\
\langle a, a_0\rangle & \longrightarrow & \langle -v, -u\rangle \\
\langle a_0, x_0\rangle & \longrightarrow & \langle -u, 0\rangle \\
\langle x_0, b_0\rangle & \longrightarrow & \langle 0, u\rangle \\
\langle b_0, b\rangle & \longrightarrow & \langle u, v\rangle \\
\langle b, d\rangle & \longrightarrow & \langle v, w\rangle \\
\langle d, +\infty\rangle & \longrightarrow & \langle w, +\infty\rangle
\end{array}
\qquad
\begin{array}{lcl}
 & & \langle -\infty, -w\rangle \\
\langle -\infty, c\rangle & \nearrow & \langle -w, -v\rangle \\
\langle c, a\rangle & & \langle -v, -u\rangle \\
\langle a, x_0\rangle & \longrightarrow & \langle -u, 0\rangle \\
\langle x_0, b_0\rangle & \longrightarrow & \langle 0, u\rangle \\
\langle b_0, b\rangle & \longrightarrow & \langle u, v\rangle \\
\langle b, +\infty\rangle & \searrow & \langle v, w\rangle \\
 & & \langle w, +\infty\rangle
\end{array}
$$

图 2.14　实际区间和标准区间的映射关系

　　具体地, 现将最优点 x_0 左侧实际区间的变换过程进行说明, 左侧实际区间符号分别记作 $\bar{X}_0^l, X_-^l, X_+^l, X_0^l$, x_0 右侧实际区间可类似地进行操作, 右侧实际区间符号分别记作 $X_0^r, X_+^r, X_-^r, \bar{X}_0^r$.

　　1) 考虑标准负域的左边部分 $\bar{X}_0^l = \langle -\infty, c\rangle, I_1^a = \langle -\infty, c\rangle$ 和 $I_1^s = \langle -\infty, -w\rangle$ 均为无限区间,

　　故 $\beta_1 = 1$; 根据端点 c, 有:

$$c + \gamma_1 = -w \Rightarrow \gamma_1 = -w - c,$$

$$k(x) = F\left(x + \gamma_1\right) = f\left(|x + \gamma_1|\right), x \in \bar{X}_0^l.$$

　　2) 对于过渡负域的左边部分 $X_-^l = \langle c, a\rangle$, 包含两种情形:

a) $c < a : I_2^a = \langle c, a \rangle$ 和 $I_2^s = \langle -w, -v \rangle$; 根据端点 c 和 a, 有:

$$\begin{pmatrix} c & 1 \\ a & 1 \end{pmatrix} \begin{pmatrix} \beta_2 \\ \gamma_2 \end{pmatrix} = \begin{pmatrix} -w \\ -v \end{pmatrix} \Rightarrow \begin{pmatrix} \beta_2 \\ \gamma_2 \end{pmatrix} = \begin{pmatrix} c & 1 \\ a & 1 \end{pmatrix}^{-1} \begin{pmatrix} -w \\ -v \end{pmatrix},$$

$k(x) = F(\beta_2 x + \gamma_2) = f(|\beta_2 x + \gamma_2|), x \in X_-^l.$

b) $c = a$:

i) $X_-^l = [c, c] = \{c\}, k(c) = -1$;

ii) $X_-^l = (c, c] = \phi$, 忽略;

iii) $X_-^l = [c, c) = \phi$, 忽略;

iv) $X_-^l = (c, c) = \phi$, 忽略;

3) 同样, 对于过渡正域的左边部分 $X_+^l = \langle a, a_0 \rangle$, 包含两种情形:

a) $a < a_0 : I_3^a = \langle a, a_0 \rangle$ 和 $I_3^s = \langle -v, -u \rangle$; 根据 a 和 a_0, 有:

$$\begin{pmatrix} a & 1 \\ a_0 & 1 \end{pmatrix} \begin{pmatrix} \beta_3 \\ \gamma_3 \end{pmatrix} = \begin{pmatrix} -v \\ -u \end{pmatrix} \Rightarrow \begin{pmatrix} \beta_3 \\ \gamma_3 \end{pmatrix} = \begin{pmatrix} a & 1 \\ a_0 & 1 \end{pmatrix}^{-1} \begin{pmatrix} -v \\ -u \end{pmatrix},$$

$$k(x) = F(\beta_3 x + \gamma_3) = f(|\beta_3 x + \gamma_3|), x \in X_+^l.$$

b) $a = a_0$:

i) $X_+^l = [a, a] = \{a\}, k(a) = 0$;

ii) $X_+^l = (a, a] = \phi$, 忽略;

iii) $X_+^l = [a, a) = \phi$, 忽略;

iv) $X_+^l = (a, a) = \phi$, 忽略;

4) 对于标准正域的左边部分 $X_0^l = \langle a_0, x_0 \rangle$, 包含两种情形:

a) $a_0 < x_0 : I_4^a = (a_0, x_0)$ 和 $I_4^s = (-u, 0)$; 根据端点 a_0 和最优点 x_0, 有:

$$\begin{pmatrix} a_0 & 1 \\ x_0 & 1 \end{pmatrix} \begin{pmatrix} \beta_4 \\ \gamma_4 \end{pmatrix} = \begin{pmatrix} -u \\ 0 \end{pmatrix} \Rightarrow \begin{pmatrix} \beta_4 \\ \gamma_4 \end{pmatrix} = \begin{pmatrix} a_0 & 1 \\ x_0 & 1 \end{pmatrix}^{-1} \begin{pmatrix} -u \\ 0 \end{pmatrix},$$

$$k(x) = F(\beta_4 x + \gamma_4) = f(|\beta_4 x + \gamma_4|), x \in X_0^l.$$

b) $a_0 = x_0 : X_0^l = (a_0, a_0) = \phi$, 忽略;

对于最优点, $x_0, k(x_0) = F(0) = f(0)$.

3. 基于标准区间变换的初等关联函数构造方法

基于上面介绍的标准区间及其变换构造初等关联函数的步骤如下:

1) 对于一个评价特征, 给定最优点 x_0, 标准正域 X_0, 正域 X 和过渡负域 X_-;

2) 确定基函数 $f(x)$, 如表 2.1 所示, 列出了一些不同模式的基函数;

3) 建立标准函数 $F(x) = f(|x|)$, 并找出标准点: $-u, -v, -w, 0, u, v, w$;

4) 得到标准区间和实际区间, 并建立它们之间的映射关系;

5) 根据 2 中的方法, 在左侧实际区间 $\bar{X}_0^l, X_-^l, X_+^l, X_0^l$ 和右侧实际区间 $X_0^r, X_+^r, X_-^r, \bar{X}_0^r$ 上分段建立初等关联函数;

6) 综合上述分段函数, 得到基于标准区间变换的初等关联函数 $k(x)$.

表 2.1   不同模式的基函数

基函数	表达式
线性模式	$f(x) = 2 - x$
平方模式	$f(x) = 2 - x^2$
平方根模式	$f(x) = 2 - 3\sqrt{x}$
分式模式	$f(x) = \dfrac{2(1 - 3x^2)}{1 + x^2}$
指数模式	$f(x) = 4e^{-x^2} - 2$
对数模式	$f(x) = 2 - \ln(10x + 1)$
三角函数模式	$f(x) = 2 - 4\arctan(x^2)$

4. 数值算例

例 2.31 设 $x_0 = 1, X_0 = [1,3], X = [0,5], \hat{X} = (-2,7)$, 显然 X_0, X 和 $\hat{X}$ 没有公共端点, 因此, 有

$$X_0^l = [1,1), x_0 = 1, X_0^r = (1,3], \quad X_+^l = [0,1), X_+^r = (3,5],$$

$$X_-^l = (-2,0), X_-^r = (5,7), \quad \bar{X}_0^l = (-\infty,-2], \bar{X}_0^r = [7,+\infty).$$

运用上述方法, 分别取线性和指数模式的基函数, 建立初等关联函数, 如图 2.15 所示.

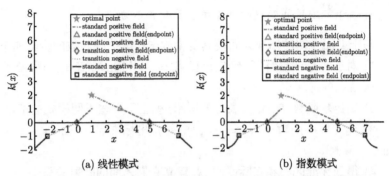

(a) 线性模式   (b) 指数模式

图 2.15   例 2.31 中初等关联函数 $k(x)$ 在两种不同基函数下的图像

例 2.32   设 $x_0 = 2.4, X_0 = [2.0, 2.5], X = (1.7, 2.5), \hat{X} = [1.7, 3.0)$, 显然 X_0 和 X 有一个公共端点, X 和 $\hat{X}$ 有一个公共端点, 因此, 有

$$X_0^l = [2.0, 2.4), x_0 = 2.4, X_0^r = (2.4, 2.5],$$

$$X_+^l = (1.7, 2.0), X_+^r = (2.5, 2.5], \quad X_-^l = [1.7, 1.7], X_-^r = (2.5, 3.0),$$

$$\bar{X}_0^l = (-\infty, 1.7), \bar{X}_0^r = [3.0, +\infty).$$

运用上述方法, 分别取平方根和分式模式的基函数, 建立初等关联函数, 如图 2.16 所示.

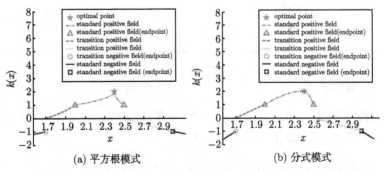

(a) 平方根模式   (b) 分式模式

图 2.16   例 2.32 中初等关联函数 $k(x)$ 在两种不同基函数下的图像

例 2.33   设 $x_0 = 4, X_0 = (3, 7), X = [3, 8], \hat{X} = [3, 10)$, 显然 X_0, X 和 $\hat{X}$ 有一个公共端点, 因此, 有

$$X_0^l = (3, 4), x_0 = 4, X_0^r = (4, 7),$$

$$X_+^l = [3,3], X_+^r = [7,8], \quad X_-^l = [3,3), X_-^r = (8,10),$$

$$\bar{X}_0^l = (-\infty,3), \bar{X}_0^r = [10,+\infty).$$

运用上述方法, 分别取平方根和分式模式的基函数, 建立初等关联函数, 如图 2.17 所示.

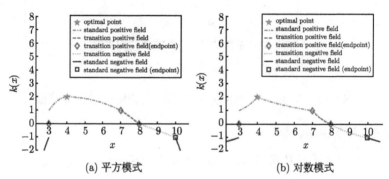

(a) 平方模式   (b) 对数模式

图 2.17   例 2.33 中初等关联函数 $k(x)$ 在两种不同基函数下的图像

例 2.34 对于某零件的尺寸, 设

$$x_0 = 10 \text{ mm}, X_0 = [9.95, 10.05]\text{mm},$$

$$X = [9.9, 10.1]\text{mm}, \hat{X} = [9.8, 10.2]\text{mm},$$

其中 x_0 为理想尺寸, X_0 为最满意的尺寸区间, X 为可接受的尺寸区间, X_- 为不可接受但可以通过返工变成可接受尺寸的区间, 因此, 有

$$X_0^l = [9.95, 10)\text{mm}, x_0 = 10 \text{ mm}, X_0^r = (10, 10.05]\text{mm},$$

$$X_+^l = [9.9, 9.95)\text{mm}, X_+^r = (10.05, 10.1]\text{mm},$$

$$X_-^l = [9.8, 9.9)\text{mm}, X_-^r = (10.1, 10.2]\text{mm},$$

$$\bar{X}_0^l = (0, 9.8)\text{mm}, \bar{X}_0^r = (10.2, +\infty)\text{mm},$$

从统计的角度看, 零件的尺寸满足正态分布, 故取指数基函数, 所得初等关联函数如图 2.18 所示.

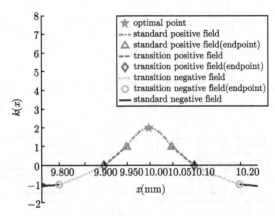

图 2.18 例 2.34 中初等关联函数 $k(x)$ 在指数基函数下的图像

2.7.6 简单关联函数

1. 正域为有限区间 $X = \langle a, b \rangle$, 且最大值点 $x_0 \in (a, b)$

$$k(x) = \begin{cases} \dfrac{x - a}{x_0 - a}, & x \leqslant x_0, \\[3mm] \dfrac{b - x}{b - x_0}, & x \geqslant x_0. \end{cases}$$

则 $k(x)$ 满足如下性质:

① $k(x)$ 在 $x = x_0$ 处达到最大值, 且 $k(x_0) = 1$;

② $x \in X$, 且 $x \neq a, b \Leftrightarrow k(x) > 0$;

③ $x \notin X$, 且 $x \neq a, b \Leftrightarrow k(x) < 0$;

④ $x = a$ 或 $x = b \Leftrightarrow k(x) = 0$.

特例 当 $x_0 = \dfrac{a + b}{2}$ 时,

$$k(x) = \begin{cases} \dfrac{2(x - a)}{b - a}, & x \leqslant \dfrac{a + b}{2}, \\[3mm] \dfrac{2(b - x)}{b - a}, & x \geqslant \dfrac{a + b}{2}. \end{cases}$$

且 $k(x)$ 在中点 $x_0 = \dfrac{a + b}{2}$ 处达到最大.

2. 正域为有限区间 $X = \langle a, b \rangle$, 且最大值在 $x_0 = a$ 或 b 处取得

(1) 当 $x_0 = a$ 时,

$$k(x) = \begin{cases} \dfrac{x-a}{b-a}, & x < a, \\[2mm] \dfrac{b-x}{b-a}, & x \geqslant a. \end{cases}$$

(2) 当 $x_0 = b$ 时,

$$k(x) = \begin{cases} \dfrac{x-a}{b-a}, & x \leqslant b, \\[2mm] \dfrac{b-x}{b-a}, & x > b. \end{cases}$$

例 2.35   建立工件满足要求程度的关联函数: 直径 $\Phi 30^{+0.01}_{-0.02}$, $X = \langle 29.98, 30.01 \rangle$, $x_0 = 30$.

解   根据正域为有限区间的关联函数的公式, 有

$$k(x) = \begin{cases} \dfrac{x-29.98}{30-29.98}, & x \leqslant 30 \\[2mm] \dfrac{30.01-x}{30.01-30}, & x \geqslant 30 \end{cases}$$

$$= \begin{cases} 50(x-29.98), & x \leqslant 30, \\ 100(30.01-x), & x \geqslant 30. \end{cases}$$

当 $x = 30.1$ 时, $k(30.1) = 100(30.01 - 30.1) = -9$;

当 $x = 29.99$ 时, $k(29.99) = 50(29.99 - 29.98) = 0.5$;

当 $x = 30$ 时, $k(30) = 100(30.01 - 30) = 50(30 - 29.98) = 1$;

当 $x = 29$ 时, $k(29) = 50(29 - 29.98) = -49$.

3. 正域为无限区间 $X = \langle a, +\infty)$, 且最大值点 $x_0 \in (a, +\infty)$

$$k(x) = \begin{cases} \dfrac{x-a}{x_0-a}, & x \leqslant x_0, \\[3mm] \dfrac{1+|x_0|}{x+1-x_0+|x_0|}, & x \geqslant x_0. \end{cases}$$

特例 1   当 $x_0 = a$ 时,

$$k(x) = \begin{cases} x - a, & x < a, \\ \dfrac{1 + |a|}{x + 1 - a + |a|}, & x \geqslant a. \end{cases}$$

特例 2　若函数 $k(x)$ 在 $X = \langle a, +\infty)$ 没有最大值, 则取 $k(x) = x - a$.

4. 正域为无限区间 $X = (-\infty, b\rangle$, 且最大值点 $x_0 \in (-\infty, b)$

$$k(x) = \begin{cases} \dfrac{1 + |x_0|}{1 + x_0 - x + |x_0|}, & x \leqslant x_0, \\ \dfrac{x - b}{x_0 - b}, & x \geqslant x_0. \end{cases}$$

特例 1　当 $x_0 = b$ 时,

$$k(x) = \begin{cases} \dfrac{1 + |b|}{1 + b - x + |b|}, & x \leqslant b, \\ b - x, & x > b. \end{cases}$$

特例 2　若函数 $k(x)$ 在 $X = (-\infty, b\rangle$ 没有最大值, 则取 $k(x) = b - x$

5. 正域为无限区间 $X = (-\infty, +\infty)$, 且最大值点 $x_0 \in X$

$$k(x) = \begin{cases} \dfrac{1}{1 + x_0 - x}, & x \leqslant x_0, \\ \dfrac{1}{x + 1 - x_0}, & x \geqslant x_0. \end{cases}$$

特例　若函数 $k(x)$ 在 $X = (-\infty, +\infty)$ 没有最大值, 则可取 $k(x) = e^x$ 或 $k(x) = e^{-x}$.

2.7.7　离散型关联函数

在很多实际问题中, 研究对象关于某特征的取值是离散型的, 如产品的质量等级可分为优、良、中、差; 学生成绩可分为优秀、合格、不合格, 等等, 这些属于非数值型离散取值的情况. 对于产品的质量等级, 也有用 1、2、3、4 级这样的数量值来表达, 这属于数值型离散取值的情况. 在模糊数学中, 通常是用 [0,1] 之间的数为它们赋值, 作为研究对象关于某特征的隶属函数.

在可拓学中, 关联函数是描述研究对象关于某特征符合要求的程度, 并规定关联函数的取值范围为 $(-\infty, +\infty)$, 因此, 离散型关联函数的构造应该根据实际问题对研究对象关于某特征符合要求的程度的要求进行赋值.

例如, 某公司招聘员工, 对招聘条件中的特征 "组织能力", 要求必须达到 "良好以上", "中等" 属于临界状态. 假设应聘者关于该特征的取值范围为 {优秀, 良好, 中等, 一般, 较差}, 则可建立如下关联函数:

$$k(x) = \begin{cases} 2, & x = \text{优秀}, \\ 1, & x = \text{良好}, \\ 0, & x = \text{中等}, \\ -1, & x = \text{一般}, \\ -2, & x = \text{较差}, \end{cases}$$

当 $k(x) > 0$ 时, 认为该应聘者关于特征 "组织能力" 符合要求; 当 $k(x) < 0$ 时, 认为该应聘者关于特征 "组织能力" 不符合要求; 当 $k(x) = 0$ 时, 认为该应聘者关于特征 "组织能力" 处于临界状态. 临界的情况在实际操作中, 有时作为符合要求处理, 有时作为不符合要求处理.

再如, 某公司对应聘者的 "外语水平" 的要求是 "达到英语四级 (425 分)" 以上, 显然 425 分是临界条件, 一般公司都把 $x=425$ 作为符合要求, 因此关于该特征的关联函数可建立为:

$$k(x) = \begin{cases} 1, & x > 425\text{分}, \\ 0, & x = 425\text{分}, \\ -1, & x < 425\text{分}, \end{cases}$$

即当 $k(x) \geqslant 0$ 时, 认为该应聘者关于特征 "外语水平" 符合要求. 当然, 如果需要, 对该特征还可以进行更细的划分, 如再考虑 "达到英语六级" 的情况, 有兴趣的读者可自行考虑建立相应的关联函数.

一般地, 离散型关联函数的形式为

$$k(x) = \begin{cases} v_1, & x = a_1, \\ v_2, & x = a_2, \\ \cdots \\ v_q, & x = a_q, \\ 0, & x = a_0, \\ u_1, & x = b_1, \\ u_2, & x = b_2, \\ \cdots \\ u_l, & x = b_l, \end{cases}$$

其中, $v_i > v_{i+1} > 0, i = 1, 2, \cdots, q-1; u_{j+1} < u_j < 0, j = 1, 2, \cdots, l-1$.

2.7.8　关联数的逻辑运算及其性质

1. 关联数的逻辑运算

(1) 或运算: $k_1 \vee k_2 = \max\{k_1, k_2\}$.

(2) 与运算: $k_1 \wedge k_2 = \min\{k_1, k_2\}$.

(3) 非运算: $\bar{k} = -k$.

2. 关联数的性质

(1) 交换律: $k_1 \vee k_2 = k_2 \vee k_1$,

　　　　　$k_1 \wedge k_2 = k_2 \wedge k_1$.

(2) 吸收律: $(k_1 \vee k_2) \wedge k_2 = k_2$,

　　　　　$(k_1 \wedge k_2) \vee k_2 = k_2$.

(3) 结合律: $(k_1 \vee k_2) \vee k_3 = k_1 \vee (k_2 \vee k_3)$,

　　　　　$(k_1 \wedge k_2) \wedge k_3 = k_1 \wedge (k_2 \wedge k_3)$.

(4) 分配律: $(k_1 \vee k_2) \wedge k_3 = (k_1 \wedge k_3) \vee (k_2 \wedge k_3)$,

　　　　　$(k_1 \wedge k_2) \vee k_3 = (k_1 \vee k_3) \wedge (k_2 \vee k_3)$.

(5) 幂等律: $k \vee k = k, \ k \wedge k = k$.

(6) 保序律: 若 $k_1 \geqslant k_2$, 则 $k \vee k_1 \geqslant k \vee k_2, \ k \wedge k_1 \geqslant k \wedge k_2$.

(7) 对偶律: $\overline{k_1 \vee k_2} = \bar{k}_1 \wedge \bar{k}_2, \ \overline{k_1 \wedge k_2} = \bar{k}_1 \vee \bar{k}_2$.

2.7.9 多元关联函数与综合关联函数

理论上, 可以根据数学知识和领域知识建立多种不同形式的多元关联函数, 以衡量某对象符合多种相关要求的程度. 但在实际应用中, 只能建立某些特殊情况下的多元关联函数, 多元关联函数很难根据领域知识建立, 且应用困难. 详情参考文献 [13].

为方便使用, 通常采用多个一元关联函数的算术运算或逻辑运算的形式构成的综合关联函数, 以衡量多评价特征综合作用的结果.

下面以基元为例, 介绍几种简单常用的综合关联函数:

(1) 若基元 B 的 m 个评价特征 $c_{01}, c_{02}, \cdots, c_{0m}$ 相互独立, 设 $c_{0i}(B) = x_i, V(c_{0i})$ 为 x_i 的量值域, X_i 为正域, $X_i \subset V(c_{0i})$, 则可针对每个评价特征分别建立一元关联函数 $k_i(x_i), i = 1, 2, \cdots, m$. 若 $k_i(x_i)$ 都可以归一化为 $K_i(x_i)$, 且各评价特征的权重系数为 $\alpha_1, \alpha_2, \cdots, \alpha_m$, 且满足 $\sum\limits_{i=1}^{m} \alpha_i = 1$, 称

$$K(B) = \sum_{i=1}^{m} \alpha_i K_i(x_i)$$

为 B 关于 $c_{01}, c_{02}, \cdots, c_{0m}$ 的综合关联函数.

设有基元集 $S = \{B_1, B_2, \cdots, B_n\}$, 若存在基元 B_0, 满足

$$K(B_0) = \max_{1 \leqslant j \leqslant n} \{K(B_j), B_j \in S\}$$

则表示 B_0 的综合关联度最大, 即符合综合要求的程度 (称为优度) 最高, 可为处理矛盾问题提供定量的依据.

(2) 若某问题要求每一评价特征都必须符合要求才认为基元 B 符合要求, 则综合关联函数定义为

$$K(B) = \bigwedge_{i=1}^{m} K_i(x_i)$$

其中 $\bigwedge\limits_{i=1}^{m}$ 表示取 m 个值中的最小者.

(3) 若某问题要求至少一个评价特征符合要求就认为基元 B 符合要求, 则综合关联函数定义为

$$K(B) = \bigvee_{i=1}^{m} K_i(x_i)$$

其中 $\bigvee_{i=1}^{m}$ 表示取 m 个值中的最大者.

(4) 若在评价特征 $c_{01}, c_{02}, \cdots, c_{0m}$ 中指定某特征 c_{0i_0} 的量值范围为非满足不可的条件, 则首先用此特征对所有基元进行筛选, 对满足该条件的基元再利用其余评价特征建立综合关联函数.

2.7.10 关联函数的可拓变换

关联准则是对问题矛盾或不矛盾以及矛盾程度的一种规定. 由于这一规定, 使某些元素不能满足限制, 从而造成 "不可知"、"不可行". 当关联准则改变时, 不满足原限制的某些元素, 可以变为满足 "新限制" 的元素, 从而使不行变行, 不是变是, 不可知变可知. 在很多实际工作中, 关联准则的改变是解决问题的一条途径.

在 2.5.5 节介绍可拓变换的类型时, 曾经介绍了关联准则的五种基本可拓变换. 关联函数是关联准则的定量化表示方式, 论域的可拓变换和关联准则的可拓变换使关联函数也产生变换. 文献 [2] 给出了基于区间变换的关联函数的可拓变换.

1. 区间的基本可拓变换

定义 2.42(区间与常数的和与差)　给定区间 $X = \langle a, b \rangle$ 和常数 l, 称 $X + l = \langle a + l, b + l \rangle$ 为区间与常数之和; 称 $X - l = \langle a - l, b - l \rangle$ 为区间与常数之差.

定义 2.43 (区间的数乘)　给定区间 $X = \langle a, b \rangle$ 和常数 $\alpha > 0$, 称 $\alpha X = \langle \alpha a, \alpha b \rangle$ 为区间与常数之数乘.

(1) 置换变换: $TX = X' = \langle c, d \rangle$.

特例 (移动变换)　$T_1 X = X + l = \langle a + l, b + l \rangle$,

$$T_2 X = X - l = \langle a - l, b - l \rangle.$$

(2) 增删变换: $TX = X_{+l_2}^{-l_1} = \langle a - l_1, b + l_2 \rangle$,

$$TX = X_{+l_2} = \langle a, b + l_2 \rangle,$$

$$TX = X^{-l_1} = \langle a - l_1, b \rangle,$$

$$TX = X_{-l_2}^{+l_1} = \langle a + l_1, b - l_2 \rangle,$$

$$TX = X_{-l_2} = \langle a, b - l_2 \rangle,$$

$$TX = X^{+l_1} = \langle a + l_1, b \rangle.$$

特例 $T_1 X = X \mp l = \langle a - l, b + l \rangle, l > 0,$

$T_2 X = X \pm l = \langle a + l, b - l \rangle, l > 0.$

(3) 扩缩变换: $TX = \alpha X = \langle \alpha a, \alpha b \rangle.$

(4) 分解变换: $TX = \{X_1, X_2\} = \{<a, l>, <l, b>\}$, 其中 $X_1 \cup X_2 = X$.

2. 基于区间变换的关联函数变换

对关联函数的变换, 首先要考虑对区间的变换, 还要考虑变换后的区间的最优点是否发生变化.

以最优点在区间 X_0 中某个固定点 x_0 处达到的如下初等关联函数为例:

$$k(x) = \frac{\rho(x, x_0, X)}{D(x, x_0, X_0, X)},$$

若 $TX_0 = X_0' \subset X$, 且最优点仍在 X_0' 中, 则

$$T_k k(x) = k'(x) = \frac{\rho(x, x_0, X)}{D(x, x_0, X_0', X)}.$$

若 $TX = X' \supset X, X' \subset \hat{X}$ 且 X_0 和 $\hat{X}$ 不变, 则

$$T_k k(x) = k'(x) = \frac{\rho(x, x_0, X')}{D(x, x_0, X_0, X')}.$$

3. 简单关联函数的变换

下面仅对正域为有限区间 $X = \langle a, b \rangle$, 最大值点 $x_0 \in (a, b)$ 的情况讨论:

$$k(x) = \begin{cases} \dfrac{x - a}{x_0 - a}, & x \leqslant x_0, \\[2mm] \dfrac{b - x}{b - x_0}, & x \geqslant x_0. \end{cases}$$

(1) **移动变换**: $k'(x + l) = k(x)$, 或 $k'(x) = k(x - l)$.

(2) 扩缩变换：$k'(\alpha x) = k(x)$，或$k'(x) = k\left(\frac{x}{\alpha}\right)$.

(3) 置换变换：$TX = X' = \langle c, d \rangle$

$$k'\left(\frac{d-c}{b-a}x + \frac{bc-ad}{b-a}\right) = k(x)$$

$$\text{或 } k'(x) = k\left[\left(x - \frac{bc-ad}{b-a}\right)\frac{b-a}{d-c}\right],$$

(4) 增删变换：右增加 $T_1X = X_{+l_2} = \langle a, b+l_2 \rangle$，

$$k'\left(\frac{l_2+b-a}{b-a}x - \frac{al_2}{b-a}\right) = k(x),$$

$$\text{或 } k'(x) = k\left[\left(x + \frac{al_2}{b-a}\right)\frac{b-a}{l_2+b-a}\right].$$

(5) 分解变换：$k(x) = \{k_1(x), k_2(x)\}$.

2.8 可拓逻辑简介

可拓学的研究表明，在人类的实践活动中，很多矛盾问题不是没有解，而是有多种解法. 为此，必须研究解决矛盾问题以及利用计算机帮助人们处理矛盾问题的逻辑.

可拓逻辑是不同于数理逻辑和模糊逻辑的逻辑. 它研究化矛盾问题为不矛盾问题的变换和推理的规律，是可拓论中继基元理论和可拓集理论之后提出的第三个支柱.

可拓推理是可拓逻辑的主要内容之一，它将为计算机处理矛盾问题提供新的推理技术. 目前，对可拓推理的研究还很初步，尤其是对复合元变换的传导推理和共轭推理等的研究，还需要进一步深入，才能实现智能化创新和矛盾问题的智能化处理的目标.

本节简要介绍可拓逻辑的性质、特点及简单的推理.

2.8.1 可拓逻辑的特点

1. 研究使矛盾问题转化的逻辑

数理逻辑主要研究没有矛盾前提的逻辑. 但是，人们天天要处理各种各样的矛盾问题. 因此，人们不但要研究不矛盾的逻辑，还要研究带

有矛盾前提的逻辑. 可拓逻辑正是研究如何化矛盾问题为不矛盾问题的逻辑. 也就是说, 它研究如何在矛盾前提下, 通过某些变换, 得到不矛盾的结论.

数理逻辑研究经典数学中推理的规律, 模糊逻辑研究模糊数学中推理的规律, 可拓逻辑研究可拓学中变换与推理的规律. 由于经典数学研究的是确定性的问题, 模糊数学研究的是模糊性的问题, 可拓学研究的是矛盾问题. 因此, 相应的逻辑所研究的内容随研究对象的不同而不同.

2. 逻辑值随变换而改变

在经典逻辑中, 事物是否具有某种性质, 只取 "是" 或 "非"; 命题是否正确, 只取 "真" 或 "假", 即特征函数值只取 0 或 1. 在模糊逻辑中, 隶属函数值取值 [0, 1] 中的实数. 在可拓逻辑中, 用取自 $(-\infty, +\infty)$ 的实数来描述 "是" 或 "非" 以及 "真" 或 "假" 的程度. 这种程度可正可负, 正值表示 "是" 或 "真" 的程度, 负值表示 "非" 或 "假" 的程度. 从而, 把 "类内为同, 类间为异" 发展为 "类内也有异", 即类内也有程度的区别.

在经典逻辑和模糊逻辑中, 事物是否具有某种性质, 命题为 "真" 或为 "假" 是相对固定的. 但在可拓逻辑中, 由于引入了变换 (包括时空的改变), 事物具有某种性质的程度和命题 "真假" 的程度随变换而改变. 可以说, 经典逻辑和模糊逻辑从 "静态" 的角度研究事物的性质和命题的真假; 可拓逻辑则从 "变换" 的角度讨论事物具有某种性质的程度和命题真假的变化.

3. 形式逻辑和辩证逻辑的结合

"传统名词逻辑的基本观点就是以非空非全的类作为认识世界的着眼点, 只注意类与类之间的关系, 而忽视组成类的个别事物即个体, 忽视个体与个体之间的关系. 谓词逻辑则以个体作为认识世界的着眼点. ······ 以一定论域中的一切个体作为对象, 研究它们的一般性质和关系, 以达到认识世界的目的, 这就是谓词逻辑的基本观点." [14] 可拓逻辑则是以个体的特征及个体的结构作为认识世界的着眼点. 以基元作为描述工具, 研究它们的一般性质和关系, 以达到认识世界的目的. 因此, 可拓逻辑不仅研究类和个体, 还研究个体的特征和共轭部的结构, 即研究物元、事元、关系元和共轭部.

可拓逻辑要研究"变"的推理,就必须符合自然辩证法的基本规律.因此,可拓逻辑也用符号表达辩证逻辑的某些原理,以便对这些规律进行操作和运算,使辩证逻辑不仅仅停留于自然语言的描述.

可以说,可拓逻辑汲取了形式逻辑的形式化特点,采用了辩证逻辑研究事物的外延和内涵的思想,结合并发展成为使矛盾问题转化的逻辑.

2.8.2 可拓逻辑的研究内容

1. 建立形式化表达量变和质变的逻辑

二值逻辑描述具有精确性的事物是十分有价值的.例如,在无生命的机械系统中,大多数是界限分明的事物,它们遵循二值逻辑的基本规律——同一律、矛盾律和排中律,允许作出符合这三大规律的判断.但在日益发展的管理科学、社会科学、生命科学和思维科学中,三大规律又限制了二值逻辑在这些学科中的应用. 1965 年,扎德提出并阐明了模糊集合的概念,一改科学界几千年排斥模糊性、片面追求精确化的传统思维方法,把模糊性引进了数学.

然而,无论是二值逻辑,或者是模糊逻辑,它们对事物性质的研究侧重于静止的状态,把事物具有某种性质的程度一般视为不变的.为了解决矛盾问题,必须探讨某些变换,使事物关于某一性质的程度能产生改变,从而使涉及的问题由不相容转化为相容,从对立转化为共存.通俗地说,要研究化不行为行,化不可知为可知,化不是为是,化假为真,化错为对,就必须建立能够表达量变和质变的逻辑.

2. 从静态命题的研究扩展为对可变命题的研究

传统方法对命题的考虑只研究其真假.实际上,真假可以有程度的不同,而且在一定条件下为真的命题在另一些条件下可以是假的.相反,在某些条件下为假的命题在另一些条件下又可以是真的.因此,在解决矛盾问题时,对事物真假的判断应是可变的,在某些变换下真假会产生量变,发展到一定程度,又可以产生质变.也就是说,要研究在一定条件下命题为真的问题.类似地,推理的正确性也是有条件的.在一定条件下,错误的推理可以转化为正确的推理.相反,在某些条件下,正确的推理也会转化为错误的推理. 因此, 要研究变换对命题真度或推理正确度的作用, 也就是要从对命题和推理的静态研究扩大为可变的研究.

3. 研究涉及事物内涵的逻辑

要研究矛盾问题的解决方法和过程, 只考虑概念的形式化推演是不够的. 例如, 在曹冲称象的故事中, 解决问题的关键在于把不可分的大象变换为可分的石头, 而这是形式逻辑所不考虑的, 形式逻辑撇去事物的外延和内涵, 只作形式的推演, 解决矛盾问题却要涉及事物的外延和内涵及其变化, 这是辩证逻辑所考虑的内容. 但辩证逻辑又是用自然语言表述的. 因此, 要建立能解决矛盾问题的逻辑, 就必须既用形式逻辑形式化的长处, 又要具有描述事物外延和内涵的功能.

4. 研究能描述既 "是" 又 "不是" 的逻辑

一个柜子太高, 搬不进门, 人们可用 "放倒" 的方法把柜子搬进房间. 在这里, 放倒了的柜子, 是原来的柜子, 又不是原来的柜子. 水的杂质太多, 不能作化学试验用, 人们使用 "蒸馏" 的方法解决了杂质过多的矛盾问题. 蒸馏后的水中某些特征的量值和原来的水相同, 某些特征如杂质含量又改变了. 在解决矛盾问题的过程中. 这类 "既是它, 又不是它" 的处理方法比比皆是, 但二值逻辑和模糊逻辑不研究这些现象, 也无法表述这些现象. 因此, 必须建立能描述这些现象的逻辑.

综上所述, 把形式逻辑和辩证逻辑结合起来, 研究新的能解决矛盾问题的逻辑将是解决矛盾问题的基本理论之一.

2.8.3 可拓推理

现有的二值逻辑和模糊逻辑主要描述确定性的事物和模糊性的事物, 无法成为解决矛盾问题的工具. 为此, 必须建立适用于处理矛盾问题的逻辑, 使变换和推理不再停留在传统的确定性和模糊性的基础上, 而能研究描述事物可变性的变换和推理. 使之成为未来的计算机能够进行创造性思维, 能提出处理矛盾问题的策略的基础理论.

可拓学理论研究的初期, 重点在于形式化模型的建立, 提出了物元、事元和关系元等概念. 建立了可拓模型以及可拓集和关联函数等定量化工具. 理论研究发展到今天, 需要把重点从模型的建立转移到 "变换" 和

"推理" 的研究上. 另一方面, 目前可拓学的应用研究是比较初步的, 不少学者感到 "工具不足", 这迫切要求可拓学理论工作者研究可拓学特有的 "逻辑" 工具. 由此可见, 无论从可拓学的理论研究出发, 还是从应用研究考虑, 探讨符合可拓思维方式的变换和推理形式必然成为今后可拓学研究的重点之一.

为了用形式化的方法研究矛盾问题的解决, 以利于借助计算机帮助人们解决矛盾问题, 文献 [6] 研究了可拓逻辑, 建立了可拓推理规则. 变换与可拓推理是解决矛盾问题的核心. 它将为人工智能提供新的推理技术, 也为问题求解提供新的方法.

本节简要介绍可拓推理的基本内容, 包括拓展推理、传导推理和共轭推理.

1. 基元拓展推理

基元拓展推理包括基元发散推理、基元蕴含推理、基元相关推理和基元可扩推理. 在本节中规定: "$B \dashv B_1$" 表示 "由 B 可以发散出 B_1"; "$B \models B_1$" 表示 "由 B 推导出 B_1".

1) 基元发散推理

发散规则 2.1　给定基元 $B=(O, c, v)$, 则有

$$B \dashv \{B_i | B_i = (O, c_i, v_i), i = 1, 2, \cdots, n, c_i \in £(c)\},$$

$$B \dashv \{B_i | B_i = (O_i, c, v_i), i = 1, 2, \cdots, n, c \in £(c)\},$$

$$B \dashv \{B_i | B_i = (O_i, c_i, v), i = 1, 2, \cdots, n, c_i \in £(c)\},$$

$$B \dashv \{B_i | B_i = (O_i, c, v), i = 1, 2, \cdots, n, c \in £(c)\},$$

$$B \dashv \{B_i | B_i = (O, c_i, v), i = 1, 2, \cdots, n, c_i \in £(c)\},$$

$$B \dashv \{B(t) | B(t) = (O(t), c, v(t)), t 为某参数\}.$$

设 $B_1 = (O_1, c_1, v_1)$, c_{01} 为基元的评价特征, 量值 $c_{01}(B_1) = x$, $V(c_{01})$ 为其量域, X_0 为正域, $X_0 \subset V(c_{01})$, 建立关联函数为 $K_1(B_1) = k_1(c_{01}(B_1)) = k_1(x)$, 则有如下发散规则:

发散规则 2.2　若

$$B_1 \dashv \{B_i = (O_1, c_i, v_i), i = 1, 2, \cdots, n\},$$

则 $c_{01} \dashv \{c_{01}, c_{02}, \cdots, c_{0m}\}$. 其中 $c_{0j}(j = 2, 3, \cdots, m)$ 表示新的评价特征.

特别地, 若 c_j 为 c_1 的同域特征, 即 B_j 为 B_1 的同对象同域基元, 可有 $c_{0j} = c_{01}$.

发散规则 2.3 若 $c_{01} \dashv \{c_{01}, c_{02}, \cdots, c_{0m}\}$, 则

$$k_1(c_{01}(B_1)) \dashv \begin{bmatrix} k_1(c_{01}(B_1)) \\ k_2(c_{02}(B_1)) \\ \vdots \\ k_m(c_{0m}(B_1)) \end{bmatrix}.$$

发散规则 2.4 若 $B_1 \dashv \{B_i = (O_1, c_i, v_i), i = 1, 2, \cdots, n\}$, 且 $c_{01} \dashv \{c_{01}, c_{02}, \cdots, c_{0m}\}$, 则

$$k_1(c_{01}(B_1)) \dashv \begin{bmatrix} k_1(c_{01}(B_1)) & k_1(c_{01}(B_2)) & \cdots & k_1(c_{01}(B_n)) \\ k_2(c_{02}(B_1)) & k_2(c_{02}(B_2)) & \cdots & k_2(c_{02}(B_n)) \\ \vdots & \vdots & & \vdots \\ k_m(c_{0m}(B_1)) & k_m(c_{0m}(B_2)) & \cdots & k_m(c_{0m}(B_n)) \end{bmatrix}.$$

发散规则 2.5

(1) 若 $B_1 = (O_1, c, v) \dashv \{B_i = (O_i, c, v), i = 1, 2, \cdots, n\}$, 则

$$k_1(c_{01}(B_1)) \dashv \{k_1(c_{01}(B_1)), k_1(c_{01}(B_2)), \cdots, k_1(c_{01}(B_n))\}.$$

(2) 在 (1) 中, 若 $c_{01} \dashv \{c_{01}, c_{02}, \cdots, c_{0m}\}$, 则

$$\{k_1(c_{01}(B_1)), k_1(c_{01}(B_2)), \cdots, k_1(c_{01}(B_n))\}$$

$$\dashv \begin{bmatrix} k_1(c_{01}(B_1)) & k_1(c_{01}(B_2)) & \cdots & k_1(c_{01}(B_n)) \\ k_2(c_{02}(B_1)) & k_2(c_{02}(B_2)) & \cdots & k_2(c_{02}(B_n)) \\ \vdots & \vdots & & \vdots \\ k_m(c_{0m}(B_1)) & k_m(c_{0m}(B_2)) & \cdots & k_m(c_{0m}(B_n)) \end{bmatrix}.$$

2) 基元蕴含推理

在基元论域 $W(B)$ 上建立基元可拓集 $\tilde{E}(B)(T)$, 关联函数为 $y = K(B) = k(c_0(B))$, c_0 为基元的评价特征, 且 $B_1, B_2, B_3 \in W(B)$, 则有以下蕴含规则:

蕴含规则 2.6 $((B_1 \Rightarrow B_2) \wedge (K(B_1) \geqslant 0)) \models (K(B_2) \geqslant 0)$;

蕴含规则 2.7 $((B_1 \Rightarrow B_2) \wedge (K(B_2) \leqslant 0)) \models (K(B_1) \leqslant 0)$;

蕴含规则 2.8 $((B_1 \Rightarrow B_2) \wedge (B_2 \Rightarrow B_3)) \models (B_1 \Rightarrow B_3)$;

蕴含规则 2.9 $((B_1 \Rightarrow B_3) \wedge (B_2 \Rightarrow B_3)) \models ((B_1 \vee B_2) \Rightarrow B_3)$.

3) 基元相关推理

设 c_0 为基元的评价特征, 在论域 $W(B)$ 上建立基元可拓集 $\tilde{E}(B)(T)$, 其关联函数为 $y = K(B) = k(c_0(B))$, 则有以下相关规则:

相关规则 2.10   设 $\{B_1\} = \{(O_1, c_1, v_1)\}$, $\{B_2\} = \{(O_2, c_2, v_2)\}$, $\{B_1\}, \{B_2\} \subset W(B)$, 则

$$(\{B_1\} \sim \{B_2\}) \models (\exists f, c_0(B_2) = f(c_0(B_1)) \text{ 或 } c_0(B_1) = f(c_0(B_2))),$$

其中 $B_1 \in \{B_1\}, B_2 \in \{B_2\}$.

相关规则 2.11   设 $\{B_i\} = \{(O_i, c_i, v_i), i = 1, 2, 3\}$, 则

$$((\{B_1\} \sim \{B_2\}) \wedge (\{B_2\} \sim \{B_3\}))$$
$$\models (\{B_1\} \sim \{B_3\})$$
$$\models (\exists f, c_0(B_3) = f(c_0(B_1))),$$

其中 $B_1 \in \{B_1\}, B_3 \in \{B_3\}$.

4) 基元可扩推理

设 c_0 为基元的评价特征, 在论域 $W(B)$ 上建立基元可拓集 $\tilde{E}(B)(T)$, 其关联函数为 $y = K(B) = k(c_0(B))$, 则有以下可扩规则:

可扩规则 2.12   设 $B = (O, c, v) \in \pounds(B) \models \exists B_1 = (O_1, c_1, v_1)$, 使

$$B \oplus B_1 = \left[\begin{array}{ccc} O \oplus O_1, & c, & v \oplus c(O_1) \\ & c_1, & v_1 \oplus c(O) \end{array} \right].$$

可扩规则 2.13   设 c_0 为基元的评价特征,

$$B \oplus B_1 = \left[\begin{array}{ccc} O \oplus O_1, & c, & v \oplus c(O_1) \\ & c_1, & v_1 \oplus c(O) \end{array} \right], \quad c_0 \dashv \{c_0, c_{01}\},$$

则

$$c_0(B) \dashv \left[\begin{array}{c} c_0(B \oplus B_1) \\ c_{01}(B \oplus B_1] \end{array} \right],$$

且

$$k(c_0(B)) \dashv \left[\begin{array}{c} k(c_0(B \oplus B_1)) \\ k_1(c_{01}(B \oplus B_1)) \end{array} \right].$$

可扩规则 2.14 $(\forall B=(O, c, v) \in \pounds(B)) \models (\exists \alpha, B' = B\alpha = (O', c, \alpha v), \alpha v = c(O'))$.

可扩规则 2.15 设 c_0 为基元的评价特征, $B \dashv B\alpha$, $c_0 \dashv \{c_0, c_{01}\}$, 则

$$c_0(B) \dashv \left[\begin{array}{c} c_0(B\alpha) \\ c_{01}(B\alpha) \end{array} \right],$$

且

$$k(c_0(B)) \dashv \left[\begin{array}{c} k(c_0(B\alpha)) \\ k_1(c_{01}(B\alpha)) \end{array} \right].$$

可扩规则 2.16 设 $B = (O, c, v) \in \pounds(B)$, 若 $B//\{B_1, B_2, \cdots, B_n\}$, c_0 为基元的评价特征, 且

$$c_0 \dashv \{c_0, c_{02}, \cdots, c_{0m}\},$$

则

$$c_0(B) \dashv \left[\begin{array}{cccc} c_0(B_1) & c_0(B_2) & \cdots & c_0(B_n) \\ c_{02}(B_1) & c_{02}(B_2) & \cdots & c_{02}(B_n) \\ \vdots & \vdots & & \vdots \\ c_{0m}(B_1) & c_{0m}(B_2) & \cdots & c_{0m}(B_n) \end{array} \right],$$

$$k(c_0(B)) \dashv \left[\begin{array}{cccc} k_1(c_0(B_1)) & k_1(c_0(B_2)) & \cdots & k_1(c_0(B_n)) \\ k_2(c_{02}(B_1)) & k_2(c_{02}(B_2)) & \cdots & k_2(c_{02}(B_n)) \\ \vdots & \vdots & & \vdots \\ k_m(c_{0m}(B_1)) & k_m(c_{0m}(B_2)) & \cdots & k_m(c_{0m}(B_n)) \end{array} \right].$$

2. 基元变换的传导推理

传导推理是指前件为可拓变换，后件为它所引起的传导变换的推理．从内容上看，传导推理包括定性的部分和定量的逻辑值变化两个方面．从变换的主体考虑，传导推理分为自传导推理和它传导推理两类，自传导推理又分为置换传导推理、增删传导推理、扩缩传导推理和分解传导推理．从变换的对象考虑，传导推理又可分为物元变换的传导推理、事元变换的传导推理、关系元变换的传导推理．

1) 自传导推理

自传导推理规则是由于基元内部某一要素的变化而导致另一要素发生传导变换，从而导致基元和基元的关联度发生传导变换的推理规则．

传导规则 2.17 $(T_O O = O') \models (_O T_v v = v')$

$$\models (_{(O,v)} T_B B = (O'\ c\ v') = B')$$
$$\models (K(_{(O,v)} T_B B) = k(c_0(B'))).$$

传导规则 2.18 $(T_O O = O \oplus O')$

$$\models (_O T_v v = v' = c(O \oplus O'))$$
$$\models (_{(O,v)} T_B B = (O \oplus O',\ c,\ c(O \oplus O')) = B')$$
$$\models (K(_{(O,v)} T_B B) = k(c_0(B'))).$$

传导规则 2.19 $(T_v v = \alpha v)$，其中，$\alpha \in \langle 0, +\infty \rangle$

$$\models (_v T_O O = O')$$
$$\models (_{(v,O)} T_B B = (O', c, \alpha v) = B')$$
$$\models (K(_{(v,O)} T_B B) = k(c_0(B'))).$$

当 $\alpha > 1$ 时，该规则是基元扩大变换的传导规则，当 $0 < \alpha < 1$ 时，是基元缩小变换的传导规则．

传导规则 2.20 $(T_O O = \{O_1, O_2, \cdots, O_n\})$

$$\models (_O T_B B = \{(O_1,\ c,\ c(O_1)),(O_2,\ c,\ c(O_2)),\cdots,(O_n,\ c,\ c(O_n))\}$$
$$= \{B_1, B_2, \cdots, B_n\})$$
$$\models (K(_O T_B B) = \{k(c_0(B_1)), k(c_0(B_2)), \cdots, k(c_0(B_n))\}).$$

2) 它传导推理

某一基元的变换会引起其他与其相关的基元发生传导变换，引起相关基元的关联度的变化，这种推理规则称为它传导推理规则.

传导规则 2.21 若 $\{B_1\}, \{B_2\} \subset W(B)$，$\{B_1\} \sim \{B_2\}$，$c_0(B_2) = f(c_0(B_1))$，则

$$(T_{B_1} B_1 = B_1') \models ({}_{B_1} T_{B_2} B_2 = B_2')$$
$$\models (K({}_{B_1} T_{B_2} B_2) = K(B_2') = k[(c_0(B_2'))] = k[f(c_0(B_1'))]),$$

其中 $B_1, B_1' \in \{B_1\}$，$B_2, B_2' \in \{B_2\}$.

3. 复合元变换的传导推理

复合元变换的传导推理的依据是复合元的拓展性和复合元变换的传导性. 研究方法与基元变换的传导推理类似，也包括自传导推理和它传导推理.

物元、事元和关系元构成的复合元中，某一要素的变换，会导致相应复合元的改变，这也是"牵一发而动全身"的道理. 因此，不少聪明之人、有识之士，利用这种传导变换，设计出各种奇谋妙计，处理各种各样的矛盾问题. 因篇幅关系，复合元变换的传导推理规则从略.

4. 共轭推理

根据物的共轭分析知，任何物都有四对共轭部. 在一定条件下，物的某一共轭部的变化，会导致与其相关的对应共轭部发生传导变换.

共轭推理包括共轭规则、共轭部基元变换的传导推理和共轭部变换的传导推理.

对物 O_m，其共轭部分别记为 $\text{im}(O_m)$ 与 $\text{re}(O_m)$，$\text{sf}(O_m)$ 与 $\text{hr}(O_m)$，$\text{lt}(O_m)$ 与 $\text{ap}(O_m)$，$\text{ngc}(O_m)$ 与 $\text{psc}(O_m)$. 下面只给出虚部和实部物元变换的传导推理规则，其余规则类似.

传导规则 2.22 设 $\hat{M}_{\text{re}} = (\text{re}(O_m), \hat{c}_{\text{re}}, \hat{v}_{\text{re}})$ 与 $\hat{M}_{\text{im}} = (\text{im}(O_m), \hat{c}_{\text{im}}, \hat{v}_{\text{im}})$ 为虚实共轭物元，则

$$(\varphi \hat{M}_{\text{re}} = \hat{M}_{\text{re}}') \models ({}_{\varphi} T_{\text{im}} \hat{M}_{\text{im}} = \hat{M}_{\text{im}}').$$

说明: 此规则中的 φ 代表对虚实共轭物元中的实部物元的主动变换, 即 $\varphi = T_{\hat{M}_{re}}$, $_\varphi T_{im}$ 表示由变换 φ 引起的传导变换, 即 $_\varphi T_{im} = _{\hat{M}_{re}} T_{\hat{M}_{im}}$. 为简便起见, 下列规则也采用此规则中的符号.

传导规则 2.23 设 $M_{re} = (re(O_m), c_{re}, v_{re})$ 为某一实部物元, $M_{im} = (im(O_m), c_{im}, v_{im})$ 为对应的一虚部物元, $\hat{M}_{re} = (re(O_m), \hat{c}_{re}, \hat{v}_{re})$ 与 $\hat{M}_{im} = (im(O_m), \hat{c}_{im}, \hat{v}_{im})$ 为虚实共轭物元, 则

$$((\varphi M_{re} = M'_{re}) \wedge (M_{re} \sim M_{im})) \models (_\varphi T_{im} M_{im} = M'_{im}),$$

$((\varphi M_{re} = M'_{re}) \wedge (M_{re} \sim \hat{M}_{re})) \models (_\varphi T_{re} \hat{M}_{re} = \hat{M}'_{re}) \models (_{\varphi'} T_{im} \hat{M}_{im} = \hat{M}'_{im})$, 其中 $\varphi' = _\varphi T_{re}$,

$$((\varphi M_{im} = M'_{im}) \wedge (M_{re} \sim M_{im})) \models (_\varphi T_{re} M_{re} = M'_{re}),$$

$((\varphi M_{im} = M'_{im}) \wedge (M_{im} \sim \hat{M}_{im})) \models (_\varphi T_{im} \hat{M}_{im} = \hat{M}'_{im}) \models (_{\varphi''} T_{re} \hat{M}_{re} = \hat{M}'_{re})$, 其中 $\varphi'' = _\varphi T_{im}$.

2.8.4 可拓命题与可拓推理句

可拓逻辑的研究是将可拓学的理论和方法变成计算机的算法并在计算机上实现的一项基础性工作. 传统的逻辑研究命题的真假和推理的对错. 在现实世界中, 命题的真假是有条件的, 在不同条件下, 同一命题的真假可以不同. 例如, 在欧氏几何中, "三角形的内角和等于 $180°$" 是正确的, 而在球面几何中, 这一命题是不正确的. 同样, 推理的对错也是有条件的. 因此, 不仅要研究命题的真假和推理的对错, 还要研究在什么条件下, 真化为假, 对变为错. 或者研究采取什么变换, 可以化假为真, 化错为对.

文献 [6] 中利用可拓集的概念首先给出了命题的真度和推理句的正确度的概念. 在此基础上给出了命题的可拓真度和推理句的可拓正确度的概念, 引进了静态真度、可拓真度、静态正确度、可拓正确度的概念, 研究了命题真度及推理句正确度的有关性质.

1. 拓展命题与拓展推理句

定义 2.44 用物元表示的命题, 称为物元命题; 用事元表示的命题, 称为事元命题; 用关系元表示的命题, 称为关系元命题, 统称为基元命题.

类似地, 推理句: $(a) \rightarrow (b)$ 也可用基元表示为 $B_a \models B_b$, 称为基本推理句. 其中基元 B_a 表示 (a), 称为前件基元; B_b 表示 (b), 称为后件基元.

命题用基元表示后, 基元的变换及其运算就描述了对应命题的变换及其运算, 根据基元的拓展推理规则, 所得到的新命题称为原命题的拓展命题. 推理句用基元表示后, 根据基元的拓展推理规则, 可以拓展出很多新的推理句, 称为原推理句的拓展推理句.

2. 命题的真度和推理句的正确度

在数理逻辑中, 用 0 和 1 两个数来定性描述命题的真假和推理句的对错. 但在现实世界中, 命题的真假和推理句的对错有程度的区别, 往往还必须研究定量地描述真假和对错的程度及其变化. 可拓集中的关联函数可以作为描述这种程度的定量化工具. 根据 2.6 节可拓集的定义, 给出描述命题真假程度的概念如下.

定义 2.45 给定基元命题集

$$W = \{B | B = (O, c, v), O \in U, v \in V(c)\},$$

以 c_0 为 B 的评价特征, 在 W 上建立基元可拓集

$$\tilde{E}(B)(T) = \{(B, y, y') | B \in W, y = K(B) = k(c_0(B)); T_B B \in T_W W,$$

$$y' = K'(B, T) = T_K K(T_B B) = T_k k(c_0(T_B B))\},$$

称 $y = K(B)$ 为命题 B 的静态真度, $y' = K'(B, T)$ 为命题 B 在变换 T 下的可拓真度. 其中变换 $T = (T_W, T_K, T_B)$.

说明: (1) 定义 2.34 中的静态真度 $y = K(B)$ 刻画了命题 B 与客观现实符合的程度, 也即命题 B 真假的程度; 可拓真度 $y' = K'(B, T)$ 刻画了原命题 B 在变换 T 下的拓展命题的真假程度.

(2) 静态真度 $y = K(B) > 0$, 表示命题 B 为真命题; $y = K(B) < 0$, 表示命题 B 为假命题; $y = K(B) = 0$, 表示命题 B 既真又假. 类似地, 可拓真度 $y' = K'(B, T) > 0$, 表示命题 B 在变换 T 下的拓展命题为真命题; $y' = K'(B, T) < 0$, 表示命题 B 在变换 T 下的拓展命题为假命题. $y' = K'(B, T) = 0$, 表示命题 B 在变换 T 下的拓展命题既真又假.

(3) 若 $K(B)K'(B,T) \leqslant 0$，表示变换 T 使命题 B 的真假发生质的变化，此时称 T 为 B 的关于真度的质变变换；若 $K(B)K'(B,T) \geqslant 0$，表示变换 T 仅使命题 B 的真假发生了量的变化，此时称 T 为 B 的关于真度的量变变换.

由定义 2.36 易得如下性质：

性质 2.3　若 $B \in E_+(B)(T)$，则变换 T 使假命题 B 变为真命题；若 $B \in E_-(B)(T)$，则变换 T 使真命题 B 变为假命题.

类拟地，给出如下描述推理句的对错程度的概念如下.

定义 2.46　给定基元推理句集

$$W = \{F | F : l \models g, \, l \in \{L\}, g \in \{G\}\},$$

以 c_0 为评价特征，在 W 上作基元可拓集

$$\tilde{E}(F)(T) = \{(F, y, y') | F \in W, y = K(F) = k(c_0(F));$$

$$T_F F \in T_W W, y' = K'(F,T) = T_K K(T_F F) = T_k k(c_0(T_F F))\},$$

称 $y = K(F)$ 为推理句 F 的静态正确度，$y' = K'(F,T)$ 为推理句 F 在变换 T 下的可拓正确度，称 $\tilde{E}(F)(T)$ 为 W 上的基元推理句可拓集，其中变换 $T = (T_W, T_K, T_F)$.

关于命题真度的一些概念和结论，平移到推理句的正确度也是成立的，此处不再赘述.

3. 命题逻辑运算的真度和推理句逻辑运算的正确度

首先讨论命题逻辑运算的真度的有关性质. 由关联函数的性质，易知有如下性质：

性质 2.4　设 $\tilde{E}(B)(T)$ 为 W 上的基元命题可拓集，$K(B)$ 和 $K'(B,T)$ 分别是 B 的静态真度与可拓真度，设 $B_1, B_2 \in W$，则

$$K(B_1 \vee B_2) = K(B_1) \vee K(B_2),$$

$$K'(B_1 \vee B_2, T) = K'(B_1, T) \vee K'(B_2, T),$$

$$K(B_1 \wedge B_2) = K(B_1) \wedge K(B_2),$$

$$K'(B_1 \wedge B_2, T) = K'(B_1, T) \wedge K'(B_2, T).$$

性质 2.5 设 $\tilde{E}(B)(T)$ 为 W 上的基元命题可拓集,

(1) 若 $B_1, B_2 \in \dot{E}_+(B)(T)$,则 $B_1 \vee B_2, B_1 \wedge B_2 \in \dot{E}_+(B)(T)$;

(2) 若 $B_1, B_2 \in \dot{E}_-(B)(T)$,则 $B_1 \vee B_2, B_1 \wedge B_2 \in \dot{E}_-(B)(T)$;

(3) 若 $B_1 \in \dot{E}_+(B)(T), B_2 \in \dot{E}_-(B)(T)$,则 $B_1 \vee B_2 \in E_+(B)(T)$, $B_1 \wedge B_2 \in E_-(B)(T)$.

证明 (1) 因为 $B_1, B_2 \in \dot{E}_+(B)(T)$,故

$$K(B_1) \leqslant 0, \ K'(B_1, T) > 0; \ K(B_2) \leqslant 0, \ K'(B_2, T) > 0,$$

由性质 2.4 知

$$K(B_1 \vee B_2) = K(B_1) \vee K(B_2) \leqslant 0,$$
$$K(B_1 \wedge B_2) = K(B_1) \wedge K(B_2) \leqslant 0,$$

$$K'(B_1 \wedge B_2, T) = K'(B_1, T) \wedge K'(B_2, T) > 0,$$
$$K'(B_1 \vee B_2, T) = K'(B_1, T) \vee K'(B_2, T) > 0$$

故

$$B_1 \vee B_2 \in \dot{E}_+(B)(T) \quad B_1 \wedge B_2 \in \dot{E}_+(B)(T).$$

类似地,可证 (2)、(3) 也成立.

性质 2.5 表明,正 (负) 可拓域中的命题经 "或""与" 运算后,仍为正 (负) 可拓域中的命题,此时质变变换 T 在两个命题经过 "或""与" 运算后仍为质变变换;正可拓域中的命题与负可拓域中的命题经过 "或""与" 运算后则变为稳定域中的命题,此时,质变变换 T 在两个命题经 "或""与" 运算后,变为量变变换.

综上所述,若 T 是 B_1、B_2 的关于真度的质变变换,不能断定 T 是 $B_1 \vee B_2$ 或 $B_1 \wedge B_2$ 的质变变换. 类似地,若 T 是 B_1、B_2 的关于真度的量变变换,也不能断定 T 是 $B_1 \vee B_2$ 或 $B_1 \wedge B_2$ 的量变变换,可拓逻辑中研究命题的真度质变变换或量变变换,是十分有意义的工作.

类似地,给出推理句的逻辑运算的正确度的有关性质如下:

性质 2.6 设 $\tilde{E}(F)(T)$ 为 W 上的基元推理句可拓集,$K(F)$ 和 $K'(F, T)$ 分别是 F 的静态正确度与可拓正确度,设 $F_1, F_2 \in W$,则

$$K(F_1 \vee F_2) = K(F_1) \vee K(F_2),$$

$$K'(F_1 \vee F_2, T) = K'(F_1, T) \vee K'(F_2, T),$$

$$K(F_1 \wedge F_2) = K(F_1) \wedge K(F_2),$$

$$K'(F_1 \wedge F_2, T) = K'(F_1, T) \wedge K'(F_2, T).$$

性质 2.7　设 $\tilde{E}(F)(T)$ 为 W 上的基元推理句可拓集

(1) 若 $F_1, F_2 \in \underset{\cdot}{E}_+(F)(T)$，则 $F_1 \vee F_2, F_1 \wedge F_2 \in \underset{\cdot}{E}_+(F)(T)$；

(2) 若 $F_1, F_2 \in \underset{\cdot}{E}_-(F)(T)$，则 $F_1 \vee F_2, F_1 \wedge F_2 \in \underset{\cdot}{E}_-(F)(T)$；

(3) 若 $F_1 \in \underset{\cdot}{E}_+(F)(T), F_2 \in \underset{\cdot}{E}_-(F)(T)$，则 $F_1 \vee F_2 \in E_+(F)(T), F_1 \wedge F_2 \in E_-(F)(T)$.

性质 2.6 和性质 2.7 中，F_1 和 F_2 的 "或""与" 运算既可以是前件，也可以是后件.

第 3 章 可拓创新方法

把理论应用于各个实际领域的桥梁是方法. 为了使更多的学者能方便运用可拓学的基本理论, 本章总结了多年来的研究工作, 并且从可拓学的基本原理出发, 介绍可拓学的基本方法——可拓创新方法.

3.1 可拓模型建立方法

根据基元和复合元的概念与运算规则, 对待创新或待解决的问题所涉及的物、事、关系、目标、条件、问题等进行形式化建模的方法, 称为可拓模型建立方法. 这是用形式化、定量化方法进行创新或解决矛盾问题的入手点.

可拓模型包括基元 (物元、事元、关系元) 模型、复合元模型和问题的可拓模型, 根据 2.2 节的知识, 将静态可拓模型统一记作 E_M, 即 $E_M = \{B, C_O, G, L, P\}$, 其中, 基元 $B = \{M, A, R\}$, 问题 $P = G*L$; 将动态可拓模型统一记作 $E_M(t)$, 即 $E_M(t) = \{B(t), C_O(t), G(t), L(t), P(t)\}$, 其中, 动态基元 $B(t) = \{M(t), A(t), R(t)\}$, 动态问题 $P(t) = G(t)*L(t)$.

本节重点针对创新问题中所涉及的对象, 详细介绍可拓模型的建立方法, 并简单介绍问题可拓模型的建立方法, 矛盾问题的可拓模型的建立方法将在第 4 章专门介绍.

3.1.1 物元模型的建立方法

根据物元的概念, 对待创新的物或待解决的问题中所涉及的物进行形式化建模的方法, 称为物元模型的建立方法. 以产品创新为例, 产品的物质实体、产品的部件、产品所处的空间等, 都可以用物元模型形式化表达.

建立物元模型的一般步骤如下:

(1) 针对待创新的产品整体或部件, 记为 O_m 或 $O_{mj}(j$ 表示第 j 个部件, $j = 1, 2, \cdots, s$), 根据该产品的已知信息和领域知识, 提取其特征 $c_{mi}(i = 1, 2, \cdots, n)$ 或 $c_{mji}(i = 1, 2, \cdots, n_j)$;

(2) 根据该产品的已知信息和领域知识, 获取相应特征的量值 v_{mi} $(i = 1, 2, \cdots, n)$ 或 $v_{mji}(i = 1, 2, \cdots, n_j)$, 包括数量量值和非数量量值, 数量量值要包含单位;

(3) 根据一维物元或多维物元的概念, 构造相应维数的物元模型 M, 作为创新的入手点.

如果需要考虑该产品整体或部件随某参数 (如时间、地点、位置或状态等) 变化的情况, 则可以建立动态物元模型 $M(t)$.

例 3.1 一个绿色人造革封面 D_1 的长方形笔记本 D, 宽度 15cm, 长度是 20cm, 重量是 200g, 内页 D_2 是 100 页白色横格纸, 请建立该笔记本 D 及其封面 D_1、内页 D_2 的物元模型.

根据题目给出的信息, 提取笔记本 D 的特征为: 形状、重量、长度、宽度, 其对应的量值为: 长方形、200g、20cm、15cm, 根据物元模型的建立方法, 可建立笔记本 D 的物元模型为:

$$M = \begin{bmatrix} 笔记本\ D, & 形状, & 长方形 \\ & 重量, & 200\text{g} \\ & 长度, & 20\text{cm} \\ & 宽度, & 15\text{cm} \end{bmatrix}.$$

用同样的方法, 可建立笔记本 D 的部件封面 D_1、内页 D_2 的物元模型:

$$M_1 = \begin{bmatrix} 封面 D_1, & 形状, & 长方形 \\ & 材质, & 人造革 \\ & 颜色, & 绿色 \end{bmatrix},$$

$$M_2 = \begin{bmatrix} 内页 D_2, & 形状, & 长方形 \\ & 材质, & 纸 \\ & 页数, & 100页 \\ & 颜色, & 白色 \\ & 格式, & 横格 \end{bmatrix},$$

例 3.2 请建立一款随时间的变化七种灯光颜色 (红、黄、蓝、绿、紫、粉、橙) 不断变化的高度为 30cm 的圆柱体白色台灯 D 的动态物元模型.

根据题目给出的信息, 可建立台灯 D 的物元模型为:

$$M(t) = \begin{bmatrix} 台灯D(t), & 形状, & 圆柱体 \\ & 颜色, & 白色 \\ & 高度, & 30\text{ cm} \\ & 光线颜色, & v_m(t) \end{bmatrix},$$

其中

$$v_m(t) = \begin{cases} 红色, & t = t_1, \\ 黄色, & t = t_2, \\ 蓝色, & t = t_3, \\ 绿色, & t = t_4, \\ 紫色, & t = t_5, \\ 粉色, & t = t_6, \\ 橙色, & t = t_7. \end{cases}$$

3.1.2 事元模型的建立方法

根据事元的概念, 对待创新的产品中与动作相关的要素或待解决的问题中所涉及的事件进行形式化建模的方法, 称为事元模型的建立方法.

在产品创新中, 事元模型主要用于形式化描述用户的需要、产品的功能、用途、工艺、行为等与动作相关的要素. 在解决矛盾问题中, 事元模型主要用于形式化描述问题的目标、问题所涉及的事件等, 将在第 4 章详细介绍.

事元模型可以形式化表达出做什么、谁做、为谁做、什么时间做、什么地点做、做的程度、做的方式、使用的工具、做的轨迹与方向等等.

建立事元模型的一般步骤如下:

(1) 针对待创新的产品中与动作相关的要素, 提取其中表示动作的动词, 记为 O_a 或 O_{aj} (j 表示第 j 个动作, $j = 1, 2, \cdots, s$), 按照事元的概念中对动作的特征的规定，根据该产品的已知语法信息、语义信息和领域知识，确定其动作的特征 $c_{ai}(i = 1, 2, \cdots, n)$ 或 $c_{aji}(i = 1, 2, \cdots, n_j)$;

(2) 根据该产品的已知语法信息、语义信息和领域知识，获取其动作的相应特征的量值 $v_{ai}(i = 1, 2, \cdots, n)$ 或 $v_{aji}(i = 1, 2, \cdots, n_j)$;

(3) 根据一维事元或多维事元的概念，构造相应维数的事元模型 A，作为创新的入手点.

如果需要考虑待创新的产品中与动作相关的要素随某参数 (如时间、地点、位置或状态等) 变化的情况，则可以建立动态事元模型 $A(t)$.

例 3.3　事件 "小明 S_1 于 2022 年元旦在家中用笔记本 D_1 为父母 S_2 记录日记 D_2", 从产品 "笔记本 D_1" 的用途的角度分析，可以将该事件看成是对笔记本 D_1 的用途的描述，请建立该产品的用途的多维事元模型.

根据建立事元模型的一般步骤，首先提取该事件中表示动作的动词 "记录"; 再根据该事件所提供的语法信息可知，该动作的特征包括: 支配对象、施动对象、接受对象、工具、时间和地点，每个特征对应的量值分别为: 日记 D_2、小明 S_1、父母 S_2、笔记本 D、2022 年元旦、家中. 根据这些信息，可建立如下多维事元模型，形式化表示产品 "笔记本 D_1" 的用途.

$$A_1 = \begin{bmatrix} 记录, & 支配对象, & 日记 D_2 \\ & 施动对象, & 小明 S_1 \\ & 接受对象, & 父母 S_2 \\ & 工具, & 笔记本 D_1 \\ & 时间, & 2022 \text{ 年元旦} \\ & 地点, & 家中 \end{bmatrix}.$$

例 3.4　某款台灯 D_3 具有 "为学习者 S_3 提供光线" 的功能，可用事元模型形式化表示为:

$$A_2 = \begin{bmatrix} 提供, & 支配对象, & 光线 \\ & 工具, & 台灯 D_3 \\ & 接受对象, & 学习者 S_3 \end{bmatrix}.$$

例 3.5 "北方的消费者 S_4 春天需要保护脚 S_{41}",这个 "需要" 可以用事元模型形式化表示为:

$$A_3 = \begin{bmatrix} 保护, & 支配对象, & 脚 S_{41} \\ & 施动对象, & 消费者 S_4 \\ & 时间, & 春天 \\ & 地点, & 北方 \end{bmatrix}.$$

可以保护脚的产品有很多,如果用 "鞋 D_4" 保护脚,则上述消费者的需要就对应鞋的功能,可以用事元模型形式化表示为:

$$A_4 = \begin{bmatrix} 保护, & 支配对象, & 脚 S_{41} \\ & 施动对象, & 消费者 S_4 \\ & 工具, & 鞋 D_4 \\ & 时间, & 春天 \\ & 地点, & 北方 \end{bmatrix}.$$

如果随着时间 t 的变化,消费者 S_4 对 "保护" 的支配对象、工具和地点都有不同的要求,则可用多维动态事元模型表示为:

$$A_4(t) = \begin{bmatrix} 保护, & 支配对象, & v_{a41}(t) \\ & 施动对象, & S_4(t) \\ & 工具, & v_{a42}(t) \\ & 地点, & v_{a43}(t) \end{bmatrix}.$$

3.1.3 关系元模型的建立方法

根据关系元的概念,对待创新的产品的结构关系、产品的外部关系等或待解决的问题中所涉及的关系进行形式化建模的方法,称为关系元模型的建立方法.

在产品创新中,关系元模型主要用于形式化描述产品的内部结构、产品与其它产品、产品与环境、与使用者等的关系. 在解决矛盾问题中,关系元模型主要用于形式化描述问题的目标与条件中所涉及的各种关系.

关系元模型可以形式化表达出谁与谁的关系 (前项与后项)、关系的程度、关系的维系方式、联系通道、关系存在的时间与地点等等.

以产品创新为例, 建立关系元模型的一般步骤如下:

(1) 针对待创新的产品中与关系相关的要素, 提取其中表示关系的关系词, 记为 O_r 或 $O_{rj}(j$ 表示第 j 个关系词, $j = 1, 2, \cdots, s)$, 按照关系元的概念中对关系的特征的规定, 根据该产品的已知语法信息、语义信息和领域知识, 确定其关系的特征 $c_{ri}(i = 1, 2, \cdots, n)$ 或 $c_{rji}(i = 1, 2, \cdots, n_j)$;

(2) 根据该产品的已知语法信息、语义信息和领域知识, 获取其关系的相应特征的量值 $v_{ri}(i = 1, 2, \cdots, n)$ 或 $v_{rji}(i = 1, 2, \cdots, n_j)$;

(3) 根据关系元的概念, 构造相应维数的关系元模型, 作为创新的入手点.

如果需要考虑待创新的产品中的关系随某参数 (如时间、地点、位置或状态等) 变化的情况, 则可以建立动态关系元模型.

例 3.6　某款手机 D_1 与手机壳 D_2 是紧密的卡扣式嵌套关系, 则可建立如下关系元模型形式化表示为:

$$
R_1 = \begin{bmatrix}
嵌套关系, & 前项, & 手机 D_1 \\
 & 后项, & 手机壳 D_2 \\
 & 程度, & 紧密 \\
 & 维系方式, & 卡扣
\end{bmatrix}.
$$

例 3.7　某个房间 D 中的开关 D_1 通过电线通电后用声控的方式控制灯 D_2, 该控制关系可用如下多维关系元模型形式化表示为:

$$
R_2 = \begin{bmatrix}
控制关系, & 前项, & 开关 D_1 \\
 & 后项, & 灯 D_2 \\
 & 程度, & 密切 \\
 & 维系方式, & 声控 \\
 & 联系通道, & 电线 \\
 & 联系方式, & 电 \\
 & 地点, & 房间 D
\end{bmatrix}.
$$

例 3.8 某两个人 D_1 与 D_2 在小学的时候是非常要好的同学，随着时间的推移，他们的关系程度、维系方式、联系通道、联系方式等都在不断发生变化. 该动态关系可以用动态关系元模型形式化表示为:

$$R(t) = \begin{bmatrix} 同学关系(t), & 前项, & D_1(t) \\ & 后项, & D_2(t) \\ & 类型, & 小学同学 \\ & 程度, & v_{r1}(t) \\ & 维系方式, & v_{r2}(t) \\ & 联系通道, & v_{r3}(t) \\ & 联系方式, & v_{r4}(t) \end{bmatrix}.$$

3.1.4 复合元模型的建立方法

根据复合元的概念，对复杂产品或复杂问题的目标和条件进行形式化建模的方法，称为复合元模型的建立方法.

以产品创新为例，常用的是事元与物元、关系元或另一事元构成的复合元及关系元与物元、事元或另一关系元构成的复合元. 建立复合元模型的一般步骤如下:

(1) 针对待创新的产品，如果要从功能、工艺或运动行为等要素进行创新，则首先提取其中表示动作的动词，记为 O_a 或 O_{aj}(j 表示第 j 个动作，$j = 1, 2, \cdots, s$)，按照事元的概念中对动作的特征的规定，根据该产品的已知语法信息、语义信息和领域知识，确定其动作的特征 c_{ai}($i = 1, 2, \cdots, n$) 或 c_{aji}($i = 1, 2, \cdots, n_j$)，然后根据该产品的已知语法信息、语义信息和领域知识，获取其动作的相应特征的量值 v_{ai}($i = 1, 2, \cdots, n$) 或 v_{aji}($i = 1, 2, \cdots, n_j$). 如果某量值是物、关系或另一件事，且认为需要对该量值进行创新，则要对该量值建立物元模型、关系元模型或另一事元模型，再根据复合元的复合规范，构造相应维数的复合元模型，作为创新的入手点.

(2) 针对待创新的产品，如果要从结构等关系要素进行创新，则首先提取其中表示关系的关系词，记为 O_r 或 O_{rj}(j 表示第 j 个关系词，$j = 1, 2, \cdots, s$)，按照关系元的概念中对关系的特征的规定，根据该产品的已知语法信息、语义信息和领域知识，确定其关系的特征 c_{ri}($i =$

$1, 2, \cdots, n)$ 或 $c_{rji}(i = 1, 2, \cdots, n_j)$, 然后根据该产品的已知语法信息、语义信息和领域知识, 获取其关系的相应特征的量值 $v_{ri}(i = 1, 2, \cdots, n)$ 或 $v_{rji}(i = 1, 2, \cdots, n_j)$. 如果某量值是物、事或另一关系, 且认为需要对该量值进行创新, 则要对该量值建立物元模型、事元模型或另一关系元模型, 再根据复合元的复合规范, 构造相应维数的复合元模型, 作为创新的入手点.

如果需要考虑复合元随某参数 (如时间、地点、位置或状态等) 变化的情况, 则可以建立动态复合元模型.

例 3.9 "某个大学生 D 打开他的华为 Mate50 手机 D_1 的方式是沿直线向上滑动屏幕 D_{11}", 可以用复合元模型形式化表示为

$$A(M_1, A_1) = \begin{bmatrix} \text{打开}, & \text{支配对象}, & M_1 \\ & \text{施动对象}, & \text{大学生}D \\ & \text{方式}, & A_1 \end{bmatrix},$$

其中,

$$M_1 = \begin{bmatrix} \text{手机}D_1, & \text{所有者}, & \text{大学生}D \\ & \text{品牌}, & \text{华为} \\ & \text{型号}, & \text{Mate 50} \end{bmatrix},$$

$$A_1 = \begin{bmatrix} \text{滑动}, & \text{支配对象}, & \text{屏幕}D_{11} \\ & \text{方向}, & \text{向上} \\ & \text{轨迹}, & \text{直线} \end{bmatrix}.$$

例 3.10 一个香槟金色按压式开关 D 同时控制 3 个光线颜色分别为红色、蓝色、黄色的 10 瓦 LED 灯泡 $D_i(i=1,2,3)$, 该控制关系可以用如下复合元表示为:

$$R(M_1, M_{21} \wedge M_{22} \wedge M_{23}) = \begin{bmatrix} \text{控制关系}, & \text{前项} & M_1 \\ & \text{后项}, & M_{21} \wedge M_{22} \wedge M_{23} \\ & \text{维系方式}, & \text{按压} \end{bmatrix},$$

其中,

$$M_1 = \begin{bmatrix} \text{开关}D, & \text{数量}, & \text{1个} \\ & \text{颜色}, & \text{香槟金色} \end{bmatrix},$$

$$M_{21} = \begin{bmatrix} \text{灯泡}D_1, & \text{光线颜色,} & \text{红色} \\ & \text{类型,} & \text{LED} \\ & \text{瓦数,} & \text{10瓦} \end{bmatrix},$$

$$M_{22} = \begin{bmatrix} \text{灯泡}D_2, & \text{光线颜色,} & \text{蓝色} \\ & \text{类型,} & \text{LED} \\ & \text{瓦数,} & \text{10瓦} \end{bmatrix},$$

$$M_{23} = \begin{bmatrix} \text{灯泡}D_3, & \text{光线颜色,} & \text{黄色} \\ & \text{类型,} & \text{LED} \\ & \text{瓦数,} & \text{10瓦} \end{bmatrix}.$$

由于 "开关控制灯泡" 也是开关的功能, 所以上述复合元也可以从功能的角度构建成如下复合元:

$$A(M_1, M_{21} \wedge M_{22} \wedge M_{23}) = \begin{bmatrix} \text{控制,} & \text{支配对象,} & M_{21} \wedge M_{22} \wedge M_{23} \\ & \text{工具,} & M_1 \\ & \text{方式,} & \text{按压} \end{bmatrix},$$

在实际应用中, 如果侧重结构关系的创新, 就构造结构复合元模型, 如果侧重功能的创新, 就构造功能复合元模型.

再如, 若要表示 "用一个按压式开关 D 控制 6 个灯泡 $D_i(i = 1, 2, \cdots, 6)$, 按压开关 1 次打开 2 个灯泡, 按压开关 2 次打开 4 个灯泡, 按压开关 3 次打开 6 个灯泡, 按压开关 4 次关闭所有灯泡", 则可建立如下复合元模型:

$$A(A_1 \vee A_2 \vee A_3 \vee A_4) = \begin{bmatrix} \text{控制,} & \text{支配对象,} & D_1 \vee D_2 \vee \cdots \vee D_6 \\ & \text{工具,} & D \\ & \text{方式,} & A_1 \vee A_2 \vee A_3 \vee A_4 \end{bmatrix},$$

$$A_1 = \begin{bmatrix} \text{打开,} & \text{支配对象,} & D_1 \wedge D_2 \\ & \text{工具,} & D \\ & \text{方式,} & A_{11} \end{bmatrix},$$

$$A_{11} = \begin{bmatrix} 按压, & 支配对象, & D \\ & 次数, & 1\ 次 \end{bmatrix},$$

$$A_2 = \begin{bmatrix} 打开, & 支配对象, & D_1 \wedge D_2 \wedge D_3 \wedge D_4 \\ & 工具, & D \\ & 方式, & A_{21} \end{bmatrix},$$

$$A_{21} = \begin{bmatrix} 按压, & 支配对象, & D \\ & 次数, & 2\ 次 \end{bmatrix},$$

$$A_3 = \begin{bmatrix} 打开, & 支配对象, & D_1 \wedge D_2 \wedge \cdots \wedge D_6 \\ & 工具, & D \\ & 方式, & A_{31} \end{bmatrix},$$

$$A_{31} = \begin{bmatrix} 按压, & 支配对象, & D \\ & 次数, & 3\ 次 \end{bmatrix},$$

$$A_4 = \begin{bmatrix} 关闭, & 支配对象, & D_1 \wedge D_2 \wedge \cdots \wedge D_6 \\ & 工具, & D \\ & 方式, & A_{41} \end{bmatrix},$$

$$A_{41} = \begin{bmatrix} 按压, & 支配对象, & D \\ & 次数, & 4\ 次 \end{bmatrix}.$$

3.1.5　问题的可拓模型的建立方法

准确地界定问题, 是解决问题的基础. 要界定问题, 首先要界定问题的目的和条件. 而要界定目的, 首先必须把目的具体化为目标, 即将目的以一定的方式标识. 目标具体化和数量化, 可增加达到目的的可能性.

下面首先介绍目标和条件的界定及其可拓模型的建立方法, 然后介绍如何由目标和条件构成问题, 及问题的可拓模型的建立方法.

1. 目标界定及其可拓模型的建立方法

1) 设定目标的重要性及目标的特性

目标是行动的依据. 一句英国谚语说得好: "对一艘盲目航行的船来说, 任何方向的风都是逆风. " 就像一位跳高运动员, 如果他的前面不放一根横杆，让他漫无目标地自由地跳高，可以肯定，他永远也跳不出好成绩.

目标的特性包括：(1) 主观性：目标是对活动预期结果的主观设想，是在头脑中形成的一种主观意识形态；(2) 方向性：目标是活动的预期目的，为活动指明方向；(3) 现实性：目标的价值性和可操作性构成了目标的现实性；(4) 社会性：目标受社会政治、经济制度、文化传统、意识形态的制约；(5) 实践性：目标具有为实践活动指明方向的作用，只有通过实践活动才能实现目标.

2) 确定目标的原则及目标的分类

目标产生信念，清晰的目标产生坚定的信念，目标模糊就难以成功.横渡英吉利海峡的第一位女性——美国 34 岁的弗罗纶丝·查德威克，决定向另一距离更远的海峡——卡塔林纳海峡挑战，即从加利福尼亚海岸以西 21 英里的卡塔林纳游向加州海岸.那天，浓雾笼罩着海面，她几乎连护送船都看不到，海水冻得她身体发麻.15 个小时过去了，她感到又累又冷，终于决定放弃，请求护送船拉她上船.随船的教练及她的母亲都告诉她海岸很近了，不要放弃.但她朝加州海岸望去，浓雾弥漫，什么也看不到！在她游了 15 小时 55 分钟之后，人们把她拉上了船——这儿离加州海岸只有半英里！后来她总结道，令她半途而废的不是疲劳，也不是寒冷，而是因为在浓雾中看不到目标.迷茫的目标，动摇了她的信念.两个月后，她成功地游过了同一海峡.

同样，清楚而准确地设定目标，是解决某个问题、取得某种效果的必要前提，也是评价决策方案、评估实施结果的基本依据.

确定目标的原则包括：

(1) 目标必须是从全局出发，整体考虑的结果，各分目标必须协调一致.

(2) 目标层次要清楚，一个组织的各种目标不是同等重要的，要突出关于组织经营成败的关键目标，在总目标下再分层次列出相应的分目标.

(3) 目标应建立在可靠的基础上，必须是可行的，而不能是可望而不可及的，应建立在对组织内外环境进行周密调查研究的基础上，有充分的客观依据.

(4) 目标必须是具体明确的，要便于衡量，而不是笼统、空洞的口号，应尽可能用数量表示出来.

(5) 目标要保持相对稳定，经确定就要相对稳定，不能朝令夕改，同时根据组织内外环境的变化及时调整，实行滚动目标.

目标的分类方式有很多，可以按照目标的性质、时间长度、组织层次、实现顺序及其他多元内容进行分类，在实际应用中，需要根据问题的类型选择目标的分类方式. 如按照组织层次，目标可以分为全局目标 (总目标) 和局部目标 (部门目标、业务单元目标及个人目标)；如按照时间长度，目标可分为长期目标、中期目标 (如 5 年左右)、短期目标 (如 1 年内)、小目标 (如 1 月内)、微型目标 (如 1 天内) 等.

3) 目标的可拓模型的建立方法

目标的设定，是决定能否有效发现解决问题的线索和创意的关键. 目标也可作为选择实现性高、效率好的方案的决定指标.

必须把目标形式化和数字化，才能真正明确目标，恰当地建立问题模型. 如果目标只是抽象性的，那么就很难明确该以什么程度的要素、工具、人员来组合，以实现目标.

所有的目标都是要做的事，因此，目标都可以用事元或复合事元形式化表示.

例如，"尽可能大量地降低成本" 这一目标就不够明确，若改为 "降低 20% 左右的成本"，则目标可利用事元模型形式化表示为：

$$
G = \begin{bmatrix} 降低, & 支配对象, & 成本 \\ & 程度, & 20\ \%左右 \end{bmatrix}.
$$

这便是一明确化和形式化的目标. 在实际操作中，"20% 左右" 应该进一步具体化为区间，如 $(18\%, 22\%)$. 当然，如果可以确定该区间为开区间或闭区间，那么，区间还可以具体化为 $(18\%, 22\%)$ 或 $[18\%, 22\%]$.

很多情况下，为了更清晰地表达问题的目标，常常需要用复合事元模型形式化表示.

例如，"广州的某生产电动汽车的企业 E 要在 2023 年将某款续航里程 360 公里的锂电池电动轿车 D 的质量提高 $[5\%, 10\%]$"，这很显然是企业 E 的一个目标. 根据复合元的可拓模型的建立方法，这个目标的可拓模型为：

$$G = \begin{bmatrix} 提高, & 支配对象, & 质量 \\ & 施动对象, & M_1 \\ & 接受对象, & M_2 \\ & 程度, & [5\%, 10\%] \\ & 时间, & 2023\ 年 \end{bmatrix},$$

其中,

$$M_1 = \begin{bmatrix} 企业E, & 产品类型, & 电动汽车 \\ & 位置, & 广州 \end{bmatrix},$$

$$M_2 = \begin{bmatrix} 电动轿车D, & 电池类型, & 锂电池 \\ & 续航里程, & 360\ \text{km} \end{bmatrix}.$$

当然, 这只是单目标的可拓模型的建立方法, 如果某个问题是多目标问题, 就要首先分析目标之间的关系, 然后再建立各目标的可拓模型.

4) 目标间关系的类型

要解决问题, 必须考虑多方面的协调关系. 为此, 就必须研究目标之间的关系. 目标间的主要关系有: 蕴含关系, 从属关系, 并列关系, 对立关系和共存关系.

(1) 蕴含关系

在确定目标时, 目标往往不止一个. 如果某一目标的实现必然导致另一目标的实现, 则称这两个目标间具有蕴含关系. 这时, 首先要用事元或复合事元形式化表示所有的目标, 然后利用蕴含分析方法和领域知识, 确定目标的层次性, 对同一层次的目标, 也要确定各目标的优先顺序. 若最上位目标为 G, 则目标蕴含系为:

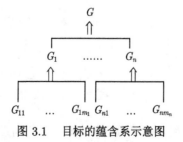

图 3.1   目标的蕴含系示意图

通常我们较多考虑的是目标与条件的矛盾, 即不相容问题. 此时, 对同一主体的多个目标之间一般不能有矛盾. 如果在同一条件下要同时考虑两个主体的不同目标, 或同一主体的两个目标, 若目标间产生矛盾, 则属于对立问题. 矛盾问题将在第 4 章 4.1 节中介绍.

实现目标要从低级向高级一步一步前进, 而设定目标, 则是高级向低级一层层分解.

所有的目标构成了一个目标蕴含系. 下位目标的实现蕴含着上位目标的实现, 而同一层次的目标之间也可能会有一定的相关性. 根据实际问题的领域知识和蕴含分析原理可知, 目标的蕴含系还可分为与蕴含系、或蕴含系、与或蕴含系等不同类型. 此不详述.

如果最上位目标只有一个, 则称为单目标问题; 如果最上位目标有多个, 则称为多目标问题. 多目标的蕴含系如图 3.2 所示.

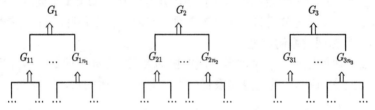

图 3.2   多目标的蕴含系示意图

由于目标有单目标与多目标、阶段目标与长期目标、局部目标与全局目标之分, 因此, 在解决问题之初, 一定要首先搞清楚目标及目标间的关系.

例如, 某企业以降价的策略, 要使目标 "提高 2 倍销售量" 和 "增加 2 倍毛利润" 同时实现, 在一般情况下是难以达到的, 即目标事元为

$$G_1 = \begin{bmatrix} 提高, & 支配对象, & 销售量 \\ & 程度, & 2 倍 \end{bmatrix},$$

$$G_2 = \begin{bmatrix} 增加, & 支配对象, & 毛利率 \\ & 程度, & 2 倍 \end{bmatrix},$$

在将现有产品降低价格, 以增强竞争力时, 毛利润必然会降低, 因此, 除

非在批量生产的效率化、技术改革、销售革新等都有相当大的进步时,G_1 与 G_2 才不矛盾,否则是难以用低价格达到毛利率倍增的结果的. 此时若能作条件的变换,才能使 G_1 与 G_2 同时实现. 因此,在确定这样的目标时,不能轻易做出决定,必须对条件进行界定之后才能明确下来. 如果根据条件,G_1 与 G_2 是矛盾的,且条件又无法变换,则最好从 G_1 与 G_2 中选择一个,把目标集中于一点,问题才容易解决.

如果确定的目标是 G_1、G_2、G_3,则必须确定衡量目标的条件,根据衡量条件的不同权重来确定目标的优先顺序. 若确定了 G_1 为第一目标,则先把 G_1 当作绝对优先的目标,其次再按 G_2 与 G_3 的重要次序依次补充进去.

例如,某企业 D 的目标事元为

$$G_1 = \begin{bmatrix} 保持, & 支配对象, & 市场占有率 \\ & 施动对象, & 企业D \\ & 地点, & Q\ 区 \\ & 程度, & 5\% \end{bmatrix},$$

$$G_2 = \begin{bmatrix} 保持, & 支配对象, & 零售店 \\ & 施动对象, & 企业D \\ & 数量, & 500\ 家 \end{bmatrix},$$

$$G_3 = \begin{bmatrix} 创造, & 支配对象, & 销售基础 \\ & 施动对象, & 企业D \\ & 接受对象, & 新产品D_1 \end{bmatrix}.$$

根据营销学的知识,可确定三个目标的优先顺序为:G_1、G_2、G_3.

(2) 从属关系和并列关系

若目标 G_1 是 G_2 的一个组成部分,则称 G_1 和 G_2 的关系是从属关系,否则称为并列关系.

在从属关系中,从时间考虑,是长期目标和阶段目标的关系;从系统的角度考虑,是全局目标和局部目标的关系. 如企业目标和企业内各部门的目标之间的关系,就是全局目标和局部目标的关系. 一般来讲,阶段目标、局部目标必须是为长期目标、全局目标的实现服务的,也就是说必须有助于长期目标、全局目标的实现.

在并列关系中, 又有相关目标和无关目标之分. 例如同一层次的各个目标间是并列关系, 但有些目标间又可能有相关关系.

(3) 对立关系和共存关系

若目标 G_1 和 G_2 在某些条件下不能同时实现, 则称 G_1 和 G_2 的关系是对立关系, 否则称为共存关系.

5) 界定目标的步骤

根据上述分析, 界定目标的步骤如图 3.3 所示.

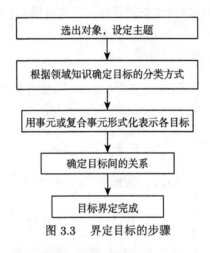

图 3.3　界定目标的步骤

2. 条件的界定及其可拓模型的建立方法

目标界定以后, 就要对条件进行分析与界定. 条件包括资源条件和环境条件. 资源条件包括内部资源和外部资源, 环境条件又包括内部环境和外部环境. 条件大多是客观存在的, 但条件是可以创造的, 可以变换的. 在众多条件中, 有些是对实现目标有利的, 有些是不利的; 有些是与目标相容的, 有些是与目标矛盾的; 有些条件是非限制条件, 有些条件是限制条件. 对所有的条件, 都必须进行明确的界定.

界定条件的步骤如下:

(1) 收集与目标相关的资料, 并分析实现目标所需的条件.

(2) 整理与目标相关的资料, 并确定相应的现实条件 (即初始条件).

(3) 根据领域知识, 判定初始条件是限制条件还是非限制条件.

(4) 将初始条件用基元或复合元及其运算形式化表示，以界定条件所涉及的物、事、关系及相应的特征和量值.

(5) 选择与目标密切相关的主要有利条件和主要限制条件.

界定条件的重要一步是把条件用基元或复合元形式化表示，这样可以使条件尽量数字化，以便于以后的问题分析和充分利用条件、拓展条件来实现目标.

由于客观存在或人为给出的条件的有限性，使人们要实现目标时受到相应的限制. 在确定限制条件时，一定要注意明确限制的性质：是弹性限制还是刚性限制；是隐性限制还是显性限制；是不确定性限制还是确定性限制. 只有正确确定了限制的性质，才有利于对条件的分析.

条件通常都可以用基元或复合元及其运算式形式化表示，因此，条件的可拓模型的建立方法，可参见基元与复合元模型的建立方法，此略.

3. 建立问题的可拓模型

根据上述目标与条件的界定及可拓模型的建立方法可知，任何问题的目标都可以用事元或复合事元及其运算形式化表示，任何问题的条件都可以用基元或复合元及其运算形式化表示，因此，在界定了目标和条件并建立了目标和条件的可拓模型之后，就可以根据目标和条件的类型建立问题的可拓模型.

目标有很多分类方法，本书仅针对单目标或多目标问题及目标之间的关系，研究问题的可拓模型的建立方法. 在建立问题的可拓模型时，首先要根据实际问题和领域知识，确定目标是单目标还是多目标问题，然后分别对单目标或多目标问题建立可拓模型.

问题的可拓模型参见书中 2.2 节，此处仅给出问题的可拓模型建立的步骤及案例.

问题的可拓模型建立的一般步骤如下：

(1) 根据领域知识界定问题的目标，确定是单目标问题或多目标问题；

(2) 根据目标的类型，确定目标之间的关系，并根据目标的可拓模型的建立方法，建立各目标的可拓模型；

(3) 根据条件的界定及其可拓模型的建立方法，建立条件的可拓模型；

(4) 如果是多目标多条件问题，要根据领域知识，确定各目标间的逻辑运算关系和各条件间的逻辑运算关系，再根据问题的可拓模型的构建形式，建立问题的可拓模型.

例 3.11   一个女大学生 S 要将一个重 85kg、高度 550cm、宽度 450cm、深度 400cm 的不锈钢保险柜 D 从客厅 D_1 搬进卧室 D_2，但不能划伤卧室 D_2 的木地板. 已知该学生 S 的承重范围为 $[30, 40]$kg，请建立该问题的可拓模型.

根据问题的可拓模型的建立方法，首先界定问题的目标和条件，并建立目标和条件的可拓模型. 根据题目给出的信息，很显然该问题的目标为

$$G = \begin{bmatrix} 搬, & 支配对象, & M_1 \\ & 起点, & 客厅 D_1 \\ & 终点, & 卧室 D_2 \end{bmatrix},$$

其中

$$M_1 = \begin{bmatrix} 保险柜 D, & 重量, & 85 \text{ kg} \\ & 高度, & 550 \text{ cm} \\ & 宽度, & 450 \text{ cm} \\ & 深度, & 400 \text{ cm} \\ & 材质, & 不锈钢 \\ & 位置, & 客厅 D_1 \end{bmatrix},$$

该问题的条件为

$$L_1 = \begin{bmatrix} \overline{划伤}, & 支配对象, & 木地板 \\ & 地点, & 卧室 D_2 \end{bmatrix},$$

$$L_2 = \begin{bmatrix} 大学生 S, & 性别, & 女 \\ & 承重范围, & [30,40] \text{kg} \end{bmatrix},$$

因此，该问题的可拓模型为：$P = G * (L_1 \wedge L_2)$.

例 3.12   目前平板电脑的应用越来越广泛，应用场景越来越多. 一些老年用户希望平板电脑既易于携带，又能有足够大的显示屏，易于阅读. 假设现有一款 10.1 英寸、485g 的全面屏平板电脑，请根据用户需求建立该问题的可拓模型.

设平板电脑为 D, 将用户对 D 的需求作为该问题的目标, 假设用户希望平板电脑的最大重量不超过 800g, 最大屏幕不超过 22 英寸, 则目标的可拓模型为

$$G_1(t) = \begin{bmatrix} 携带, & 支配对象, & M(t) \\ & 施动对象, & 老年用户 \\ & 方便度, & 高 \end{bmatrix},$$

$$G_2(t) = \begin{bmatrix} 阅读, & 支配对象, & 内容 \\ & 施动对象, & 老年用户 \\ & 工具, & M(t) \\ & 方便度, & 高 \end{bmatrix},$$

其中,

$$M(t) = \begin{bmatrix} 平板电脑D(t), & 尺寸, & V_1(t) \\ & 重量, & [485, 800]\ g \\ & 屏幕类型, & 全面屏 \end{bmatrix},$$

$$V_1(t) = \begin{cases} [9, 11]英寸, & t = 携带时, \\ (11, 22]英寸, & t = 阅读时, \end{cases}$$

条件为现有的平板电脑 D_0, 可拓模型为

$$L = \begin{bmatrix} 平板电脑D_0, & 尺寸, & 10.1英寸 \\ & 重量, & 485\ g \\ & 屏幕类型, & 全面屏 \end{bmatrix}.$$

根据问题的可拓模型的建立方法, 可建立该问题的可拓模型为: $P(t) = (G_1(t) \wedge G_2(t)) * L$.

说明: 本节主要介绍问题的可拓模型的建立方法, 至于问题的解决方法, 将在第 4 章中介绍.

3.2 拓展分析方法

在 2.3 节中, 曾经介绍了拓展分析原理. 依据这些原理, 得到了一套用形式化的方法对基元或复合元进行拓展分析的方法.

拓展分析方法是根据基元或复合元的拓展分析原理对事、物、关系等进行拓展，以获得创新或解决矛盾问题的多种可能途径的方法. 拓展分析方法包括发散分析方法、相关分析方法、蕴含分析方法和可扩分析方法. 鉴于这些方法所拓展出的结果的形式，又将这些方法相应称为发散树方法、相关网方法、蕴含系 (树) 方法和分合链方法.

应用拓展分析方法时一定要特别注意，单纯应用拓展分析方法只能获得拓展的路径或解决矛盾问题的路径，要想实现创新或解决矛盾问题必须经过可拓变换 (在 3.3 节中介绍) 才能实现. 本节重点介绍基元的拓展分析方法，复合元的拓展分析方法类似，不再单独介绍，将会举例说明复合元的拓展分析方法. 由于问题的目标与条件都是由基元或复合元及其运算形式化表示的，所以，问题的目标与条件的拓展分析同样可以应用本节的方法.

3.2.1　发散树方法

根据 2.3 节中的发散分析原理，可以从某个待创新的对象或待解决的问题出发，拓展出多个可拓模型，从而为创新或解决问题提供多条可能的途径.

在解决实际问题的过程中，有时只用某一发散分析原理，有时需要综合应用若干个原理才能找到创新或解决问题的较优路径. 这样的发散过程形成了一种树状结构，故称为发散树.

以基元模型为例，发散树的一般形成如下：

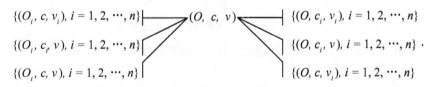

$$\{(O_i, c, v_i),\ i = 1, 2, \cdots, n\} \; \longrightarrow \; (O,\ c,\ v) \; \longleftarrow \; \{(O, c_i, v_i),\ i = 1, 2, \cdots, n\}$$

$$\{(O_i, c_i, v),\ i = 1, 2, \cdots, n\} \qquad\qquad\qquad \{(O, c_i, v),\ i = 1, 2, \cdots, n\} \cdot$$

$$\{(O_i, c, v),\ i = 1, 2, \cdots, n\} \qquad\qquad\qquad \{(O, c, v_i),\ i = 1, 2, \cdots, n\}$$

人们把利用发散分析原理寻找创新或解决问题的路径的方法称为发散树方法. 该方法的基本步骤如下：

(1) 建立待创新的产品要素或拟解决的问题的目标或条件的可拓模型 E_M 或 $E_M(t)$；

(2) 根据待创新的产品或要解决问题的领域知识，选择应用发散分析原理；

(3) 由 E_M 或 $E_M(t)$ 发散出多个可拓模型 E_{Mi} 或 $E_{Mi}(t)$;

(4) 判断是否找到创新或解决矛盾问题的路径, 若找到, 则结束, 否则进入下一步;

(5) 对 E_{Mi} 或 $E_{Mi}(t)$ 继续进行发散, 直至找到创新或解决问题的路径.

例 3.13 某酒店的大厅走廊上, 有两根空心的大圆柱, 此圆柱只起装饰作用, 不承重, 占地方而无法获利. 下面利用发散树方法研究解决这一问题的途径.

设 $M = ($大圆柱, 位置, 大厅走廊$) \triangleq (O_m$, 位置, 大厅走廊$)$, 根据发散分析原理可得

$$M \dashv \begin{cases} M_1 = (O_m,\ \text{作用, 装饰} \wedge \text{不承重}) \dashv M_{11} = (O_m,\ \text{作用, 陈列物品}) \\ \qquad\qquad\qquad\qquad\qquad \dashv M_{111} = (O_{m1},\ \text{作用, 陈列物品}) \\ M_2 = (O_m,\ \text{内部结构, 空心}) \dashv M_{21} = (O_{m1},\ \text{内部结构, 空心}) \\ M_3 = (O_m,\ \text{使用价值, 0}) \dashv M_{31} = (O_m,\ \text{使用权, 酒店所有者}) \\ \qquad\qquad\qquad\qquad \dashv M_{311} = (O_{m1},\ \text{使用权, 酒店所有者}) \\ M_4 = (O_m,\ \text{形状, 圆柱体}) \dashv M_{41} = (O_{m1},\ \text{形状, 多棱柱体}) \end{cases}$$

根据上述分析可得发散树:

$$M \dashv \begin{cases} M_1 \dashv M_{11} \dashv M_{111} \\ M_2 \dashv M_{21} \\ M_3 \dashv M_{31} \dashv M_{311} \\ M_4 \dashv M_{41} \end{cases},$$

即可以把大圆柱 O_m 改造成多棱柱 O_{m1}, 用于陈列物品. 对酒店的所有者而言, 由于他们具有使用权, 故可以陈列能给他们带来经济效益的物品. 由

$$M_{311} \dashv \left\{ \begin{array}{l} M_{3111} = \left(\begin{array}{l} O_{m1}, \quad 使用权, \quad 租用人 \end{array} \right) \\[2mm] M_{3112} = \left(\begin{array}{l} O_{m1}, \quad 使用价值, \quad a \end{array} \right) \end{array} \right. ;$$

$$M_{111} \dashv \left\{ \begin{array}{l} M_{1111} = \left(\begin{array}{l} O_{m1}, \quad 作用, \quad 陈列珠宝 \end{array} \right) \\[2mm] M_{1112} = \left(\begin{array}{l} O_{m1}, \quad 作用, \quad 陈列香水 \end{array} \right) \end{array} \right. .$$

由此可得创意思路：把大圆柱 O_m 改造成多棱柱陈列柜 O_{m1}，出租给珠宝商或香水商，使其使用价值增加，由 0 变为 a.

美国有一家著名旅馆就是利用这种思路"经营"其酒店大厅走廊上的两根大圆柱的，出租大圆柱的收入是每年 1400 万美元.

这种方法也经常应用在市场营销中. 在进行市场营销时，必须真正明了产品所满足的需求. 例如，人们为什么会去买表？显然是为了知道时间，但这是唯一需要满足的需求吗？若是，则人们可以仅花费几元钱而不必花费数千元甚至上万元去买一块表. 由此可以看出，表还可以满足其他需求，如显示身份、追求时尚等，表还可以作为礼物. 而身份、时尚、礼物还可以通过其他物品表示出来，如轿车、服装等. 发散树方法正是分析这些问题的有效方法.

例 3.14　应用发散树方法，对"鞋"及人们的"穿鞋"需要进行分析，以生成开拓鞋类市场的思路.

实际上，对任何一双鞋而言，都可用多维物元形式化表示为

$$M = \begin{bmatrix} 鞋 O_m, & 材料 c_1, & v_1 \\ & 尺码 c_2, & v_2 \\ & 颜色 c_3, & v_3 \\ & 样式 c_4, & v_4 \\ & 品牌 c_5, & v_5 \\ & 价格 c_6, & v_6 \\ & \vdots & \vdots \end{bmatrix}.$$

根据发散树方法, 关于鞋 O_m 每一特征的量值都是可以开拓的, 消费者也可按照自己的不同需求去购买各种不同量值的鞋子. 如

$$
M_1 = \begin{bmatrix}
鞋 O_1, & 材料 c_1, & 牛皮 \\
& 尺码 c_2, & 40 \\
& 颜色 c_3, & 黑 \\
& 样式 c_4, & 老板式 \\
& 品牌 c_5, & 富贵鸟 \\
& 价格 c_6, & 200\ 元 \\
& \vdots & \vdots
\end{bmatrix},
$$

$$
M_2 = \begin{bmatrix}
鞋 O_2, & 材料 c_1, & 羊皮 \\
& 尺码 c_2, & 36 \\
& 颜色 c_3, & 白 \\
& 样式 c_4, & 休闲式 \\
& 品牌 c_5, & 富贵鸟 \\
& 价格 c_6, & 150\ 元 \\
& \vdots & \vdots
\end{bmatrix}, \cdots
$$

企业可以根据不同类型消费者的不同需求开发各种产品.

对于要销售鞋子的商家而言, 重点不是对鞋子本身的发散分析, 而是对消费者的需要的发散分析, 即对消费者的需要——"穿鞋"的拓展分析.

消费者对"穿鞋"的基本需要可用事元表示为

$$
A = \begin{bmatrix}
保护, & 支配对象, & 脚 \\
& 施动对象, & 人 \\
& 地点, & 路上 \\
& 时间, & 白天
\end{bmatrix}
\triangleq
\begin{bmatrix}
保护, & c_{a1}, & 脚 \\
& c_{a2}, & 人 \\
& c_{a3}, & 路上 \\
& c_{a4}, & 白天
\end{bmatrix},
$$

　　显然，满足这一基本需要的鞋子有很多. 但人们对鞋子的需要也不止这一基本需要，而且不同人的需要也不同.

　　根据发散树方法可得如下事元发散树：

$$
A \dashv \left\{
\begin{array}{l}
A_1 = \begin{bmatrix} 保护, & c_{a1}, & 脚 \\ & c_{a2}, & 中学生 \\ & c_{a3}, & 运动场 \\ & c_{a4}, & 白天 \end{bmatrix} \dashv \left\{
\begin{array}{l}
A_{11} = \begin{bmatrix} 保护, & c_{a1}, & 脚 \\ & c_{a2}, & 女学生 \\ & c_{a3}, & 路上 \\ & c_{a4}, & 白天 \end{bmatrix} \\[4ex]
A_{12} = \begin{bmatrix} 保护, & c_{a1}, & 脚 \\ & c_{a2}, & 男学生 \\ & c_{a3}, & 运动场 \\ & c_{a4}, & 白天 \end{bmatrix}
\end{array}\right. \\[14ex]

A_2 = \begin{bmatrix} 显示, & c_{a1}, & 身份 \\ & c_{a2}, & 白领阶层 \\ & c_{a3}, & 办公室 \\ & c_{a4}, & 白天 \end{bmatrix} \dashv A_{21} = \begin{bmatrix} 显示, & c_{a1}, & 身份 \\ & c_{a2}, & 女学生 \\ & c_{a3}, & 学校 \\ & c_{a4}, & 白天 \end{bmatrix} \\[10ex]

\hspace{5cm} \dashv A_{211} = \begin{bmatrix} 显示, & c_{a1}, & 气质 \\ & c_{a2}, & 女学生 \\ & c_{a3}, & 学校 \\ & c_{a4}, & 白天 \end{bmatrix}, \\[8ex]

A_3 = \begin{bmatrix} 防御, & c_{a1}, & 寒冷 \\ & c_{a2}, & 老年人 \\ & c_{a3}, & 路上 \\ & c_{a4}, & 冬天 \end{bmatrix} \dashv A_{31} = \begin{bmatrix} 防御, & c_{a1}, & 寒冷 \\ & c_{a2}, & 女学生 \\ & c_{a3}, & 路上 \\ & c_{a4}, & 冬天 \end{bmatrix} \\[8ex]

A_4 = \begin{bmatrix} 增加, & c_{a1}, & 高度 \\ & c_{a2}, & 女学生 \\ & c_{a3}, & 学校 \\ & c_{a4}, & 白天 \end{bmatrix} \\[8ex]

A_5 = \begin{bmatrix} 表演, & c_{a1}, & 节目 \\ & c_{a2}, & 演员 \\ & c_{a3}, & 舞台 \\ & c_{a4}, & 演出时 \end{bmatrix}
\end{array}\right.
$$

即

$$A \dashv \begin{cases} A_1 \dashv \begin{cases} A_{11} \\ A_{12} \end{cases} \\ A_2 \dashv A_{21} \dashv A_{211} \\ A_3 \dashv A_{31} \\ A_4 \\ A_5 \end{cases}$$

根据此需要发散树，再根据市场调查的资料，对每种需要进行调查和评价后，发现专门针对女中学生市场的、能显示女中学生气质、穿着舒适、方便运动的鞋子很有前途，有人利用了这种分析结果. 由于找准了市场盲点，避开了激烈的市场竞争，一举成功. 这也是"开创蓝海"的方法.

同样，可以利用上述方法分析产品的功能、用途、工艺、结构等，以获得更多创新的路径.

例 3.15 某个蓝色圆柱体陶瓷杯 O_m，容积为 300ml，它具有"容纳茶水"的功能，试用发散树方法发散出该产品的更多功能.

根据题目给出的信息，可以建立如下功能复合元和相应的产品物元：

$$A(M) = \begin{bmatrix} 容纳, & 支配对象, & 茶水 \\ 工具, & M \end{bmatrix} \triangleq \begin{bmatrix} 容纳, & c_{a1}, & 茶水 \\ & c_{a2}, & M \end{bmatrix},$$

$$M = \begin{bmatrix} O_m, & 材质, & 陶瓷 \\ & 颜色, & 蓝色 \\ & 形状, & 圆柱体 \\ & 容积, & 300ml \end{bmatrix},$$

显然，具有"容纳茶水"的功能的产品有很多，同一个产品也不止有"容纳茶水"的功能. 根据发散树方法，可对功能复合元 $A(M)$ 和产品物元 M 进行发散分析，限于篇幅，以如下发散树为例：

$$A(M) \dashv \begin{cases} A_1(M) = \begin{bmatrix} 容纳, & c_{al}, & 粥 \\ & c_{a2}, & M \end{bmatrix} \dashv \begin{cases} A_{11}(M_1) = \begin{bmatrix} 容纳, & c_{al}, & 粥 \\ & c_{a2}, & M_1 \end{bmatrix} \\ \dashv \begin{cases} A_{111}(M_1) = \begin{bmatrix} 加热, & c_{al}, & 粥 \\ & c_{a2}, & M_1 \end{bmatrix} \\ A_{112}(M_1) = \begin{bmatrix} 冲泡, & c_{al}, & 粥 \\ & c_{a2}, & M_1 \end{bmatrix} \end{cases} \\ A_{12}(M_2) = \begin{bmatrix} 容纳, & c_{al}, & 粥 \\ & c_{a2}, & M_2 \end{bmatrix} \\ \dashv \begin{cases} A_{121}(M_2) = \begin{bmatrix} 加热, & c_{al}, & 粥 \\ & c_{a2}, & M_2 \end{bmatrix} \\ A_{122}(M_2) = \begin{bmatrix} 冲泡, & c_{al}, & 粥 \\ & c_{a2}, & M_2 \end{bmatrix} \end{cases} \end{cases} \\ A_2(M) = \begin{bmatrix} 容纳, & c_{al}, & 米饭 \\ & c_{a2}, & M \end{bmatrix} \dashv \begin{cases} A_{21}(M_1) = \begin{bmatrix} 容纳, & c_{al}, & 米饭 \\ & c_{a2}, & M_1 \end{bmatrix} \\ \dashv \begin{cases} A_{211}(M_1) = \begin{bmatrix} 加热, & c_{al} & 米饭 \\ & c_{a2}, & M_1 \end{bmatrix} \\ A_{212}(M_1) = \begin{bmatrix} 冲泡, & c_{al}, & 米饭 \\ & c_{a2}, & M_1 \end{bmatrix} \end{cases} \\ A_{22}(M_2) = \begin{bmatrix} 容纳, & c_{al}, & 米饭 \\ & c_{a2}, & M_2 \end{bmatrix} \\ \dashv \begin{cases} A_{221}(M_2) = \begin{bmatrix} 加热, & c_{al}, & 米饭 \\ & c_{a2}, & M_2 \end{bmatrix} \\ A_{222}(M_2) = \begin{bmatrix} 冲泡, & c_{al}, & 米饭 \\ & c_{a2}, & M_2 \end{bmatrix} \end{cases} \end{cases} \\ A_3(M) = \begin{bmatrix} 加热, & c_{al}, & 茶水 \\ & c_{a2}, & M \end{bmatrix} \dashv \begin{cases} A_{31}(M_1) = \begin{bmatrix} 加热, & c_{al}, & 茶水 \\ & c_{a2}, & M_1 \end{bmatrix} \dashv \cdots \\ A_{32}(M_2) = \begin{bmatrix} 加热, & c_{al}, & 茶水 \\ & c_{a2}, & M_2 \end{bmatrix} \dashv \cdots \end{cases} \\ A_4(M) = \begin{bmatrix} 冲泡, & c_{al}, & 咖啡 \\ & c_{a2}, & M \end{bmatrix} \dashv \begin{cases} A_{41}(M_1) = \begin{bmatrix} 加热, & c_{al}, & 咖啡 \\ & c_{a2}, & M_1 \end{bmatrix} \dashv \cdots \\ A_{42}(M_2) = \begin{bmatrix} 搅拌, & c_{al}, & 咖啡 \\ & c_{a2}, & M_2 \end{bmatrix} \dashv \cdots \\ A_{43}(M_2) = \begin{bmatrix} 冷却, & c_{al}, & 咖啡 \\ & c_{a2}, & M_2 \end{bmatrix} \dashv \cdots \end{cases} \end{cases}$$

其中，M_1、M_2 可以利用发散树方法对产品物元 M 进行发散获得，当然还可以发散出更多产品物元和相应的功能复合元，这样就可以获得更多的与功能相匹配的产品物元模型. 限于篇幅，此不详述.

3.2.2 相关网方法

客观世界中的任何事或物，都与其他事或物存在着千丝万缕的联系，正是由于这些联系的存在，使得对某一对象进行变换时，会引起与它相关的对象发生变化.

根据 2.3 节中的相关分析原理，当把某个待创新的对象或待解决的问题的目标和条件用可拓模型表示之后，便可用形式化的方法描述出这种相关关系.

以基元为例，由于一基元与其他基元之间的关系形如网状结构，故称其为相关网. 相关树是相关网的特例. 用符号表示如下：

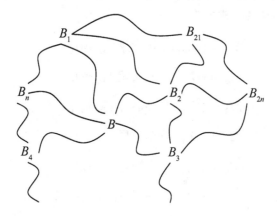

在相关网中，一个基元的改变，会导致网中与其相关的其他基元发生变化. 一般说来，相关网都是动态的，但在给定的时刻，对给定的基元，它的相关网是唯一确定的.

通过相关网寻找创新或解决问题的路径的方法称为相关网方法. 其基本步骤如下：

(1) 列出要分析的可拓模型 E_M 或 $E_M(t)$;

(2) 利用相关分析原理和领域知识列出与 E_M 或 $E_M(t)$ 的量值具有直接和间接函数关系的所有可拓模型 E_{Mi} 或 $E_{Mi}(t)$, 进而列出与 E_{Mi}

或 $E_{Mi}(t)$ 的量值具有直接和间接函数关系的所有可拓模型, 从而建立起 E_M 或 $E_M(t)$ 的相关网;

(3) 分析相关网, 从而确定引起 E_M 或 $E_M(t)$ 变化的可拓模型, 或由于 E_M 或 $E_M(t)$ 的变化而引起变化的可拓模型;

(4) 选择应用相关网中的可拓模型去创新或解决问题.

例 3.16　某厨师公司 O_m 由于经营不善面临倒闭, 下面利用相关网方法探索其失败的原因.

根据相关网方法, 对于同一对象, 它的某些特征的量值之间是相互影响的. 对于该厨师公司而言, 需要考虑的是其经营业绩, 因此, 首先对其经营业绩进行相关分析. 设

$$M_1 = (O_m, \text{经营业绩 } c_1, v_1),$$

根据市场营销的知识和企业管理知识, 通过对该厨师公司的相关分析, 下列物元都是与 M_1 相关的:

$$M_2 = (O_m, \text{公司形象 } c_2, v_2),$$

$$M_3 = (O_m, \text{产品质量 } c_3, v_3),$$

$$M_4 = (O_m, \text{产品品种 } c_4, v_4),$$

$$M_5 = (O_m, \text{分店布局 } c_5, v_5),$$

$$M_6 = (O_m, \text{店面数量 } c_6, v_6),$$

$$M_7 = (O_m, \text{产品开发能力 } c_7, v_7),$$

$$M_8 = (O_m, \text{员工素质 } c_8, v_8),$$

即构成如下相关网:

$$M_1 \overset{\vee}{\leftarrow} \begin{cases} M_2 \\ M_3 \\ M_4 \overset{\sim}{\leftarrow} M_7 \overset{\sim}{\leftarrow} M_8. \\ M_5 \\ M_6 \end{cases}$$

可以说，在该厨师公司的经营过程中，各个方面都存在着不同程度的问题，而这些问题都被忽视，而没有得到很好解决，从而导致了公司的最终失败. 根据此相关网可见，该公司只有通过大规模的改造，如改变公司形象、提高产品质量、增加产品种类、合理安排分店布局、增加店面数量、提高产品开发能力、提高员工素质等，才可能扭转被动的局面.

例 3.17 利用相关网方法分析某城市 O_1 的移入人口数量对城市其他方面的影响.

设 $M_1 = $（城市 O_1，移入人口数量 c_1，v_1) $= (O_1, c_1, v_1)$，根据专业知识和统计学知识可知，M_1 有如下相关关系：

$$M_1 \dashv \begin{cases} M_2 = (O_1, \text{人口总量} c_2, v_2) \\ M_3 = (O_1, \text{就业机会} c_3, v_3) \overset{\sim}{\to} M_5 = (O_1, \text{就业人数} c_5, v_5), \\ M_4 = (O_1, \text{经济增长率} c_4, v_4) \end{cases}$$

且

$$M_2 \dashv \begin{cases} M_{21} = (O_1, \text{住房需求} c_{21}, v_{21}) \\ M_{22} = (O_1, \text{学位需求} c_{22}, v_{22}) \overset{\sim}{\to} M_{221} = (O_1, \text{师资需求} c_{221}, v_{221}) \\ M_{23} = (O_1, \text{交通需求} c_{23}, v_{23}) \overset{\sim}{\to} M_{231} = (O_1, \text{道路拥挤程度} c_{231}, v_{231}) \\ M_{24} = (O_1, \text{饮食需求} c_{24}, v_{24}) \end{cases}$$

$$M_5 \dashv \begin{cases} M_{51} = (\text{建筑业} O_{51}, \quad c_5, \quad v_{51}) \\ M_{52} = (\text{服务业} O_{52}, \quad c_5, \quad v_{52}) \\ M_{53} = (\text{商业} O_{53}, c_5, \quad v_{53}) \\ M_{54} = (\text{教育行业} O_{54}, \quad c_5, v_{54}) \end{cases}$$

由此分析得如下相关网：

$$M_1 \dashv \begin{cases} M_2 \dashv \begin{cases} M_{21} \\ M_{22} \overset{\sim}{\to} M_{221} \\ M_{23} \overset{\sim}{\to} M_{231} \\ M_{24} \end{cases} \\ M_3 \overset{\sim}{\to} M_5 \dashv \begin{cases} M_{51} \\ M_{52} \\ M_{53} \\ M_{54} \end{cases} \\ M_4 \end{cases}$$

城市的管理者在解决各种矛盾问题时，一定要注意考虑各种相关网，否则会在解决了一个矛盾问题的同时，又产生另一些矛盾问题.

例 3.18 根据领域知识可知，公园里的路灯 D_1 的高度与其照射范围相关，路灯的灯罩 D_2 的口径也与照射范围相关，都与路人 D_3 无关. 能否通过相关网方法获得一款有情感的路灯的设计思路？

设

$$M_{11} = \left(路灯\, D_1, 高度, v_{11}\right), M_{12} = \left(路灯\, D_1, 照射范围, v_{12}\right),$$

$$M_{13} = \left(路灯\, D_1, 亮度, v_{13}\right), M_{21} = \left(灯罩\, D_2, 口径, v_{21}\right),$$

$$M_{31} = \left(路人\, D_3 \wedge 路灯\; D_1, \; 距离, v_{31}\right).$$

根据领域知识和相关网方法可知，有如下相关网：

$$M_{12} \overset{\vee}{\leftarrow} \left\{ \begin{array}{l} M_{11} \\ M_{21} \\ M_{13} \end{array} \right. ,$$

很显然，路灯和灯罩都与路人无关. 再根据相关网方法，如果可以强制建立如下新的相关网：

$$M_{12} \overset{\vee}{\leftarrow} \left\{ \begin{array}{l} M_{11} \\ M_{21} \\ M_{13} \end{array} \right\} \overset{\vee}{\leftarrow} M_{31},$$

是不是路灯与灯罩就与路人相关了？如果按照这种思路设计一款新的路灯，是不是路灯就有了情感呢？

请读者进一步思考：灯罩的材质可以是什么样的？可否增加太阳能板，为路灯提供能量来源？灯罩的口径可以有多大？可否打开成伞状？可否进一步进行相关分析，设计成一款绿色环保、能为路人挡雨的有情感的路灯？该设计创意的生成，将在 3.3 节中介绍.

3.2.3 蕴含系方法

蕴含系方法是根据 2.3 节中的蕴含分析原理，对某个待创新的对象或待解决的问题的目标或条件的可拓模型进行分析，以寻找创新或解决

问题的路径的方法. 其基本步骤如下:

(1) 列出待创新的对象或问题的可拓模型 E_M 或 $E_M(t)$;

(2) 根据蕴含分析原理和领域知识, 寻找 E_M 或 $E_M(t)$ 的所有下位可拓模型或上位可拓模型, 建立蕴含系;

(3) 根据创新或解决问题的过程出现的新信息, 在蕴含系的某层增加或截断蕴含系; 若无新信息, 则进入下一步;

(4) 通过实现最下位可拓模型, 以使最上位可拓模型实现, 从而找到创新或解决问题的路径.

不论何种蕴含系, 都有 "与蕴含系"、"或蕴含系" 和 "与或蕴含系" 之分, 在具体应用时一定要注意它们的区别.

例 3.19 某牙膏公司 O_m 为了增加公司的销售量, 在其牙膏产品的生产和销售方面下足了工夫. 对消费者而言, 牙膏 D 是日常用品, 但对牙膏的消费总量基本是固定的, 因为消费者不可能一天刷七八遍牙. 下面利用蕴含系方法分析其解决问题的路径.

根据蕴含系方法:

$$A = \begin{bmatrix} 销售, & 支配对象, & 牙膏D \\ & 数量, & v_a支 \end{bmatrix},$$

$$\Uparrow$$

$$A_1 = \begin{bmatrix} 购买, & 支配对象, & 牙膏D \\ & 数量, & v_{a1}支/(人·月) \end{bmatrix},$$

$$\Uparrow$$

$$A_2 = \begin{bmatrix} 使用, & 支配对象, & 牙膏D \\ & 数量, & v_{a2}支/(人·月) \end{bmatrix},$$

$$\Uparrow$$

$$A_3 = \begin{bmatrix} 使用, & 支配对象, & 牙膏D \\ & 数量, & v_{a3}克/(人·天) \end{bmatrix},$$

$$\Uparrow$$

$$A_4 = \begin{bmatrix} 使用, & 支配对象, & 牙膏D \\ & 数量, & v_{a4}克/(人·次) \\ & 次数, & 2次/(人·天) \end{bmatrix},$$

因此, 根据蕴含系的特点, 要想使 A 发生变化, 只要对 A_4 实施变换. 通过改变 A_4, 即增加消费者每次的使用量, 从而使企业的销售量增加. 具体做法是: 将牙膏瓶口稍稍开大一点, 则可使每次的使用量增加. 详细变换方法将在下一节中介绍.

例 3.20 冬天很少有人吃冷饮, 但某冷饮店还积压有许多冰糕等未卖出去. 如果不将这些冷饮卖出, 这家冷饮店就会亏本. 下面利用事元的蕴含分析方法给出这家冷饮店如何能卖出冷饮的可能思路.

该问题的目标事元为

$$
G = \begin{bmatrix} 买, & 支配对象, & 冷饮 \\ & 施动对象, & 顾客 \\ & 时间, & 冬天 \end{bmatrix}.
$$

对目标事元进行蕴含分析:

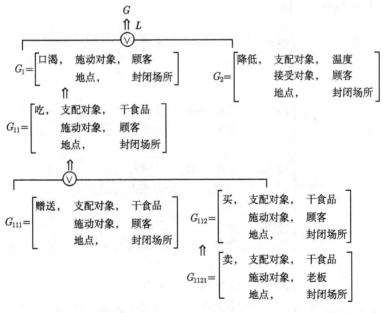

其中, $L = \begin{bmatrix} \overline{供}, & 支配对象, & 水 \\ & 季节, & 冬天 \end{bmatrix}$, 即在此条件下的目标事元蕴

含系为

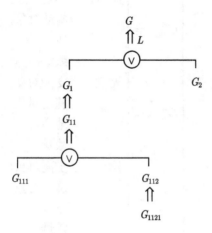

蕴含通道为

$$D_1 : G_{111} \Rightarrow G_{11} \Rightarrow G_1 \Rightarrow G,$$
$$D_2 : G_{1121} \Rightarrow G_{112} \Rightarrow G_{11} \Rightarrow G_1 \Rightarrow G,$$
$$D_3 : G_2 \Rightarrow G.$$

通常在条件 L 下，$G_2\overline{@}$，故可以选择蕴含通道 D_1 和 D_2，即 $G_{111}@$ 或 $G_{1121}@$，都可以使 $G@$，因此 G_{111} 或 G_{1121} 可作为原问题的两个下位目标.

根据上述蕴含分析，认为让顾客在封闭的公共场所 (无供水) 条件下吃干食品就可以导致顾客买冷饮. 而让顾客吃的这种东西必须好吃，且廉价. 但再好吃、再廉价的东西，也不能保证会有很多顾客买. 若顾客不买，就不能致使其买冷饮. 因此，必须选择 "赠送" 的方式，即选择实现 G_{111}.

下面再利用发散树方法，对 G_{111} 进行发散分析：

$$G_{111} \dashv G_{1110} = \begin{bmatrix} \text{赠送,} & \text{支配对象,} & \text{干食品} \\ & \text{施动对象,} & \text{老板} \\ & \text{地点,} & \text{封闭场所} \\ & \text{数量,} & \text{一小袋} \end{bmatrix}$$

$$\dashv \begin{cases} G'_{1110} = \begin{bmatrix} 赠送, & 支配对象, & 炒豌豆仁 \\ & 施动对象, & 老板 \\ & 地点, & 剧院 \\ & 数量, & 一小袋 \end{bmatrix} \\ G''_{1110} = \begin{bmatrix} 赠送, & 支配对象, & 炒花生米 \\ & 施动对象, & 老板 \\ & 地点, & 马戏团 \\ & 数量, & 一小袋 \end{bmatrix} \\ G'''_{1110} = \begin{bmatrix} 赠送, & 支配对象, & 爆米花 \\ & 施动对象, & 老板 \\ & 地点, & 电影院 \\ & 数量, & 一小袋 \end{bmatrix} \\ \quad\cdots\cdots \end{cases} .$$

再根据冷饮店的地理位置和人们的饮食习惯,以及食品价格,最后选择

$$G^*_{1110} = \begin{bmatrix} 赠送, & 支配对象, & 炒豌豆仁 \\ & 施动对象, & 老板 \\ & 地点, & 剧院 \wedge 马戏团 \\ & 数量, & 一小袋 \end{bmatrix} .$$

具体化的实现方法:冷饮店的老板购买一些生豌豆仁,回家后把豌豆仁炒得香喷喷的,并把它们分成小袋装好,然后到马戏团、剧院等门口,去给观众赠送炒热的豌豆仁. 演出休息,冷饮店老板组织一帮小孩,跑进马戏团、剧院去卖冰糕、冰淇淋等. 人们刚吃完热豌豆,正觉口干舌燥,喉头发热,一见冰糕等,便会纷纷购买. 到此,使矛盾问题得到圆满的解决.

例 3.21 某个房间 D_1 的墙壁上,有个带灯罩 D_2 的壁灯 D,其灯泡 D_3 会产生热量,试用蕴含系方法分析 "灯泡 D_3 产生热量" 的正副作用.

根据领域知识可知,"灯泡 D_3 产生热量" 会导致 "房间 D_1 的温度升高",同时会使 "灯泡 D_3 烤热灯罩 D_2"、"灯泡 D_3 消耗电量" 和 "灯

泡 D_3 照亮房间". 而 "房间 D_1 的温度升高" 人会在不同季节产生不同的感受, "人在冬天感觉温暖", "人在夏天感觉热". "灯泡 D_3 烤热灯罩 D_2" 就会 "缩短灯罩 D_2 的寿命". 设

$$A = \begin{bmatrix} 产生, & 支配对象, & 热量 \\ & 工具, & 灯泡D_3 \end{bmatrix},$$

$$A_1 = \begin{bmatrix} 升高, & 支配对象, & 温度 \\ & 接受对象, & 房间D_1 \end{bmatrix},$$

$$A_2 = \begin{bmatrix} 烤热, & 支配对象, & 灯罩D_2 \\ & 工具, & 灯泡D_3 \end{bmatrix},$$

$$A_3 = \begin{bmatrix} 消耗, & 支配对象, & 电量 \\ & 工具, & 灯泡D_3 \end{bmatrix},$$

$$A_4 = \begin{bmatrix} 照亮, & 支配对象, & 房间D_1 \\ & 工具, & 灯泡D_3 \end{bmatrix}$$

$$A_{11} = \begin{bmatrix} 感觉, & 支配对象, & 温暖 \\ & 施动对象, & 人 \\ & 时间, & 冬天 \end{bmatrix},$$

$$A_{12} = \begin{bmatrix} 感觉, & 支配对象, & 热 \\ & 施动对象, & 人 \\ & 时间, & 夏天 \end{bmatrix},$$

$$A_{21} = \begin{bmatrix} 缩短, & 支配对象, & 寿命 \\ & 接受对象, & 灯罩D_2 \end{bmatrix},$$

根据领域知识和蕴含系方法, 上述事元可以形成如下的事元蕴含系:

$$A \stackrel{\wedge}{\Rightarrow} \begin{cases} A_1 \stackrel{\vee}{\Rightarrow} \begin{cases} A_{11} \\ A_{12} \end{cases} \\ A_2 \Rightarrow A_{21} \\ A_3 \\ A_4 \end{cases}.$$

由上述蕴含系可知，"灯泡 D_3 产生热量" 的正作用为 $A_{11} \wedge A_4$，副作用为 $A_{12} \wedge A_{21} \wedge A_3$. 由此可见，可以通过改善或消除灯泡的副作用获得产品设计创意.

实际上，LED 灯泡的发明，就是为了改善或消除灯泡的这些负作用的.

3.2.4 分合链方法

分合链方法是根据 2.3 节中的可扩分析原理，通过对待创新的对象或待解决的问题的目标或条件的可拓模型的组合或分解，以寻找创新或解决矛盾问题途径的方法. 组合和分解都是创新或解决问题的有效方法.

分合链方法的步骤如下：

(1) 选择某个待创新的对象或待解决的问题的目标和条件的可拓模型 E_M 或 $E_M(t)$；

(2) 利用发散树方法寻找 E_M 或 $E_M(t)$ 的可组合可拓模型 E_{Mi} 或 $E_{Mi}(t)$，或将 E_M 或 $E_M(t)$ 分解为若干可拓模型 E_{Mi} 或 $E_{Mi}(t)$；

(3) 根据可扩分析原理和领域知识，考察组合后或分解后的可拓模型是否可用于创新或解决问题；否则，进入下一步；

(4) 对 E_M 或 $E_M(t)$ 进行蕴含分析或相关分析，得到一组新的可拓模型 E_{Mj} 或 $E_{Mj}(t)$，若该组可拓模型无法直接实现创新或解决问题，则考虑寻找它们的可组合可拓模型或是否可分解；

(5) 考察组合后的可拓模型或分解后的可拓模型是否可用于创新或解决问题.

在实际应用中，常常是组合与分解联合使用，才能获得有效的创新或解决问题的路径. 一般组合与分解是有先后次序的，要具体问题具体分析，才能确定是先组合还是先分解.

例 3.22 要用一把普通的尺子 O_m，测量一张很薄的纸 O_{m1} 的厚度是很难的. 此问题的目标的可拓模型为

$$G = \begin{bmatrix} \text{测量,} & \text{支配对象,} & M_1 \\ & \text{工具,} & O_m \end{bmatrix}, M_1 = (O_{m1}, \text{厚度}, x \text{ mm}),$$

条件的可拓模型为

$$L = (O_m, \quad \text{测量范围}, \quad [1\text{mm}, 100\text{mm}]), \text{ 且} x \ll 1 \text{ mm}.$$

显然，该问题的条件无法改变，只能从目标的分析入手. 根据发散树方法可知，具有特征元 (厚度, x mm) 的纸有很多 (显然无法再分解)，因此，根据分合链方法，可寻找 M_1 的可组合物元

$$M_i = (O_{mi}, 厚度, x\ \text{mm}),\quad i = 2, 3, \cdots, 100,$$

则原问题的目标变为

$$G' = \begin{bmatrix} 测量, & 支配对象, & \displaystyle\sum_{i=1}^{100} M_i \\ 工具, & O_m \end{bmatrix},$$

其中，

$$\sum_{i=1}^{100} M_i = \sum_{i=1}^{100} (O_{mi}, 厚度,\ x\ \text{mm}) = \left(\sum_{i=1}^{100} O_{mi}, 厚度,\ 100x\ \text{mm}\right).$$

显然 $100x \in [1, 100]$，即 100 张纸的厚度可用 O_m 测出，假设为 $a$mm，显然这 100 张纸的厚度还可以分解为每张纸的厚度，则原问题可解，即 $100x = a$, $x = a/100$mm.

例 3.23 某大学的校园很大，包括办公楼 D_1、试验楼 D_2、教学楼 D_3、教工宿舍 D_4、学生宿舍 D_5、运动场 D_6、图书馆 D_7、学生活动中心 D_8、食堂 D_9 等各类建筑，如何让新生尽快熟悉校园环境，以便尽快适应大学生活？

很多学校的做法是制作校园布局图发给学生，但很多学生都不喜欢这样的方式. 当然现在有手机定位，想去哪里直接定位导航即可，但这样也很难让学生更直观地了解校园环境，特别是对一些没有方向感的学生，很难快速记住各类建筑的位置.

根据分合链方法，将校园布局图按照建筑物的位置、形状和颜色分解，如办公楼 D_1、试验楼 D_2、教学楼 D_3、教工宿舍 D_4、学生宿舍 D_5、运动场 D_6、图书馆 D_7、学生活动中心 D_8、食堂 D_9 等. 设

$$M = \begin{bmatrix} 校园布局图D, & 位置, & 纸上 \\ & 形状, & 长方形 \\ & 颜色, & 白色 \end{bmatrix},$$

根据可扩分析原理，作 $M//\{M_1, M_2, \cdots, M_9, \cdots\}$，其中，

$$M_1 = \begin{bmatrix} 办公楼D_1, & 位置, & v_{11} \\ & 形状, & v_{12} \\ & 颜色, & v_{13} \end{bmatrix},$$

$$M_2 = \begin{bmatrix} 实验楼D_2, & 位置, & v_{21} \\ & 形状, & v_{22} \\ & 颜色, & v_{23} \end{bmatrix}, \cdots,$$

$$M_9 = \begin{bmatrix} 食堂D_9, & 位置, & v_{91} \\ & 形状, & v_{92} \\ & 颜色, & v_{92} \end{bmatrix}, \cdots$$

当然, 各种类型的建筑物都可以有多个, 如办公楼有 3 幢, 则 M_1 还可以再分解为 M_{11}、M_{12}、M_{13}, 依此类推, 将所有的建筑都分解为个体图. 显然, 将这些个体再组合起来, 就形成校园布局图.

该思路的具体实现方法: 制作成拼图形式的校园布局图, 每个物元制作成一个拼图块, 作为礼物发给每一位新生, 让新生组合完成拼图, 就很容易记住校园环境了. 如果再通过美术创作, 做成卡通式手绘拼图或中国风手绘拼图, 是不是还可以成为一件拼图艺术品, 具有收藏价值?

3.3　可拓变换方法

拓展分析方法只能给出创新或解决问题的多种途径, 要想获得创新或解决问题的创意或策略, 必须通过实施可拓变换完成. 根据 3.1 节的可拓模型的建立方法和 3.2 节的拓展分析方法可知, 所有的可拓模型都是可以拓展的, 再根据 2.5 节介绍的可拓变换和 2.6 可拓集理论, 通过对各种可拓模型、关联准则或论域实施可拓变换, 可以得到多种创新或解决问题的创意或策略. 本节将介绍一些常用的可拓变换方法, 包括基本可拓变换方法、可拓变换的运算方法和传导变换方法.

3.3.1　基本可拓变换方法

1. 基元和复合元的基本可拓变换方法

在对基元或复合元进行了拓展分析之后, 可以选择应用 2.5 节介绍的基本可拓变换进行创新或解决问题.

在实施可拓变换之前, 首先要根据领域知识判断待创新的基元或复合元可否变换、待解决的问题的目标或条件可否变换, 若可以变换, 再根据实际问题选择具体的变换方法. 由于问题的目标和条件都可以用基元或复合元及其运算式表示, 通过拓展分析后得到的也都是基元或复合元及其运算式, 因此, 不论是创新或解决问题, 都是针对基元或复合元实施可拓变换. 而基元和复合元都是对象、特征、量值构成的三元组的形式, 复合元的对象或量值又可以是基元, 因此, 在选择变换时, 还要考虑是对基元或复合元中的对象、特征、量值中哪一个的变换 (见表 3.1).

表 3.1 基元和复合元的基本可拓变换

方法	基元			复合元		
	对象	特征	量值	对象	特征	量值
置换 增加 删减 扩大 缩小 分解 复制						

此外, 由于可拓变换的传导作用, 对基元或复合元中的对象的可拓变换, 可能会导致相应于某特征的量值的改变; 同样, 对某个量值的可拓变换, 也可能导致相应的对象的改变. 对一个基元或复合元的可拓变换, 还会导致与其相关的其它基元或复合元发生传导变换. 在实施可拓变换时一定要注意这种传导可拓变换的发生.

应用基元或复合元的基本可拓变换方法进行创新或解决问题的步骤如下:

(1) 选择要实施可拓变换的基元或复合元;

(2) 利用拓展分析原理寻找所选基元或复合元的拓展基元集或复合元集;

(3) 选择要实施的基本可拓变换.

根据 2.5 节中介绍的可拓变换, 有以下几点需注意:

1) 若选择置换变换, 则从所选基元的发散基元集中寻找可替代的基元, 或从所选复合元的发散复合元集中寻找可替代的复合元;

2) 若选择增加变换, 则从所选基元的可组合基元集中寻找可与其组合的基元, 或从所选复合元的可组合复合元集中寻找可与其组合的复合元;

3) 若选择删减变换, 则要分析所选基元或复合元是否为可分基元或可分复合元, 对可分基元或复合元才能作删减变换;

4) 若选择扩大变换, 则基元或复合元的对象或量值必须是可扩大的;

5) 若选择缩小变换, 则基元或复合元的对象或量值必须是可缩小的;

6) 若选择分解变换, 也要首先分析所选基元或复合元是否为可分基元或可分复合元, 若是, 则可把一个基元或复合元分解为多个基元或复合元.

(4) 若所有基本可拓变换都不能用于创新或解决问题, 则需要考虑它们的运算式或传导变换、共轭变换等方法.

说明: 每一个变换的结果, 不一定都能实现创新或用于解决问题. 对于创新问题, 需要通过对各种变换结果的评价优选, 选出优度较高者 (优度评价方法将在 3.5 节介绍); 对于矛盾问题, 只有那些使矛盾问题的相容度从小于 0 变为大于 0 的变换, 才是解决矛盾问题的解变换, 或者称为解决矛盾问题的可拓策略 (解决矛盾问题的详细过程参见第 4 章).

例 3.24　我们知道, 照片的主要作用是留作纪念的 (证件照除外), 可以留给自己, 也可以送给亲戚朋友. 照片所放置的位置通常是影集里、挂在墙上、放在台面上等. 对于一般人的照片, 作用和放置位置似乎局限性很大, 但对于名人, 尤其是很多歌星、影星的照片, 其 "用途" 和 "放置位置" 就多得多, 如可作为某企业的形象大使, 为企业的产品做广告, 既可出现在报刊杂志、挂历、台历上, 也可出现在街边广告栏, 还可被印在某些衣服上, 作为文化衫, 让他们的崇拜者穿在身上 $\cdots\cdots$.

设 $M = ($照片 D, 放置位置, 影集里$)$, 根据发散树方法:

$$
M \dashv \begin{cases}
(\text{照片}D, \text{放置位置}, \text{台历上}) \\
(\text{照片}D, \text{放置位置}, \text{水杯上}) \\
(\text{照片}D, \text{放置位置}, \text{挂历上}) \\
(\text{照片}D, \text{放置位置}, \text{T 恤衫上}) \\
\cdots
\end{cases},
$$

如果作如下置换变换:

$$T_1 M = (照片 D, 放置位置, 台历上) = M',$$

则可得到如下创意: 制作个人台历, 即把个人的照片印在台历上, 可以放在自己的台面上, 也可以作为礼物送给亲朋好友.

若再作: $T_2 M = (照片 D, 放置位置, T$ 恤衫上$) = M''$,

$$T_3 M'' = \{M'', M''_*, M''_*, \cdots, M''_*\},$$

则可得到创意: 制作个人 T 恤衫, 即把个人的照片印在 T 恤衫上, 并进行多次复制变换, 可以自己穿, 也可以送给亲朋穿.

类似地, 还可以制作个人照片水杯, 即把个人照片烫在一批水杯上. 由于这类创意有特殊的意义, 如远离父母的子女, 在节日之际, 寄给父母一个印有自己风采的挂历或台历, 父母一定会非常高兴. 因此, 它可以使人们不太计较制作的价格, 一个台历的价格可以上百元, 一件 10 元可以买到的 T 恤衫, 印上照片后可以卖到 50 元.

某照像馆为了增加利润, 吸引顾客, 采取了多种营销手段, 如冲晒照片优惠、消费够多少钱送大像、送像架等, 这些手段归根结底都属于 "优惠", 即通过让顾客少花钱来吸引他们多多惠顾, 以赢得长期利益. 实际上, 根据对片的作用及照片所放置的位置的拓展分析与可拓变换, 可以得出很多销售创意. 上例就是一个很好的创意.

例 3.25 早期的冰箱都是冷冻柜在上方, 冷藏柜在下方的结构设计方式, 可用关系元表示为:

$$R = \begin{bmatrix} 上下关系, & 前项, & 冷冻柜 D_1 \\ & 后项, & 冷藏柜 D_2 \end{bmatrix}.$$

后来, 通过市场调查发现, 家庭主妇每天开冷冻柜和冷藏柜的次数比例大概是 1:5, 特别是对老年用户, 弯腰拿取冷藏柜的物品非常不方便. 另外, 用户还有对冰箱的多种冷藏温度的要求, 如恒温柜、零度保鲜柜等. 下面利用关系元的发散树方法和基本可拓变换方法, 获取冰箱的新结构设计创意.

根据发散树方法，对关系元 R 进行如下发散分析：

$$R = \begin{bmatrix} 上下关系, & 前项, & 冷冻柜D_1 \\ & 后项, & 冷藏柜D_2 \end{bmatrix}$$

$$\dashv R_1 = \begin{bmatrix} 上下关系, & 前项, & 冷藏柜D_2 \\ & 后项, & 冷冻柜D_1 \end{bmatrix}.$$

很显然，对 R 实施可拓变换：$TR = R_1$，即可获得冷藏柜在上方、冷冻柜在下方的结构设计创意. 这是目前市场上最常见的冰箱.

再对这种冰箱的结果进行如下发散分析：

$$R_1 = \begin{bmatrix} 上下关系, & 前项, & 冷藏柜D_2 \\ & 后项, & 冷冻柜D_1 \end{bmatrix}$$

$$\dashv \begin{cases} R_{11} = \begin{bmatrix} 上下关系, & 前项, & 冷藏柜D_2 \\ & 后项, & 零度保鲜柜D_3 \end{bmatrix} \\ R_{12} = \begin{bmatrix} 上下关系, & 前项, & 零度保鲜柜D_3 \\ & 后项, & 冷冻柜D_1 \end{bmatrix} \\ R_{13} = \begin{bmatrix} 上下关系, & 前项, & 恒温柜D_4 \\ & 后项, & 冷冻柜D_1 \end{bmatrix} \\ R_{14} = \begin{bmatrix} 上下关系, & 前项, & 冷藏柜D_2 \\ & 后项, & 恒温柜D_4 \end{bmatrix} \end{cases}.$$

对 R_1 实施可拓变换：

$T_1 R_1 = R_{11}$，即可获得冷藏柜在上方、零度保鲜柜在下方的结构设计创意.

$T_2 R_1 = R_{12}$，即可获得零度保鲜柜在上方、冷冻柜在下方的结构设计创意.

$T_3 R_1 = R_{13}$，即可获得恒温柜在上方、冷冻柜在下方的结构设计创意.

$T_4 R_1 = R_{14}$，即可获得零度保鲜柜在上方、恒温柜在下方的结构设计创意.

由此可见, 上述可拓变换可以获得多种类型的冰箱结构设计创意. 当然, 在上述可拓变换的基础上再进一步实施可拓变换, 还可以获得更丰富的结构设计创意 (见 3.3.2 节中的介绍).

例 3.26 书房用的台灯 D 的主要功能是为人们提供光线, 在对台灯进行产品创新时, 如何获得多功能台灯? 下面利用功能事元的发散树方法及基本可拓变换方法, 获取多功能台灯的设计创意.

设台灯 D 的基本功能事元为

$$A = \begin{bmatrix} 提供, & 支配对象, & 光线 \\ & 工具, & 台灯 D \\ & 位置, & 书房 E \end{bmatrix}.$$

根据发散树方法, 对 A 进行发散分析:

$$A \dashv \begin{cases} A_1 = \begin{bmatrix} 提醒, & 支配对象, & 时间 \\ & 工具, & 闹钟 D_1 \end{bmatrix} \\ A_2 = \begin{bmatrix} 录, & 支配对象, & 声音 \\ & 工具, & 录音机 D_2 \end{bmatrix} \\ A_3 = \begin{bmatrix} 储存, & 支配对象, & 电 \\ & 工具, & 充电宝 D_3 \end{bmatrix} \\ A_4 = \begin{bmatrix} 充, & 支配对象, & 电 \\ & 工具, & USB 口 D_4 \end{bmatrix} \\ A_5 = \begin{bmatrix} 测量, & 支配对象, & 温度 \\ & 工具, & 温度计 D_5 \end{bmatrix} \end{cases}.$$

根据增加变换方法, 对 A 实施不同的增加变换, 可获得不同的多功能设计创意, 如

$$T_1 A = A \oplus A_1 \oplus A_2$$

$$= \begin{bmatrix} 提供 \oplus 提醒 \oplus 录, & 支配对象, & 光线 \oplus 时间 \oplus 声音 \\ & 工具, & 台灯 D \oplus 闹钟 D_1 \oplus 录音机 D_2 \end{bmatrix}$$

$$\triangleq \begin{bmatrix} 提供 \oplus 提醒 \oplus 录, & 支配对象, & 光线 \oplus 时间 \oplus 声音 \\ & 工具, & 台灯 D' \end{bmatrix},$$

即可获得一个增加了闹钟功能和录音功能的多功能台灯.

$$T_2 A = A \oplus A_3 \oplus A_4$$

$$= \begin{bmatrix} 提供 \oplus 储存 \oplus 充, & 支配对象, & 光线 \oplus 电 \oplus 电 \\ & 工具, & 台灯 D \oplus 充电宝 D_3 \\ & & \oplus USB \, 口 D_4 \end{bmatrix}$$

$$\triangleq \begin{bmatrix} 提供 \oplus 储存 \oplus 充, & 支配对象, & 光线 \oplus 温度 \\ & 工具, & 台灯 D'' \end{bmatrix},$$

即可获得一个增加了储存电和充电功能的多功能台灯.

$$T_3 A = A \oplus A_5 = \begin{bmatrix} 提供 \oplus 测量, & 支配对象, & 光线 \oplus 温度 \\ & 工具, & 台灯 D \oplus 温度计 D_5 \end{bmatrix}$$

$$\triangleq \begin{bmatrix} 提供 \oplus 测量, & 支配对象, & 光线 \oplus 温度 \\ & 工具, & 台灯 D''' \end{bmatrix},$$

即可获得一个增加了测量温度功能的多功能台灯.

2. 关联准则的基本可拓变换方法

关联准则的基本可拓变换方法包括:置换变换方法,即用新的准则代替原来的准则的方法;增加变换方法,即在原有准则的基础上增加新的准则的方法;删减变换方法,即把原有的部分准则删除或降低要求的方法;数扩大变换方法,即将原有的准则按数量倍数扩大的方法;数缩小变换方法,即将原有的准则按数量倍数缩小的方法;分解变换方法,即将原有的准则划分成更细的准则,使不同的准则适用于不同对象的方法.

在可拓集理论中,根据关联准则建立的关联函数表达了论域中的元素与实数域中的实数之间的对应关系,即用实数来表示事物具有某种性质的程度. 关联准则的变换可通过对关联函数的变换来实现.

研究关联准则的变换,就是对元素和实数之间的映射关系进行变换,表现在对关联函数的修改或置换,从而为创新或解决问题开辟新的路径.

关于关联函数的变换方法,可参阅 2.7 节的相应内容,此处不再详述.

例 3.27 有一批食品加工原料 u, 由于某种原因部分指标超标, 按照食品的生产加工标准 $y = k(u)$ 来衡量, 它是不合格的, 即 $k(u) \leqslant 0$. 但是, 如果换成用动物饲料的生产加工标准 $y' = k'(u)$ 来衡量, 则它就变成合格品了, 即 $k'(u) \geqslant 0$. 因此, 这批原料可以卖给饲料生产厂家, 从而避免了更大的损失. 这个变换就是关联准则的置换变换, 即作

$$T_k k = k',$$

从而使原料 u 由不合格变成在新准则下的合格原料.

3. 论域的基本可拓变换方法

论域的基本可拓变换方法包括置换变换方法、增加变换方法、删减变换方法和分解变换方法. 当论域为实数域时, 论域还可作数扩大变换和数缩小变换. 在经典集和模糊集中, 都把论域看作是确定不变的, 而在可拓集中认为论域是可以变换的, 这就为创新或解决问题提供了新的思路.

例如, 在全球经济一体化浪潮中, 大型跨国公司往往将其产品的生产基地从发达国家迁往劳动力成本低、资源便宜的不发达国家, 或者实现由 "产地销" 到 "销地产" 的战略转变, 这是论域的置换变换. 而扩大某一产品的使用对象的范围, 即从原来的单一对象 D, 扩大到 D_1、D_2、D_3、D_4, 是论域的扩大变换. 如某一产品原来的使用对象是婴儿, 现在扩大到儿童、妇女等, 也是论域的扩大变换. 扩大某一产品的销售范围, 从原来的某地区, 扩大到本省, 再扩大到全国, 甚至国外, 还是论域的扩大变换. 在销售渠道的管理中, 将渠道中不遵守游戏规则的中间商果断地剔除出去, 就是论域的缩小变换.

论域的基本可拓变换给我们最大的启示就是: 在创新或解决问题的过程中, 不能 "就事论事", 要敢于对所要考察的对象进行置换变换、扩大变换或缩小变换, 从而突破原有问题的矛盾性, 或者得到一种极具创造性的结果.

例 3.28 某少数民族地区一酒厂生产的竹筒酒, 是一种米酒, 由于其质优价廉而深受当地人民的喜爱. 但由于当地经济环境的限制, 一直无法扩大此酒在当地的销售量. 随着当地旅游业的开发, 到该地旅游的人数也逐年上升. 针对这一消费群体, 该酒厂生产了一种质优价高的高

档竹筒酒 D，并将具有浓郁少数民族特色的竹制工艺品与之结合，但销售情况不佳. 通过调查发现，由于酒太重，不易携带，很多旅客想买也只能买一、二筒，大部分人只是"望酒兴叹". 下面利用论域变换的思想来形成开拓市场的思路.

(1) 确定所研究问题的原对象域　所研究问题的论域 $U=$ {本地顾客以及来本地旅游的游客}. 根据该酒厂上述的情况可见，他们的销售只是靠产品自身所具有的反璞归真的魅力吸引消费者，总的思想是"等顾客来此地买酒".

(2) 选择对论域实施基本可拓变换

① 作论域的置换变换：由于新产品 D 在原论域上没有大的市场，故可作

$$T_1 U = U_1,$$

即放弃原论域，选择另一个与本地饮食习惯相仿，且经济较发达的商业城市，作为新的论域 U_1，在此新论域上开拓市场. 在论域 U_1 上的销售是"送出去销售"的思想.

② 作论域的增删变换：

$$T_2 U = U \oplus U' = U_2,$$

即在原论域的基础上，向周边省份扩大. 由于 U_2 中的消费者具有与 U 中的消费者相类似的特点，经济条件一般，若在 U_2 进行一般性的广告宣传，或销售一般的竹筒酒，估计效果不会很好.

若在 U_2 上再作论域的删减变换

$$T_3 U_2 = U_3 \quad (U_3 \subset U_2),$$

即 U_3 是 U_2 中的特殊群体，如此地的中老年人喜欢喝少量的米酒，针对 U_3 中的顾客生产特殊的酒——长寿米酒，并在酒的包装、容量上进行一些变换，再利用该种酒的"绿色"特点进行宣传，可创造比较好的销售业绩.

③ 作论域的分解变换：针对不同的消费群体，生产不同的酒，实施不同的销售方式，这种变换可以在原论域上作，也可以在置换后的论域

上作，还可以在扩大后的论域上作. 如作

$$T_4 U = \{U_1', U_2', U_3', U_4'\},$$

其中 U_1'＝{U 中的全体中青年女士}，U_2'＝{U 中的全体中青年男士}，$U_3' =$ {U 中的全体老年人}，U_4'＝{U 中其他顾客}. 不同的产品在不同的子论域上采取不同的包装、容量、度数和销售方式，针对性更强，会取得更好的效果.

该酒厂可根据变换后的宣传费用、运输费用、销售量预测、价格/成本等因素来综合评价采取何种变换.

3.3.2 可拓变换的运算方法

在创新或解决问题时，除了利用上述介绍的基本可拓变换方法外，还可利用可拓变换的运算来生成创新或解决问题的创意或策略. 在创新或解决问题的过程中，经常用到可拓变换的基本运算方法，包括积变换方法、与变换方法、或变换方法和逆变换方法. 另外，可拓变换的一些其他复合方法，如中介变换方法、补亏变换方法等也经常用到. 下面分别简要介绍这些方法.

1. 积变换方法

积变换方法经常用于需要连续实施两个或两个以上可拓变换进行创新或解决问题的情况. 例如，某人要从北京至珠海，可采取乘飞机的方法直接到达. 但若经济条件不允许，则必须先乘火车到广州，再乘大巴到珠海. 后一种方式就是采取积变换方法.

例 3.29 装配工厂的流水线作业，是把组件 D_1 从 a_1 位置传送到组件 D_2 的位置 a_2 进行装配，再传送到组件 D_3 的位置 a_3 进行装配，直到整个产品装配完成，利用的就是积变换方法，即

设 $M_1 = (组件D_1,\ 位置,\ a_1),\ \cdots,\ M_n = (组件D_n,\ 位置,\ a_n)$，作下列变换：

$$T_1 M_1 = M_1 \oplus M_2 = (组件D_1 \oplus 组件D_2, 位置, a_2) = M_2',$$
$$T_2 M_2' = M_2' \oplus M_3 = M_3',$$
$$\cdots\cdots$$
$$T_{n-1} M_{n-1}' = M_{n-1}' \oplus M_n = M_n',$$

最终，通过变换 $T = T_{n-1}T_{n-2}\cdots T_2T_1$，将 n 个组件在位置 a_n 组成一件产品 M_n'.

在产品创新中，积变换方法常用于需要实施具有顺序关系的可拓变换的情形.

例 3.30 对于 3.3.1 节中的例 3.25，如果在可拓变换 $T_1R_1 = R_{11}$ 的基础上，进一步对 R_{11} 实施增加变换：

$$T_{11}R_{11} = R_{11}\oplus R_{12} = \begin{bmatrix} 上下关系, & 前项, & 冷藏柜D_2 \oplus 零度保鲜柜D_3 \\ & 后项, & 零度保鲜柜D_3 \oplus 冷冻柜D_1 \end{bmatrix}$$

即通过对 R_1 实施积变换 $T' = T_{11}T_1$，即可获得冷藏柜在上方、零度保鲜柜在中间、冷冻柜在下方的结构设计创意. 当然这样的冰箱现在也很常见，该例主要说明这些创意是如何从结构关系元的建模、拓展和可拓变换获得的.

2. 与变换方法

与变换方法常用于需要同时实施两个或两个以上可拓变换进行创新或解决问题的情况.

例 3.31 在进行产品创新时，要进行质材的变换，一般都要进行技术的变换. 某产品原来的质材是木材，现在若换成塑料，则制作技术一定也要同时改变，同时进行的这两个变换就是与变换，即作

T_1 (产品 D，材质，木材) = (产品 D，材质，塑料)，

T_2 (产品 D，制作技术，a) = (产品 D，制作技术，b).

通过与变换 $T = T_1 \wedge T_2$，才能实现产品创新.

例 3.32 为了激活房地产市场，政府同时实施如下三种变换：

T_1 (银行 D，存款利率，p_1) = (银行 D，存款利率，p_1')， $p_1 > p_1'$，

T_2 (银行 D，贷款利率，p_2) = (银行 D，贷款利率，p_2')， $p_2 > p_2'$，

T_3 (职工住房 F，获得方式，福利分房) = (职工住房 F，获得方式，市场购买)，

则与变换 $T = T_1 \wedge T_2 \wedge T_3$，可以达到激活房地产市场的目的.

利用与变换时要特别注意：其中的各变换必须是相容的，否则无法达到预期的目的. 在上例的 T_2 中，若 $p_2 < p_2'$，即提高银行贷款利率，则 $T_1 \wedge T_2 \wedge T_3$ 难以达到预期目的.

3. 或变换方法

或变换方法是在多个可拓变换中任选一个或多个进行创新或解决问题的方法.

例 3.33 对同一产品, 不同的消费者所喜欢的购买方式也不同, 因此在进行销售时, 常常可设计多种可拓变换, 使其中任一种可拓变换的实施都可起到开拓市场的作用, 这便是或变换方法的应用. 例如, 在开拓房地产市场时, 采取如下可拓变换之一: T_1, T_2, T_3, 记作 $T = T_1 \vee T_2 \vee T_3$, 不同的顾客可自行选择适合自己的变换方式:

$$T_1(房子D, 付款方式, 一次性) = (房子D, 付款方式, 分期),$$

$$T_2 \begin{bmatrix} 房子D, & 价格, & 50万元 \\ & 付款方式, & 一次性 \end{bmatrix} = \begin{bmatrix} 房子D, & 价格, & 45万元 \\ & 付款方式, & 一次性 \end{bmatrix},$$

$$T_3(房子D, 价格, 50万元) = (房子D \oplus 赠品E, 价格, 50万元).$$

4. 逆变换方法

逆变换方法是把由某个可拓变换变成的对象恢复为原对象的变换.

例 3.34 有一个小朋友 F 在外面的草地上玩, 回家时把一只小毛毛虫放在手上带回了家. 他的妈妈很怕毛毛虫, 但又不想对儿子说自己害怕, 就跟儿子说: "快把小毛毛虫送出去, 它妈妈找不到它会着急的!" 儿子乖乖地出去了. 过了一会儿, 儿子手上拿着两只毛毛虫进来了, 并对妈妈说: "我把小毛毛虫的妈妈也接来了, 她就不会着急了."

下面就来分析一下此例中的妈妈和儿子解决矛盾问题的过程. 设

$$M_1 = (小毛毛虫, 住址, 草地上),$$

$$M_2 = (毛毛虫妈妈, 住址, 草地上),$$

可以发现: 妈妈认为儿子作了可拓变换

$$T_1 M_1 = (小毛毛虫, 住址, 小朋友F家中) = M_1',$$

使得小毛毛虫妈妈着急. 要解决此问题, 必须作可拓变换 T_1 的逆变换 T_1^{-1}, 使

$$T_1^{-1}M_1' = T_1^{-1}(\text{小毛毛虫, 住址, 小朋友 } F \text{ 家中})$$

$$= (\text{小毛毛虫, 住址, 草地上}) = M_1,$$

而儿子认为要解决该问题，只须再对 M_2 实施可拓变换 T_2，使

$$T_2M_2 = T_2(\text{毛毛虫妈妈, 住址, 草地上})$$

$$= (\text{毛毛虫妈妈, 住址, 小朋友 } F \text{ 家中}) = M_2',$$

即使得小毛毛虫妈妈不会着急了. 这里，小朋友所作的是积变换 $T = T_2T_1$，同样可以使问题解决.

5. 中介变换方法

所谓中介变换，是指在通过某一可拓变换无法实现要达到的目标时，若能引入一个起中介作用的基元或复合元，通过一定的可拓变换而使目标实现的变换. 中介变换是特殊的积变换. 下面以基元为例介绍中介变换方法.

一般地，给定基元 B_0，要作可拓变换 T，但可拓变换 $TB_0 = B$ 无法实现，则可先作可拓变换 φ，使 $\varphi B_0 = B_1$，再作 $T_1B_1 = B_2$ 和 $T_2B_2 = B$，从而

$$B = T_2B_2 = T_2(T_1B_1) = T_2T_1(\varphi B_0) = (T_2T_1\varphi)B_0.$$

可拓变换 φ 称为中介变换. 基元 B_1 称为中介基元.

特别地，若 $T_1B_1 = B$，则不必再作可拓变换 T_2.

例如，在风景区的山脚和山顶间架设的 "空中缆车"，就是使人不用费力且快速从山脚到达山顶的 "中介物"；为了使人到达一条大河的对面，"桥" 和 "船" 都是实现这一目的的 "中介物". "中介公司" 和 "红娘" 等也都属于 "中介物".

例 3.35　某人在水池中洗筷子，不小心将一根筷子 D_1 掉进了水池下水管中 (见图 3.4)，下面的水管口离地面仅 5cm，故从下面拿不出筷子，从上面手又伸不进去，这个问题采用如下的方法来解决：

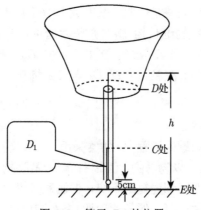

图 3.4 筷子 D_1 的位置

设 $M_0 = \begin{bmatrix} 筷子D_1, & 位置, & C处 \\ & 直径, & a \end{bmatrix}$，由于手指太短，故要取长

的物品 D_2 代替手指，如长竹竿、钢条、粗铁丝等，同时又必须能放入水管中，即取

$$M' = \begin{bmatrix} D_2, & 长度, & h \\ & 直径, & d \end{bmatrix},$$

其中 $h > |ED|$，$d < r(r$ 为水管直径)，作

$$\varphi M_0 = M_0 \oplus M' = \begin{bmatrix} 筷子D_1 \oplus D_2, & 位置, & E处 \\ & 长度, & h \\ & 直径, & d \oplus a \end{bmatrix} = M_1,$$

且 $d \oplus a < r$，这里 $d \oplus a$ 等于 d 与 a 的算术和 $d + a$，再作

$$T_1 M_1 = \begin{bmatrix} 筷子D_1 \oplus D_2, & 位置, & D处 \\ & 长度, & h \\ & 直径, & d \oplus a \end{bmatrix} = M_2,$$

$$T_2 M_2 = \left\{ \begin{bmatrix} 筷子D_1, & 位置, & D处 \\ & 长度, & |CE| \\ & 直径, & a \end{bmatrix}, \begin{bmatrix} D_2, & 位置, & D处 \\ & 长度, & h \\ & 直径, & d \end{bmatrix} \right\}.$$

这个过程的具体做法是：取一长度大于 $|ED|$, 直径与筷子 D_1 的直径之和小于水管直径的细长物 D_2, 放进水管中, 从水管的下面把筷子 D_1 与 D_2 绑在一起, 用 D_2 拉到 D 处再拆去 D_2, 筷子 D_1 就在 D 处了, 在这里, φ 是中介变换, 它把 D_1 与 D_2 绑在一起, 达到目的后又把 D_1 与 D_2 拆开.

6. 补亏变换方法

在创新或处理问题的过程中, 常常采用 "以有余补不足" 的方法, 称之为补亏变换方法. "以物易物, 互通有无", 是事物的补亏变换; 狼腿长善跑, 但不够聪明, 狈腿短跑不快, 但聪颖多思, 狼和狈结合, 利用彼此的长处一起去做坏事, 便是 "狼狈为奸" 的由来.

下面以物元为例说明异物同特征物元间的补亏变换和同物异特征物元间的补亏变换.

1) 异物同特征物元间的补亏变换

给定物元

$$M_1 = \left(\begin{array}{ccc} O_1, & c, & v_1 \end{array} \right), \quad M_2 = \left(\begin{array}{ccc} O_2, & c, & v_2 \end{array} \right),$$

若 $T_1M_1 = \{M_{11}, \quad M_{12}\} = \left\{ \left(\begin{array}{ccc} O_1', & c, & v_{11} \end{array} \right), (O_1'', \quad c, \quad v_{12}) \right\}$,

$$T_2M_2 = M_2 \oplus M_{11} = \left(\begin{array}{ccc} O_2, & c, & v_2 \end{array} \right) \oplus (O_1', \quad c, \quad v_{11})$$

$$= \left(\begin{array}{ccc} O, & c, & v \end{array} \right) = M,$$

则 $T = T_2T_1$ 称为异物同特征物元间的补亏变换.

2) 同物异特征物元间的补亏变换

给定物元

$$M = \left[\begin{array}{ccc} O, & c_1, & v_1 \\ & c_2, & v_2 \end{array} \right] = \left[\begin{array}{c} M_1 \\ M_2 \end{array} \right],$$

若 $T_1M_1 = (O', c_1, v_1 \ominus v)$, 且同时 v_2 相应增加 v', 即 $T_2M_2 = (O', c_2, v_2 \oplus v')$, 则称使 M 变为

$$M' = \left[\begin{array}{ccc} O', & c_1, & v_1 \ominus v \\ & c_2, & v_2 \oplus v' \end{array} \right]$$

的变换 $T = T_1 \wedge T_2$ 为同物异特征物元间的补亏变换.

在企业间整合时，这种补亏变换方法应用非常多. 例如，某些外国公司与中国公司合作在中国办厂，中方可以利用外方的先进技术和设备，外方可以利用中方廉价的劳动力资本和广阔的市场.

由上可见，创新或解决问题的可拓变换有很多，除了基本可拓变换外，还有很多可拓变换的运算方法. 在应用时，应具体问题具体分析，根据实际问题的不同，选择合适的可拓变换方法，以生成创新或解决问题的创意或策略.

3.3.3 传导变换方法

由于事物间的相关性和蕴含性的普遍存在，因此传导变换经常发生. 传导变换方法是指人们有意识地利用传导变换进行创新或解决问题的方法.

利用传导变换方法进行创新或解决问题有如下两种情况：

(1) 直接变换不能实现创新或解决问题时，可利用传导变换方法进行创新或解决问题；

(2) 在某些情况下，直接变换可以实现创新或解决问题，但变换的时机或效果不合适或者代价较大，这时可考虑使用传导变换方法，若传导变换的效果更好或代价更小，则以传导变换方法作为创新或解决问题的手段.

传导变换的方法很多，根据传导的阶数划分，可分为一阶传导变换方法和多阶传导变换方法. 根据主动变换对象的不同，传导变换方法可分为基元或复合元的可拓变换引起的传导变换、关联准则的可拓变换引起的传导变换、论域的可拓变换引起的传导变换及共轭传导变换方法等.

注意：传导变换方法也可能在解决了原问题的同时，对其他对象产生新的传导变换，导致新的问题产生，这时，又必须采取新的可拓变换，以解决新的问题. 在利用传导变换方法进行创新时，也要注意避免不利的情况发生.

传导变换方法的一般步骤如下：

(1) 对于待变换的基元或复合元，首先判断主动变换能否实现创新或解决问题，若不能，则直接进入下一步；若能，则判断变换的时机或效果是否适合该变换或者判断该变换的代价大小，若变换的时机或效果合适，则结束；若不合适或者代价较大，则进入下一步.

(2) 对于待变换的基元或复合元进行相关分析，形成相关网，判断与其相关的基元或复合元可否实施主动变换，若可以，再判断此变换可否使原待变换的基元或复合元发生所需的传导变换，若可以，则问题解决.

例 3.36　在 3.2 节例 3.19 中，我们曾分析了某牙膏公司的营销策划问题. 下面利用传导变换方法给出使消费者增加每月牙膏的购买数量的创意生成过程.

设

$$A_1 = \begin{bmatrix} 购买, & 支配对象, & 牙膏D \\ & 数量, & v_{a1}支/(人 \cdot 月) \end{bmatrix} = \begin{bmatrix} A_{11} \\ A_{12} \end{bmatrix},$$

$$A_2 = \begin{bmatrix} 使用, & 支配对象, & 牙膏D \\ & 数量, & v_{a2}支/(人 \cdot 月) \end{bmatrix} = \begin{bmatrix} A_{21} \\ A_{22} \end{bmatrix},$$

$$A_3 = \begin{bmatrix} 使用, & 支配对象, & 牙膏 \\ & 数量, & v_{a3}克/(人 \cdot 天) \end{bmatrix} = \begin{bmatrix} A_{31} \\ A_{32} \end{bmatrix},$$

$$A_4 = \begin{bmatrix} 使用, & 支配对象, & 牙膏 \\ & 数量, & v_{a4}克/(人 \cdot 次) \\ & 次数, & 2 次/(人 \cdot 天) \end{bmatrix} = \begin{bmatrix} A_{41} \\ A_{42} \\ A_{43} \end{bmatrix}.$$

根据蕴含分析方法得到的结论是：$A_4 \Rightarrow A_1$，即要使 A_1@，只要 A_4@.

因为每个人每天刷牙的次数是一定的，每次刷牙使用的牙膏量一般也是一样的. 显然，无法直接实施变换 φ_{42}，使

$$\varphi_{42}A_{42} = (使用, \quad 数量, \quad v'_{a4}克/(人 \cdot 次)) = A'_{42}, v'_{a4} > v_{a4}$$

若能找到某变换 φ：$\varphi \Rightarrow \varphi_{42}$，则当 φ@ 时，便可使 $\varphi_{42}A_{42} = A'_{42}$.

根据领域知识可知，牙膏 D 是装在牙膏袋 D_1 内的，牙膏的每次使用量与牙膏袋的口径是相关的. 设 $M = (牙膏袋 D_1, 口径, d_1 mm)$，再根据相关分析原理，可得如下相关网：

$$A_{12} \overset{\sim}{\leftarrow} A_{22} \overset{\sim}{\leftarrow} A_{32} \overset{\sim}{\leftarrow} A_{42} \overset{\sim}{\leftarrow} M,$$

且 $v_{a4} = f_4(d_1)$, $v_{a3} = 2v_{a4}$, $v_{a2} = f_2(v_{a3})$, $v_{a1} = f_1(v_{a2})$.

根据传导变换方法, 作变换 φ:

$$\varphi M = (\text{牙膏袋} D_1', \quad \text{口径}, \quad d_1'\text{mm}) = M', \text{且 } d_1' > d_1,$$

则必有 $\varphi \Rightarrow \varphi_{42}$, 使

$$\varphi_{42} A_{42} = (\text{使用}, \text{数量}, v_{a4}'\text{克}/(\text{人} \cdot \text{次})) = A_{42}', \quad v_{a4}' > v_a.$$

再根据上述相关网可知, 必有 $\varphi_{42} \Rightarrow \varphi_{32} \Rightarrow \varphi_{22} \Rightarrow \varphi_{12}$, 使

$$\varphi_{12} A_{12} = (\text{购买}, \text{数量}, v_{a1}'\text{支}/(\text{人} \cdot \text{月})) = A_{12}', \quad \text{且} v_{a1}' > v_{a1}.$$

即通过把牙膏袋的口径稍稍加大一点, 就可增加消费者每次的使用量 (不需要也不可能增加每天的使用次数), 从而增加消费者的购买量.

3.4   共轭分析与共轭变换方法

在 2.4 节和 2.5 节中已经介绍了共轭分析与共轭变换的相关知识. 利用共轭分析和共轭变换去对物进行全面分析, 并用于创新或解决问题的方法称为共轭分析与共轭变换方法. 由于不论是共轭分析还是共轭变换, 都是对所分析对象进行虚实、软硬、潜显、负正的成对分析, 故此方法也称为共轭对方法.

由于物元是一种形式化描述物的特殊的基元, 且不同种类的物中, 类物和类中各物的相应特征的量值也不同, 为此应用 "类基元" 和 "个基元" 进行分析和区分.

设 M_{re}、M_{im}、M_{hr}、M_{sf}、M_{ng}、M_{ps}、M_{lt}、M_{ap} 分别表示实部基元与虚部基元、硬部基元与软部基元、正部基元与负部基元、显部基元与潜部基元, 称为 "类基元". 对它们中的子类, 如对企业资源而言, 其实部基元 M_{re} 又可以分为表示资金、设备、人员、土地、厂房等子类的基元, 称为 "子类基元", 记作 M_{re1}、M_{re2}、M_{re3}、M_{re4}、$\cdots$. 它们中的每一个体形成的基元称为 "个基元", 如表示某一设备 D 的基元就用 "个基元" 表示. 它们之间的关系可用图 3.5 表示.

为了解决具体问题, 有时要对各共轭部形成的类基元进行分析与变换, 有时要对各共轭部形成的个基元进行分析与变换.

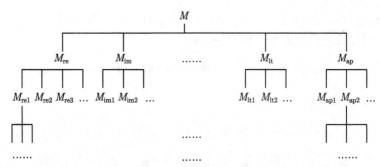

图 3.5   类基元、子类基元与个基元的关系

共轭对包括虚实共轭对、软硬共轭对、潜显共轭对和负正共轭对. 本节主要介绍虚实共轭对方法的具体步骤, 其余方法类似.

下面介绍应用虚实共轭对方法进行创新或解决问题的具体步骤.

(1) 若待分析对象是物, 则首先根据问题所涉及的特征及条件中需要的特征, 用物元形式加以表达;

(2) 如果确定问题所涉及的特征及条件中需要的特征是虚或实特征, 则可对待分析对象进行虚实共轭分析, 分别列出其实部和虚部;

(3) 确定实部特征及相应的实部物元 M_{re};

(4) 确定虚部特征及相应的虚部物元 M_{im};

(5) 若需要, 还可寻找虚实共轭特征, 并确定相应的共轭物元 $\hat{M}_{re}$ 和 $\hat{M}_{im}$;

(6) 对某个共轭部物元或共轭物元实施可拓变换, 再根据共轭部物元或共轭物元的相关性, 确定共轭变换;

(7) 若某可拓变换能实现创新或解决问题, 则结束; 否则, 继续实施可拓变换, 直至实现创新或解决问题.

例 3.37   2021 年某网站 N 的年利润为 100 万元, 要想在下一年达到 "提高 1 倍年利润" 的目标, 试利用虚实共轭对方法来研究实现目标的方法.

设该网站 N 的目标为

$$G(t_1) = (\text{网站} N(t_1), \quad \text{年利润}, \quad 200\text{万元}) = (N(t_1), \quad c, \quad 200\text{万元}),$$

其中 $t_1 = 2022$ 年. 条件为 $L(t_2) = M_{im}(t_2) \wedge M_{re}(t_2)$, 其中

$$M_{\mathrm{im}}(t_2) = \begin{bmatrix} \text{网站}N(t_2), & \text{日点击数}, & 1000 \\ & \text{知名度}, & 2 \\ & \text{作品等级}, & 3 \\ & \text{创新程度}, & 2 \end{bmatrix}$$

$$= \begin{bmatrix} N(t_2), & c_1, & 1000 \\ & c_2, & 2 \\ & c_3, & 3 \\ & c_4, & 2 \end{bmatrix},$$

$$M_{\mathrm{re}}(t_2) = \begin{bmatrix} \text{网站}N(t_2), & \text{广告年收入}, & 200\text{万元} \\ & \text{年利润}, & 100\text{万元} \end{bmatrix}$$

$$= \begin{bmatrix} N(t_2), & c_5, & 200\text{万元} \\ & c, & 100\text{万元} \end{bmatrix},$$

其中 $t_2 = 2021$ 年. 在条件 $L(t_2)$ 下目标 $G(t_1)$ 无法实现.

$M_{\mathrm{re}}(t_2)$ 是实部条件, $M_{\mathrm{im}}(t_2)$ 是虚部条件. 显然, 该网站的问题是其虚部条件物元无法满足实现实部目标的需要. 根据领域知识和相关网方法, 可得如下相关网:

$$\left. \begin{array}{c} \left(\begin{array}{ccc} N, & c_3, & v_3 \end{array} \right) \\ \left(\begin{array}{ccc} N, & c_4, & v_4 \end{array} \right) \end{array} \right\} \overset{\triangle}{\to} \left(\begin{array}{ccc} N, & c_2, & v_2 \end{array} \right) \overset{\sim}{\to} \left(\begin{array}{ccc} N, & c_1, & v_1 \end{array} \right)$$

$$\overset{\sim}{\to} \left(\begin{array}{ccc} N, & c_5, & v_5 \end{array} \right) \overset{\sim}{\to} \left(\begin{array}{ccc} N, & c, & v \end{array} \right),$$

根据虚实共轭变换原理, 对虚部物元的变换, 会导致与其相关的实部物元发生传导变换, 即对虚部物元作主动变换 $\varphi = \varphi_1 \wedge \varphi_2$:

$$\varphi_1 \left(\begin{array}{ccc} N, & c_3, & v_3 \end{array} \right) = \left(\begin{array}{ccc} N, & c_3, & v_3' \end{array} \right),$$

$$\varphi_2 \left(\begin{array}{ccc} N, & c_4, & v_4 \end{array} \right) = \left(\begin{array}{ccc} N, & c_4, & v_4' \end{array} \right),$$

则必有如下传导变换

$$\varphi \Rightarrow {}_\varphi T_1 \Rightarrow {}_1 T_2 \Rightarrow {}_2 T_3 \Rightarrow {}_3 T_4,$$

使

$$\begin{aligned}
{}_\varphi T_1 \Big(\ N, \quad c_2, \quad v_2 \ \Big) &= \Big(\ N, \quad c_2, \quad v_2' \ \Big), \\
{}_1 T_2 \Big(\ N, \quad c_1, \quad v_1 \ \Big) &= \Big(\ N, \quad c_1, \quad v_1' \ \Big), \\
{}_2 T_3 \Big(\ N, \quad c_5, \quad v_5 \ \Big) &= \Big(\ N, \quad c_5, \quad v_5' \ \Big), \\
{}_3 T_4 \Big(\ N, \quad c, \quad v \ \Big) &= \Big(\ N, \quad c, \quad v' \ \Big).
\end{aligned}$$

由此可见，通过对网站的作品等级和软件创新程度的改变，可以使网站的知名度提高，从而使日点击数增加，也就使得广告量增加，最终导致网站利润的增加.

上述过程就是利用虚实共轭对方法解决问题的形式化描述，它的实际意义是：通过充满激情的好作品和软件创新获得更多的注意力，从而获得更多的"点击数"或"访问数"，使他们的站点成为因特网上的"知名站点"或"著名站点"，进而成为网上风云人物或风云公司，以达到可以开拓发布企业广告或产品信息，收取发布广告企业的费用或通过网上销售赚取利润的目的.

有很多网民将自己喜欢的歌曲、绘画、文章等好东西发到网上，免费给其他网民查阅、下载；有很多人对类似 Linux 的自由软件进行无偿地修改和完善，甚至无偿地公布原代码；…… 这些人的举动都是在吸引公众的注意力，即在开发"注意力资源"(虚资源). 这就是利用虚资源来达到自己目的的方法.

下面将分别举例说明软硬共轭对方法、潜显共轭对方法和负正共轭对方法.

例 3.38 某家族式家电企业由于经营不善，生产出来的产品销售不出去，经营状况越来越差. 董事长通过认真分析，认为企业的产品质量很好，主要问题在于总经理管理不善，与各部门关系协调不好. 为了企业的发展，董事长决定改变原来总经理和各部门主要负责人都由家族成员担任的方式，面向社会公开招聘总经理和主要部门负责人. 经过一年的企业组织管理改革，使企业面貌一新，扭亏为盈. 下面用软硬共轭对方法对该企业进行分析.

根据软硬共轭对方法可知, 该企业的主要问题是软部的问题. 设企业 N 的主要部门 (硬部) 为销售部 N_1、生产部 N_2、采购部 N_3、财务部 N_4、行政部 N_5, 各部门 N_i 的经理为 $N_{i0}(i = 1, 2, \cdots, 5)$. 出现问题的软部为总经理 N_0 与各部门经理之间的上下级关系, 及各部门经理间的配合关系.

设该企业的部分硬部物元为

$$M_{\mathrm{hr}0} = \begin{bmatrix} \text{总经理} N_0, & \text{职责}, & \text{经管决策} \\ & \text{协调能力}, & \text{一般} \end{bmatrix},$$

$$M_{\mathrm{hr}i0} = \begin{bmatrix} \text{部门经理} N_{i0}, & \text{职责}, & \text{部门主管} \\ & \text{协调能力}, & v_{i0} \end{bmatrix}, i = 1, 2, \cdots, 5$$

$$M_{\mathrm{hr}i} = \begin{bmatrix} \text{部门} N_i, & \text{工作内容}, & v_{i1} \\ & \text{业绩}, & v_{i2} \end{bmatrix}, i = 1, 2, \cdots, 5,$$

部分软部复合关系元为

$$R_{\mathrm{sf}i} = \begin{bmatrix} \text{上下级关系} \wedge \text{配合关系}, & \text{前项}, & M_{\mathrm{hr}0} \\ & \text{后项}, & M_{\mathrm{hr}i0} \\ & \text{程度}, & v_i \end{bmatrix}, i = 1, 2, 3, 4, 5,$$

$$R_{\mathrm{sf}ij} = \begin{bmatrix} \text{配合关系}, & \text{前项}, & M_{\mathrm{hr}i0} \\ & \text{后项}, & M_{\mathrm{hr}j0} \\ & \text{程度}, & v_{ij} \end{bmatrix}, i, j = 1, 2, 3, 4, 5; i < j,$$

董事长通过细致的调查, 发现主要问题出在总经理 N_0 的管理水平上, 于是实施主动变换

$$\varphi_0 M_{\mathrm{hr}0} = \begin{bmatrix} \text{总经理} N_0', & \text{职责}, & \text{经管决策} \\ & \text{协调能力}, & \text{强} \end{bmatrix} = M_{\mathrm{hr}0}',$$

根据软硬共轭对方法可知, 该变换必然导致如下共轭变换发生:

$$\varphi_o T_i R_{\mathrm{sfi}} = \begin{bmatrix} 上下级关系 \wedge 配合关系, & 前项, & M'_{\mathrm{hr0}} \\ & 后项, & M_{\mathrm{hri0}} \\ & 程度, & v'_i \end{bmatrix}$$

$$= R'_{\mathrm{sfi}}, v'_i > v_i, i = 1, 2, \cdots, 5,$$

即通过更换总经理, 以改善与各部门经理的关系程度. 由于企业销售问题严重, 因此再实施主动变换

$$\varphi_{10} M_{\mathrm{hr10}} = \begin{bmatrix} 部门经理 N_{10}, & 职责, & 销售主管 \\ & 协调能力, & v'_{10} \end{bmatrix} = M'_{\mathrm{hr10}}, \quad v'_{10} > v_{10},$$

根据软硬共轭对方法可知, 该变换必然导致如下共轭变换发生:

$$\varphi_{10} T_{1j} R_{\mathrm{sf1}j} = \begin{bmatrix} 配合关系, & 前项, & M'_{\mathrm{hr10}} \\ & 后项, & M_{\mathrm{hr}j0} \\ & 程度, & v'_{1j} \end{bmatrix}$$

$$= R'_{\mathrm{sf1}j}, v'_{1j} > v_{1j}, j = 2, 3, 4, 5,$$

即通过更换销售部的经理, 以改善销售部与其他部门的配合关系.

此例说明, 该企业通过实施硬部的主动变换 $\varphi = \varphi_0 \wedge \varphi_{10}$, 使得企业的多个软部关系发生共轭变换, 从而解决企业的问题.

例 3.39 某生产锅类产品的企业, 为了避开激烈的老产品市场竞争, 开拓新的市场, 在分析了人们的需求后, 决定研制一种符合人们对 "不粘锅" 的需求且材料对人体无害的新产品, 以提高企业的竞争力. 下面利用潜显共轭对方法对企业进行分析.

设企业为 O_m, 其正在研制中的新概念产品或新产品模型为 $N_0(t)$, 根据潜显共轭分析知, 在企业进行生产前 (即 t_0 时刻), $N_0(t_0)$ 是企业产品的潜物, 是企业潜部的一部分, 即

$$O_m = \mathrm{lt}\,(O_m) \otimes \mathrm{ap}\,(O_m) \otimes \mathrm{mid}_{\mathrm{lt-ap}}\,(O_m),$$

$N_0(t_0)$ 是 $\mathrm{lt}(O_m(t_0))$ 的一部分. 设生产前该潜部物元 (即 t_0 时刻的物元) 为

$$M_{\mathrm{lt}}(N_0(t_0)) = \begin{bmatrix} N_0(t_0), & 名称, & 仿生不粘锅 \\ & 用途, & 炒菜 \lor 烙饼 \lor 煮饭 \\ & 特点, & 无油烟 \land 不粘锅 \\ & 材质, & 陶钢合成材料 \end{bmatrix}.$$

当对此新产品进行鉴定, 申请了专利后, 通过市场分析和可行性研究, 发现仿生不粘锅的市场很大, 可以采取措施, 使上述潜部物元 (即 t_0 时刻的物元) 显化, 即

$$\varphi M_{\mathrm{lt}}(N_0(t_0)) = M_{\mathrm{ap}}(N_0(t_1)),$$

变换 φ 使得企业的该潜部物元转化为显部物元

$$M_{\mathrm{ap}}(N_0(t_1)) = \begin{bmatrix} N_0(t_1), & 名称, & 仿生不粘锅 \\ & 用途, & 炒菜 \lor 烙饼 \lor 煮饭 \\ & 特点, & 无油烟 \land 不粘锅 \\ & 材质, & 陶钢合成材料 \\ & 专利号, & a \end{bmatrix},$$

即生产仿生不粘锅. 而新产品必须有新的生产车间或新的生产线, 即由于 φ 的实施, 必然导致企业建立新的生产车间或新的生产线 $N_1(t_1)$, 从而导致企业的显部发生共轭变换, 即有 $\varphi \Rightarrow {}_{\varphi}T_1$, 使得

$$_{\varphi}T_1 M_{\mathrm{ap}}(O_m) = M'_{\mathrm{ap}}(O_m),$$

$N_0(t_1)$ 与 $N_1(t_1)$ 都是 $\mathrm{ap}(O_m(t_1))$ 的一部分. 而生产线的增加, 必然导致企业资金投入增加, 当生产出新产品并投放市场后, 企业才会从此产品中获得收入. 也就是说, 由于此共轭变换的发生, 会产生一系列的传导变换. 只有当企业利用该产品获得新的利润时, 才能证明此潜显共轭变换是成功的.

例 3.40 某企业 N 在生产过程中产生的废气 N_1、废水 N_2、废渣 N_3, 对于企业的利润 (记为特征 c) 而言, 是企业的负部, 形成三个负部物元

$$M_{\text{ng}_c}(N_1) = \begin{bmatrix} \text{废气} N_1, & \text{主要成分,} & \text{瓦斯} \\ & \text{形态,} & \text{气态} \\ & \text{颜色,} & \text{黑色} \\ & \text{用途,} & \text{无} \end{bmatrix},$$

$$M_{\text{ng}_c}(N_2) = \begin{bmatrix} \text{废水} N_2, & \text{主要成分,} & \text{水} \otimes \text{有害物质} \\ & \text{形态,} & \text{液态} \\ & \text{颜色,} & \text{棕黑色} \\ & \text{用途,} & \text{无} \end{bmatrix},$$

$$M_{\text{ng}_c}(N_3) = \begin{bmatrix} \text{废渣} N_3, & \text{主要成分,} & \text{氧化硅} \\ & \text{形态,} & \text{固态} \\ & \text{颜色,} & \text{灰白} \\ & \text{用途,} & \text{无} \end{bmatrix}.$$

这 "三废" 成为企业的沉重包袱. 为了 "变废为宝", 根据这三个负部物元的特点, 分别对负部物元作如下可拓变换:

$$\varphi_1 M_{\text{ng}_c}(N_1) = \left\{ \begin{bmatrix} \text{燃气} N_1', & \text{主要成分,} & \text{瓦斯} \\ & \text{形态,} & \text{气态} \\ & \text{颜色,} & \text{无色} \\ & \text{用途,} & \text{烧锅炉} \vee \text{发电} \end{bmatrix}, \right.$$

$$\left. \begin{bmatrix} \text{废气} N_1'', & \text{主要成分,} & \text{其他气体} \\ & \text{形态,} & \text{气态} \\ & \text{颜色,} & \text{黑色} \\ & \text{用途,} & \text{无} \end{bmatrix} \right\}$$

即作分解变换, 把 N_1 收集起来分离出主要成分是瓦斯的燃气 N_1', N_1'' 才是真正的废气;

$$\varphi_2 M_{\text{ng}_c}(N_2) = \left\{ \begin{bmatrix} \text{再生水} N_2', & \text{主要成分,} & \text{水} \\ & \text{形态,} & \text{液态} \\ & \text{颜色,} & \text{无色} \\ & \text{用途,} & \text{生产用水} \end{bmatrix}, \right.$$

$$\left.\begin{bmatrix} 废水N_2'', & 主要成分, & 有害物质 \\ & 形态, & 液态 \\ & 颜色, & 棕黑色 \\ & 用途, & 无 \end{bmatrix}\right\}$$

即把 N_2 不外排, 全闭路处理, 作分解变换, 过滤出再生水 N_2', N_2'' 才是真正的废水;

$$\varphi_3 M_{ng_c}(N_3) = \begin{bmatrix} 废渣N_3 \otimes 粘合剂 \otimes 配料, & 主要成分, & 氧化硅 \\ & 形态, & 固态 \\ & 颜色, & 灰白 \\ & 用途, & 制砖 \end{bmatrix}$$

$$\triangleq \begin{bmatrix} 新材料N_3' & 主要成分, & 氧化硅 \\ & 形态, & 固态 \\ & 颜色, & 灰白 \\ & 用途, & 制砖 \end{bmatrix}$$

即把 N_3 中加入粘合剂和其他配料, 形成新材料 N_3'.

上述可拓变换形成如下三个正部物元:

$$M_{ps_c}(N_1') = \begin{bmatrix} 燃气N_1', & 主要成分, & 瓦斯 \\ & 形态, & 气态 \\ & 颜色, & 无色 \\ & 用途, & 烧锅炉 \vee 发电 \end{bmatrix},$$

$$M_{ps_c}(N_2') = \begin{bmatrix} 再生水N_2', & 主要成分, & 水 \\ & 形态, & 液态 \\ & 颜色, & 无色 \\ & 用途, & 生产用水 \end{bmatrix},$$

$$M_{\mathrm{ps_c}}(N_3') = \begin{bmatrix} \text{新材料} N_3', & \text{主要成分}, & \text{氧化硅} \\ & \text{形态}, & \text{固态} \\ & \text{颜色}, & \text{灰白} \\ & \text{用途}, & \text{制砖} \end{bmatrix}.$$

通过这三个变换,使"三废"变为"三宝",从而为企业节约大量的成本、获取很大的利润,也即从企业的负部转化为企业的正部. 具体做法是:把废气收集起来进行分离处理,并作为燃气进行利用,用于烧锅炉和发电,从而降低了企业的燃料费;建立废水全闭路处理循环利用系统,净化的无害清水作为工业用水再利用,节约了企业的用水量;把废渣作为制砖的原料,从而节约了买砖扩建厂房的成本,多余的砖还可作为产品销售,为企业获取利润.

3.5 优度评价方法

优度评价方法是可拓学中评价一个对象,包括事物、创意、策略、方案等的优劣的基本方法.

3.5.1 基本概念

1) 衡量指标 (Measuring Indicater)

要评价一个对象的优劣,首先必须规定衡量指标. 优劣是相对于一定的标准而言的. 一个对象,关于某些衡量指标是有利的,对另外一些衡量指标却可能是有弊的. 因此,评价一个对象的优劣必须反映出利弊的程度以及它们可能的变化情况. 这就要求根据实际问题的需要,制定出符合技术要求、经济要求和社会要求的评价标准,确定出衡量指标 $MI = \{MI_1,\ MI_2,\ \cdots,\ MI_n\}$,其中 $MI_i = (c_i,\ X_i)$ 是特征元,c_i 是评价特征,X_i 是符合要求的范围,即正域 $(i = 1, 2, \cdots, n)$.

2) 关联度

对任一待评价对象 Z_j,若衡量指标为 $MI = (c_i, X_i)$,建立关联函数 $k_i(x_{ij})$ 表示 Z_j 符合要求的程度,称为 Z_j 关于 MI_i 的关联度.

3) 规范关联度

设待评价对象 $Z_j(j = 1, 2, \cdots, m)$ 关于 $MI_i(i = 1, 2, \cdots, n)$ 的关联度为 $k_i(x_{ij})$, 则

$$K_i(x_{ij}) = \frac{k_i(x_{ij})}{\max\limits_{j \in \{1,2,\cdots,m\}} |k_i(x_{ij})|}$$

称为 Z_j 关于 MI_i 的规范关联度.

4) 优度

对某一待评价对象 Z, 若衡量指标集为 $MI = \{MI_1, MI_2, \cdots, MI_n\}$, Z_j 关于 MI_i 的规范关联度为 $K_i(x_{ij})(i = 1, 2, \cdots, n)$, MI_i 的权系数为 $\alpha_i(\alpha_i$ 表示衡量指标 MI_i 的相对重要程度) $(i = 1, 2, \cdots, n)$, 且 $0 \leqslant \alpha_i \leqslant 1$. 根据 2.7.9 节介绍的综合关联函数, 对于下列不同的情况, 有不同的优度.

(1) 若实际问题中, 要求所有衡量指标的综合关联度大于 0 才认为对象 Z_j 符合要求, 则优度定义为:

$$C(Z_j) = \sum_{i=1}^{n} \alpha_i K_i(x_{ij}).$$

(2) 若实际问题中, 只要某一衡量指标的规范关联度大于 0 就认为对象 Z_j 符合要求, 则优度定义为:

$$C(Z_j) = \bigvee_{i=1}^{n} K_i(x_{ij}).$$

(3) 若实际问题中, 要求所有衡量指标的规范关联度都大于 0 才认为对象 Z_j 符合要求, 则优度定义为:

$$C(Z_j) = \bigwedge_{i=1}^{n} K_i(x_{ij}).$$

(4) 若实际问题中, 要求某一衡量指标的规范关联度必须大于或小于某一阈值 $\lambda(\lambda > 0)$, 否则该对象便不能采用, 则此衡量指标称为 "非满足不可的指标", 此时要先用该指标对待评对象进行首次评价, 对所有满足该指标的对象, 再采取上述三种优度之一计算其优度.

3.5.2　一级优度评价方法的基本步骤

一级优度评价方法的基本流程如图 3.6 所示.

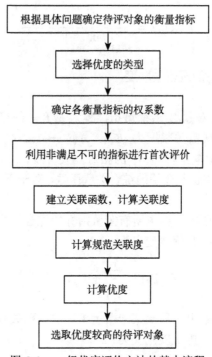

图 3.6　一级优度评价方法的基本流程

1. **确定衡量指标**

衡量指标的选取是十分重要的问题，必须注意如下原则：

(1) 评价的目的性. 选取衡量指标首先要注意从评价的目的出发，对不同类型的问题，对其方案进行评价时所选取的衡量指标是不同的，如产品设计方案、生产方案、策划创意、营销方案等的衡量指标都不相同.

(2) 评价的全面性. 优度评价法是一种全面性的评价. 为了保证这一点，选取衡量指标时一定要具有代表性. 从技术、经济、社会各方面的要求出发，选取最具有代表性、对目标的实现起重要作用的指标.

(3) 评价的可行性. 选取的衡量指标不仅应具有代表性，而且应是可用于评价的. 衡量指标的数据要容易取得, 而且可以保证数据质量高、真实可靠.

(4) 评价的稳定性. 选取的衡量指标, 应是变化比较有规律性的. 对于那些受偶然因素影响较大, 会大起大落的指标就不能入选.

关于各衡量指标 MI_i 的量值域的确定, 要注意如下几点:

(1) 要以社会经济现象的现实状况为依据, 要根据与被评价对象有关的空间范围资料和历史资料为基础.

(2) 要注意到社会经济现象的发展变化趋向, 把变化估计数值作为确定量值域时的参考.

(3) 量值域的确定应具有一定的调节和管理作用, 为此, 可考虑把国家 (地区、部门) 社会经济管理中的规划值、计划值等标准数据作为量值域的边界.

2. 确定权系数

评价一个对象 $Z_j(j = 1, 2, \cdots, m)$ 优劣的各衡量指标 $MI_1, MI_2, \cdots, MI_n$ 有轻重之分, 以权系数来表示各衡量指标的重要性程度. 对于非满足不可的指标, 用指数 Λ 来表示, 对于其他衡量指标, 则根据重要程度分别赋予 [0,1] 的值.

设衡量指标 $MI_1, MI_2, \cdots, MI_n$ 都不是非满足不可的指标, 它们的权系数记为:

$$\alpha = (\alpha_1, \quad \alpha_2, \quad \cdots, \quad \alpha_n),$$

则 $\sum_{i=1}^{n} \alpha_i = 1$.

权系数的大小对于优度的高低具有举足轻重的作用, 不同的权系数会得出不同的结论, 引起被评价对象优劣顺序的改变. 但由于权系数往往是由人来确定的, 因此, 常常带有主观随意性, 影响到评价的真实性和可靠性. 为了尽量合理地确定权系数, 可以使用层次分析法来确定衡量指标间的相对重要性次序, 从而确定权系数.

3. 首次评价

确定各衡量指标的权系数后, 首先利用非满足不可的指标对评价对象进行筛选, 除去不满足该指标的对象, 然后对已符合非满足不可的指

标 Λ 的对象进行下面的步骤 (设 $Z_1, Z_2, \cdots, Z_m$ 均符合非满足不可的指标).

4. 建立关联函数, 计算关联度

设衡量指标集 $MI = \{MI_1,\ MI_2,\ \cdots,\ MI_n\}, MI_i = (c_i, X_i), X_i$ 为符合要求的范围, 即正域, $i = 1, 2, \cdots, n$, 根据各衡量指标的要求, 建立关联函数 $k_1(x_1), k_2(x_2), \cdots, k_n(x_n)$.

(1) 若 X_i 为一个有限区间或无限区间, 则取简单关联函数 $k_i(x_i)$;

(2) 若 X_i 是一些离散数据的集合, 如 MI_i 表示产品的质量等级, 量值域为 {甲级, 乙级, 丙级}, 若规定达到甲级才符合要求, 并赋值为 1, 乙级为临界, 丙级为不符合要求, 并赋值为 -1, 则 $X_i = \{$ 甲级 $\}$, 可取离散型关联函数

$$k_i(x_i) = \begin{cases} 1, & x_i = \text{甲级}, \\ 0, & x_i = \text{乙级}, \\ -1, & x_i = \text{丙级}, \end{cases}$$

各等级的值可根据专家的意见或历史资料打分得到.

(3) 若 $X_i \supseteq X_{0i}, X_{0i}$ 为满意区间, 量值域为实数域, 则可用本书 2.7 节介绍的初等关联函数.

把对象 Z_j 关于各衡量指标 MI_i 的关联函数值记为 $k_i(x_{ij})$, 则各对象 $Z_1, Z_2, \cdots, Z_m$ 关于 MI_i 的关联度为

$$k_i(x_{i1}),\quad k_i(x_{i2}),\quad \cdots,\quad k_i(x_{im}), i = 1, 2, \cdots, n.$$

将上述关联度进行规范化:

$$K_i(x_{ij}) = \frac{k_i(x_{ij})}{\max\limits_{j \in \{1,2,\cdots,m\}} |k_i(x_{ij})|}, (i = 1, 2, \cdots, n, j = 1, 2, \cdots, m)$$

则各对象 $Z_1, Z_2, \cdots, Z_m$ 关于 MI_i 的规范关联度为

$$K_i(x_{i1}),\quad K_i(x_{i2}),\quad \cdots,\quad K_i(x_{im}),\quad i = 1, 2, \cdots, n.$$

5. 计算优度

对象 Z_j 关于各衡量指标 $MI_1,\ MI_2,\ \cdots,\ MI_n$ 的规范关联度为

$$K\left(Z_{j}\right) = \left[\begin{array}{c} K_{1}\left(x_{1j}\right) \\ K_{2}\left(x_{2j}\right) \\ \vdots \\ K_{n}\left(x_{nj}\right) \end{array}\right], j = 1, 2, \cdots, m,$$

根据实际问题的不同要求, 对象 $Z_{j}(j = 1, 2, \cdots, m)$ 的优度分为三种情况:

$$(1)\ C\left(Z_{j}\right) = \alpha K\left(Z_{j}\right) = \left(\begin{array}{cccc} \alpha_{1}, & \alpha_{2}, & \cdots, & \alpha_{n} \end{array}\right) \left[\begin{array}{c} K_{1}\left(x_{1j}\right) \\ K_{2}\left(x_{2j}\right) \\ \vdots \\ K_{n}\left(x_{nj}\right) \end{array}\right]$$

$$= \sum_{i=1}^{n} \alpha_{i} K_{i}\left(x_{ij}\right);$$

$$(2)\ C\left(Z_{j}\right) = \bigvee_{i=1}^{n} K_{i}\left(x_{ij}\right);$$

$$(3)\ C\left(Z_{j}\right) = \bigwedge_{i=1}^{n} K_{i}\left(x_{ij}\right).$$

对 Z_{j} 的优度进行比较: 若 $C(Z_{0}) = \max\limits_{j \in \{1,2,\cdots,m\}}\{C(Z_{j})\}$, 则对象 Z_{0} 为较优.

对于第 (1) 种优度的计算过程可按表 3.2 进行. 对于第 (2)、第 (3) 种优度的计算过程可按表 3.3 进行. 优度的大小表示了待评对象的优劣程度.

表 3.2　第 (1) 种优度的优度评价表

衡量指标	权系数	关联度				规范关联度		
		对象 Z_1	对象 Z_2	$\cdots$	对象 Z_m	对象 Z_1	$\cdots$	对象 Z_m
MI_1	α_1	$k_1(x_{11})$	$k_1(x_{12})$	$\ldots$	$k_1(x_{1m})$	$K_1(x_{11})$	$\ldots$	$K_1(x_{1m})$
MI_2	α_2	$k_2(x_{21})$	$k_2(x_{22})$	$\ldots$	$k_2(x_{2m})$	$K_2(x_{21})$	$\ldots$	$K_2(x_{2m})$
$\vdots$	$\vdots$	$\vdots$	$\vdots$	$\cdots$	$\vdots$	$\vdots$	$\cdots$	$\vdots$
MI_n	α_n	$k_n(x_{n1})$	$k_n(x_{n2})$	$\cdots$	$k_n(x_{nm})$	$K_n(x_{n1})$	$\cdots$	$K_n(x_{nm})$
优度						$\sum\limits_{i=1}^{n} \alpha_i K_i(x_{i1})$	$\cdots$	$\sum\limits_{i=1}^{n} \alpha_i K_i(x_{im})$

　　注意: 在处理实际问题的过程中, 有些指标是非满足不可的, 该指标不能达到, 其他任何指标再好也不能使用. 例如, 在设计建筑物时, 材料的选择、设备的配置等, 关于安全系数指标的要求是非满足不可的. 凡是达不到安全要求的一切材料、设备、方案都是不能使用的.

　　关于一个对象的评价往往不能只考虑有利的一面, 还要考虑不利的一面. 例如, 某企业生产某产品, 虽然可以赢利很多, 但废气对环境的污染十分严重, 另一种产品虽然赢利没那么多, 但无公害. 对应该生产何种产品, 必须考虑利弊双方, 进行综合评价, 最后才能得到合适的筛选方案. 此外, 在评价时, 往往要考虑到动态性和可变性, 对潜在的利弊进行考虑.

表 3.3　第 (2)、第 (3) 种优度的优度评价表

衡量指标	关联度				规范关联度		
	对象 Z_1	对象 Z_2	$\cdots$	对象 Z_m	对象 Z_1	$\cdots$	对象 Z_m
MI_1	$k_1(x_{11})$	$k_1(x_{12})$	$\cdots$	$k_1(x_{1m})$	$K_1(x_{11})$	$\cdots$	$K_1(x_{1m})$
MI_2	$k_2(x_{21})$	$k_2(x_{22})$	$\cdots$	$k_2(x_{2m})$	$K_2(x_{21})$	$\cdots$	$K_2(x_{2m})$
$\vdots$	$\vdots$	$\vdots$	$\vdots$	$\vdots$	$\vdots$		$\vdots$
MI_n	$k_n(x_{n1})$	$k_n(x_{n2})$	$\cdots$	$k_n(x_{nm})$	$K_n(x_{n1})$	$\cdots$	$K_n(x_{nm})$
优度取最小值					$\bigwedge\limits_{i=1}^{n} K_i(x_{i1})$	$\cdots$	$\bigwedge\limits_{i=1}^{n} K_i(x_{im})$
优度取最大值					$\bigvee\limits_{i=1}^{n} K_i(x_{i1})$	$\cdots$	$\bigvee\limits_{i=1}^{n} K_i(x_{im})$

3.5.3　多级优度评价方法

　　由于对复杂对象的评价要涉及的衡量指标 (评价特征) 很多, 而每个衡量指标都要赋予一定的权重, 故当衡量指标很多时, 必然存在以下问题.

　　(1) 权重难以恰当分配. 因为分配权重主要依靠人的主观判断, 当衡量指标太多时, 很难判断准确. 另外, 由于衡量指标可能具有层次性, 即使应用层次分析法等, 也很难准确分配不同层次衡量指标的权重.

　　(2) 得不到有意义的评价结果. 因为各权重通常应具备归一性, 故当衡量指标很多时, 权重必然很小, 这样难以真实地反映各衡量指标在整体中的地位.

有鉴于此，需要采取多级 (或多层) 优度评价来解决这类问题. 多级优度评价方法是在前面介绍的一级优度评价方法的基础上，首先对衡量指标进行分级，再对各级衡量指标赋予权重，从而对评价对象进行综合评价.

多级优度评价方法的步骤如下.

1. 首先根据实际问题建立衡量指标体系

$$
MI \left[\begin{array}{l} MI_1 \left[\begin{array}{l} MI_{11} \left[\vdots \right. \\ MI_{12} \left[\vdots \right. \\ \vdots \\ MI_{1m_1} \left[\vdots \right. \end{array} \right. \\ MI_2 \left[\begin{array}{l} MI_{21} \left[\vdots \right. \\ MI_{22} \left[\vdots \right. \\ \vdots \\ MI_{2m_2} \left[\vdots \right. \end{array} \right. \\ \vdots \\ MI_n \left[\begin{array}{l} MI_{n1} \left[\vdots \right. \\ MI_{n2} \left[\vdots \right. \\ \vdots \\ MI_{nm_n} \left[\vdots \right. \end{array} \right. \end{array} \right. ,
$$

其中 $MI = \{MI_1, \ MI_2, \ \cdots, \ MI_n\}$ 为一级衡量指标；

$MI_i = \{MI_{i1}, \ MI_{i2}, \ \cdots, \ MI_{im_i}\} \, (i = 1, 2, \cdots, n)$ 为二级衡量指标，依此类推.

2. 确定权系数

分别对各级衡量指标确定权系数. 对于非满足不可的衡量指标，用指数 Λ 来表示，对于其他衡量指标，则根据重要程度分别赋予 $[0,1]$ 之间的值.

设一级衡量指标中除去非满足不可的指标后的衡量指标的权系数为

$$\alpha_1, \quad \alpha_2, \quad \cdots, \quad \alpha_n,$$

则 $\sum_{i=1}^{n} \alpha_i = 1$.

设二级衡量指标中除去非满足不可的指标后的衡量指标的权系数为

$$\alpha_{i1}, \quad \alpha_{i2}, \quad \cdots, \quad \alpha_{im_i}, \quad i = 1, 2, \cdots, n,$$

则 $\sum_{t=1}^{m_i} \alpha_{it} = 1, i = 1, 2, \cdots, n$.

3. 首次评价

确定各衡量指标的权系数后，首先利用非满足不可的指标对评价对象进行筛选，除去不满足该指标的对象，然后对已符合非满足不可的指标 Λ 的对象进行下面的步骤.

4. 建立关联函数，计算关联度和综合优度

首先对最低级的衡量指标建立关联函数. 假设对第 j 级，共有 s 个衡量指标，根据各衡量指标的要求，分别按照 3.5.2 小节的 "4" 的方法建立关联函数，从而计算各级各类指标的优度. 再逐级向上计算上一级的优度，直至计算到第一级，即得到综合优度.

3.5.4 利用优度评价方法进行评价必须注意的问题

优度评价方法是目前评价中应用较多的一种方法，都是应用关联函数来确定待评价对象 (基元) 关于某衡量指标符合要求的程度. 针对衡量指标的实际要求，可选择简单关联函数、最优点在正域区间中点的关联函数、最优点不在正域区间中点的关联函数、离散型关联函数、区间型关联函数等.

对多个衡量指标的情况，还要根据实际问题的要求计算各待评价对象的综合优度，以判别待评价对象的优劣或等级. 其中权系数的确定方法也有很多，需要根据具体问题选择合适的方法.

在应用优度评价方法时应注意如下问题：

(1) 关联函数的选择一定要恰当，否则会影响评价结果.

(2) 在待评价对象关于某衡量指标的取值范围为区间套时，有些区间套是确定的，而有些是动态变化的. 如果考虑了区间端点可变和区间内可分层次变化的动态评价，将会更有助于此类问题的研究.

3.6 产品可拓创意生成方法

产品创新是企业永恒的主题企业如果能够掌握产品创新的规律与方法，就可以正确把握市场. 产品可拓创意生成方法是将 3.1-3.5 所介绍的方法综合应用于产品创新所形成的方法，是从对用户的需要、产品及其功能与结构等的形式化研究、拓展和变换的可能性和有序性入手，研究产品创意的生成规律与方法，并通过科学的定量化评价获得较优创意，以便于批量生成新产品创意、研制产品创意生成软件及对新产品的出现进行预测.

本节将简要介绍产品可拓创意生成的三个创造法的基本步骤，包括从用户需要出发生成新产品创意的第一创造法、从现有产品出发生成新产品创意的第二创造法 (也称为可拓创新四步法) 和从现有产品的缺陷出发生成新产品创意的第三创造法. 这些方法的详细流程及应用案例请参阅专著《可拓创新方法》第 8 章.

3.6.1 从用户需要出发生成新产品创意的第一创造法

研究产品创新的规律，必须从研究用户的需要开始，因为用户购买产品是为了满足自己的需要，而不是产品本身. 哪个企业能够发现未被满足的需要、可以提升的需要和可以延续的需要，往往可以先知先觉，为人之所不为，把握商机，把握市场. 目前对消费者的需要的层次性的研究有很多，但如何去分析和发现消费者的需要才是更重要的.

利用可拓学中的事元模型，可以对用户需要进行形式化建模与拓展分析，从而获取更多的需要. 由于用户需要与产品的功能是对应的，因此，可以提供从需要出发创造新产品的形式化思路，便于产品开发人员获取满足用户需要的新产品创意.

第一创造法的最初目标不是为了创造新产品，而是为了解决目前市场上的产品无法满足用户的某种需要的矛盾，即用户有对某些功能的需要，而客观世界的现有物件又无法满足这一需要的情况下获取全新产品创意的方法.

第一创造法的主要步骤如下：

(1) 分析用户的需要及需要未被满足的原因，建立矛盾问题的可拓模型，确定待创造产品的功能 (或用途)

确定该需要还没有产品能够满足的原因，建立矛盾问题的可拓模型，并将其映射为待创造产品 O 的功能 (或用途)，并用事元或复合事元表示这些功能 (或用途)，形成功能 (或用途) 事元或复合事元集 $\{A_f\}$.

(2) 确定待创造产品 O 的性质特征元集和实义特征元集

很多产品的功能 (或用途) 是由产品的性质确定的，例如纸具有 "包装东西" 的功能，是因为纸具有 "柔韧性" 的性质特征及相应的量值，而该性质特征又是因为纸具有 "材质" 的特征及相应的量值. 也有些产品的功能 (或用途) 是直接由产品的实义特征确定的，例如笔可用于 "压纸"，是因为笔具有 "质量" 这个实义特征及其相应的量值.

鉴于此，在由第一步确定了功能 (或用途) 事元或复合事元集之后，要确定实现这些功能 (或用途) 事元或复合事元的待创造产品的性质特征元集 $\{(c_g, v_g)\}$ 和实义特征元集 $\{(c_r, v_r)\}$.

(3) 确定待创造产品 O 的硬部和软部

由实义特征元集 $\{(c_r, v_r)\}$，作实义物元集 $\{(O_r, c_r, v_r)\}$，它们表示可以作为零部件、材料和原料等的物元，即产品的硬部 hrO. 然后设计零部件之间的关系，也即产品的软部 sfO，并建立软部关系元或复合关系元集.

(4) 确定待创造产品 O 的潜部和负部

根据对产品的潜功能 (或用途) 的要求，同时考虑产品关于功能值为负值的部分，即产品的潜部 ltO 和负部 ng_cO.

(5) 选择利用拓展分析和可拓变换对上述共轭部进行拓展和变换，从而获得新创意，判断该创意是否使原矛盾问题化解

利用拓展分析和可拓变换获得新的满足用户需要的产品创意，使 O 具有所要求的潜功能 (或用途)，同时减少产品带来的负作用，进而判断这些创意是否使原矛盾问题化解，如果无法化解，则继续进行拓展分析和可拓变换，直至获得可化解矛盾问题的创意.

(6) 获得产品可拓创意集

由上述过程, 可以得到待创造产品 O 的若干硬部与相应的软部创意, 从而获得满足用户需要的产品可拓创意集 $\{S\}$.

(7) 评价选优

若上述可拓创意有多个, 则再根据领域知识确定衡量指标体系, 利用优度评价方法对 $\{S\}$ 中各创意进行综合评价, 确定较优创意.

3.6.2 从现有产品出发生成新产品创意的第二创造法

第二创造法是从已有的一个或几个产品出发, 通过建模、拓展和变换它 (或它们) 的某些要素, 而生成新产品创意, 再通过优度评价方法进行优选, 以获取较优新产品创意的方法. 该创造法是生成系列产品或组合产品创意的常用方法.

第二创造法的主要步骤如下:

(1) 分解原产品: 从共轭分析的角度对原产品 O 进行分解, 列出它们的虚实部、软硬部、潜显部和负正部, 如有必要, 还需列出它们的中介部, 并选择确定从物质性、系统性、动态性或对立性中的一个或多个方面进行创新. 下面以软硬共轭分析为例.

(2) 列出原产品 O 及其软硬共轭部的主要特征, 并根据实际问题获得上述各特征对应的量值.

(3) 建立描述原产品 O 不同层次的硬部物元 (产品整体, 组成部分, 零部件等) 和各种软部 (产品的结构, 各种连接关系等) 关系元或复合关系元, 再建立描述原产品 O 的硬部和软部不同层次功能 (或用途) 的功能 (或用途) 事元或复合事元. 根据产品创新的需要, 还可以建立描述产品 O 的工艺、执行机构、使用方式、运动行为等设计要素的可拓模型.

(4) 进行拓展分析: 利用拓展分析方法对上述基元或复合元进行拓展, 获得创新的多种途径.

(5) 实施可拓变换: 利用各种可拓变换方法, 将步骤 (3) 中的基元或复合元变换为步骤 (4) 拓展得到的各个基元或复合元, 并进行可拓变换的运算, 以获得多种新产品创意.

(6) 评价选优: 利用优度评价方法, 对上述可拓变换后形成的新产品创意进行评价, 选取优度较高者, 作为待选新产品创意.

　　为便于掌握和应用，我们把第二创造法的步骤进行了简化，形成了简单易用的"可拓创新四步法"，即通过"建模–拓展–变换–优选"，就可以获取新产品创意. 示意图如图 3.7 所示.

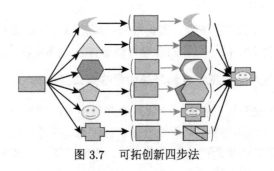

图 3.7　可拓创新四步法

3.6.3　从现有产品的缺点出发生成新产品创意的第三创造法

　　第三创造法就是从市场上已经存在的产品出发，分析其缺点或用户的抱怨，并对其进行拓展分析与可拓变换，从而生成新产品创意，然后对生成的创意进行综合优度评价，最终选出较优创意的方法.

　　第三创造法的主要步骤如下：

　　(1) 对市场上已经存在的产品进行分析，并用产品实体或部件物元、功能 (或用途) 事元、结构关系元模型将其形式化表示为

$$M = \begin{bmatrix} O_m, & c_{m01}, & v_{m01} \\ & c_{m02}, & v_{m02} \\ & \vdots & \vdots \\ & c_{m0n_1}, & v_{m0n_1} \end{bmatrix},$$

$$A = \begin{bmatrix} O_a, & c_{a01}, & v_{a01} \\ & c_{a02}, & v_{a02} \\ & \vdots & \vdots \\ & c_{a0n_2}, & v_{a0n_2} \end{bmatrix},$$

$$R = \begin{bmatrix} O_r, & c_{r01}, & v_{r01} \\ & c_{r02}, & v_{r02} \\ & \vdots & \vdots \\ & c_{r0n_3}, & v_{r0n_3} \end{bmatrix},$$

其中 O_m 表示所要分析的已有产品, $c_{m0i}(i = 1, 2, \cdots, n_1)$ 表示该产品的某个特征, v_{m0i} 表示该产品关于特征 c_{m0i} 的量值; O_a 表示所要分析的产品的功能 (或用途) 中的动作, $c_{a0j}(j = 1, 2, \cdots, n_2)$ 表示该动作的某个特征, v_{a0j} 表示该动作关于特征 c_{a0j} 的量值; O_r 表示所要分析的产品的结构中的关系词, $c_{r0l}(l = 1, 2, \cdots, n_3)$ 表示该关系词的某个特征, v_{r0l} 表示该关系词关于特征 c_{r0l} 的量值.

如果侧重对产品实体或部件的缺点分析, 则对产品或部件物元进行分析; 如果侧重功能 (或用途) 的缺点分析, 则对功能 (或用途) 事元进行分析; 如果侧重结构的缺点分析, 则对结构关系元进行分析. 当然也可以分别或同时对它们进行分析.

说明: 如果有必要, 还可以建立该产品的工艺、执行机构、运动行为、使用方式等的基元模型. 如果要同时对产品的多个设计要素进行深入分析, 还可以考虑进一步建立功能 (或用途)、结构、工艺、执行机构等的复合元模型. 此处仅以基元模型为例介绍步骤.

(2) 根据上述可拓模型, 运用缺点列举法或其他领域知识, 找到产品的缺点, 把所分析的产品实体的缺点特征、功能 (或用途) 的缺点特征、结构的缺点特征分别列举出来, 并改写模型, 使得模型中的特征自上而下与不同程度的缺点特征相对应, 以便根据对缺点的要求进行分析. 改写后的可拓模型如下

$$M_0 = \begin{bmatrix} M_{01} \\ \vdots \\ M_{0s_1} \\ \vdots \\ M_{0n_1} \end{bmatrix}, A_0 = \begin{bmatrix} A_{01} \\ \vdots \\ A_{0s_2} \\ \vdots \\ A_{0n_2} \end{bmatrix}, R_0 = \begin{bmatrix} R_{01} \\ \vdots \\ R_{0s_3} \\ \vdots \\ R_{0n_3} \end{bmatrix}.$$

其中 $M_{01}, M_{02}, \cdots, M_{0s_1}$ 是针对产品实体的缺点特征列举的缺点分物元; $A_{01}, A_{02}, \cdots, A_{0s_2}$ 是针对产品功能 (或用途) 的缺点特征列举的缺点分事元; $R_{01}, R_{02}, \cdots, R_{0s_3}$ 是针对产品结构的缺点特征列举的缺点分关系元.

通常人工进行分析时, 直接从第 (2) 步开始建模, 不必列出全部非缺点分基元.

第 4 章　矛盾问题的求解方法

世界充满着矛盾. 人类出现以后, 为了生存和发展, 利用种种变换方法, 处理各种各样的矛盾问题, 使不相容转化为相容, 对立转化为共存. 矛盾、变换和统一贯穿于人类社会的整个发展过程中.

矛盾问题是可拓学的研究对象. 人们把矛盾问题分为三类: 第一类是主观和客观矛盾的问题, 简称为不相容问题; 第二类是主观和主观矛盾的问题, 简称为对立问题; 第三类是自然存在的、没有人为干预的客观矛盾问题. 可拓学主要研究第一类和第二类矛盾问题.

为了研究矛盾问题的求解方法, 本章首先介绍矛盾问题的可拓模型、矛盾问题的拓展与变换, 然后分别给出不相容问题的求解方法和对立问题的求解方法.

4.1　矛盾问题的可拓模型

本节根据 3.1 节介绍的问题的可拓模型的建立方法, 分别定义不相容问题、对立问题和多目标矛盾问题, 并建立其可拓模型, 为研究矛盾问题求解打下基础.

4.1.1　不相容问题的可拓模型

根据 3.1 节问题的可拓模型的建立方法, 建立了单目标问题的可拓模型:

$$P = G * L$$

其中目标 G 是事元或复合事元, 条件 L 是基元、复合元或它们的运算式.

如果在条件 L 下, 目标 G 不能实现, 则称问题 P 为不相容问题, 记为 $G \uparrow L$, 否则称问题 P 为相容问题, 记作 $G \downarrow L$.

不相容问题的解决, 有三种思路:

(1) 目标不能改变, 通过条件的可拓变换使不相容问题化解. 此时, 可以以实现目标所必须的量域为限制、以条件中相应的基元为对象建立可拓集, 进而寻找可拓变换或其运算式, 使不相容问题转化为相容问题.

(2) 条件不能改变, 通过对目标的可拓变换使不相容问题化解. 此时, 可以以条件能提供的量域为限制、以目标中与条件相应的基元为对象建立可拓集, 进而寻找可拓变换或其运算式, 使不相容问题转化为相容问题.

(3) 目标和条件都可以改变, 使不相容问题化解. 此时, 通常先对条件进行可拓变换或可拓变换的运算, 以使不相容问题化解; 再对目标进行可拓变换或可拓变换的运算, 以使不相容问题化解; 再综合评价所有可拓变换及其运算的优劣, 选择较优的方式解决不相容问题.

下面仅对第一种思路的情况给出不相容问题的形式化定义.

定义 4.1 给定问题 $P = G * L$, 其中 G 为事元或复合事元, L 为基元、复合元或它们的运算式. 设 c_0 为评价特征, c_{0s} 为目标 G 实现时对象 Z_g 关于 c_0 所需要的特征, 正域为 X, 量值域为 $V_0(c_{0s})$, 且 $X \subseteq V_0(c_{0s})$, c_{0t} 为条件 L 中的对象 Z_0 关于 c_0 提供的特征, 量值为 $c_{0t}(Z_0)$, 记

$$g_0 = (Z_g, c_{0s}, X), l_0 = (Z_0, c_{0t}, c_{0t}(Z_0)),$$

称 $P_0 = g_0 * l_0$ 为问题 P 的核问题.

作 $U = \{l | l = (Z, c_0, c_0(Z)) = (Z, c_0, x), Z_0 \dashv Z\}$, 以 $X (X \subseteq V_0(c_{0s}))$ 为正域, 建立 l 关于 c_0 的相容度函数 $k(x)$ (相容度函数的建立方法参见 2.7 节关联函数的建立方法), 作可拓集

$$\tilde{E}(T) = \{(l, y, y') \mid l \in U, y = K(l) = k(x) \in \Re,$$

$$T_l l \in T_U U, y' = T_K K(T_l l) \in \Re\}.$$

记 $K_0(P) = K(l_0) = k[c_{0t}(Z_0)]$, 称为问题 P 的相容度. 若 $K_0(P) < 0$, 则问题 P 为不相容问题, 记作 $G \uparrow L$; 若 $K_0(P) > 0$, 则问题 P 为相容问题, 记作 $G \downarrow L$; 若 $K_0(P) = 0$, 则问题 P 为临界问题.

例 4.1 设传统发电机 Z_0 的输出功率为 aW, 现在需要使发电机的输出功率达到传统发电机的 2 倍以上 (传统发电机的定子是固定的), 显然是一个不相容问题. 下面用不相容问题的可拓模型的建立方法建立该问题的可拓模型.

根据对问题的目标和条件的分析，建立该问题的可拓模型为：

$$P = G * L$$

$$= \begin{bmatrix} \text{提高,} & \text{支配对象,} & \text{输出功率} \\ & \text{接受对象,} & \text{发电机}Z \\ & \text{程度,} & [2a, +\infty)\text{W} \end{bmatrix}$$

$$* \begin{bmatrix} \text{发电机}Z_0, & \text{类型,} & \text{传统型} \\ & \text{发电方式,} & \text{单向} \\ & \text{定子运动情况,} & \text{不转动} \\ & \text{转子运动情况,} & \text{顺时针转动} \\ & \text{发电功率,} & a\text{W} \end{bmatrix}.$$

取评价特征为 $c_0 =$ 输出功率，c_{0s} 是目标 G 中接受对象关于 c_0 所要求的特征，其量值的正域为 $X = [2a, +\infty)$，c_{0t} 是条件 L 关于 c_0 所提供的特征.

作基元集 $U = \{l | l = (Z, c_0, c_0(Z)) = (Z, c_0, x), Z_0 \dashv Z\}$，记

$$g_0 = (Z_g, c_{0s}, [2a, +\infty)\text{W}), l_0 = (Z_0, c_{0t}, a\text{W}),$$

则问题 P 的核问题的可拓模型为

$$P_0 = g_0 * l_0$$

$$= (Z_g, c_{0s}, [2a, +\infty)\text{W}) * (Z_0, c_{0t}, a\text{ W}),$$

以 X 为正域，建立该问题的相容度函数为 $k(x) = x - 2a$，作可拓集

$$\tilde{E}(T) = \{(l, y, y') | l \in U, y = k(l) = k(x) \in \Re; T_U l \in T_U U, y' = K(T_l l) \in \Re\}$$

显然，当 $x = c_{0t}(Z_0) = a < 2a$ 时，$K(P_0) = k(a) < 0$，说明问题 P 为不相容问题，也就是说在现有的条件下，是无法使发电机输出功率达到传统发电机的 2 倍以上.

在可拓集 $\tilde{E}(T)$ 中，$T = (T_U, T_K, T_l)$，其中 T_U 是对论域 U 的变换，T_K 是对相容度函数的变换，T_l 是对元素 l 的变换.

对于不相容问题的原问题和核问题的关系，有如下命题.

命题 4.1 设不相容问题 $P = G * L, G \uparrow L$ 的核问题为 $P_0 = g_0 * l_0$，则 $(g_0 \downarrow l_0) \Rightarrow (G \downarrow L)$.

定义 4.2 (不相容问题的解变换) 对定义 4.1 中的不相容问题 $P = G * L, G \uparrow L$，$K_0(P) = K(l_0) < 0$，若存在可拓变换 $T = (T_U, T_K, T_l)$，使

$$T_K K(T_{l_0} l_0) = K'(T_{l_0} l_0) = K'(l_0') > 0,$$

则称 T 为不相容问题 P 的解变换，也称 T 为解决不相容问题的可拓策略. 其中

$$
T = \begin{bmatrix} O_T, & 支配对象, & v_1 \\ & 接受对象, & v_2 \\ & 变换结果, & v_3 \\ & 施动对象, & v_4 \\ & 方法, & v_5 \\ & 工具, & v_6 \\ & 时间, & v_7 \\ & 地点, & v_8 \end{bmatrix} = \begin{bmatrix} O_T, & c_1, & v_1 \\ & c_2, & v_2 \\ & c_3, & v_3 \\ & c_4, & v_4 \\ & c_5, & v_5 \\ & c_6, & v_6 \\ & c_7, & v_7 \\ & c_8, & v_8 \end{bmatrix},
$$

O_T 是变换的名称，$v_2 \in \{l, K, U\}$、v_1、v_3 和 v_4 定性地规定了变换的支配对象、结果，以及变换的操作者，v_5 和 v_6 规定了变换的方法和工具，是实现变换 T 的两个关键要素. v_5、v_6、v_7、v_8 的取值范围由历史资料、客观规律或人的主观要求确定.

说明：上述定义和命题都是基于不相容问题的目标不变、通过条件的变换使不相容问题化解的思路给出的. 如果不相容问题的条件不能变，需要通过目标的变换化解不相容问题，那么，就要根据条件的限制重新构建核问题及其可拓集，且变换后的目标必须蕴含原目标，将在 4.3 节介绍.

4.1.2 对立问题的可拓模型

与不相容问题类似，对立问题的解决，也可以通过对条件的变换或目标的变换实现. 由于对立问题有两个目标，因此，其形式化定义要比

不相容问题更复杂.

下面以目标不变、通过条件的变换使对立问题转化为共存问题的思路，给出对立问题的定义. 如果对立问题的条件不能变，需要通过目标的变换使对立问题化解，那么，就要根据条件的限制重新构建核问题及其可拓集，且变换后的目标必须蕴含原目标，将在 4.4 节介绍.

定义 4.3 (对立问题的定义)　给定问题 $P = (G_1 \wedge G_2) * L$，其中 G_1，G_2 为事元或复合事元，L 为基元、复合元或它们的运算式. 设 c_0 为评价特征，Z_{g1} 和 Z_{g2} 为目标 G_1 和 G_2 所涉及的对象，c_{0s} 为 Z_1 和 Z_2 关于 c_0 所需要的特征，量值的正域为 X_1, X_2，量值域为 $V_{10}(c_{0s})$，$V_{20}(c_{0s})$，且 $X_1 \subseteq V_{10}(c_{0s})$，$X_2 \subseteq V_{20}(c_{0s})$. 记

$$g_{10} = (Z_{g1}, c_{0s}, X_1), \quad g_{20} = (Z_{g2}, c_{0s}, X_2),$$

设 c_{0t} 为条件 L 对应于目标的对象关于 c_0 所提供的特征，量值为 $c_{0t}(Z_{10})$、$c_{0t}(Z_{20})$，记

$$l_{10} = (Z_{10}, c_{0t}, c_{0t}(Z_{10})), \quad l_{20} = (Z_{20}, c_{0t}, c_{0t}(Z_{20})),$$

则称 $P_0 = (g_{10} \wedge g_{20}) * (l_{10} \wedge l_{20}) \triangleq (g_{10} \wedge g_{20}) * l_0$ 为问题 P 的核问题.

记

$$U_1 = \{l_1 | l_1 = (Z_1, c_0, x_1), Z_{10} \dashv Z_1\},$$

$$U_2 = \{l_2 | l_2 = (Z_2, c_0, x_2), Z_{20} \dashv Z_2\}.$$

作二元可拓集

$$\tilde{E}(l_1, l_2) = \{((l_1, l_2), y, y') \mid l_1 \in U_1, l_2 \in U_2, y = K(l_1, l_2) = k(x_1, x_2);$$

$$T_{l_1} l_1 \in T_{U_1} U_1, T_{l_2} l_2 \in T_{U_2} U_2, y' = T_K K(T_{l_1} l_1, T_{l_2} l_2) = k'(x_1', x_2')\},$$

称

$$K_0(P) = K(l_{10}, l_{20}) = k[c_{0t}(Z_{10}), c_{0t}(Z_{20})]$$

为问题 P 的共存度. 若 $K_0(P) > 0$，则称 P 为共存问题，记作 $(G_1 \wedge G_2) \downarrow L$；若 $K_0(P) < 0$，则称 P 为对立问题，记作 $(G_1 \wedge G_2) \uparrow L$；若 $K_0(P) = 0$，则称 P 为临界问题.

对于对立问题的原问题和核问题的关系, 有如下命题.

命题 4.2 设对立问题 $P = (G_1 \wedge G_2) * L, (G_1 \wedge G_2) \uparrow L$, 核问题为 $P_0 = (g_{10} \wedge g_{20}) * l_0$, 则

$$((g_{10} \wedge g_{20}) \downarrow l_0) \Rightarrow ((G_1 \wedge G_2) \downarrow L).$$

定义 4.4 (对立问题的解变换) 对于定义 4.3 中的对立问题 $P = (G_1 \wedge G_2) * L, \ (G_1 \wedge G_2) \uparrow L, K_0(P) < 0$, 若存在可拓变换

$$T = (T_{l_1}, T_{l_2}, T_K, (T_{U_1}, T_{U_2})),$$

使

$$T_K K(T_{l_1} l_1, T_{l_2} l_2) = K'(T_{l_1} l_1, T_{l_2} l_2) = k'(x'_1, x'_2) > 0,$$

则称 T 为对立问题 P 的解变换, 也称 T 为解决对立问题 P 的可拓策略.

说明: (1) 由于对立问题的共存度函数的建立需要用到二元关联函数, 比较复杂, 此处不做详述, 通常是在已经判断为对立的情况下, 考虑对立问题的求解.

(2) 对立问题有两个目标, 上述定义和命题是针对两个目标同时实现的情况, 需要使对立问题转化为共存问题. 实际上, 很多实际问题并不一定要求两个目标同时实现, 此时就不需要使对立问题转化为共存问题. 对立问题的具体求解方法见本章 4.4 节.

4.1.3 多目标矛盾问题的可拓模型

如果问题是多目标矛盾问题, 设目标为 G_1, G_2, $\cdots$, G_n, 条件为 L, G_1, G_2, $\cdots$, G_n 是事元或复合事元, L 是基元、复合元或它们的运算式.

根据 3.1 节问题的可拓模型的建立方法, 如果在条件 L 下目标 G_1, G_2, $\cdots$, G_n 不能同时实现, 则称该问题为多目标不能同时实现的矛盾问题, 可建立该矛盾问题的可拓模型为:

$$P = (G_1 \wedge G_2 \wedge \cdots \wedge G_n) * L, (G_1 \wedge G_2 \wedge \cdots \wedge G_n) \uparrow L.$$

由于多目标矛盾问题比较复杂, 一般要先根据领域知识分析多个目标之间的关系, 然后将问题分解为对立问题或不相容问题分别处理.

常见多目标矛盾问题的处理方法:

1) 根据领域知识和目标的蕴含分析方法, 分析所有目标之间的关系, 若目标之间具有蕴含关系, 则建立目标蕴含系, 针对最下位目标, 再判断问题属于何种矛盾问题.

2) 若在条件 L 下, 多个目标之间具有相关关系, 则首先根据领域知识和相关网方法, 建立多目标间的相关网, 并针对最下位目标与条件之间的关系, 判断问题属于何种矛盾问题.

3) 若 G_i 和 G_j 相互独立 $(i < j, i, j = 1, 2, \cdots, n)$, 且 $G_i \uparrow L(i = 1, 2, \cdots, n)$, 则问题 P 为多目标不相容问题. 可按照 4.1.1 中相应的方法确定不相容问题的核问题. 对于一些明显的多目标不相容问题, 也可不必建立核问题的可拓模型.

4) 若 $(G_i \wedge G_j) \uparrow L(i < j, i, j = 1, 2, \cdots, n)$, 且各目标间没有蕴含关系和相关关系, 则问题 P 为多目标对立问题. 此时必须首先确定对应于目标 G_i 和 G_j 的问题 $P_{ij}(i < j, i, j = 1, 2, \cdots, n)$ 中的核问题, 再求出对立的目标 G_i 和 G_j 的共存度, 从而确定各对立问题. 核问题的定义和确定方法参见 4.1.2. 对于一些明显的多目标对立问题, 也可不必建立核问题的可拓模型.

5) 若多目标间既有对立, 又有不相容, 则需要根据领域知识, 结合对不相容问题与对立问题的研究, 对问题进行分解处理.

多目标矛盾问题的研究还不深入, 其他更复杂的多目标矛盾问题, 需要结合领域知识, 参考不相容问题和对立问题进一步深入研究.

4.2　矛盾问题的拓展与可拓变换

现实世界中, 矛盾问题往往十分复杂, 解决问题的路径也是众多的. 因此, 除了研究前面简单问题的解法以外, 还必须研究矛盾问题的运算、复杂矛盾问题的解法以及可拓变换对所要解决的问题相关的事物所产生的传导作用.

为了解决矛盾问题, 在建立了矛盾问题的可拓模型之后, 必须研究矛盾问题的拓展与可拓变换, 才能获得解决矛盾问题的可拓策略.

4.2.1　矛盾问题的拓展

在可拓学中, 研究矛盾问题的目的是为了解决矛盾问题. 以不相容问题为例, 根据不相容问题的可拓模型: $P = G * L, G \uparrow L$, 其中目标 G 可以用事元或复合事元形式化表示, 条件 L 可用基元、复合元及其运算式形式化表示. 根据 2.8 节介绍的基元和复合元的拓展推理, 可以得到问题的拓展推理规则. 通过问题的拓展推理规则, 得到矛盾问题的发散问题、相关问题、蕴含问题及可扩问题, 从而为矛盾问题的解决提供多条途径.

对立问题有类似的拓展问题, 此不赘述.

1. 发散问题

定义 4.5 给定不相容问题 $P_0 = G_0 * L_0, G_0 \uparrow L_0$, 其中 G_0 和 L_0 均为基元或复合元. 根据发散规则对条件进行发散分析:

$$L_0 \dashv \{L_1, L_2, \cdots, L_m\}$$

称 $P_j = G_0 * L_j (j = 1, 2, \cdots, m)$ 为 P_0 关于条件 L_0 的发散问题, 记作

$$P_0 \dashv \{P_j, j = 1, 2, \cdots, m\}.$$

根据发散规则对目标进行发散分析:

$$G_0 \dashv \{G_1, G_2, \cdots, G_n\},$$

称 $P_i = G_i * L_0 (i = 1, 2, \cdots, n)$ 为 P_0 关于目标 G_0 的发散问题, 记作

$$P_0 \dashv \{P_i, i = 1, 2, \cdots, n\}.$$

根据发散规则对条件和目标同时进行发散分析:

$$L_0 \dashv \{L_1, L_2, \cdots, L_m\}, G_0 \dashv \{G_1, G_2, \cdots, G_n\},$$

称 $P_{ij} = G_i * L_j (i = 1, 2, \cdots, n; j = 1, 2, \cdots, m)$ 为 P_0 关于条件 L_0 和目标 G_0 的发散问题, 记作

$$P_0 \dashv \{P_{ij}, i = 1, 2, \cdots, n; j = 1, 2, \cdots, m\}.$$

2. 蕴含问题

定义 4.6 给定不相容问题 $P_0 = G_0 * L_0, G_0 \uparrow L_0$, 若存在 G, 使 $G \Rightarrow G_0$, 则称问题 $P_G = G * L_0$ 为 P_0 关于目标 G_0 的蕴含问题. 若存在 L, 使 $L \Rightarrow L_0$, 则称问题 $P_L = G_0 * L$ 为 P_0 关于条件 L_0 的蕴含问题. 若同时存在 G 和 L, 使 $G \Rightarrow G_0$, $L \Rightarrow L_0$, 则称问题 $P = G * L$ 为 P_0 关于目标 G_0 和条件 L_0 的蕴含问题. 上述问题可分别记作: $P_G \Rightarrow P_0$, $P_L \Rightarrow P_0$, $P \Rightarrow P_0$.

3. 相关问题

定义 4.7　给定不相容问题 $P_0 = G_0 * L_0, G_0 \uparrow L_0$，若存在 G，使 $G \sim G_0$，则称问题 $P_G = G * L_0$ 为 P_0 关于目标 G_0 的相关问题. 若存在 L，使 $L \sim L_0$，则称问题 $P_L = G_0 * L$ 为 P_0 关于条件 L_0 的相关问题. 若同时存在 G 和 L，使 $G \sim G_0, L \sim L_0$，则称问题 $P = G * L$ 为 P_0 关于 G_0 和 L_0 的相关问题. 上述问题可分别记作：$P_G \sim P_0$, $P_L \sim P_0$, $P \sim P_0$.

4. 可扩问题

可扩问题包括关于目标的可扩问题、关于条件的可扩问题、同时关于目标和条件的可扩问题，下面给出关于目标的可扩问题的定义.

定义 4.8　给定不相容问题 $P_0 = G_0 * L_0, G_0 \uparrow L_0$，若存在 G_0 的可组合目标 G_1，即 $G = G_0 \oplus G_1$，则称问题 $P = G * L_0$ 为 P_0 关于目标 G_0 的组合问题. 若 G_0 可分解为 G_1, G_2, $\cdots$, G_n，则称问题 $P_i = G_i * L_0 (i = 1, 2, \cdots, n)$ 为 P_0 关于目标 G_0 的分解问题. 若 G_0 可扩大为 αG_0 ($\alpha > 1$) 或可缩小为 αG_0 ($0 < \alpha < 1$)，则称问题 $P = \alpha G_0 * L_0$ 为 P_0 关于目标 G_0 的扩缩问题.

同样可定义关于条件的组合问题、分解问题和扩缩问题，也可定义同时关于目标和条件的组合、分解、扩缩问题. 此处从略.

说明：上面的拓展问题说明任何矛盾问题的目标或条件都是可以拓展的，这就为解决矛盾问题提供了多种可能的路径. 在大部分矛盾问题的解决过程中，常常是针对核问题的目标或条件进行拓展，就可以找到解决问题的路径. 但有些实际问题，可能是因为目标界定不准确或给定的条件信息不足导致问题无法解决，这时需要直接针对原问题的目标或条件进行拓展，再根据拓展问题建立核问题的可拓模型，进而找到解决问题的路径.

4.2.2　矛盾问题的可拓变换

根据 4.1 节矛盾问题的可拓模型可知，为了解决矛盾问题，必须根据对矛盾问题的核问题的目标或条件的拓展分析结果，实施可拓变换，以获取解决矛盾问题的策略. 对于给定的论域和关联准则，对矛盾问题的核问题的目标或条件的可拓变换，导致了矛盾问题的可拓变换.

下面给出矛盾问题的核问题的可拓变换的定义.

1. 不相容问题的可拓变换

定义 4.9 给定不相容问题的核问题 $P_0 = g_0 * l_0, g_0 \uparrow l_0$，若 $T_{g_0}g_0 = g'$，则称使 P_0 变为 $P'_g = g' * l_0$ 的变换为 P_0 关于目标的可拓变换，记为 $g_0 T_{P_0} = (T_{g_0}, e)$. 若 $T_{l_0}l_0 = l'$，则称使 P_0 变为 $P'_l = g_0 * l'$ 的变换为 P_0 关于条件的可拓变换，记作 $l_0 T_{P_0} = (e, T_{l_0})$. 若 $T_{g_0}g_0 = g'$，$T_{l_0}l_0 = l'$，则称使 P_0 变为 $P' = g' * l'$ 的变换为 P_0 关于目标和条件的可拓变换，记作 $(g_0, l_0) T_{P_0} = (T_{g_0}, T_{l_0})$.

为方便起见，把对上述不相容问题的可拓变换简记为：$T_{P_0} = (T_{g_0}, T_{l_0})$. $T_{P_0} = (T_{g_0}, e)$ 和 $T_{P_0} = (e, T_{l_0})$ 是其特例.

说明：(1) 不相容问题的条件可以有多个，可以根据实际问题求解的需要，选择对其中某些条件实施可拓变换. (2) 上述可拓变换不一定是不相容问题的解变换，还需要判断哪些可拓变换可以使不相容问题化解. (3) 有些简单的不相容问题，不需要建立核问题的可拓模型，也不需要建立相容度函数，根据领域知识就可以判定问题是不相容问题，这时可以通过对原问题的目标或条件进行拓展分析后，直接对原问题的目标或条件实施可拓变换.

2. 对立问题的可拓变换

定义 4.10 给定对立问题的核问题 $P_0 = (g_{10} \wedge g_{20}) * l_0, (g_{10} \wedge g_{20}) \uparrow l_0$，若 $T_{g_{10}}g_{10} = g'_1, T_{g_{20}}g_{20} = g'_2$，称使 P_0 变为 $P' = (g'_1 \wedge g'_2) * l_0$ 的变换为 P_0 关于目标的可拓变换，记作 $(g_{10}, g_{20}) T_{P_0} = (T_{g_{10}}, T_{g_{20}}, e)$. 作为特例，可以有 $T_{g_{10}} = e$ 或 $T_{g_{20}} = e$.

若 $T_{l_0}l_0 = l'$，记 $P' = (g_{10} \wedge g_{20}) * l'$，使 P_0 变为 P' 的变换称为 P_0 关于条件的可拓变换，记作 $l_0 T_{P_0} = (e, e, T_{l_0})$.

若 $T_{g_{10}}g_{10} = g'_1, T_{g_{20}}g_{20} = g'_2, T_{l_0}l_0 = l'$，则称使 P_0 变为 $P' = (g'_1 \wedge g'_2) * l'$ 的变换为 P_0 的可拓变换，记作 $(g_{10}, g_{20}, l_0) T_{P_0} = (T_{g_{10}}, T_{g_{20}}, T_{l_0})$.

为方便起见，把对上述对立问题的可拓变换简记为：$T_{P_0} = (T_{g_{10}}, T_{g_{20}}, T_{l_0})$.

说明：(1) 对立问题的条件可以有多个，可以根据实际问题求解的需要，选择对其中某些条件实施可拓变换. (2) 上述可拓变换不一定是对立问题的解变换，还需要判断哪些可拓变换可以使对立问题化解. (3)

对于有些简单的对立问题，不需要建立核问题的可拓模型，也不需要建立共存度函数，根据领域知识就可以判定问题是对立问题，这时可以直接针对原问题的可拓模型进行拓展分析与可拓变换.

上述矛盾问题的可拓变换可以是置换变换、增删变换、扩缩变换、分解变换等基本可拓变换，也可以是可拓变换的运算、传导变换等.

4.2.3　传导矛盾问题和传导矛盾问题链

由于事物之间存在着千丝万缕的联系，因此往往一个矛盾问题的解决，又会导致新的矛盾问题的产生. 所以，在解决前一个矛盾问题时，就必须考虑可能产生的新矛盾问题的处理方法. 例如，拆东墙，补西墙. 西墙的矛盾解决了，东墙的洞又要怎么处理？为了描述这种现象，我们引进了传导矛盾问题和传导矛盾问题链的概念.

下面仅以不相容问题为例，介绍传导矛盾问题和传导矛盾问题链的定义. 对立问题有类似的传导矛盾问题和传导矛盾问题链，此不赘述.

定义 4.11 (传导矛盾问题)　给定不相容问题 $P = G * L, G \uparrow L$, $K(P) < 0, T_P = (T_G, T_L)$ 为 P 的解变换，即 $K(T_P P) > 0$, 若存在问题 $P' = G' * L'$, $K'(P') > 0$, 且 $P \sim P'$. 由传导规则：$T_P \Rightarrow_P T_{P'}$, $_P T_{P'} = (_G T_{G'}, _L T_{L'})$，使

$$_P T_{P'}(P') = (_G T_{G'} G') * (_L T_{L'} L') = G_1 * L_1 = P_1,$$

若 $K'(P_1) < 0$，则称 P_1 为 T_P 关于 P' 的传导矛盾问题.

在传导矛盾问题中，有一类问题是人们经常会遇到的，即在原矛盾问题 P 已解决的情况下，由于发生一系列的传导变换，又形成了一系列的传导矛盾问题，称之为矛盾问题链. 有的矛盾问题链最终又导致了原目标无法实现，即在新的条件下，形成要实现原目标的新的矛盾问题. 下面，对这两种情况给予严格的定义.

定义 4.12 (传导矛盾问题链)　若 T_P 是不相容问题 $P = G * L$ 的解变换，P_1 是 T_P 关于问题 P_{01} 的传导矛盾问题，T_{P_1} 是 P_1 的解变换，P_2 是 T_{P_1} 关于问题 P_{02} 的传导矛盾问题，$\cdots, T_{P_n}$ 是 P_n 的解变换，P_{n+1} 是 T_{P_n} 关于问题 P_{0n} 的传导矛盾问题，称 $P, P_1, P_2, \cdots,$ P_{n+1} 构成传导矛盾问题链，记作 $P - P_1 - P_2 - \cdots - P_{n+1}$，其中 $P_{i+1} = $ $_{P_i} T_{P_{0i+1}} P_{0i+1}, i = 0, 1, 2, \cdots, n, P = P_0$.

定义 4.13 (传导矛盾问题环) 若 $P - P_1 - P_2 - \cdots - P_{n+1}$ 为不相容问题 $P = G * L$ 的传导矛盾问题链. P_{n+1} 是 T_{P_n} 关于问题 P_{0n} 的传导矛盾问题, $P_{n+1} = G * L_{n+1}$, 称 $P - P_1 - P_2 - \cdots - P_{n+1}$ 构成传导矛盾问题环. 显然, 传导矛盾问题环是传导矛盾问题链的特例.

由上述定义可见, 传导矛盾问题是由原矛盾问题的解变换对另一与其相关的问题的目标元或条件元的传导变换造成的. 因而, 研究传导矛盾问题, 对于决定采用哪个策略解决矛盾问题有重要作用.

4.3 不相容问题的求解方法

4.1 节介绍不相容问题的可拓模型时, 曾经介绍了解决不相容问题的三种思路: ①目标不变, 通过条件的变换使不相容问题化解; ②条件不变, 通过对目标的变换使不相容问题化解; ③目标和条件同时改变, 使不相容问题化解.

不论哪种思路, 要使不相容问题 P 化为相容, 关键在于寻找变换 $T = (T_W, T_K, T_P)$, 使

$$T_K K(T_P P) = K'(P') > 0.$$

使不相容问题的相容度从不大于 0 变为大于 0 的可拓变换或可拓变换的运算式, 即不相容问题的解变换, 称为解决不相容问题的可拓策略. 生成可拓策略的过程, 称为可拓策略生成.

解决不相容问题的可拓策略生成方法, 是以可拓论和可拓创新方法为基础, 模仿人类的思维模式, 用形式化、定量化方法生成解决不相容问题的策略的方法. 它通过建立不相容问题的可拓模型, 利用关联函数计算问题的相容度以判断问题的矛盾程度, 对不相容问题进行拓展分析、共轭分析和可拓变换, 再通过评价选优, 从而得到解决不相容问题的较优可拓策略的方法.

下面介绍可拓策略生成的基本思路和基本步骤, 并举例说明.

4.3.1 可拓策略生成的基本思路

可拓策略生成的理论基础是可拓论, 目的是解决不相容问题, 其基本思路如下:

(1) 首先对实际问题界定目标和条件, 然后建立原问题的可拓模型.

(2) 根据实际问题，判断目标和条件哪个可以改变，针对可以改变的进入下一步.

(3) 若目标不能变，则首先对原问题的条件进行分析：

①根据实际问题提供的指标和要达到目标所需要的相应的指标的取值 (或取值范围)，确定原问题的核问题，并建立核问题的相容度函数，通过计算判断问题不相容的程度；

②如果是不相容问题，则对核问题的条件进行分析，选择拓展分析中的相关分析，建立问题的相关树或相关网，进而对相关树或网的叶基元进行发散分析或共轭分析，然后实施可拓变换，再根据传导变换，形成传导变换蕴含系.

(4) 若条件不能变，则首先对原问题的目标进行分析：

①如果目标可以变，则根据实际问题提供的指标和要达到目标所需要的相应的指标的取值 (或取值范围)，确定原问题的核问题，并建立核问题的相容度函数，通过计算判断问题不相容的程度. 如果相容度小于等于 0，则按②执行.

②采用蕴含分析方法，并适当结合其他三种拓展分析方法，建立原问题的目标的蕴含系. 若原问题的目标存在下位目标，则将该下位目标作为要实现的目标，再按照①执行.

③如果原问题目标的下位目标无法实现，则认为对原问题的目标界定不准确，需要进一步对原问题的目标进行蕴含分析，寻找其上位目标. 若存在上位目标，则再找到该上位目标的其他下位目标，并将原问题的目标变换为其他下位目标，再按①执行.

(5) 若目标和条件都可以变，则先执行 (3) 再执行 (4).

(6) 对变换后形成的问题，再计算其相容度函数的值，若其相容度由变换前的不大于 0 变为大于 0(注：有些实际问题可能认为等于 0 是相容，有些则不然，需要具体问题具体分析)，则此可拓变换或变换的运算式即为解决不相容问题的可拓策略.

4.3.2　可拓策略生成方法的一般步骤

利用可拓策略生成方法生成解决不相容问题的可拓策略的一般步骤如下：

(1) 利用矛盾问题的界定方法界定原问题的目标和条件，并用可拓模型形式化表示

假设原问题的目标为 G，条件为 L，则首先将 G 和 L 用可拓模型表示为：

$$G = (O_1, C_1, V_1), \quad L = (O_2, C_2, V_2).$$

(2) 建立原问题的可拓模型，并判断目标和条件哪个可以变换

根据不相容问题的可拓模型的建立方法，建立原问题的可拓模型为

$$P = G * L,$$

再根据领域知识判断目标和条件哪一个可以变换，并分别针对不同的情况执行下面的步骤.

(3) 当目标不能变换时，建立核问题的可拓模型

根据实际问题的条件和目标实现的要求，建立原问题的核问题的可拓模型为

$$P_0 = g_0 * l_0,$$

若对应于 l_0 的类基元记为 L_0，对应于 g_0 的类基元记为 G_0，则其类核问题的可拓模型为

$$P_0 = G_0 * L_0.$$

(4) 建立不相容问题的判定函数——相容度函数.

利用关联函数的建立方法，根据实际问题的条件和目标实现的要求，建立相容度函数 $K(P)$，若 $K(P) < 0$，则称问题 P 为不相容问题；若 $K(P) > 0$，则称问题 P 为相容问题；若 $K(P) = 0$，则称问题 P 为临界问题.

(5) 依据拓展分析方法，对核问题的条件进行拓展分析.

由于目标不能变换，因此要对核问题的条件进行拓展分析，依次进行如下步骤：

a. 选择相关分析，建立条件 L_0 的相关树或相关网. 相关树又有有向相关和互为相关、与相关和或相关之分，可参见 2.3.2 节的相关分析原理部分. 以单向与相关为例，可形成如下相关树：

$$L_0 \overset{\triangle}{\dashv} \begin{cases} L_{01} \overset{\triangle}{\dashv} \begin{cases} L_{011} \\ \vdots \\ L_{01h_1} \leftarrow \cdots \end{cases} \\ L_{02} \overset{\triangle}{\dashv} \\ \vdots \\ L_{0m} \overset{\triangle}{\dashv} \begin{cases} L_{0m1} \leftarrow \cdots \\ \vdots \\ L_{0mh_m} \leftarrow \cdots \end{cases} \end{cases}$$

b. 发散分析或共轭分析：对问题的条件相关树的树叶进行发散分析，以获得解决不相容问题的多种思路. 以对 L_{011} 的发散分析为例，可得如下发散树：

$$L_{011} \dashv \begin{cases} L_{0111} \\ L_{0112} \\ L_{0113} \\ \vdots \\ L_{011r_1} \end{cases} ,$$

如果 L_{011} 是物元，还可进行共轭分析，即从虚实、软硬、潜显、负正等方面对物元进行分析，从而得到解决不相容问题的多种思路，参见 3.3 节.

c. 可扩分析：对发散后问题的条件相关树的树叶进行组合、分解或扩缩，可以得到更多解决不相容问题的途径.

(6) 对所拓展出的对象进行可拓变换或可拓变换的运算. 首先对问题的条件相关树的树叶实施可拓变换，再根据传导变换方法，会形成可拓变换蕴含系，以对 $L_{01}, L_{02}, L_{0m1}, \cdots, L_{0mh}$ 的与变换为例，即同时对各树叶实施变换，可得到如下可拓变换蕴含系：

$$\overset{m}{\underset{i=1}{\wedge}} L_{0i} T_{L0} \overset{\triangle}{\Leftarrow} \begin{cases} T_{L_{01}} \\ T_{L_{02}} \\ \vdots \\ \overset{h}{\underset{j=1}{\wedge}} L_{0mj} T_{L0m} \overset{\triangle}{\Leftarrow} \begin{cases} T_{L_{0m1}} \\ \vdots \\ T_{L_{0mh}} \end{cases} \end{cases},$$

通过传导变换, 会使原问题的相容度发生变化. 使原问题的相容度从 $K_0(P) = K(l_0) < 0$ 变为

$$T_K K(T_{l_0} l_0) = K'(l_0') > 0$$

的可拓变换或可拓变换的运算式, 即为解决原不相容问题的可拓策略.

(7) 当条件不能变换时, 依次进行如下步骤

如果某个问题无法直接通过对条件的分析和变换解决, 则需要对原问题的目标进行拓展分析和可拓变换.

1) 首先根据条件的限制, 建立核问题的可拓模型和相容度函数, 并计算问题的相容度, 若相容度小于零, 则进入下一步.

2) 选择蕴含分析, 建立原问题目标 G 的蕴含系. 目标的蕴含系又有 "与蕴含"、"或蕴含" 和 "与或蕴含" 之分, 可参见 2.1 的蕴含分析原理部分.

以 "与蕴含" 为例, 可建立目标 G 的蕴含系如下:

$$G \overset{\triangle}{\Leftarrow} \begin{cases} G_1 \overset{\triangle}{\Leftarrow} \begin{cases} G_{11} \\ \vdots \\ G_{1q_1} \end{cases} \\ G_2 \\ \vdots \\ G_n \overset{\triangle}{\Leftarrow} \begin{cases} G_{n1} \Leftarrow \cdots \\ \vdots \\ G_{nq_n} \Leftarrow \cdots \end{cases} \end{cases}.$$

3) 将原问题的目标变换为其下位目标, 并对核问题的目标实施相应的变换, 然后计算变换后问题的相容度, 若相容度大于零, 则该变换为解决原不相容问题的可拓策略.

4) 若原问题的目标存在上位目标, 则认为对原问题的目标界定不准确, 此时, 找到上位目标的其他下位目标, 并将原问题目标变换为其他下位目标, 并重新建立相应的核问题和相容度函数, 计算问题的相容度, 若相容度大于零, 则该变换为解决原不相容问题的可拓策略.

说明: 根据可拓集的定义, 若变换前的相容度等于 0, 即原问题属于临界问题, 则需要根据具体问题和领域知识, 判断原问题是否为不相容问题; 若变换后的相容度等于 0, 即属于拓界, 则需要根据具体问题和领域知识, 判断相应的变换是否为解决原不相容问题的可拓策略.

(8) 若目标和条件均可以变时, 先执行 5, 再执行 6.

(9) 利用优度评价方法, 对生成的可拓策略进行评价选优

优度评价的一般步骤如下:

① 根据专家意见、决策者的意见和实际情况, 确定评价特征: c_1, $c_2, \cdots, c_t$, 从而确定衡量指标: $MI_1 = (c_1, X_1), MI_2 = (c_2, X_2), \cdots, MI_t = (c_t, X_t)$;

② 根据各衡量指标的重要程度, 分别赋予权系数, 非满足不可的条件的权系数, 以 Λ 记之, 对于其他衡量指标, 则赋予 $[0, 1]$ 之间的值, 设权系数为

$$\alpha_1, \alpha_2, \cdots, \alpha_{t'}, \ t' \leqslant t;$$

③ 首先用非满足不可的指标对上述可拓策略进行筛选, 设筛选后的可拓策略为 $S_j, j = 1, 2, \cdots, d$;

④ 对不同的衡量指标, 分别建立不同的关联函数, 设 MI_1 的关联函数为 $k_i(x_i), i = 1, 2, \cdots, t'$;

⑤ 根据领域知识或实验方法, 获取各可拓策略 S_j 关于各衡量指标的值: $c_i(S_j) = x_{ij}, i = 1, 2, \cdots, t'; j = 1, 2, \cdots, d$, 并计算各可拓策略 S_j 的关联度:

$$k_i(x_{ij}), i = 1, 2, \cdots, t'; j = 1, 2, \cdots, d;$$

⑥ 计算各可拓策略关于各衡量指标的规范关联度:

$$K_i(x_{ij}), \quad i = 1, 2, \cdots, t'; j = 1, 2, \cdots, d;$$

⑦ 根据问题的不同要求, 选取综合优度计算方法, 计算各策略的综合优度, 如:

$$C(S_j) = \sum_{i=1}^{t'} \alpha_i K_i(x_{ij}), \quad j = 1, 2, \cdots, d$$

或

$$C(S_j) = \bigwedge_{i=1}^{t'} K_i(x_{ij}), \quad j = 1, 2, \cdots, d$$

或

$$C(S_j) = \bigvee_{i=1}^{t'} K_i(x_{ij}), \quad j = 1, 2, \cdots, d.$$

⑧ 根据优度对各可拓策略排序, 选取优度较高者作为提供给决策者的参考策略.

上述步骤的基本流程如图 4.1 所示.

4.3.3 案例解析

下面分别通过案例进一步说明采用变换条件或变换目标解决不相容问题的方法.

例 4.2 某企业 E 想在某地建一厂房 W_0, 估计成本价为 $\langle 450\ 550 \rangle$ 万元, 500 万元为最优成本价. 而该企业目前可拿出来用于建厂房的经费不超过 100 万元. 请分别通过变换条件或变换目标, 获取解决该问题的可拓策略.

(1) 在不改变建厂房的目标的情况下, 可以通过变换条件的方法来解决该问题.

该问题的可拓模型为

$$P = G * L$$

$$= \begin{bmatrix} \text{建造}, & \text{支配对象}, & \text{厂房 } W_0 \\ & \text{施动对象}, & \text{企业 } E \\ & \text{成\quad 本}, & \langle 450, 550 \rangle \text{ 万元} \end{bmatrix}$$

$$* \begin{bmatrix} \text{企业 } E, & \text{可用资金量,} & 100 \text{ 万元} \\ & \text{职工数量,} & 1000 \text{ 人} \\ & \text{项目类型,} & \text{高科技} \\ & \text{信誉度,} & 5 \end{bmatrix}.$$

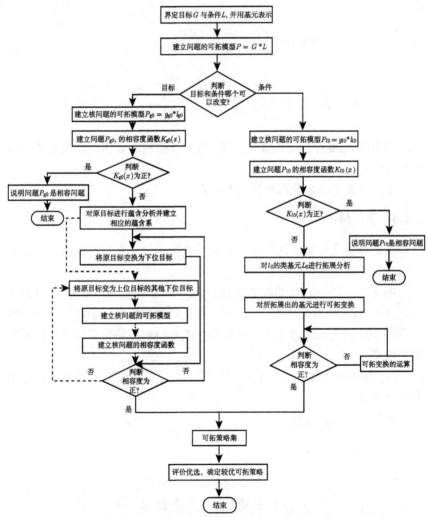

图 4.1   不相容问题求解的一般流程

该问题的核问题的可拓模型为

$$P_{l0} = g_{l0} * l_{l0}$$

$$= (\text{厂房}W_0, \quad \text{需要资金量}, \langle 450, +\infty \rangle \text{万元})$$

$$* (\text{企业}E, \quad \text{提供资金量}, 100\text{万元})$$

$$= (W_0, c_{0s}, \langle 450, +\infty \rangle \text{万元}) * (E, c_{0t}, 100\text{万元}).$$

以最优点为 $x_0 = 500$，正域为 $X = \langle 450, +\infty \rangle$，利用简单关联函数建立相容度函数为

$$K(l) = k(x) = \begin{cases} \dfrac{x - 450}{500 - 450} = \dfrac{x - 450}{50}, & x \leqslant 500, \\ \dfrac{1 + 500}{x + 1} = \dfrac{501}{x + 1}, & x \geqslant 500. \end{cases}$$

则当 $x = 100$ 万元时，

$$K(l_{l0}) = k(100) = \frac{100 - 450}{50} = -7 < 0,$$

即问题 $P = G * L$ 为不相容问题.

如果厂房 W_0 一定要建，就必须利用条件 l_0 的变换来解决矛盾问题. 此问题的条件是实资源条件，故应首先进行企业资源的共轭分析，以寻找企业的优势资源.

根据发散分析：

$$l_{l0} \dashv \begin{cases} (\text{银行}O_1, c_{0t}, v_1 \text{万元}) \\ (\text{职工}O_2, c_{0t}, v_2 \text{万元}) \\ (\text{风险公司 }O_3, c_{0t}, v_3 \text{万元}) \\ \cdots \end{cases},$$

通过对资源进行分析，本企业的优势资源为其软资源——关系资源，即企业与银行有良好的关系，且在某一家银行的信誉很好，可以获得较低利息的贷款. 另外，该企业刚刚转为股份制，且企业有较好的凝聚力

和向心力, 因此, 还可以采取内部职工集资入股的形式. 第三, 该企业还有虚资源优势——具有高科技含量的项目, 且建此厂房的最终目的就是为了上马该项目, 因此, 可以用此项目去吸引风险投资或其他合作方式.

由此可见, 至少可以选择做如下三种条件的可拓变换:

1) $T_{l1}l_{l0} = (E \oplus O_1, c_{0t}, 500$ 万元 $) = l_1'$, 且 $K(l_1') = k(500) = 1 > 0$, T_{l1} 即到银行 O_1 贷款 400 万元, 再与企业提供的资金合并.

2) $T_{l2}l_{l0} = (E \oplus O_2, c_{0t}, 350$ 万元 $) = l_2'$, 且 $K(l_2') = k(350) = -2 < 0$, T_{l2} 即内部职工 O_2 集资入股, 可筹集资金 250 万元, 再与企业提供的资金合并.

3) $T_{l3}l_{l0} = (E \oplus O_3, c_{0t}, 420$ 万元 $) = l_3'$, 且 $K(l_3') = k(420) = -0.6 < 0$, T_{l3} 即利用高科技项目吸引风险投资公司 O_3 投资, 可筹集资金 320 万元, 再与企业提供的资金合并.

上述三个变换, 只有 T_{l1} 可使 $k(x) \geqslant 0$, 即 T_{l1} 可使不相容问题转化为相容问题. 而 T_{l2} 和 T_{l3} 都不能解决不相容问题. 但

$$T_l l_{l0} = (E \oplus O_2 \oplus O_3, c_{0t}, 670万元) = l', 且 K(l') = k(670) = 0.75 > 0.$$

即 $T_l = T_{l2} \wedge T_{l3}$, 也可以解决此不相容问题. T_l 的含义是: 同时采取职工内部集资入股和吸引风险投资这两个变换 (即变换的与运算) 去解决它.

上述变换 T_{l1} 和 T_l 形成解决不相容问题的两个不同策略, 再根据本企业的实际情况, 如银行利率、还贷能力等衡量条件对策略进行评价, 最后选择出较优的策略. 此处从略.

(2) 在不改变建厂房的条件的情况下, 可以通过变换目标的方法来解决该问题.

变换目标的方法也有多种, 下面介绍几种常用的方法.

1) 以建造厂房所需的最小资金量作为核问题的目标, 该问题的核问题的可拓模型为:

$$\begin{aligned}
P_{g0} &= g_{g0} * l_{g0} \\
&= (厂房W_0, 需要资金量, 450万元) \\
&\quad * (企业E, 提供资金量, <0, 100>万元) \\
&= (W_0, c_{0s}, 450万元) * (E, c_{0t}, <0, 100>万元).
\end{aligned}$$

以最优点为 $x_0 = 100$，正域为 $X = <0, 100>$，利用简单关联函数建立相容度函数：

$$K(g_{g0}) = k(x) = \begin{cases} \dfrac{x - 0}{100 - 0} = \dfrac{x}{100}, x \leqslant 100, \\[2mm] \dfrac{100 - x}{100 - 0} = \dfrac{100 - x}{100}, x \geqslant 100, \end{cases}$$

则当 $x = 450$ 万元时，

$$K(g_{g0}) = k(450) = \frac{100 - 450}{100} = -3.5 < 0,$$

即问题 $P = G * L$ 为不相容问题.

在本例中，要想从原问题的目标进行分析，直接找到 G 的下位目标并非易事. 根据领域知识可知，"企业 E 建造厂房 W_0" 是为了"企业 E 使用厂房 W_0"，即

$$\begin{bmatrix} 使用, & 支配对象, & 厂房W_0 \\ & 施动对象, & 企业E \end{bmatrix} \Leftarrow \begin{bmatrix} 建造, & 支配对象, & 厂房W_0 \\ & 施动对象, & 企业E \end{bmatrix}.$$

由此可说明对原问题目标的界定不够准确，真正的目标是"使用厂房"，而使用的厂房就不一定是 W_0 了，假设为 W^*，成本为 v^*. 为此，可以找到 G 的上位目标：

$$G^* = \begin{bmatrix} 使用, & 支配对象, & 厂房W^* \\ & 施动对象, & 企业E \\ & 成本, & v^* \end{bmatrix},$$

此时，还可以进一步找到上位目标 G^* 的其他下位目标 G' 和 G''，形成如下或蕴含系：

$$G^* = \begin{bmatrix} 使用, & 支配对象, & 厂房W^* \\ & 施动对象, & 企业E \\ & 成本, & v^* \end{bmatrix}$$

$$
\preccurlyeq \begin{cases}
G = \begin{bmatrix} 建造, & 支配对象, & 厂房W_0 \\ & 施动对象, & 企业E \\ & 成本, & <450, 550> 万元 \end{bmatrix} \\[2em]
G' = \begin{bmatrix} 建造, & 支配对象, & 厂房W' \\ & 施动对象, & 企业E \\ & 成本, & <300, 350> 万元 \end{bmatrix}, \\[2em]
G'' = \begin{bmatrix} 租赁, & 支配对象, & 厂房W'' \\ & 施动对象, & 企业E \\ & 成本, & 5 万元/月 \\ & 时间, & <12, 18> 月 \end{bmatrix}
\end{cases}
$$

其中, $W^* = W_0 \vee W' \vee W''$. 上述过程需要结合其他三种拓展分析方法, 例如, G' 由以下分析得到: 首先根据领域知识, 从原问题的目标出发, 对厂房 W_0 的 "成本" 对应的类物元 (厂房W, 成本, v_c) 进行相关分析:

$$
(厂房W, 成本, v_c) \leftarrow \begin{cases} (厂房W, & 位置, v_1) \\ (厂房W, & 面积, v_2) \\ (厂房W, & 内部布局, v_3) \end{cases},
$$

可知, 厂房 W 的成本与厂房的位置、面积以及内部布局相关. 因此, 可对厂房的这些特征的量值实施恰当的可拓变换, 从而实现对成本的传导变换, 即:

$$
\varphi_1 \Big(厂房W, 位置, v_1 \Big) = \Big(厂房W', 位置, v_1' \Big),
$$

$$
\varphi_2 \Big(厂房W, 面积, v_2 \Big) = \Big(厂房W', 面积, v_2' \Big),
$$

$$
\varphi_3 \Big(厂房W, 内部布局, v_3 \Big) = \Big(厂房W', 内部布局, v_3' \Big),
$$

$$
_{\varphi_1 \vee \varphi_2 \vee \varphi_3} T_g \left(厂房W, 成本, v_c \right) = (厂房W', 成本, v_c').
$$

例如，可通过将厂房的位置转移至郊区、优化厂房的内部结构并合理缩减面积等，实现在不减少厂房功能的前提下，最大程度降低建造厂房的成本.

①对原问题的目标实施变换：$T_{G1}G = G'$，并以建造厂房 W' 所需的最小资金量作为核问题的目标，则相应的核问题变为：

$$P'_{g0} = g'_{g0} * l_{g0}$$
$$= (\text{厂房}W', \text{需要资金量}, 300\text{万元})$$
$$* (\text{企业}E, \text{提供资金量}, < 0, 100 > \text{万元})$$
$$= (W', c_{0s}, 300\text{万元}) * (E, c_{0t}, < 0, 100 > \text{万元}),$$

计算 g'_{g0} 的相容度：

$$K(g'_{g0}) = k(300) = \frac{100 - 300}{100} = -2 < 0,$$

说明 g'_{g0} 在 l_{g0} 下无法实现，但相容度较 g_{g0} 有所提高，可以再进一步与对条件实施的可拓变换（例如（1）中的 T_{l2} 和 T_{l3}）搭配使用，即可使不相容问题转化为相容，此略.

这说明，重新界定了原目标后，所构成的问题也不一定是相容问题，可能还需要再对相应的条件实施可拓变换，才能化不相容问题为相容问题.

②对原问题的目标实施变换：$T_{G2}G = G''$，则相应的核问题变为：

$$P''_{g0} = g''_{g0} * l_{g0}$$
$$= (\text{厂房}W'', \text{需要资金量}, 90\text{万元})$$
$$* (\text{企业}E, \text{提供资金量}, < 0, 100 > \text{万元})$$
$$= (W'', c_{0s}, 90\text{万元}) * (E, c_{0t}, < 0, 100 > \text{万元}),$$

计算 g''_{g0} 的相容度：

$$K(g''_{g0}) = k(90) = \frac{100 - 90}{100} = 0.1 > 0,$$

说明 g''_{g0} 在 l_{g0} 下可以实现.

T_{G2} 的含义是: 通过 "租赁厂房" 开展生产活动, 用销售所得的利润来弥补企业资金的不足.

例 4.3 "曹冲称象" 是三国时期的一个经典的解决不相容问题的案例. 下面应用可拓策略生成方法研究其解决方法.

该问题的可拓模型为

$$P = G * L$$

$$= \begin{bmatrix} 称, & 支配对象, & \begin{bmatrix} 大象\ D_1, & 重量, & d\ \text{kg} \\ & 生存状态, & 活着 \end{bmatrix} \\ & 施动对象, & 曹操的谋臣 \end{bmatrix}$$

$$* \begin{bmatrix} 衡器, & 类型, & (秤\ D_2, & 称量, & [0,\ 200]\text{kg}) \\ & 年代, & 三国时期 \end{bmatrix}.$$

假设条件不能改变, 下面通过变换目标的方法获得解决该不相容问题的可拓策略.

取评价特征 $c_{01} =$ 重量, $c_{02} =$ 可分性, 即 c_{01}, c_{02} 为条件 L 关于目标中待称量的对象所要求的特征, 正域分别为 $X_1 = [0, 200], X_2 = \{v_{22}\}$, 量值域分别为 $V(c_{01}) = [0 + \infty), V(c_{02}) = \{v_{21}, v_{22}\}$, 其中 c_{02} 的量值 v_{21} 表示 "被称量对象不可分重量在 200kg 及以下的各部分", v_{22} 表示 "被称量对象可分为重量在 200kg 及以下的各部分". 显然, $d \gg 200$.

根据核问题的可拓模型的建立方法, 记

$$g_0 = \begin{bmatrix} 大象\ D_1, & 重\ 量, & d\ \text{kg} \\ & 可分性, & v_{21} \end{bmatrix} \triangleq \begin{bmatrix} 大象\ D_1, & c_{01}, & d\ \text{kg} \\ & c_{02}, & v_{21} \end{bmatrix},$$

$$l_0 = \begin{pmatrix} 秤\ D_2, & 称量, & [0,\ 200]\text{kg} \end{pmatrix},$$

则可建立原问题 P 的核问题的可拓模型为

$$P_0 = g_0 * l_0$$

$$= \begin{bmatrix} 大象\ D_1, & c_{01}, & d\ \text{kg} \\ & c_{02}, & v_{21} \end{bmatrix} * \begin{pmatrix} 秤\ D_2, & 称\ 量, & [0,\ 200]\text{kg} \end{pmatrix}.$$

分别以 X_1、X_2 为正域，建立可拓集

$$\tilde{E}(T) = \{(g, y, y') \mid g \in W, y = K(g) = k_1(x_1) \vee k_2(x_2) \in \Re;$$

$$T_g g \in T_W W, y' = T_K K(T_g g) \in \Re\},$$

其中

$$k_1(x_1) = \frac{200 - x_1}{200}, k_2(x_2) = \begin{cases} -1, & x_2 = v_{21} \\ 1, & x_2 = v_{22} \end{cases},$$

$$g = \begin{bmatrix} O, & c_{01}, & x_1 \text{ kg} \\ & c_{02}, & x_2 \end{bmatrix},$$

显然，原问题 P 的相容度为

$$K(P) = K(g_0) = k_1(d) \vee k_2(v_{21}) = \frac{200 - d}{200} \vee (-1),$$

由于 $d \gg 200$，故 $K(P) < 0$，即原问题 P 为不相容问题. 也就是说，对曹操的谋臣而言，该问题为不相容问题.

在当时的年代，所有的秤都无法称量大象. 因此，必须考虑对目标的变换，但要求变换后的目标实现时，原目标必须实现.

根据上述相容度函数可知，为了在条件 l_0 下获知 $x_1 = d$ 的大小，必须满足 $x_2 = v_{22}$. 根据"多对象一特征元"的发散分析原理，可以对 g_0 作如下发散分析：

$$g_0 \dashv \begin{cases} g_1 = \begin{bmatrix} 石头堆O_1, & c_{01}, & d \text{ kg} \\ & c_{02}, & v_{22} \end{bmatrix}, g_2 = \begin{bmatrix} 沙堆O_2, & c_{01}, & d \text{ kg} \\ & c_{02}, & v_{22} \end{bmatrix}, \end{cases}$$

$$g_3 = \begin{bmatrix} 木头堆O_3, & c_{01}, & d \text{ kg} \\ & c_{02}, & v_{22} \end{bmatrix}, g_4 = \begin{bmatrix} 一群人O_4, & c_{01}, & d \text{ kg} \\ & c_{02}, & v_{22} \end{bmatrix} \cdots, \Big\}.$$

根据 $x_2 = v_{22}$，显然，上面发散出来的 g_i 都是可分解为 200 kg 及以下的. 再根据可分解分析原理：$g_i // \{g_{i1}, g_{i2}, \cdots, g_{in_i}\}, i = 1, 2, 3, \cdots, m,$ 例如

$$g_{1j} = \begin{bmatrix} 石头O_{1j}, & c_{01}, & d_{1j} \text{ kg} \\ & c_{02}, & v_{22} \end{bmatrix}, \quad d_{1j} \ll 200, j = 1, 2, \cdots, n_1,$$

即需要找到与大象等重且可分为每部分的重量都在 200 kg 及以下的对象, 便可以满足 l_0 的要求.

下面的问题就是在 g_0 中的 d 未知且无法用当时的秤称量的情况下, 如何衡量 g_i 与 g_0 的等价. 这就从实现 "称象" 的目标 G, 变成了寻找衡量 g_i 与 g_0 等价的目标 G_1, 显然

$$G \Leftarrow G_1, G_1 = \Big(衡量, \quad 支配对象, \quad g_0 \Leftrightarrow g_i \Big).$$

根据领域知识可知, 可用于衡量 g_i 与 g_0 等价的工具有很多, 例如, 在陆地上有杠杆、树权等, 在水中有船、木排等. 以杠杆 F_1 和船 F_2 为例, 再根据蕴含分析方法, 对目标 G_1 进行蕴含分析, 有

$$G_1 \Leftarrow G_{11} \vee G_{12},$$

其中

$$G_{11} = \begin{bmatrix} 衡量, & 支配对象, & g_0 \Leftrightarrow g_i \\ & 工具, & 杠杆 F_1 \\ & 地点, & 陆地 \end{bmatrix},$$

$$G_{12} = \begin{bmatrix} 衡量, & 支配对象, & g_0 \Leftrightarrow g_i \\ & 工具, & 船 F_2 \\ & 地点, & 水中 \end{bmatrix},$$

(1) 若在陆地上利用杠杆 F_1, 再根据领域知识和蕴含分析方法, 可得如下目标的蕴含系:

$$G_{11} = \begin{bmatrix} 衡量, & 支配对象, & g_0 \Leftrightarrow g_i \\ & 工具, & 杠杆 F_1 \\ & 地点, & 陆地 \end{bmatrix} \Leftarrow G_{111} \wedge G_{112},$$

其中,

$$G_{111} = \begin{bmatrix} 容纳, & 支配对象, & g_0 \\ & 工具, & (容器 F_{11}, \ 位置, \ F_1 的一端) \\ & 地点, & 陆地 \end{bmatrix},$$

$$G_{112} = \begin{bmatrix} \text{容纳,} & \text{支配对象,} & g_i \\ & \text{工具,} & (\text{容器 } F_{12}, \ \text{位置,} \ F_1 \text{ 的另一端}) \\ & \text{地点,} & \text{陆地} \end{bmatrix},$$

即需要很大的容器一端装下大象、另一端装下与大象等重的物体, 显然 $G_{111} \wedge G_{112}$ 较难实现, 即 G_{11} 较难实现.

说明: 如果能设计一个多级杠杆, 也能找到能容纳大象的容器, 在杠杆的一端装大象, 另一端装使杠杆平衡的能用原来的秤称重的物品, 就不是衡量 g_i 与 g_0 等价的问题了, 而是衡量大象的重量与 g_i 中的对象的重量的倍数问题了. 如果能在杠杆的另一端装上使杠杆平衡的砝码, 则直接可以利用杠杆代替秤获得大象的重量, 这属于变换条件的方法.

(2) 若在水中利用船 F_2, 则根据"船的吃水深度相同的物体等重"的领域知识和蕴含分析方法, 可得如下目标的蕴含系:

$$G_{12} = \begin{bmatrix} \text{衡量,} & \text{支配对象,} & g_0 \Leftrightarrow g_i \\ & \text{工具,} & \text{船 } F_2 \\ & \text{地点,} & \text{水中} \end{bmatrix} \Leftarrow G_{121} \otimes G_{122},$$

其中,

$$G_{121} = \begin{bmatrix} \text{衡量,} & \text{支配对象,} & g_i \\ & \text{工具,} & (\text{船 } F_2, \ \text{吃水深度,} \ u) \\ & \text{地点,} & \text{水中} \end{bmatrix},$$

$$G_{122} = \begin{bmatrix} \text{衡量,} & \text{支配对象,} & g_0 \\ & \text{工具,} & (\text{船 } F_2, \ \text{吃水深度,} \ u) \\ & \text{地点,} & \text{水中} \end{bmatrix},$$

即先把大象牵到船上, 刻下船的吃水深度, 再换上其他物体, 直至装到与大象的吃水深度相同. 这样就实现了目标 G_{12}, 也就实现了 G_1. 显然船是最省力的"衡器".

作置换变换 $T_i g_0 = g_i (i = 1, 2, 3, \cdots, m)$, 再作分解变换 $T_i' g_i = \{g_{i1}, g_{i2}, \cdots, g_{in_i}\}$, 其中

$$g_{ij} = \left[\begin{array}{ccc} O_{ij}, & c_{01}, & d_{ij}\ \mathrm{kg} \\ & c_{02}, & v_{22} \end{array} \right],$$

且 $d_{i1} + d_{i2} + \cdots + d_{in_i} = d, d_{ij} \leqslant 200,$ $(i = 1, 2, 3, \cdots, m; j = 1, 2, \cdots, n_i)$,
则

$$K\left(T_i'T_i g_0\right) = \overset{n_i}{\underset{j=1}{\wedge}} K\left(T_i' g_i\right) = \overset{n_i}{\underset{j=1}{\wedge}} \left[k_1\left(d_{ij}\right) \vee k_2\left(v_{22}\right)\right]$$

$$= \overset{n_i}{\underset{j=1}{\wedge}} \left[\frac{200 - d_{ij}}{200} \vee 1\right] > 0,$$

即作积变换 $T_i'T_i$: 先把大象用船换成可分的与其等重的物体 O_i, 再把 O_i 分解为可称的物体 O_{ij}, 使不相容问题化为相容问题.

这就是曹冲称象的方法, 他采取了用船测量大象在船上时的吃水线和石头在船上时的吃水线一致, 找到了等价目标, 从而用 "船 $\oplus$ 小秤" 称出了大象的重量. 实际上, 此例中, 将大象置换成一群体重都小于等于 200 kg 的士兵, 如果不能恰好与大象等重, 再利用增加变换, 增加几块石头或兵器, 要比曹冲的方法更省力, 效率更高. 有兴趣的读者可以自行推演.

4.4　对立问题的求解方法

根据 4.1 对立问题的定义和对立问题的可拓模型的建立方法, 本节给出对立问题求解的形式化方法. 根据问题的共存度的概念, 要解决对立问题, 关键在于寻找可拓变换, 以使对立问题的共存度从不大于 0 变为大于 0. 但由于对立问题的共存度函数的建立比较复杂, 此节不做介绍.

本节所指的对立问题都是可以根据领域知识判定为对立的问题, 不需要建立共存度函数, 因此不需要考虑利用共存度函数的变换 T_K 和论域的变换 T_U 解决对立问题, 因此也就不需要建立核问题的可拓模型. 本节介绍的方法都是在已判定问题是对立问题的情况下, 讨论如何处理对立问题.

关于对立问题的解决, 人们通常有如下三种方法: ① "非此即彼" 的斗争方法. 如 "肯定一方, 否定另一方"、"听我的" 或者 "听你的" 等, 这种方法简单、直接，但容易导致新矛盾的产生. ② "亦此亦彼" 的平衡方法，也称为折衷调和的方法. 如 "你三成，我七成"，通过讨价还价使矛盾双方各得到一部分利益，在折衷点上使矛盾达到调和，该方法往往需要通过谈判来实现. ③"各行其道，各得其所" 的转换桥方法. 这是一种能巧妙地处理对立问题的方法.

这三种方法在实际问题的解决过程中应用都很广泛，也为了便于比较，下面分别介绍这三种解决对立问题的形式化方法.

4.4.1 "非此即彼" 的方法

根据 4.1 对立问题的定义和对立问题的可拓模型的建立方法，给定对立问题 $P = (G_1 \wedge G_2) * L$，$(G_1 \wedge G_2) \uparrow L$，若存在可拓变换 $T = (T_{G_1}, e, T_L)$ 或 $T = (e, T_{G_2}, T_L)$，使如下两式之一成立：

$$T_{G_1} G_1 \downarrow T_L L, \text{且} T_{G_1} G_1 \Rightarrow G_1,$$

$$T_{G_2} G_2 \downarrow T_L L, \text{且} T_{G_2} G_2 \Rightarrow G_2,$$

则必有 $G_1 \downarrow T_L L$ 和 $G_2 \downarrow T_L L$ 之一成立，即使两个对立的目标 G_1 和 G_2 之一实现. 称 T 为对立问题 P 的解变换.

上述方法有如下特例：

(1) 若 $T = (e, e, e)$，且有 $G_1 \downarrow L$ 和 $G_2 \downarrow L$ 之一成立，说明不需要实施任何变换，可以使两个对立的目标中的一个实现.

(2) 若 $T = (e, e, T_L)$，且有 $G_1 \downarrow T_L L$ 和 $G_2 \downarrow T_L L$ 之一成立，说明可以通过对条件的变换，使两个对立的目标中的一个实现.

(3) 若 $T = (T_{G_1}, e, e)$，且有 $T_{G_1} G_1 \downarrow L$，且 $T_{G_1} G_1 \Rightarrow G_1$，说明可以通过对目标 G_1 的变换，使该目标在原来的条件下实现.

(4) 若 $T = (e, T_{G_2}, e)$，且有 $T_{G_2} G_2 \downarrow L$，且 $T_{G_2} G_2 \Rightarrow G_2$，说明可以通过对目标 G_2 的变换，使该目标在原来的条件下实现.

由此可见，该方法只能实现两个对立的目标之一，并没有将对立问题转化为共存问题. 但在实际问题中，这种方法应用很广泛.

例如，很多人在面对两难问题选择时，常常是放弃一个目标，只选择实现其中一个目标. 在孩子和家长的目标产生对立的时候，很多家长经常用 "听我的" 做决定，否定孩子的目标，要求实现自己的目标. 家长在面对两个孩子的目标不能同时实现的问题时，也往往采取满足一个孩子的目标的方法. 这都是 "非此即彼" 的方法，容易产生新的矛盾问题.

因此，在使用这种方法解决对立问题时，一定要慎重评估使用后的效果.

4.4.2 "亦此亦彼" 的方法

根据 4.1 对立问题的定义和对立问题的可拓模型的建立方法，给定对立问题 $P = (G_1 \wedge G_2) * L$, $(G_1 \wedge G_2) \uparrow L$, 若存在可拓变换 $T = (T_{G_1}, T_{G_2}, T_L)$, 使

$$(T_{G_1}G_1 \wedge T_{G_2}G_2) \downarrow T_L L,$$

但不一定有 $T_{G_1}G_1 \Rightarrow G_1$ 或 $T_{G_2}G_2 \Rightarrow G_2$ 实现，即不一定有 $G_1 \downarrow T_L L$ 和 $G_2 \downarrow T_L L$ 成立，即变换后的两个目标 $T_{G_1}G_1$ 和 $T_{G_2}G_2$ 可以同时实现且可以被接受，称 T 为对立问题 P 的解变换.

由此可见，该方法只能使变换后的两个目标 $T_{G_1}G_1$ 和 $T_{G_2}G_2$ 同时实现，但并没有使两个对立的原目标同时实现，即并没有将对立问题转化为共存问题. 这种 "折中调和" 的方法，在实际问题中应用非常广泛.

例如，合作谈判中、案件调解中、购物中，常常应用这种方法. 家长在面对两个孩子的目标不能同时实现的问题时，也往往采取满足每个孩子的一部分目标的方法.

上述方法有如下特例：

(1) 若 $T = (T_{G_1}, e, e)$, 使 $(T_{G_1}G_1 \wedge G_2) \downarrow L$, 即变换后的目标 $T_{G_1}G_1$ 和原目标 G_2 可以在原条件下同时实现且可以被接受.

(2) 若 $T = (e, T_{G_2}, e)$, 使 $(G_1 \wedge T_{G_2}G_2) \downarrow L$, 即变换后的目标 $T_{G_2}G_2$ 和原目标 G_1 可以在原条件下同时实现且可以被接受.

(3) 若 $T = (T_{G_1}, T_{G_2}, e)$, 使 $(T_{G_1}G_1 \wedge T_{G_2}G_2) \downarrow L$, 即变换后的两个目标 $T_{G_1}G_1$ 和 $T_{G_2}G_2$ 可以在原条件下同时实现且可以被接受.

(4) 若 $T = (T_{G_1}, e, T_L)$, 使 $(T_{G_1}G_1 \wedge G_2) \downarrow T_L L$, 即变换后的目标 $T_{G_1}G_1$ 和原目标 G_2 可以在变换后的条件下同时实现且可以被接受.

(5) 若 $T = (e, T_{G_2}, T_L)$, 使 $(G_1 \wedge T_{G_2}G_2) \downarrow T_L L$, 即变换后的目标 $T_{G_2}G_2$ 和原目标 G_1 可以在变换后的条件下同时实现且可以被接受.

(6) 若原问题是在同一时间（或同一地点、位置等其他参数）t 两个目标对立, 即原问题为 $P(t) = (G_1(t) \wedge G_2(t)) * L(t)$, $(G_1(t) \wedge G_2(t)) \uparrow L(t)$, 且

$$T_{G_1} G_1(t) = G_1(t_1), T_{L1} L(t) = L_1(t_1), G_1(t_1) \downarrow L_1(t_1),$$

$$T_{G_2} G_2(t) = G_2(t_2), T_{L2} L(t) = L_2(t_2), G_2(t_2) \downarrow L_2(t_2),$$

即在不同的时刻不同的条件下两个目标可以分别实现.

例 4.4 人造卫星要同时将两组参数 $a = \{a_1, a_2, \cdots, a_{n_1}\}$ 和 $b = \{b_1, b_2, \cdots, b_{n_2}\}$ 传回地球, 而装两部发射机对每克重量都要 "计较" 的人造卫星来说, 是难以接受的. 而要用一台发射机 $D(t)$ 在时刻 t 同时发射两组参数, 是一个对立问题. 如何解决这个问题?

设

$$G_1(t) = \begin{bmatrix} \text{发射}(t), & \text{支配对象}, & a \\ & \text{工具}, & D(t) \end{bmatrix},$$

$$G_2(t) = \begin{bmatrix} \text{发射}(t), & \text{支配对象}, & b \\ & \text{工具}, & D(t) \end{bmatrix},$$

$$L(t) = \begin{bmatrix} D(t), & \text{数量}, & 1台 \\ & \text{发射参数数量}, & 1组 \end{bmatrix},$$

则 $(G_1(t) \wedge G_2(t)) \uparrow L(t)$, 即原问题为对立问题.

根据领域知识, 作目标的可拓变换:

$$T_{G_1} G_1(t) = G_1'(t_i) = \begin{bmatrix} \text{发射}(t_i), & \text{支配对象}, & a \\ & \text{工具}, & D(t_i) \end{bmatrix},$$

$$T_{G_2} G_2 = G_2'(t_i + 0.1) = \begin{bmatrix} \text{发射}(t_i + 0.1), & \text{支配对象}, & b \\ & \text{工具}, & D(t_i + 0.1) \end{bmatrix},$$

使 $G_1'(t_i) \downarrow L(t_i)$, $G_2'(t_i + 0.1) \downarrow L(t_i + 0.1)$, 即在不同的时刻两个目标可以分别实现.

由此可见，"时分多路"就是解决这一对立问题的方法，即在不同的时间间隔发射不同的参数. 这也是充分利用资源的思路.

再如交通管理中的分时段通车、分时段单行双行等，高层写字楼为缓解电梯在上下班高峰时的压力，采取分时段上、下班，或某些电梯在某时段直通某些楼层的办法，都是同样的思路.

例 4.5 某个老师 D 既要在时间 t 在学校 F_2 上课，又要在时间 t 到外地 F_1 出差开会，这很显然是一个对立问题. 解决这个问题有多种方法，下面用本节介绍的方法给出各种解决方法.

设

$$G_1(t) = \begin{bmatrix} 参加(t), & 支配对象, & 会议E_1(t) \\ & 施动对象, & 老师D(t) \\ & 地点, & F_1 \end{bmatrix},$$

$$G_2(t) = \begin{bmatrix} 讲授(t), & 支配对象, & 课程E_2(t) \\ & 施动对象, & 老师D(t) \\ & 地点, & 学校F_2 \end{bmatrix},$$

$$L(t) = \begin{pmatrix} 老师D(t), & 地点, & 学校F_2 \end{pmatrix},$$

显然，$(G_1(t) \wedge G_2(t)) \uparrow L(t)$，即原问题为对立问题.

解决此问题，有如下多种方法：

(1) 根据领域知识，作目标 $G_2(t)$ 的可拓变换：

$$T_{1G_2}G_2(t) = G_{21}(t_1) = \begin{bmatrix} 讲授(t_1), & 支配对象, & 课程E_2(t_1) \\ & 施动对象, & 老师D(t_1) \\ & 地点, & 学校F_2 \end{bmatrix},$$

$$T_{L1}L(t) = L_1(t) = \begin{pmatrix} 老师D(t), & 地点, & F_1 \end{pmatrix},$$

$$T_{L2}L(t) = L_2(t_1) = \begin{pmatrix} 老师D(t_1), & 地点, & 学校F_2 \end{pmatrix},$$

则 $G_1(t) \downarrow L_1(t), G_{21}(t_1) \downarrow L_2(t_1)$，即老师调课，把上课时间从 t 调为 t_1，通过改变上课时间解决矛盾问题. 但这种方法必然导致学生上课时间发生传导变换，进而导致学生的其他安排发生二次传导变换.

(2) 根据领域知识和发散树方法，先做如下发散分析：

$$L(t) = \Big(\; 老师D(t), \quad 地点, \quad 学校F_2 \;\Big),$$

$$\dashv L_3(t) = \Big(\; 老师D'(t), \quad 地点, \quad 学校F_2 \;\Big),$$

作条件的可拓变换：

$$T_{L3}L(t) = L_3(t) = \Big(\; 老师D'(t), \quad 地点, \quad 学校F_2 \;\Big),$$

$$T_{L4}L(t) = L_4(t) = \Big(\; 老师D(t), \quad 地点, \quad F_1 \;\Big),$$

相应地，目标 $G_2(t)$ 发生传导变换：

$$T_{2G_2}G_2(t) = G_{22}(t) = \begin{bmatrix} 讲授(t), & 支配对象, & 课程E_2(t) \\ & 施动对象, & 老师D'(t) \\ & 地点, & 学校F_2 \end{bmatrix},$$

则 $(G_1(t) \wedge G_{22}(t)) \downarrow (L_3(t) \wedge L_4(t))$，即让老师 D' 在 t 时间代课，老师 D 在 t 时间到 F_1 地参加会议.

(3) 根据领域知识，作条件的可拓变换：

$$T_{L5}L(t) = L_5(t) = \Big(\; 老师D'(t), \quad 地点, \quad F_1 \;\Big),$$

相应地，目标 $G_1(t)$ 发生传导变换：

$$T_{1G_1}G_1(t) = G_{11}(t) = \begin{bmatrix} 参加(t), & 支配对象, & 会议E_1(t) \\ & 施动对象, & 老师D'(t) \\ & 地点, & F_1 \end{bmatrix},$$

则 $(G_{11}(t) \wedge G_2(t)) \downarrow (L_5(t) \wedge L(t))$，即让老师 D' 在 t 时间到 F_1 地参加会议，老师 D 在 t 时间上课.

除以上方法外，如果上课时间 t 是晚上，而晚上在外地又不用开会，该老师还可以利用网络给学生上网课；如果上课时间 t 是晚上，而开会时间是白天，该老师还可以利用网络参加会议. 这些方法，都不会导致学生上课时间发生传导变换. 有兴趣的读者可以仿照上面的方法，写出这些方法解决该问题的过程，此略.

例 4.6　某企业老板经过几十年的奋斗，建成了规模不小的企业. 但人已经老了，需要确定接班人. 他有两个儿子，长子管理能力强，次子专业水平高. 而一山不能容两虎，两个儿子都想接管公司，怎么办? 如果用 "非此即彼" 的方法，让长子或次子接班，必然导致两个儿子之间的矛盾. 该老板采取了 "亦此亦彼" 的方法，按照两个儿子的特长把公司拆分成两个子公司，顺利完成了企业交接.

下面利用本节的形式化方法给出该对立问题的解决方法.

设两个儿子的目标分别为:

$$G_1 = \begin{bmatrix} 掌管, & 支配对象, & 公司 E \\ & 施动对象, & 长子 D_1 \end{bmatrix},$$

$$G_2 = \begin{bmatrix} 掌管, & 支配对象, & 公司 E \\ & 施动对象, & 次子 D_2 \end{bmatrix},$$

条件为

$$L = \begin{bmatrix} 公司 E, & 规模, & 大 \\ & 属性, & 民营企业 \\ & 业务类型, & F_1 \wedge F_2 \end{bmatrix},$$

$$L_1 = \begin{bmatrix} 长子 D_1, & 管理能力, & 强 \\ & 技术水平, & 低 \end{bmatrix},$$

$$L_2 = \begin{bmatrix} 次子 D_2, & 管理能力, & 中 \\ & 技术水平, & 高 \end{bmatrix},$$

显然，$(G_1 \wedge G_2) \uparrow (L \wedge L_1 \wedge L_2)$，即无法同时满足两个儿子的目标.

该老板作了如下条件的可拓变换:

$$T_L L = \left\{ \begin{bmatrix} 公司 E_1, & 规模, & 中 \\ & 属性, & 民营企业 \\ & 业务类型, & F_1 \end{bmatrix}, \right.$$

$$\left[\begin{array}{lll} \text{公司} E_2 & \text{规模,} & \text{中} \\ & \text{属性,} & \text{民营企业} \\ & \text{业务类型,} & F_2 \end{array}\right]\Bigg\} = \{L', L''\},$$

相应地, 作如下目标的可拓变换:

$$T_{G_1}G_1 = \left[\begin{array}{lll} \text{掌管,} & \text{支配对象,} & \text{公司} E_1 \\ & \text{施动对象,} & \text{长子} D_1 \end{array}\right] = G_1',$$

$$T_{G_2}G_2 = \left[\begin{array}{lll} \text{掌管,} & \text{支配对象,} & \text{公司} E_2 \\ & \text{施动对象,} & \text{次子} D_2 \end{array}\right] = G_2',$$

则有 $(G_1' \wedge G_2') \downarrow (L' \wedge L'' \wedge L_1 \wedge L_2)$.

4.4.3 "各行其道, 各得其所" 的转换桥方法

转换桥方法是利用 "各行其道, 各得其所" 的思想, 通过设置转换桥, 连接或分隔对立双方并使之转化为共存的方法. 利用转换桥方法, 可以使对立问题转化为共存问题.

下面介绍转换桥的相关概念、转换桥的构造及转换桥方法的步骤, 并介绍一些应用案例.

1. 转换桥的相关概念

给定对立问题 $P = (G_1 \wedge G_2) * L$, $(G_1 \wedge G_2) \uparrow L$, 若存在可拓变换 $T = (T_{G_1}, T_{G_2}, T_L)$, 使

$$(T_{G_1}G_1 \wedge T_{G_2}G_2) \downarrow T_L L$$

且 $T_{G_1}G_1 \Rightarrow G_1, T_{G_2}G_2 \Rightarrow G_2$, 则必有 $(G_1 \wedge G_2) \downarrow T_L L$, 即使两个目标 G_1 和 G_2 同时实现. 称 T 为使对立问题 P 转化为共存问题的解变换.

记 $T_{G_1}G_1 = G_1', T_{G_2}G_2 = G_2', T_L L = L'$, 称 (G_1', G_2') 为转折目标, L' 为转折条件.

由于对目标的可拓变换要求变换后的目标必须蕴含原目标, 因此往往较难实施. 在实际问题求解过程中, 应用较多的是对条件实施可拓变换, 或先对目标进行蕴含分析, 找到下位目标, 再考虑是否需要对条件实施可拓变换.

1) 如果需要对条件实施多个可拓变换才能使对立问题转化为共存问题，则称这些变换为使对立问题转化为共存问题的变换通道. 即若对条件的变换 T_L 是由多个可拓变换复合而成 (例如 T_L 由 m 个变换的积变换 $T_L = T_m T_{m-1} \cdots T_1$ 构成)，使 $(G_1 \wedge G_2) \downarrow T_L L$，则称变换 T_L 为使对立问题 P 转化为共存问题的变换通道.

2) 如果需要对目标进行蕴含分析，以找到在变换后的条件下能够共存的下位目标，则称目标的蕴含系为使对立问题转化为共存问题的蕴含通道. 即若存在 G_1 和 G_2 的下位目标 G_1' 和 G_2'，$G_1' \Rightarrow G_1, G_2' \Rightarrow G_2$，且存在对条件的可拓变换 T_L，使 $(G_1' \wedge G_2') \downarrow T_L L$，则必有 $(G_1 \wedge G_2) \downarrow T_L L$，即使两个目标 G_1 和 G_2 同时实现. 称 $G_1' \Rightarrow G_1, G_2' \Rightarrow G_2$ 为使对立问题 P 转化为共存问题的蕴含通道.

3) 如果既需要对条件实施多个可拓变换，又需要对目标进行蕴含分析，以找到在变换后的条件下能够共存的下位目标，则需要变换通道和蕴含通道一起发挥作用，才能使对立问题转化为共存问题. 即若对条件的变换 T_L 是由多个可拓变换复合而成（例如 T_L 由 m 个变换的积变换 $T_L = T_m T_{m-1} \cdots T_1$ 构成），且存在 G_1 和 G_2 的下位目标 G_1' 和 G_2'，$G_1' \Rightarrow G_1, G_2' \Rightarrow G_2$，使 $(G_1' \wedge G_2') \downarrow T_L L$，则必有 $(G_1 \wedge G_2) \downarrow T_L L$，即使两个目标 G_1 和 G_2 同时实现. 称 T_L 和 $G_1' \Rightarrow G_1, G_2' \Rightarrow G_2$ 为使对立问题 P 转化为共存问题的变换通道和蕴含通道.

在解决对立问题的可拓变换或变换通道中，某些变换后的对象会起到连接或分隔作用，成为使对立问题转化为共存的必不可少的构件，称为转折部. 包含转折部的基元称为转折基元.

在解决对立问题的过程中，转折部、变换通道和蕴含通道常常联合发挥作用，就像桥梁的作用，为此，我们形象地称为转换桥，记为 $B(G_1, G_2)$.

2. 转换桥的构造

转换桥一般是由转折部 Z 和蕴含通道 J_1、变换通道 J_2 构成的，蕴含通道和变换通道统称为转换通道，通常记作

$$B(G_1, G_2) = J_1(Z) J_2.$$

在有些特殊情况下，可能不需要蕴含通道和变换通道，此时转折部和对条件的可拓变换构成转换桥.

1) 转折部

转折部有两种类型, 一种是以分隔为主的分隔-连接式转折部, 一种是以连接为主的连接-分隔式转折部.

(1) 分隔-连接式转折部和转折基元

对某个对立问题中的基元 $B = \left(\begin{array}{ccc} O, & c, & v \end{array} \right)$, 若作分解变换 T, 把 B 分隔成 B_1 和 B_2 以解决对立问题的部分 Z, 同时具有连接 B_1 和 B_2 的作用, 则称 Z 为 B 的分隔-连接式转折部.

例如, "狼鸡同笼" 问题的解决, 就是通过在笼子中加一铁栅栏 Z 来解决狼吃鸡的矛盾问题, 这里的 Z 即为分隔-连接式转折部.

由分隔式-连接式转折部构成的基元称为分隔-连接式转折基元. 若 Z 为某分隔-连接式转折对象, 且存在 $B_z = (Z, c, v_z)$, 根据领域知识和可拓变换方法, 作变换

$$TB = \left\{ \left(\begin{array}{ccc} O_1|Z, & c, & v_1 \end{array} \right), \left(\begin{array}{ccc} Z, & c, & v_z \end{array} \right), \left(\begin{array}{ccc} Z|O_2, & c, & v_2 \end{array} \right) \right\}$$

$$= \{B_1, B_z, B_2\},$$

其中, $O = O_1|Z|O_2$, 则称 $B_z = (Z, c, v_z)$ 为分隔-连接式转折基元.

(2) 连接-分隔式转折部和转折基元

对两个对立的基元 B_1 和 B_2, $B_1 = (O_1, c, v_1)$, $B_2 = (O_2, c, v_2)$, 若存在另一对象 Z 和可拓变换 T, 能够把 B_1 和 B_2 连接成一个共存的基元 B, 且 Z 同时具有分隔的作用, 则称 Z 为 B_1 和 B_2 的连接-分隔式转折部.

例如, 深圳的皇岗桥就是连接两个交通规则对立的交通系统、且具有上下层分隔作用的连接-分隔式转折部.

由连接-分隔式转折部构成的基元称为连接-分隔式转折基元. 若 Z 为某连接-分隔式转折对象, 且存在 $B_z = (Z, c, v_z)$, 根据领域知识和可拓变换方法, 作变换 $T = T_1 \wedge T_2$, 使

$$T_1 B_1 = B_1' \triangleq \left(\begin{array}{ccc} \widehat{O_1 Z}, & c, & v_1' \end{array} \right), T_2 B_2 = B_2' \triangleq \left(\begin{array}{ccc} \widehat{Z O_2}, & c, & v_2' \end{array} \right),$$

则称 $B_z = (Z, c, v_z)$ 为连接-分隔式转折基元.

说明：这里可拓变换 T_1 和 T_2 的变换形式和变换方法，需要根据领域问题和领域知识具体问题具体分析.

2) 转换通道

转换通道包括蕴含通道 J_1 和变换通道 J_2. 构造目标变化的通道利用的是目标的蕴含通道，构造条件变换的通道利用的是条件的变换通道.

根据蕴含系的类型，蕴含通道包括与蕴含通道、或蕴含通道、与或蕴含通道等形式，请参考 2.3 节的蕴含分析原理部分.

根据可拓变换的运算类型，变换通道包括与变换通道、或变换通道、积变换通道、逆变换通道，以及复合变换通道.

设 Z 为转折部，以蕴含链通道和积变换通道为例，转换桥的一般形式为：

$$B(G_1, G_2) = \begin{pmatrix} \underbrace{G_1 \Leftarrow G_{11} \Leftarrow G_{12} \Leftarrow \cdots \Leftarrow G_{1n_1}}_{G_1\text{的蕴含通道}} \\ \underbrace{G_2 \Leftarrow G_{21} \Leftarrow G_{22} \Leftarrow \cdots \Leftarrow G_{2n_2}}_{G_2\text{的蕴含通道}} \end{pmatrix}$$

$$\underset{\text{转折部}}{(Z)} \left(\underbrace{(T_m T_{m-1} \cdots T_1)}_{L\text{的变换通道}} L = L' \right).$$

该转换桥可以使 $(G_{1n_1} \wedge G_{2n_2}) \downarrow L'$，即 $(G_1 \wedge G_2) \downarrow L'$，说明该转换桥可以使原对立问题在变换后的条件下转化为共存问题.

3. 转换桥方法的基本步骤

根据对立问题的定义及转换桥的构造方法，化对立问题为共存问题的基本步骤如下：

(1) 根据实际问题，建立问题的可拓模型 $P = (G_1 \wedge G_2) * L$，若根据领域知识可判定 $(G_1 \wedge G_2) \uparrow L$，则该问题为对立问题，进入下一步.

(2) 根据领域知识，判断该对立问题是需要分隔-连接还是需要连接-分隔，并确定选用分隔-连接式转换桥方法或连接-分隔式转换桥方法.

(3) 判断条件是否可变换. 若可以，则进一步判断条件 L 是否可以直接变换，若不可以，则先对条件 L 进行拓展分析，再实施可拓变换 T_L，以形成转折部或变换通道. 若 T_L 是对条件 L 实施的某一个变换, 则可形成转折部 Z; 若 T_L 是对条件 L 实施的一系列可拓变换, 则可形成转折部 Z 和变换通道 J_2. 令 $T_L L = L'$, 若 $(G_1 \wedge G_2) \downarrow L'$, 则形成转换桥 $B(G_1, G_2) = (Z)J_2$, 使对立问题转化为共存问题.

(4) 若条件不能变换, 则判断目标是否可以变换. 若可以, 则对目标 (G_1, G_2) 实施可拓变换 (T_{G_1}, T_{G_2}), 以形成转折部 Z 或蕴含通道 J_1. 若目标不可以变换, 则直接对目标 (G_1, G_2) 进行蕴含分析, 形成蕴含通道 J_1. 令 $T_{G_1} G_1 = G_1'$, $T_{G_2} G_2 = G_2'$, 若 $G_1' \Rightarrow G_1$, $G_2' \Rightarrow G_2$, 且 $(G_1' \wedge G_2') \downarrow L$, 则形成转换桥 $B(G_1, G_2) = J_1(Z)$, 使对立问题转化为共存问题.

(5) 若条件和目标都可以变换, 或条件可以变换、目标可以进行蕴含分析, 则首先对条件 L 实施某一可拓变换或一系列可拓变换的运算, 再对目标 (G_1, G_2) 实施可拓变换 (T_{G_1}, T_{G_2}) 或对目标 (G_1, G_2) 进行蕴含分析, 以形成转折部 Z、变换通道 J_2、蕴含通道 J_1. 令 $T_L L = L'$, $T_{G_1} G_1 = G_1'$, $T_{G_2} G_2 = G_2'$, 若 $G_1' \Rightarrow G_1$, $G_2' \Rightarrow G_2$, 且 $(G_1' \wedge G_2') \downarrow L'$, 则形成转换桥 $B(G_1, G_2) = J_1(Z)J_2$, 使对立问题转化为共存问题.

说明: (1) 在上述过程中, 转折部包括分隔-连接式转折部和连接-分隔式转折部两种类型, 它们的形成方式是由变换的类型决定的. (2) 在对目标 (G_1, G_2) 实施可拓变换或对目标 (G_1, G_2) 进行蕴含分析时, 形成的蕴含通道如果是多级蕴含, 例如 $G_1 \Leftarrow G_{11} \Leftarrow G_{12} \Leftarrow \cdots \Leftarrow G_1'$, $G_2 \Leftarrow G_{21} \Leftarrow G_{22} \Leftarrow \cdots \Leftarrow G_2'$, 则 G_1' 是 G_1 的最下位目标, G_2' 是 G_2 的最下位目标. (3) 根据蕴含分析原理, 对目标的蕴含分析, 还可以形成各种不同类型的蕴含树, 所形成的转换桥的形式见后面的案例, 此不详述.

4. 转换桥方法的应用案例

由转换桥的概念可见, 转换桥由转折部和转换通道构成, 要构造转换桥处理对立问题, 关键在于如何构造转折部和转换通道. 由于转折部分为连接-分隔式转折部和分隔-连接式转折部, 因此, 转换桥也分为连接-分隔式转换桥和分隔-连接式转换桥. 下面举例说明这两种常用的处理对立问题的转换桥方法.

1) 分隔-连接式转换桥方法的应用

分隔-连接式转换桥方法应用非常广泛. 为解决策群体 (如团体、夫妻等）意见对立的问题，人们经常采用分隔-连接式转换桥方法，使对立问题转化为共存. 例如，在 "吃" 的问题上，往往有很多对立的观点，有人爱吃辣，有人不爱吃辣，这个问题通常是很好解决的，比如做菜时做几个辣的，再做几个不辣的，或同一种菜，先盛出一部分不辣的，再放辣椒，……，但若两人同吃火锅，就必须首先进行 "选锅底" 的决策. 要想同时满足两个人的对立要求，似乎很难办到. 但商家采取了变换 "锅"（即条件中的物）的方式——将火锅的中间加一隔板，"鸳鸯火锅" 就诞生了. 当然现在也有些商家采用一人一个的小火锅，每个人可以任选锅底，这也是解决多事物对立问题的一种方法，这种设计思路也是分隔-连接式转换桥的思想（即把大火锅分解成多个小火锅）.

例 4.7　"狼鸡同笼" 问题：要想把一只狼和一只鸡放在同一个笼子中而又不让狼把鸡吃掉，显然是一个对立问题. 下面用分隔-连接式转换桥方法给出这个问题的解决方法.

设

$$
G_1 = \begin{bmatrix} 放置, & 支配对象, & M_1 \\ 位置, & 笼O中 \end{bmatrix}, M_1 = \begin{pmatrix} 狼O_1, & 习性, & 吃鸡 \end{pmatrix}
$$

$$
G_2 = \begin{bmatrix} 放置, & 支配对象, & M_2 \\ 位置, & 笼O中 \end{bmatrix}, M_2 = \begin{pmatrix} 鸡O_2, & 习性, & 温和 \end{pmatrix}
$$

$$
L = \begin{pmatrix} 笼O, & 容积, & a\,\mathrm{m}^3 \end{pmatrix} = \begin{pmatrix} O, & c_0, & v \end{pmatrix},
$$

$$
L_0 = \begin{bmatrix} \overline{吃}, & 支配对象, & 鸡O_2 \\ & 施动对象, & 狼O_1 \end{bmatrix},
$$

则 $(G_1 \wedge G_2) \uparrow L \wedge L_0$.

根据领域知识和分隔-连接式转换桥方法，作条件基元 L 的分解变换

$$
T_L L = L' = \{L_1, L^1, L_2\},
$$

其中，$L_1 = \begin{pmatrix} O_{Z1}|Z, & c_0, & v_{Z1} \end{pmatrix}$, $L^1 = \begin{pmatrix} Z, & c_0, & v_Z \end{pmatrix}$, $L_2 = \begin{pmatrix} Z|O_{Z2}, & c_0, & v_{Z2} \end{pmatrix}$, $O = O_{Z1}|Z|O_{Z2}$, $v_{Z1} \oplus v_Z \oplus v_{Z2} = v$.

再作目标复合元对应的变换

$$T_G G_1 = G_1' = \begin{bmatrix} 放置, & 支配对象, & M_1 \\ & 位置, & O_{Z1} \mid Z中 \end{bmatrix}, 且 G_1' \Rightarrow G_1,$$

$$T_{G_2} G_2 = G_2' = \begin{bmatrix} 放置, & 支配对象, & M_2 \\ & 位置, & Z \mid O_{Z2}中 \end{bmatrix}, 且 G_2' \Rightarrow G_2,$$

则 $(G_1' \wedge G_2') \downarrow L' \wedge L_0$. 其中 Z 为栅栏、钢网或其他分隔物作为分隔-连接式转折部,所形成的转换桥为

$$B(G_1, G_2) = \begin{pmatrix} G_1 \Leftarrow G_1' \\ G_2 \Leftarrow G_2' \end{pmatrix} (Z) (T_L L = L'),$$

该转换桥可以使该问题转化为共存问题.

2) 连接-分隔式转换桥方法的应用

连接-分隔式转换桥方法常应用于需要通过以连接为主的方式化对立为共存的问题,在解决桥梁设计、建筑设计及其它产品设计中的对立问题时应用非常广泛. 当然,在这些设计问题中,也可以通过分隔-连接式转换桥方法化对立为共存,要具体问题具体分析.

例 4.8 香港、澳门的汽车靠左行驶,珠海的汽车靠右行驶. 要想把这两个不同运行规则的交通系统连接起来,应该如何设计?港珠澳大桥的设计,就起到了连接-分隔香港、澳门和珠海的对立交通规则导致的交通对立问题的转换桥的作用.

下面以香港与珠海间的交通连接问题为例,利用连接-分隔式转换桥方法分析获取解决该问题的策略的方法. 澳门与珠海间的交通连接问题同理. 澳门与香港间的通行没有矛盾.

设 O_1 表示从香港到珠海的汽车, O_2 表示从珠海到的香港汽车, D_1、D_2 为待设计的大桥的香港侧和珠海侧, Z 为待设计的大桥的两侧接驳处,运行规则要求 O_1 在香港靠左行驶,通过 Z 进入珠海时,转为靠右行驶, O_2 在珠海靠右行驶,通过 Z 进入香港时,转为靠左行驶,且可以在 24 小时内任意时间行驶. 因此,该问题的目标的可拓模型为:

$$
G_1 = \begin{bmatrix} 行驶, & 施动对象, & O_1 \\ & 方向, & 香港 \to 珠海 \\ & 规则, & 靠左 \to 靠右 \\ & 时间, & [0{:}00,\,24{:}00] \\ & 路线, & \widehat{D_1 Z D_2} \end{bmatrix},
$$

$$
G_2 = \begin{bmatrix} 行驶, & 施动对象, & O_2 \\ & 方向, & 珠海 \to 香港 \\ & 规则, & 靠右 \to 靠左 \\ & 时间, & [0{:}00,\,24{:}00] \\ & 路线, & \widehat{D_2 Z D_1} \end{bmatrix},
$$

按照常规桥面设计的思维方式, 条件的可拓模型为:

$$
L_1 = \begin{bmatrix} D_1, & 位置, & Z的香港侧 \\ & 车道数, & 双向6车道 \\ & 桥面形式, & 平面 \end{bmatrix},
$$

$$
L_2 = \begin{bmatrix} D_2, & 位置, & Z的珠海侧 \\ & 车道数, & 双向6车道 \\ & 桥面形式, & 平面 \end{bmatrix},
$$

$$
L = \begin{bmatrix} Z, & 位置, & D_1与D_2之间 \\ & 车道数, & 双向 6 车道 \\ & 桥面形式, & 平面 \end{bmatrix}.
$$

很显然, 问题 $P = (G_1 \wedge G_2) * (L_1 \wedge L \wedge L_2)$ 为对立问题, 且目标不能变, L_1 和 L_2 也不能变, 因此只能考虑通过条件 L 的变换使对立问题转化为共存问题.

根据连接-分隔式转换桥方法, 首先对条件 L 进行拓展分析: 将 Z 分解为香港右行侧 Z_{11}、香港左行侧 Z_{12}、珠海右行侧 Z_{21}、珠海左行侧 Z_{22}.

根据发散树方法，可将 L 拓展为：

$$L \dashv \begin{cases} \begin{bmatrix} Z_{11}, & 位置, & D_1 与 D_2 之间 \\ & 车道数, & 单向3车道 \\ & 桥面形式, & 平面 \end{bmatrix} = L_{11} \\[2ex] \dashv \begin{bmatrix} Z_{11}, & 位置, & D_1 与 D_2 之间 \\ & 车道数, & 单向3车道 \\ & 桥面形式, & 下平面 \end{bmatrix} = L'_{11} \\[2ex] \begin{bmatrix} Z_{12}, & 位置, & D_1 与 D_2 之间 \\ & 车道数, & 单向3车道 \\ & 桥面形式, & 平面 \end{bmatrix} = L_{12} \\[2ex] \dashv \begin{bmatrix} Z_{12}, & 位置, & D_1 与 D_2 之间 \\ & 车道数, & 单向3车道 \\ & 桥面形式, & 上平面 \end{bmatrix} = L'_{12} \\[2ex] \begin{bmatrix} Z_{21}, & 位置, & D_1 与 D_2 之间 \\ & 车道数, & 单向3车道 \\ & 桥面形式, & 平面 \end{bmatrix} = L_{21} \\[2ex] \dashv \begin{bmatrix} Z_{21}, & 位置, & D_1 与 D_2 之间 \\ & 车道数, & 单向3车道 \\ & 桥面形式, & 下平面 \end{bmatrix} = L'_{21} \\[2ex] \begin{bmatrix} Z_{22}, & 位置, & D_1 与 D_2 之间 \\ & 车道数, & 单向3车道 \\ & 桥面形式, & 平面 \end{bmatrix} = L_{22} \\[2ex] \dashv \begin{bmatrix} Z_{22}, & 位置, & D_1 与 D_2 之间 \\ & 车道数, & 单向3车道 \\ & 桥面形式, & 上平面 \end{bmatrix} = L'_{22} \end{cases},$$

再根据可拓变换方法，作条件 L 的分解变换：

$$TL = \{L_{11}, L_{12}, L_{21}, L_{22}\},$$

再对分解后的条件同时作置换变换：$T' = T_{11} \wedge T_{12} \wedge T_{21} \wedge T_{22}$，使

$$T_{11}L_{11} = L'_{11}, T_{12}L_{12} = L'_{12}, T_{21}L_{21} = L'_{21}, T_{22}L_{22} = L'_{22}$$

记 $L' = L'_{11} \wedge L'_{12} \wedge L'_{21} \wedge L'_{22}$.

上述变换的积变换 $\varphi = T'T$，会导致原目标发生传导变换，使

$$_{\varphi}T_{G_1}G_1 = \begin{bmatrix} \text{行驶,} & \text{施动对象,} & O_1 \\ & \text{方向,} & \text{香港} \rightarrow \text{珠海} \\ & \text{规则,} & \text{靠左} \rightarrow \text{靠右} \\ & \text{时间,} & [0:00, 24:00] \\ & \text{路线,} & \widehat{D_1Z_{12}Z_{22}D_2} \end{bmatrix} = G'_1, \text{且} G'_1 \Rightarrow G_1,$$

$$_{\varphi}T_{G_2}G_2 = \begin{bmatrix} \text{行驶,} & \text{施动对象,} & O_2 \\ & \text{方向,} & \text{香港} \rightarrow \text{珠海} \\ & \text{规则,} & \text{靠右} \rightarrow \text{靠左} \\ & \text{时间,} & [0:00, 24:00] \\ & \text{路线,} & \widehat{D_2Z_{21}Z_{11}D_1} \end{bmatrix} = G'_2, \text{且} G'_2 \Rightarrow G_2,$$

即 $Z = \widehat{Z_{12}Z_{22}} \wedge \widehat{Z_{21}Z_{11}}$，由此可形成转换桥

$$B\left(G_1, G_2\right) = \begin{pmatrix} G_1 \Leftarrow G'_1 \\ G_2 \Leftarrow G'_2 \end{pmatrix} \left(\widehat{Z_{12}Z_{22}} \wedge \widehat{Z_{21}Z_{11}}\right) \left(T'TL = L'\right),$$

使 $(G_1 \wedge G_2) \downarrow L_1 \wedge L' \wedge L_2$，即使原对立问题转化为共存问题.

例 4.9　某山庄要在一块 20000 m² 的空地上建一高尔夫球练习场，又想在此处建一可供人们钓鱼的人工湖. 此问题显然是一对立问题，目标基元为

$$G_1 = \begin{bmatrix} \text{建设,} & \text{支配对象,} & \text{高尔夫球练习场} \\ & \text{地点,} & D \end{bmatrix},$$

$$G_1 = \begin{bmatrix} \text{建设,} & \text{支配对象,} & \text{人工湖} \\ & \text{地点,} & D \end{bmatrix},$$

条件基元为 $L=(D, \text{面积}, 20000 \text{ m}^2)$，则该问题的可拓模型为 $P=(G_1 \wedge G_2) * L$.

按照一般的标准，高尔夫球练习场的面积至少要 20000m^2，而人工湖的面积也不应太小，因此，$(G_1 \wedge G_2) \uparrow L$.

根据领域知识和蕴含分析方法，作目标的蕴含分析：

$$
G_1 \Leftarrow \begin{cases}
G_{11} = \begin{bmatrix} \text{建设}, & \text{支配对象}, & \text{击球台} \\ & \text{地点}, & D_{11} \end{bmatrix} \\
G_{12} = \begin{bmatrix} \text{建设}, & \text{支配对象}, & \text{落球场} \\ & \text{地点}, & D_{12} \end{bmatrix}
\end{cases},
$$

$$
G_2 \Leftarrow \begin{cases}
G_{21} = \begin{bmatrix} \text{建设}, & \text{支配对象}, & \text{湖岸} \\ & \text{地点}, & D_{21} \end{bmatrix} \\
G_{22} = \begin{bmatrix} \text{建设}, & \text{支配对象}, & \text{湖面} \\ & \text{地点}, & D_{22} \end{bmatrix}
\end{cases},
$$

为了满足下位目标的要求，根据领域知识，作条件的可拓变换：

$$
T_{1L}L = L_1 = \left\{ L_{11}, \quad L_{12} \right\}, T_{2L}L = L_2 = \left\{ L_{21}, \quad L_{22} \right\},
$$

其中，

$$
L_{11} = \left(D_{11}, \quad \text{面积}, \quad a_{11}\text{m}^2 \right), L_{12} = \left(D_{12}, \quad \text{面积}, \quad a_{12}\text{m}^2 \right),
$$

$$
\text{且}\, a_{11} \oplus a_{12} = 20000\text{m}^2,
$$

$$
L_{21} = \left(D_{21}, \quad \text{面积}, \quad a_{21}\text{m}^2 \right), L_{22} = \left(D_{22}, \quad \text{面积}, \quad a_{22}\text{m}^2 \right),
$$

$$
\text{且}\, a_{21} \oplus a_{22} = 20000\text{m}^2,
$$

根据领域知识可知：$a_{21} \gg a_{11}, a_{22} < a_{12}$. 再根据连接-分隔式转换桥方法，作变换

$$
T_{L_{21}}L_{21} = \left(\widehat{D_{21}D_{11}}, \text{面积}, a_{11} \text{ m}^2 \right) = L'_{21},
$$

$$
T_{L_{12}}L_{12} = \left(\widehat{D_{12}D_{22}}, \text{面积}, a_{12} \text{ m}^2 \right) = L'_{12},
$$

则

$$(G_{11} \wedge G_{21}) \downarrow L'_{21}, \quad (G_{12} \wedge G_{22}) \downarrow L'_{12}$$

即在面积为 $a_{21}\mathrm{m}^2$ 的湖岸 D_{21} 的某一边可以建面积为 $a_{11}\mathrm{m}^2$ 的击球台 D_{11}，而面积为 $a_{22}\mathrm{m}^2$ 的湖面 D_{22} 可以作为面积为 $a_{12}\mathrm{m}^2$ 的落球场 D_{12} 的一部分，即可以把球打入湖水中，从而可以在同一块地上既建高尔夫球练习场，又建人工湖. 这是充分利用土地资源的一个很好实例.

在此例中，击球台 D_{11}、湖岸 D_{21}、湖面 D_{22} 和落球场 D_{12} 同时起转折作用，构成连接-分隔式转换桥

$$B(G_1, G_2) = \begin{pmatrix} G_1 \Leftarrow G_{11} \wedge G_{12} \\ G_2 \Leftarrow G_{21} \wedge G_{22} \end{pmatrix} \left(\widehat{D_{21}D_{11}} \wedge \widehat{D_{12}D_{22}} \right)$$

$$((T_{L_{21}} \wedge T_{L_{12}})(T_{1L} \wedge T_{2L}) L = L'_{21} \wedge L'_{12}),$$

从而把对立问题转化为共存问题.

3) 综合应用案例

在有些复杂实际问题的解决过程中，有时既可以应用连接-分隔式转换桥方法，又可以应用分隔-连接式转换桥方法，都能够将对立问题转化为共存问题. 当然，不同的方法，实现难度和效果可能不同，在实际应用中，还需要通过评价筛选，确定具体应用哪种方法.

例 4.10 某公司中央仓库 H 的面积设置中，中央仓库功能区 F_1 需求面积为 $6985\mathrm{m}^2$，通道区 F_2 需求面积为 $600\mathrm{m}^2$，而现公司厂区五楼 F 实际可使用面积只有 $7400\mathrm{m}^2$，很显然，在现有的面积条件下，中央仓库功能区和通道区的面积需求无法同时满足，是一个对立问题.

下面利用转换桥方法形成解决该对立问题的转换桥.

首先将原问题的目标和条件用可拓模型表示为：

$$G_1 = \begin{bmatrix} \text{建设}, & \text{支配对象}, & \text{功能区} F_1 \\ & \text{需求面积}, & 6985\ \mathrm{m}^2 \\ & \text{地点}, & F \end{bmatrix},$$

$$G_2 = \begin{bmatrix} \text{建设}, & \text{支配对象}, & \text{通道区} F_2 \\ & \text{需求面积}, & 600\ \mathrm{m}^2 \\ & \text{地点}, & F \end{bmatrix},$$

$$L = \left(F, \quad \text{面积}, \quad 7400\ \mathrm{m}^2 \right),$$

则原问题的可拓模型为 $P = (G_1 \wedge G_2) * L$, 且 $(G_1 \wedge G_2) \uparrow L$.

在中央仓库总实际可使用面积一定的条件下, 很难同时实现功能区面积和通道区面积的需求目标. 根据领域知识, 首先要对原问题的目标实施蕴含分析, 获取易于实现的下位目标, 以得到解决对立问题的路径.

1) 对目标 G_1 进行蕴含分析

在对立问题中, 目标 G_1 主要是满足中央仓库在功能区上的面积需求. 很显然, 无法直接通过扩大功能区的面积解决问题. 根据现场的考察、公司数据分析和蕴含分析方法, 可对中央仓库功能区进行蕴含分析. 根据具体功能, 在厂区五楼功能区的下位目标可分为存储物料、为中央仓库提供物流服务以及中央仓库的日常操作, 具体蕴含分析如下所示:

$$
G_1 \Leftarrow \begin{cases}
G_{11} = \begin{bmatrix} 存储, & 支配对象, & 物料 \\ & 需求面积, & 6025\ \text{m}^2 \\ & 地点, & F \end{bmatrix} \\
G_{12} = \begin{bmatrix} 服务, & 支配对象, & 中央仓库H \\ & 需求面积, & 396\ \text{m}^2 \\ & 地点, & F \end{bmatrix}, \\
G_{13} = \begin{bmatrix} 操作, & 支配对象, & 物料 \\ & 需求面积, & 564\ \text{m}^2 \\ & 地点, & F \end{bmatrix}
\end{cases}
$$

根据实际情况, 在功能上可对 G_1 最下位目标进行蕴含分析. 其中中央仓库的服务目标的最下位目标分别为存储物流设备目标和提供具体物流服务目标. 中央仓库的操作目标的最下位目标分别为供应商与公司内部胶箱的倒箱操作目标、物料的配送目标、成品的质检目标以及成品的包装目标, 具体蕴含分析如下所示:

$$
G_{12} \Leftarrow \begin{cases}
G_{121} = \begin{bmatrix} 存储, & 支配对象, & 物流设备 \\ & 需求面积, & 100\ \text{m}^2 \\ & 地点, & F \end{bmatrix} \\
G_{122} = \begin{bmatrix} 提供, & 支配对象, & 物流服务 \\ & 需求面积, & 296\ \text{m}^2 \\ & 地点, & F \end{bmatrix}
\end{cases},
$$

$$G_{13} \Leftarrow \begin{cases} G_{131} = \begin{bmatrix} \text{倒,} & \text{支配对象,} & \text{胶箱} \\ & \text{需求面积,} & 150 \text{ m}^2 \\ & \text{地点,} & F \end{bmatrix} \\ G_{132} = \begin{bmatrix} \text{配送,} & \text{支配对象,} & \text{物料} \\ & \text{需求面积,} & 54 \text{ m}^2 \\ & \text{地点,} & F \end{bmatrix} \\ G_{133} = \begin{bmatrix} \text{包装,} & \text{支配对象,} & \text{成品} \\ & \text{需求面积,} & 200 \text{ m}^2 \\ & \text{地点,} & F \end{bmatrix} \\ G_{134} = \begin{bmatrix} \text{检验,} & \text{支配对象,} & \text{物料} \\ & \text{需求面积,} & 160 \text{ m}^2 \\ & \text{地点,} & F \end{bmatrix} \end{cases}$$

综上，可得目标 G_1 的蕴含系为 J_{11}：

$$G_1 \Leftarrow \begin{cases} G_{11} \\ G_{12} \Leftarrow \begin{cases} G_{121} \\ G_{122} \end{cases} \\ G_{13} \Leftarrow \begin{cases} G_{131} \\ G_{132} \\ G_{133} \\ G_{134} \end{cases} \end{cases},$$

2) 对目标 G_2 进行蕴含分析

目标 G_2 主要是满足中央仓库在通道区上的面积需求. 根据现场的考察、公司数据分析和蕴含分析方法，可对中央仓库通道区进行蕴含分析. 具体蕴含分析如下所示：

$$G_2 \triangleq \begin{cases} G_{21} = \begin{bmatrix} 运输, & 支配对象, & 物料 \\ & 需求面积, & 330 \text{ m}^2 \\ & 地点, & F \end{bmatrix} \\ G_{22} = \begin{bmatrix} 通行, & 施动对象, & 员工 \\ & 需求面积, & 80 \text{ m}^2 \\ & 地点 & F \end{bmatrix} \\ G_{23} = \begin{bmatrix} 隔离, & 支配对象, & 物料 \\ & 需求面积, & 190 \text{ m}^2 \\ & 地点, & F \end{bmatrix} \end{cases},$$

即厂区五楼通道区的最下位目标可分为运输物料、员工通行以及隔离物料.

由此可得目标 G_2 的蕴含系为 J_{12}:

$$G_2 \triangleq \begin{cases} G_{21} \\ G_{22} \\ G_{23} \end{cases},$$

3) 构造连接-分隔式转换桥

根据上述对两个待实现目标的蕴含分析可知，原目标的面积需求被划分为下位目标的面积需求，根据公司的实际情况可知，G_{133} 与 G_{23} 的需求面积可以共用，即在中央仓库总体面积为 7400m^2 的条件 L 下，可以在中央仓库的功能区与通道区之间设置共用区 Z.

根据领域知识和连接-分隔式转换桥方法，可对条件 L 实施分解变换:

$$T_{L1}L = \{L_1, L^1, L_2\},$$

其中，$L_1 = \left(\widehat{F_1 Z}, 面积, 6955 \text{ m}^2\right)$, $L^1 = \left(Z, 面积, 205 \text{ m}^2\right)$, $L_2 = \left(\widehat{Z F_2}, 面积, 240 \text{ m}^2\right)$, Z 是连接-分隔式转折部，且 $F = \widehat{F_1 Z F_2}$，则

$$((G_{11} \wedge G_{121} \wedge G_{122} \wedge G_{131} \wedge G_{132}) \wedge G_{21}) \downarrow L_1,$$

$$(G_{133} \wedge G_{23}) \downarrow L^1, (G_{134} \wedge G_{22}) \downarrow L_2.$$

综上, 可构造连接-分隔式转折部物元 $L^1 = (Z, 面积, 205\text{ m}^2)$, 作为双功能共用区, 可完成对货物的包装和间隔. 由目标的蕴含系、条件的可拓变换 T_{L1} 和转折部物元 L^1, 构成解决该对立问题的连接-分隔式转换桥, 记作

$$B_1 (G_1 \wedge G_2) = (J_{11} \wedge J_{12}) (Z) (T_{L1} L = \{L_1, L^1, L_2\}).$$

由于该公司加工完成后的成品绝大部分的包装在车间中已经完成, 故具体实施方法是: 将成品的包装区与存储区中安全间隔通道组合成为一个双功能区. 在完成安全间隔的同时, 对原材料进行简单包装工作. 通过转换桥 $B_1 (G_1 \wedge G_2)$, 使目标 G_1 和 G_2 由对立转化为共存.

4) 构造分隔-连接式转换桥

由于原问题的条件 L 只考虑了 F 的面积特征及相应的量值, 根据领域知识和发散树方法, F 还有许多特征和相应的量值, 利用它们, 也可以获得解决对立问题的策略.

根据领域知识和发散树方法, 对条件 L 进行发散分析:

$$L = (F, \quad 面积, \quad 7400\text{ m}^2) \dashv L' = \begin{bmatrix} F, & 面积, & 7400\text{ m}^2 \\ & 位置, & 平面 \end{bmatrix}$$

$$\dashv \begin{cases} L'_1 = \begin{bmatrix} F'_1, & 面积, & 400\text{ m}^2 \\ & 位置, & 空间 \end{bmatrix} \\ L^2 = \begin{bmatrix} Z', & 面积, & 100\text{ m}^2 \\ & 位置, & 平面 \end{bmatrix} \\ L'_2 = \begin{bmatrix} F'_2, & 面积, & 7300\text{ m}^2 \\ & 位置, & 平面 \end{bmatrix} \end{cases},$$

根据上述拓展分析, 对 L 实施置换变换: $T_{L2} L = L'$, 再对 L' 实施分解变换:

$$T'_{L2} L' = \{L'_1, L^2, L'_2\},$$

其中, F'_1 是 F 的上半层空间, F'_2 是 F 的原平面, Z' 是垂直连接上下两层空间的分隔-连接式转折部, 占用原平面面积 100m^2, 用于垂直分隔

运输通道与物料存储区，且 $F = F_1' \,|\, Z' \,|\, F_2'$，则

$$(G_{132} \wedge G_{21}) \downarrow L_1',$$

$$((G_{11} \wedge G_{121} \wedge G_{122} \wedge G_{131} \wedge G_{133} \wedge G_{134}) \wedge (G_{22} \wedge G_{23})) \downarrow L_2'.$$

综上，可构造分隔-连接式转折部物元 $L^2 = \left(Z', \quad \text{面积}, \quad 100 \text{ m}^2 \right)$，通过分隔区将运输物料通道区与配送区设置在厂区五楼上层空间，将其余的功能区与通道区设置在厂区五楼的平面区域. 由目标的蕴含系、条件的可拓变换 T_{L2} 和转折部物元 L^2，构成解决该对立问题的分隔-连接式转换桥，记作

$$B_2 (G_1 \wedge G_2) = (J_{11} \wedge J_{12}) (Z') \left(T_{L2}' T_{L2} L = \{ L_1', L^2, L_2' \} \right).$$

具体实施方法：对 F 作为一个整体系统进行考虑，利用悬轨做为分隔层，将其分为上层空间和下层空间. 悬轨上层承担通道的运输功能和配送，悬轨道下层仍负责中央仓库除去运输功能以外的其它功能. 通过转换桥 $B_2 (G_1 \wedge G_2)$，使目标 G_1 和 G_2 由对立转化为共存.

由此可见，该问题既可以通过连接-分隔式转换桥方法，也可以通过分隔-连接式转换桥方法，使得对立问题转化为共存. 至于这两种策略哪一种更好，需要根据企业的具体情况和成本，进行优度评价选择应用.

说明：这样的问题，在很多领域都会遇到，而且都有各种各样的解决方法，不同的解决方法，效果也是不同的. 实际上，所有能够化对立为共存的方法，都蕴含着很强的规律性. 本节介绍的转换桥方法，也为读者利用该方法解决其他领域的类似问题提供方法借鉴.

第 5 章　可 拓 工 程

在工程技术和经济管理中，人们常常会碰到各种各样的矛盾问题. 多年来，很多领域的学者利用可拓学的基本理论和方法研究这些矛盾问题，进行了十分有益的探索.

可拓工程是可拓学的理论与方法在各领域中的应用. 本章将介绍可拓论与可拓创新方法在信息与知识表示、策略生成、数据挖掘、营销、策划、设计、控制、识别与搜索、人工智能及创造性思维等领域的应用，统称为可拓工程.

5.1　可拓信息–知识–策略的形式化体系

为了使计算机能够帮助人们处理矛盾问题，必须利用各种各样的信息和知识，通过可拓变换，生成处理矛盾问题的策略，以辅助人们进行决策. 当信息和知识不足时，还需要利用可拓数据挖掘方法，从历史资料中获取变化的知识. 这些问题的研究正引起从事信息科学和智能科学的学者们的极大兴趣和积极参与. 为此，本章将简要介绍相关内容和初步的研究成果，所涉及的大量问题还有待于广大学者继续进行深入研究.

5.1.1　建立"信息 – 知识 – 策略"形式化体系的必要性

目前，在人工智能中，信息和知识表示方法种类繁多，每一种方法都有其优缺点. 此外，它们还存在一个共同的问题，这就是它们都缺乏严格的理论体系. 另一方面，也应该看到，在有效生成知识和产生智能方面，现有的理论和方法远远不能满足研制高水平智能系统的要求.

人类对计算机智能水平的要求越来越高，而要提高计算机的智能水平，就离不开信息、知识和智能. 文献 [16] 研究了它们的关系，文献 [17] 提出了"信息–知识–策略–行为"的统一理论. 要实现这种统一，关键在于建立"信息–知识–策略–行为"的形式化体系. 也就是说，面对给定问题的目标和环境,计算机如何简洁地表示收集到的信息和知识;同时,又能按照某些规则,生成解决问题所需要的知识;又从这些信息和知识生成解决该问题的策略,并对这些策略进行评价. 因此,建立能明了表示信息和知识、具有生成知识、产生和评价策略的规则的形式化体系,已成为当前迫切需要研究的基础问题.

可拓论建立了形式化描述物、事和关系的基本元——物元、事元和关系元,以及形式化描述复杂事物的复合元,可以作为描述信息和知识的形式化工具. 它建立的可拓推理规则可以用来生成知识,可拓变换规则可以作为产生创意或策略的基础;可拓集合和关联函数可以作为生成创意或策略的定量化工具,优度评价方法可以用来评价和筛选创意或策略;从而可以在可拓论和可拓创新方法的基础上建立"基于可拓论的信息—知识—策略的形式化体系".

为了研究该体系,首先给出信息的基元或复合元表示方法和基于可拓规则的知识表示方法.

5.1.2 信息的基元或复合元表示方法

信息具有普遍性、依附性 (载体不可分性)、可度量性、可识别性、可处理性、可传递性和可共享性等性质. 信息广泛存在于自然界、生物界和人类社会之中. 信息是多种多样、多方面和多层次的,具有自己的结构和成分. 从不同的角度,可以对信息进行不同的分类.

从认识论的意义看,信息是事物运动状态及其变化 (联系) 方式的自在描述 [18]. 这里的信息具有层次,即语法信息层次、语义信息层次及语用信息层次. 最基本的语法信息层次只考虑事物运动状态之间的关系;语义信息层次不仅要考虑这种关系,还要考虑它所具有的含义;最高层次的语用信息层次不仅要考虑这种关系和它所具有的含义,还要进一步考虑这种关系及含义对于信息使用者的效用或价值.

信息的定义具有多样性. 从可拓学的角度,利用基元和复合元,研究了语法信息的形式化表示方法,用静态或动态物元形式化表示陈述型信息,用静态或动态事元形式化表示行为型信息,用静态或动态关系元形式化表示关系型信息,用静态或动态类基元形式化表示相应的类信息,用静态或动态复合元或基元的运算式形式化表示复杂信息,形成了完整的语法信息的形式化表示. 以基元或复合元表示的信息统称为信息元. 根据语法信息的各种不同表述方式, 可以用不同的基元或复合元表达之. 该研究使所有的能够用自然语言规范化表述的语法信息, 都可以用统一的形式化方法进行表示, 为进一步研究以信息为基础的知识的表示、转换与生成做好准备.

在此基础上, 提出了以信息元为基础的语义信息和语用信息的定量化研究方法, 通过建立信息元可拓集来表达语义信息和语用信息以及变化的信息. 这种信息的形式化表示方法, 可以将任意信息进行统一的形式化表达.

以信息元为基础, 通过对信息元实施可拓变换所获得的变换后的新信息元, 称为可拓信息元, 是基于可拓变换的信息的形式化表达. 可拓信息元可以为创新或解决矛盾问题提供更丰富的信息, 也为建立用于获取知识、进行创新和解决矛盾问题的信息元库 (即基元与复合元库) 打下基础.

下面给出语法信息的基元或复合元表示方法.

1. 用物元表达陈述型信息

陈述型信息指用陈述型的语法表达的信息, 包括物、概念、命题等提供的信息, 都可用物元或类物元形式化表达. 诸如数据和文献之类的物体, 它们之所以被称为信息, 是因为具有信息性, 即具有传授知识或传播信息的特征, 并且具有教育性.

例 5.1 "朱鹮古称红朱鹭, 主要以小鱼、蟹、蛙、螺等水生动物为食, 栖于高大树上, 是国家一级保护动物." 这是一条陈述型信息, 可用类物元形式化表示为

$$\{M_1\} = \begin{bmatrix} \{朱鹮\}, & 别名, & 红朱鹭 \\ & 食物种类, & \{小鱼, 蟹, 蛙, 螺, \cdots\} \\ & 栖息地, & 高大树上 \\ & 保护等级, & 国家一级 \end{bmatrix}.$$

例 5.2 "甲教授是乙大学的一名知名经济学家", 也是一条陈述型信息, 可用物元形式化表示为

$$M_2 = \begin{bmatrix} 甲, & 职称, & 教授 \\ & 工作单位, & 乙大学 \\ & 专业, & 经济学 \\ & 知名度, & 高 \end{bmatrix}.$$

例 5.3 "斯宾塞·约翰逊所著的《谁动了我的奶酪？》全球销量超过 2 千万册"，也是一条陈述型信息，可用物元形式化表示为

$$M_3 = \begin{bmatrix} 《谁动了我的奶酪？》, & 作者, & 斯宾塞·约翰逊 \\ & 销售量, & > 2 千万册 \\ & 销售地, & 全球 \end{bmatrix}.$$

2. 用事元表达行为型信息

行为型信息指用行为型的语法表达的信息，多指"作为过程的信息"，这种信息可以利用事元或类事元形式化表示. 当某人获取这种信息后，可以知道某件事或某个过程. 从这个意义上看，这种信息即"告知······的行为，某种事实或情况的知识或消息的传播，告知的行为或被告知的某事的事实".

例 5.4 "中国人工智能学会可拓工程专业委员会于 2013 年 8 月 16~18 日在北京召开首届可拓学与创新方法国际研讨会"，这是一条行为型信息，可用事元形式化表示为

$$A_1 = \begin{bmatrix} 召开, & 支配对象, & 首届可拓学与创新方法国际研讨会 \\ & 施动对象, & 中国人工智能学会可拓工程专业委员会 \\ & 时间, & 2013 年 8 月 16~18 日 \\ & 地点, & 北京 \end{bmatrix}.$$

例 5.5 "甲于 2022 年 9 月在某线上平台的科学出版社旗舰店购买了 2 本《可拓创新方法》"，也是一条行为型信息，可用事元形式化表示为

$$A_2 = \begin{bmatrix} 购买, & 支配对象, & 《可拓创新方法》 \\ & 施动对象, & 甲 \\ & 方式, & 网购 \\ & 时间, & 2022 \text{ 年 } 9 \text{ 月} \\ & 数量, & 2 \text{ 本} \\ & 地点, & 某线上平台的科学出版社旗舰店 \end{bmatrix}.$$

3. 用关系元表达关系型信息

关系型信息指用关系型的语法表达的信息, 这种信息可以利用关系元或类关系元形式化表示. 当某人获取这种信息后, 可以知道某种关系.

例 5.6 "N_1 国与 N_2 国在 1959~1999 年具有非常密切的外交关系", "N_3 与 N_4 在 1959~1999 年是夫妻", 这两条信息都是关系型信息, 可用关系元形式化表示为

$$R_1 = \begin{bmatrix} 外交关系, & 前项, & N_1 \text{ 国} \\ & 后项, & N_2 \text{ 国} \\ & 时间, & \langle 1959 \text{ 年}, 1999 \text{ 年} \rangle \\ & 程度, & 密切 \end{bmatrix},$$

$$R_2 = \begin{bmatrix} 夫妻关系, & 前项, & N_3 \\ & 后项, & N_4 \\ & 时间, & \langle 1959 \text{ 年}, 1999 \text{ 年} \rangle \end{bmatrix}.$$

4. 用复合元或基元的运算式表示复杂信息

很多信息都是复杂信息, 既包含陈述型信息, 又包含行为型信息, 还可能包含关系型信息, 此时就要用复合元或基元的运算式来形式化表达.

例 5.7 "2019 年 9 月企业 E 成功研制出一种高效抗癌药物 D", 是一条复杂信息, 可用复合元形式化表示为

$$A_1(M) = \begin{bmatrix} 研制, & 支配对象, & M \\ & 施动对象, & 企业 E \\ & 时间, & 2019 \text{ 年 } 9 \text{ 月} \\ & 状态, & 成功 \end{bmatrix},$$

$$M = \begin{bmatrix} 药物 \ D, & 类型, & 抗癌药 \\ & 效果, & 高 \end{bmatrix}.$$

例 5.8 "某电器商店 D 将在开业日举行液晶彩电 D_1 的优惠销售活动",是一条复杂信息,可用复合元形式化表示为

$$A_2(A_{22}) = \begin{bmatrix} 举行, & 支配对象, & A_{22} \\ & 施动对象, & 电器商店 \ D \\ & 时间, & 开业日 \end{bmatrix},$$

$$A_{22} = \begin{bmatrix} 销售, & 支配对象, & 液晶彩电 \ D_1 \\ & 方式, & 优惠 \end{bmatrix}.$$

例 5.9 "企业 E_1 与企业 E_2 进行了 2 年的密切合作,开发出了新产品 D ",也是一条复杂信息,可用事元和关系元的运算式表示为: $A_3 \wedge R$, 其中

$$A_3 = \begin{bmatrix} 开发, & 支配对象, & 新产品 \ D \\ & 施工对象, & 企业 \ E_1 \wedge 企业 \ E_2 \end{bmatrix},$$

$$R = \begin{bmatrix} 合作关系, & 前项, & 企业 \ E_1 \\ & 后项, & 企业 \ E_2 \\ & 程度, & 密切 \\ & 时间, & 2 \ 年 \end{bmatrix}.$$

5.1.3 基于可拓规则的知识表示与知识生成

知识表示、知识获取和知识处理是知识工程的三大支柱,而其核心是知识表示. 目前人工智能常用的知识表示方法有谓词逻辑、产生式知识表示、语义网络、框架表示、模糊逻辑表示、状态空间法、问题归约法和面向对象知识表示等. 这些知识表示方法各有各的特点,如产生式的自然性、语义网络的层次性、框架的通用性、模糊逻辑对模糊知识的适用性等,但它们也各有其局限性,如产生式只能用于表达表层知识,而对表达深层知识则十分困难. 框架的固定性使许多表达结果与原型不符

等. 知识表示的能力直接影响了推理的有效性和知识获取的能力. 因此, 目前在智能专家系统构造中面临着一些较迫切需要解决的问题. 一是知识获取方面的困难, 这包括领域专家提供的知识之间存在着矛盾性和不相容性, 需要设计出有效的而且适用于矛盾问题的知识表示; 二是现有的专家系统很少具有自学能力, 系统不得不包含数万条规则, 使维护与管理工作十分困难, 这显然是与知识表示方法有关的; 三是由于知识表示能力的限制, 使复杂系统的固有结构和功能方面的深层知识难以表述, 比如知识中的语义逻辑和语用逻辑等; 四是创造性思维还很难在智能体系系统中得到 "发挥".

可拓学中的规则, 统称为可拓规则, 包括拓展规则、共轭规则、传导规则、基元或复合元的算术运算规则、基元或复合元的逻辑运算规则、可拓变换的运算规则、关联规则、优度评价规则等, 在书中相应章节已作介绍. 基于这些规则的知识表示, 可以克服上述知识表示方法的某些缺陷. 首先, 它较为简洁规范, 便于操作. 其次, 它们的拓展性能够系统地描述事物开拓的多种可能性, 这为提高人工智能的创造性思维能力和策略生成技术提供了新的理论和方法. 最后, 利用基元的拓展式可以为知识获取提供新的技术和方法. 因此, 这种知识表示方法将在人工智能的知识表示技术中发挥重要的作用.

此外, 目前知识系统或专家系统拥有的知识多是表层知识. 而解决复杂问题, 特别是矛盾问题, 就必须解决深层知识的获取、策略的生成、存储、表示、处理和应用, 只有这样, 才能提高问题求解的能力和灵活性. 可拓方法从定性和定量两个角度, 研究解决矛盾问题的规律和方法, 为在知识库系统中解决深层知识的获取和处理提供了新的工具.

有些简单的知识, 可以直接用基元表示, 如用谓词表示的知识, 均可用基元表示; 用产生式规则表示的知识, 均可用基元产生式规则表示; 用语义网络表示的知识, 可以用基元语义网络表示; 用框架表示的知识, 可以用多维基元表示等. 详细内容可参见文献 [6] 的相关知识.

在可拓逻辑中, 研究了基于信息元生成知识的规则以及相应的知识表示方法. 基于可拓论中的拓展分析原理、共轭分析原理和可拓集理论, 建立了基于信息元的可拓规则知识, 包括发散规则知识、相关规则知识、蕴含规则知识、可扩规则知识和共轭规则知识. 再基于可拓规则知识、可拓变换和可拓集理论，建立了可拓知识，即基于可拓变换的知识，包括可拓分类知识、可拓聚类知识、变换的传导知识，以及基于知识库的其他有关变换的知识，为用形式化方法进行创新或解决矛盾问题提供了有效的知识基础，也为建立用于创新和解决矛盾问题的可拓知识库打下基础.

可拓知识可以通过可拓数据挖掘方法从数据库或知识库中获取，也可以从领域知识中通过可拓知识表示方法实现知识转换获取. 在各领域中，都存在大量的知识. 为了利用这些知识进行智能化创新和解决矛盾问题，首先需要收集这些知识，并将这些知识进行形式化表示，存入知识库中. 这些知识中，有些简单知识可以直接用基元或复合元及其运算式形式化表示，有些知识可以用可拓规则表示，有些知识可以用可拓知识表示. 利用可拓规则和可拓知识表示方法，可以将这些领域知识转化为适用于智能化创新和矛盾问题求解的可拓规则知识和可拓知识，实现从领域知识中获取可拓规则知识和可拓知识.

由于很多知识可以看成信息元之间的关系式，因此可以用基于可拓规则的基元或复合元的关系式表示知识. 下面介绍基于拓展规则、共轭规则、运算规则和传导规则的知识表示方法. 基于拓展规则的知识，称为拓展型知识；基于共轭规则的知识，称为共轭型知识；基于可拓变换的知识，称为可拓知识.

1. 拓展型知识

根据拓展规则，拓展型知识包括发散型知识、相关型知识、蕴含型知识和可扩型知识. 下面以基元的拓展规则为例，介绍拓展型知识的表示方法，基于复合元的拓展规则，也有类似的拓展型知识表示方法.

1) 发散型知识

表示基元的发散关系的知识称为发散型知识. 根据基元的发散规则，可以利用基元的发散式来表示发散型知识：

$$(O_1, c_1, v_1) \dashv (O_{i_1}, c_{i_2}, v_{i_3}),$$

$$i_1 = 1, 2, 3 \cdots n_1; i_2 = 1, 2, 3 \cdots n_2; i_3 = 1, 2, 3 \cdots n_3.$$

例如，有利必有弊，凡药三分毒. 这些知识表示一个事物有多种特征元，有些特征元是对人有利的，有些是有害的，若 c_1 表示某种药 D

有利的特征, c_2 表示其有害的特征, 则该知识可表示为

$$(药 D, c_1, v_1) \dashv (药 D, c_2, v_2),$$

这类"一物多特征元"的知识可用下式表示为:

$$(O, c_1, v_1) \dashv (O, c_i, v_i), \qquad i = 1, 2, \cdots, n.$$

例 5.10 钢笔 D 的形状是圆柱体, 形状是圆柱体的物品还有很多, 这样的知识可以表示为:

$$(钢笔\ D,\ 形状,\ 圆柱体) \dashv \begin{cases} (杯子\ D_1,\ 形状,\ 圆柱体) \\ (粉笔\ D_2,\ 形状,\ 圆柱体) \\ (碳笔\ D_3,\ 形状,\ 圆柱体) \\ (激光笔\ D_4,\ 形状,\ 圆柱体) \\ \cdots \end{cases},$$

类似地, 具有相同特征元的对象有很多, 这样的知识可以用下式表示为:

$$(O, c, v) \dashv (O_i, c, v), \quad i = 1, 2, \cdots, n.$$

2) 相关型知识

表示基元之间相关关系的知识称为相关型知识. 根据基元的相关规则, 可以利用基元的相关式表示相关型知识:

$$(O_1, c_1, v_1) \sim (O_2, c_2, v_2).$$

相关型知识包括单向相关型知识和互为相关型知识.

例 5.11 产品 D 的材质和产品 D 的成本有密切的关系, 属于单向相关型知识, 可以形式化表示为:

$$(产品\ D,\ 成本, v_2) \leftharpoondown (产品\ D,\ 材质, v_1), \quad v_2 = f_1(v_1),$$

企业的利润和产品的成本也有密切的关系, 也属于单向相关型知识, 可以形式化表示为:

$$(企业\ E,\ 利润, v_3) \leftharpoondown (产品\ D,\ 成本, v_2), \quad v_3 = f_2(v_2).$$

3) 蕴含型知识

表示基元之间蕴含关系的知识称为蕴含型知识. 根据基元的蕴含规则, 可以利用基元的蕴含式表示蕴含型知识:

$$(O_1, c_1, v_1) \Rightarrow (O_2, c_2, v_2).$$

例 5.12 某人 D 在广州购买了一套价值 200 万元的商品房 E, 属于此人的第二套住房且首套房面积为 80m², 就一定要在广州缴纳 3% 的契税. 这是一条蕴含型知识, 可表示为

$$
\begin{bmatrix}
购买, & 支配对象, & 商品房E \\
& 施动对象, & D \\
& 数量, & 1 套 \\
& 价格, & 200 万元 \\
& 地点, & 广州
\end{bmatrix}
\wedge
\begin{bmatrix}
D, 拥有房产套数, & 2 \\
首套房面积, & 80m^2
\end{bmatrix}
$$

$$
\Rightarrow
\begin{bmatrix}
缴纳, & 支配对象, & 契税 \\
& 施动对象, & D \\
& 数量, & 200 \times 3\% 万元 \\
& 地点, & 广州
\end{bmatrix}.
$$

4) 可扩型知识

表示基元之间组合关系的结果、分解后的结果或扩大缩小后的结果的知识称为可扩型知识. 根据基元的可扩规则, 可以利用基元的可扩式表示可扩型知识, 即

可组合型知识: $(O_1, c_1, v_1) \oplus (O_2, c_2, v_2)$ 或 $(O_1, c_1, v_1) \otimes (O_2, c_2, v_2)$,

可分型知识: $(O, c, v) // \{(O_i, c, v_i), i = 1, 2, 3, \cdots, n\}$,

可扩缩型知识: $\alpha(O, c, v) = (\alpha O, c, \alpha v)$.

例 5.13 "糖和水放在一起, 就会溶解为糖水", 这一可加型知识可以表示为

$$(糖 O_1, 物相, 固态) \oplus (水 O_2, 物相, 液态) = (糖水 O, 物相, 液态).$$

例 5.14 "组装电脑的成本是其各部件的成本与组装人工费用之

和", 这一可分型知识可形式化表示为

$$
\begin{aligned}
(\text{组装电脑 } O, \quad \text{成本}, \quad a) \,//\, \{ & (\text{主板 } O_1, \quad \text{成本}, \quad a_1), \\
& (\text{硬盘 } O_2, \quad \text{成本}, \quad a_2), \\
& (\text{内存 } O_3, \quad \text{成本}, \quad a_3), \cdots, \\
& (\text{组装者 } O_n, \quad \text{人工费}, \quad a_n) \}.
\end{aligned}
$$

2. 共轭型知识

用物的共轭部的关系表示的知识称为共轭型知识. 根据共轭规则, 可以利用共轭式表示共轭型知识, 包括虚实共轭型知识、软硬共轭型知识、潜显共轭型知识和负正共轭型知识.

这些知识在解决矛盾问题时非常有用, 但形式化表达有一定的难度, 有兴趣的读者可进一步研究.

3. 可拓知识

可拓知识是基于可拓变换的知识, 包括基于数据库的可拓分类知识、可拓聚类知识、可拓变换的传导知识, 以及基于知识库的其他有关变换的知识. 这些知识都可以通过可拓数据挖掘方法获取, 将在书中 5.3 节介绍. 而在很多领域知识中也存在大量的可拓知识, 可以通过可拓知识表示方法转化成可拓知识式的形式.

下面仅介绍基于传导规则的可拓变换的传导知识, 也称为可拓变换的蕴含型知识的表示方法.

可拓学中的传导变换规则可用可拓变换的蕴含式表示, 它表达的是变化的知识, 可用下式表述:

$$
(B_1 \sim B_2) \wedge (T_{B_1} B_1 = B_1') \models ({}_{B_1} T_{B_2} B_2 = B_2'),
$$

简记为

$$
T_{B_1} \Rightarrow {}_{B_1} T_{B_2}.
$$

例 5.15　设 $B_1 = (\text{产品 } D, \quad \text{材质}, \quad v_1), B_2 = (\text{产品 } D, \quad \text{重量}, v_2)$, 根据领域知识, 显然有 $B_1 \widetilde{\rightarrow} B_2, v_2 = f(v_1)$, 若实施主动变换

$$
T_{B_1} B_1 = B_1' = (\text{产品 } D', \quad \text{材质}, \quad v_1'),
$$

则必有如下传导变换发生:

$$_{B_1}T_{B_2}B_2 = B_2' = \begin{pmatrix}产品 & D', & 重量, & v_2'\end{pmatrix},$$

即有 $T_{B_1} \Rightarrow _{B_1}T_{B_2}$.

这条可拓变换的蕴含型知识说明, 产品 D 的材质的量值的改变, 必然导致该产品的重量的量值发生传导变换.

例 5.16 老师 D 在时间 t 要在学校 D_1 给学生 D_2 上数学课 D_3, 但在时间 t 又要到外地 D_4 参加学术会议. 如果老师 D 调课, 则学生 D_2 在学校 D_1 上数学课 D_3 的时间一定会发生传导变换; 如果老师 D 让另一个老师 D' 给他代课, 则学生 D_2 上数学课 D_3 的时间不会发生传导变换; 如果老师 D 让另一个老师 D' 代他到外地 D_4 出差, 则学生 D_2 上数学课 D_3 的时间也不会发生传导变换. 即若设

$$B_1 = \begin{bmatrix} 讲授, & 支配对象, & 数学课 D_3 \\ & 施动对象, & 老师 D \\ & 接受对象, & 学生 F \\ & 时间, & t \\ & 地点, & 学校 \end{bmatrix} = \begin{bmatrix} B_{11} \\ B_{12} \\ B_{13} \\ B_{14} \\ B_{15} \end{bmatrix},$$

$$B_2 = \begin{bmatrix} 参加, & 支配对象, & 学术会议 \\ & 施动对象, & 老师 D \\ & 时间, & t \\ & 地点, & 外地 D_4 \end{bmatrix} = \begin{bmatrix} B_{21} \\ B_{22} \\ B_{23} \\ B_{24} \end{bmatrix}$$

$$B_3 = \begin{bmatrix} 听, & 支配对象, & 数学课 D_3 \\ & 施动对象, & 学生 D_2 \\ & 时间, & t \\ & 地点, & 学校 D_1 \end{bmatrix} = \begin{bmatrix} B_{31} \\ B_{32} \\ B_{33} \\ B_{34} \end{bmatrix}$$

显然, $B_{14} \overset{\sim}{\to} B_{33}$. 若作变换 $T_{B_{14}}B_{14} = \begin{pmatrix}讲授, & 时间, & t'\end{pmatrix} = B_{14}'$, 则必有如下传导变换发生:

$$_{B_{14}}T_{B_{33}}B_{33} = \begin{pmatrix}听, & 时间, & t'\end{pmatrix} = B_{33}'$$

即有 $T_{B_{14}} \Rightarrow {}_{B_{14}}T_{B_{33}}$.

因此，若对 B_1 实施可拓变换

$$
T_{B_1}B_1 = \begin{bmatrix} \text{讲授,} & \text{支配对象,} & \text{数学课 } D_3 \\ & \text{施动对象,} & \text{老师 } D \\ & \text{接受对象,} & \text{学生 } D_2 \\ & \text{时间,} & t' \\ & \text{地点,} & \text{学校 } D_1 \end{bmatrix} = B_1'
$$

则必有传导变换

$$
{}_{B_1}T_{B_2}B_2 = \begin{bmatrix} \text{听,} & \text{支配对象,} & \text{数学课 } D_3 \\ & \text{施动对象,} & \text{学生 } D_2 \\ & \text{时间,} & t' \\ & \text{地点,} & \text{学校 } D_1 \end{bmatrix} = B_2'
$$

即有 $T_{B_1} \Rightarrow {}_{B_1}T_{B_2}$.

而 B_{12} 与 B_{33} 不相关，所以当实施变换 $T_{B_{12}}B_{12} = $ (讲授，施动对象，老师 D') $= B_{12}'$ 时，即请老师 D' 代课时，B_{33} 不会发生传导变换.

同理，B_{22} 与 B_{33} 不相关，所以当实施变换 $T_{B_{22}}B_{22} = $ (参加，施动对象，老师 D') $= B_{22}'$ 时，即请老师 D' 代老师 D 参加学术会议时，B_{33} 也不会发生传导变换.

可拓变换的蕴含型知识中包括共轭变换型知识，此不详述，可参阅共轭变换部分内容.

4. 复合型知识

人们的常识和各种专业知识往往相当复杂，有的要用复合元的关系式表示，有的要用基元或复合元的运算式表示，我们统称为复合型知识. 关于复合型知识的表示，还有待进一步深入研究.

知识是信息加工的规律性产物. 知识是认识论范畴的概念，它所表述的是对象的运动状态和状态变化的规律[16]. 知识是相对于认识主体而存在的. 基于知识的这种定义，还可以把知识分类为形态性知识、内容性知识和效用性知识. 形态性知识与认识论信息的语法信息概念相联系; 内容性知识与认识论信息的语义信息相联系; 效用性知识与认识论信息的语用信息相联系. 因此, 可以根据前述的语法信息的基元或复合元表示方法和可拓集的建立方法, 给出各种知识的基元或复合元表示式及知识生成方法, 还需要进一步深入研究.

5.1.4 可拓策略 (创意) 的形式化表示

根据第 4 章可知, 在矛盾问题求解中, 使矛盾问题转化为不矛盾问题的可拓变换或可拓变换的运算式, 称为可拓策略. 根据第 3 章可知, 在创新研究中, 实现创新的可拓变换或可拓变换的运算式, 称为可拓创意.

本节以单目标问题的求解策略为例, 说明可拓策略的形式化表示方法. 双目标问题和多目标问题的求解策略也有类似的形式化表示方法, 但更加复杂, 可参阅第 4 章的相关内容, 此不详述.

给定单目标问题 $P = G * L$, 根据实际问题对目标或条件的要求, 建立问题 P 的相容度函数 $K(G, L)$, 并确定论域 U. 若 $K(G, L) < 0$, 则 P 是不相容问题. 若存在变换 $T = (T_U, T_K, (T_G, T_L))$, 使 $T_K K (T_G G, T_L L) > 0$, 则称 T 为解决该不相容问题的可拓策略.

从可拓变换的对象考虑, 可拓策略有以下五种类型:

1. 论域的变换形成的可拓策略

若存在可拓变换 $T_U : T_U U = U'$, 使得在新论域 U' 中, 有 $T_K K(G, L) > 0$, 其中 T_K 也可以是么变换, 则论域变换 T_U 为解决不相容问题 P 的可拓策略.

2. 关联函数的变换形成的可拓策略

若存在可拓变换 $T_K : T_K K = K'$, 使得在新关联准则下, 有 $K'(G, L) > 0$, 则关联准则的变换 T_K 为解决不相容问题 P 的可拓策略.

3. 元素 (目标或条件) 的变换形成的可拓策略

关于元素的可拓变换, 是指对待解决问题的目标或条件的可拓变换 (T_G, T_L), 可以有以下三种情形:

(1) 目标变, 条件不变, 即 (T_G, e);

(2) 目标不变, 条件变, 即 (e, T_L);

(3) 目标和条件同时变, 即 (T_G, T_L).

由于目标和条件都是用基元或复合元及其运算式形式化表达的, 因此, 可拓变换 (T_G, T_L) 实际上是对基元或复合元的变换. 若此变换使得 $K(T_G G, T_L L) > 0$, 则可拓变换 (T_G, T_L) 为解决不相容问题 P 的可拓策略.

4. 传导变换形成的可拓策略

在可拓变换中特别值得注意的是传导变换, 有时直接利用某个可拓变换无法使不相容问题化解, 而通过其传导变换却可以使不相容问题化解.

以条件基元 L 为例, 若无法通过直接变换 $T_L L$ 使不相容问题化解, 则可根据相关分析获得 L 的相关基元: $L \sim L'$, 若存在变换 $T_{L'} L' = L''$, 和传导变换 $T_{L'} \Rightarrow {}_L T_L, {}_{L'} T_L L = L^*$, 使得 $K(G, L^*) > 0$, 则传导变换 $T_{L'} \Rightarrow {}_L T_L$ 就是解决不相容问题 P 的可拓策略.

5. 可拓变换的运算式形成的可拓策略

在解决不相容问题时, 有时直接应用上述某一可拓变换就可以使不相容问题化解, 有时需要用到几种可拓变换的运算式, 可参见本书相关内容, 此不赘述.

上述可拓变换、可拓变换的运算式以及传导变换是可拓策略的形式化表示. 在不相容问题求解中, 有的可拓策略是相当复杂的, 它们必须用基本可拓变换的复合或运算式来表达. 有关可拓策略生成的相关内容, 请参阅书中第 4 章和 5.2 的相关内容.

5.1.5 建立 "可拓信息–知识–策略形式化体系" 的框图

利用上述信息、知识、策略的形式化表示方法, 可以研究由信息生成知识的方法和由信息和知识生成策略的方法——可拓策略生成方法, 形成 "可拓信息–知识–策略形式化体系". 本体系除了探讨上述表示方法外, 还研究从信息和知识生成策略的方法与规则, 主要包括: 从信息直接生成策略的可拓变换方法与规则; 从知识生成策略的可拓变换方法与规则; 利用可拓集合和关联函数生成评价策略的方法与规则. 人们可以利用这些方法和规则, 去生成解决矛盾问题的策略, 从而形成可拓策略库. 这为矛盾问题的智能化处理提供了形式化工具.

从对信息、知识的形式化表达，到生成可拓策略，处理问题 (形成智能)、建立该体系的过程，其框图如图 5.1 所示.

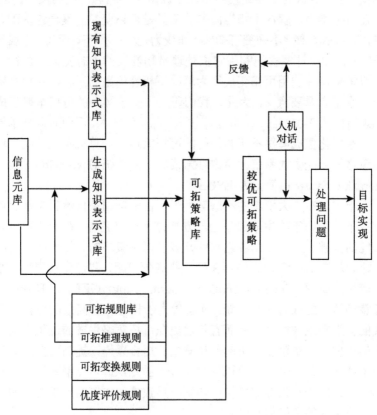

图 5.1 建立 "可拓信息–知识–策略形式化体系" 的框图

5.2 可拓策略的智能生成系统

随着社会经济的发展和网络信息技术的不断进步，信息和知识越来越多，各种系统越来越复杂，要考虑的参数不计其数，矛盾层出不穷. 如何利用计算机和网络存储量大、计算快的特点生成和搜索各领域解决矛盾问题的策略，已成为提高计算机智能化水平的关键. 虽然人们已经能将大量工作交给计算机处理，并在许多方面得到了满意的结果，但在问题求解、特别是不相容问题求解方面的研究还很不够. 人工智能领域确实花了很长时间考虑问题求解, 但对于解决不相容问题的策略生成并没有解决, 主要原因在于系统没有自动生成解决不相容问题的策略的功能.

在可拓学中, 解决不相容问题的工具是可拓变换, 集合论基础是可拓集, 其核心是使 "不知变可知"、"非变为是"、"不行变行"、"不属于变属于" 等. 如果计算机能利用它们处理事物性质的动态变化, 进行创新和生成策略, 并利用可拓变换作为解决不相容问题的工具, 对提高机器的智能水平有重要意义. 为此, 我们研究了基于 4.3 的可拓策略生成方法和现有的人工智能技术、数据库技术、可视化技术、面向对象技术等相结合, 智能化生成解决不相容问题的可拓策略的计算机实现系统, 称为可拓策略的智能生成系统, 简称可拓策略生成系统 (Extension Strategy Generating System, 简记为 ESGS).

近年来, 在广大学者的不懈努力下, 在多项国家自然科学基金项目的支持下, 可拓策略生成的理论与方法体系日益完善. 在上述理论和方法研究的基础上, 很多学者也相继开展了可拓策略的智能生成系统的研究, 针对前期 ESGS 研究中存在的一些瓶颈问题, 我们分别探索了结合基因表达式编程 (Gene Expression Programming, GEP) 和 HowNet 的可拓策略智能生成方法与系统. 前者着力于构建一种高效的可拓变换运算式的自组织生成机制, 从而有效避免在可拓策略生成的过程中因可拓变换的类型和数量繁多而引起的计算量的组合爆炸, 提高可拓策略生成的效率和智能化水平; 后者利用 HowNet 的知识库可以辅助解决现有策略生成系统由于知识存储模块中知识不足致使生成策略困难的问题, 提高了策略生成的智能化水平.

ESGS 利用计算机模仿人类发现问题、分析问题、生成解决问题的智能策略的过程, 可帮助决策者生成解决不相容问题的可拓策略. 目前已建立 ESGS 的一般框架与功能模块, 并开发了一些应用于具体领域的可拓策略生成系统软件. 2006 年由科学出版社出版的专著《可拓策略生成系统》[20], 详细介绍了可拓策略生成系统的理论基础、基本方法和实用技术. 本节将简单介绍该专著中提出的 ESGS 的实用技术与功能模块, 以及近年来结合 GEP 和 HowNet 对可拓策略的智能生成系统进行研究的成果.

5.2.1 ESGS 的数据结构类型

ESGS 的数据结构类型，是指可以表示基元、复合元、可拓变换等的计算机系统中原有的数据类型，即是利用计算机处理器中已存在的数据类型来表示 ESGS 的有关结构.

1. 关系数据表类型

1) 物元的数据表表示

设 n 维物元

$$M = \begin{bmatrix} O_m, & c_{m1}, & v_{m1} \\ & c_{m2}, & v_{m2} \\ & \vdots & \vdots \\ & c_{mn}, & v_{mn} \end{bmatrix},$$

它对应数据表 5.1.

表 5.1　物元数据表

物元 (M) 编号	物名称	c_{m1}	c_{m2}	$\cdots$	c_{mn}
M	O_m	v_{m1}	v_{m2}	$\cdots$	v_{mn}

2) 事元的数据表表示

设 n 维事元

$$A = \begin{bmatrix} O_a, & c_{a1}, & v_{a1} \\ & c_{a2}, & v_{a2} \\ & \vdots & \vdots \\ & c_{an}, & v_{an} \end{bmatrix},$$

它对应数据表 5.2.

表 5.2　事元数据表

事元 (A) 编号	动作名	c_{a1}	c_{a2}	$\cdots$	c_{an}
A	O_a	v_{a1}	v_{a2}	$\cdots$	v_{an}

3) 关系元的数据表表示

设 n 维关系元

$$R = \begin{bmatrix} O_r, & c_{r1}, & v_{r1} \\ & c_{r2}, & v_{r2} \\ & \vdots & \vdots \\ & c_{rn}, & v_{rn} \end{bmatrix},$$

它对应数据表 5.3.

表 5.3   关系元数据表

关系元 (R) 编号	关系名	c_{r1}	c_{r2}	$\cdots$	c_{rn}
R	O_r	v_{r1}	v_{r2}	$\cdots$	v_{rn}

4) 复合元的数据表表示

以事元和物元形成的复合事元

$$A(M_1, M_2) = \begin{bmatrix} O_a, & c_{a1}, & M_1 \\ & c_{a2}, & M_2 \\ & \vdots & \vdots \\ & c_{an}, & v_{an} \end{bmatrix}$$

为例, 其中,

$$M_1 = \begin{bmatrix} O_{m1}, & c_{m11}, & v_{m11} \\ & c_{m12}, & v_{m12} \\ & \vdots & \vdots \\ & c_{m11_1}, & v_{m1n_1} \end{bmatrix}, \quad M_2 = \begin{bmatrix} O_{m2}, & c_{m21}, & v_{m21} \\ & c_{m22}, & v_{m22} \\ & \vdots & \vdots \\ & c_{m2n_2}, & v_{m2n_2} \end{bmatrix},$$

它对应数据表 5.4.

表 5.4   复合元数据表

复合元编号	动作名	c_{a1}	c_{a2}	$\cdots$	c_{an}
$A(M_1, M_2)$	O_a	M_1	M_2	$\cdots$	v_{an}

其中 M_1 和 M_2 对应于如表 5.1 的物元数据表.

其他类型的复合元, 有类似的数据表表示, 此略.

5) 可拓变换的数据表表示

可拓变换可以用事元形式化表示为

$$
T = \begin{bmatrix} O_T, & c_1, & v_1 \\ & c_2, & v_2 \\ & c_3, & v_3 \\ & c_4, & v_4 \\ & c_5, & v_5 \\ & c_6, & v_6 \\ & c_7, & v_7 \end{bmatrix} = \begin{bmatrix} 变换, & 支配对象, & v_1 \\ & 接受对象, & v_2 \\ & 结\quad果, & v_3 \\ & 施动对象, & v_4 \\ & 方\quad法, & v_5 \\ & 工\quad具, & v_6 \\ & 时\quad间, & v_7 \end{bmatrix}.
$$

基本可拓变换和传导变换可用同一个数据表 5.5 表示.

表 5.5　基本可拓变换与传导变换数据表

变换编号	变换名	c_1	c_2	c_3	c_4	c_5	c_6	c_7	$\cdots$	变换类型	传导变换
T	O_T	v_1	v_2	v_3	v_4	v_5	v_6	v_7	$\cdots$	$\cdots$	$\cdots$

如果有传导变换则可增加相应的信息.

2. 结构体类型

结构体是一种常用的重要的数据类型, 它可以将不同类型的数据组合成一个有机整体. 它相当于关系数据表, 也可以用它来表示基元与变换等.

3. 类类型

面向对象中的类是由一组描述对象属性或状态的数据项和作用在这些数据项上的操作构成的封装体. 其中的数据称为数据成员, 操作称为成员函数.

可以用数据成员表示基元的特征, 而用成员函数表示作用于其上的可拓变换.

5.2.2 基于可拓策略生成方法的 ESGS 的系统分析、技术与功能模块

下面介绍基于 4.3 节的可拓策略生成方法的 ESGS 的系统分析、技术与功能模块.

1. ESGS 的系统分析

系统分析是 ESGS 的重要一环. ESGS 系统分析是运用可拓学的基本理论和基本方法, 对不相容问题进行建模、拓展分析, 从而建立问题的相关树与可拓变换蕴含树, 进而生成解决不相容问题的可拓策略的一系列过程. 根据 4.3 节的可拓策略生成方法的一般步骤, ESGS 的系统分析框架如图 5.2 所示.

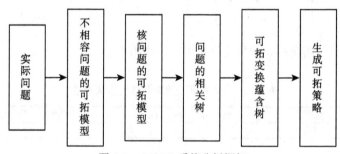

图 5.2　ESGS 系统分析框架

1) 建立不相容问题及其核问题的可拓模型

可拓学的研究对象是客观世界中的矛盾问题. ESGS 是用于解决不相容问题的, 因此第一步就是要建立问题的可拓模型.

建立问题的可拓模型, 首先必须将问题的目标和条件用基元形式化表示. 这包括两个方面的内容, 一是准确地界定问题, 抓住主要矛盾, 把问题简单化、具体化与数量化; 二是运用基元知识表示体系, 正确表达问题.

建模的另外一个重要步骤就是构造核问题. 在实际应用中, 问题的核问题与问题的约束和问题求解的方法有关. 由于客观上存在或人为给出的限制, 使人们要实现的某些目标受到相应的约束. 不相容问题可拓模型的建立方法可参见书中 4.1 节的相关内容.

2) 问题的相关网

为分析和介绍方便, 下面仅以对不相容问题的条件的分析为例进行介绍.

对问题的核问题, 可以利用 3.2 节的相关网方法, 对其条件进行相关分析, 从而构造问题的相关网与可拓变换蕴含树.

相关分析的目的是寻找问题的相关网. 在客观世界中, 任何事物都与其他事物存在着千丝万缕的关系, 概念之间也存在着千丝万缕的关系. 当用基元表示这些客体或对象时, 它们之间形如网状结构, 形成相关网. 相关网可以是很复杂的, 这里仅限于讨论较简单的相关树.

对于核问题 $P_0 = g_0 * l_0 = (Z_0, c_{0s}, X_0) * (Z_0, c_{0t}, c_{0t}(Z_0))$, 对应于 l_0 的类基元记为 L_0.

首先对 L_0 进行相关分析, 假设与 L_0 相关的类基元有 $L_{01}, L_{02}, \cdots, L_{0m}$, 而与 L_{0i} 相关的基元有 $L_{0i1}, L_{0i2}, \cdots, L_{0ih_i}$. 可建立如图 5.3 所示问题的相关树.

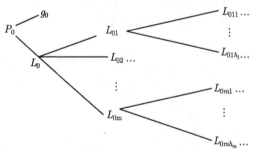

图 5.3 问题的相关树

根据上述相关树, 可以形成初始态相关树.

相关不一定都是双向的. 在问题相关树中, 人们关心的是能影响条件 l_0 的相关因素, 而其相应的相关树是一棵有向树, 称之为初始态相关树, 如图 5.4 所示.

3) 可拓变换蕴含树

由相关网的性质, 对某一基元进行改变, 会引起与它相关基元的变化, 这种变化互相传导于一个相关网中. 因此, 根据相关网及其中的基元之间的传导变换, 可以产生一个关于可拓变换的蕴含树 (图 5.7).

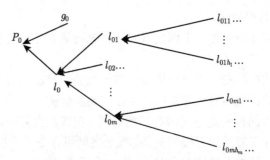

图 5.4　　问题的初始态相关树

一般而言, 对于基元 B_0, 假设 $B \sim B_0$, 则有 $T_B \Rightarrow {_B}T_{B_0}$ 或 $T_{B_0} \Rightarrow {_{B_0}}T_B$. 其中 T_B 表示对基元 B 的主动变换, ${_B}T_{B_0}$ 表示由于对 B 的主动变换而导致的对 B_0 的传导变换; T_{B_0} 表示对 B_0 的主动变换, ${_{B_0}}T_B$ 表示由于对 B_0 的主动变换而导致的对 B 的传导变换.

对于图 5.4 的初始态相关树, 如果类基元 L_{01}, L_{02}, $\cdots$, L_{0m} 与 L_0 是与相关的, L_{0m1}, L_{0m2}, $\cdots$, $L_{0m}h_m$ 与 L_{0m} 也是与相关的, 则可以生成如图 5.5 所示的可拓变换蕴含树.

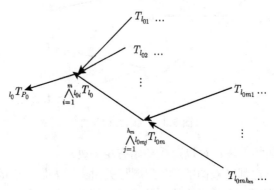

图 5.5　　可拓变换蕴含树

它表明对 l_{0m1}, $\cdots$, l_{0mh_m} 等的变换, 蕴含着对 l_{0m} 的传导变换, 并最终导致 P_0 的改变. 这使我们可以利用相关网与蕴含树生成解决不相容问题的策略, 从而解决不相容问题.

如果类基元 L_{01}, L_{02}, $\cdots$, L_{0m} 与 L_0 是或相关的, L_{0m1}, L_{0m2}, $\cdots$,

L_{0mh_m} 与 L_{0m} 也是或相关的, 则上述与变换要变成或变换. 详细情况请参阅 2.3 节.

4) 关于可拓变换的问题相关树

可拓变换蕴含树将使问题的初始态相关树变为新的问题相关树, 称为关于可拓变换的问题相关树, 将在下面的可拓策略生成技术中结合可拓变换给予介绍.

关于可拓变换的问题相关树可以清楚地展示不相容问题的变化结果, 那些使不相容问题的相容度从不大于 0, 变为大于 0 的可拓变换蕴含树的主动变换, 就是解决该不相容问题的解变换, 即可拓策略.

2. 可拓策略生成技术

1) 数据仓库技术

可拓策略生成系统的数据结构可分为两种类型, 其一是数据表类型, 其二是结构体类型与类类型. 与数据表类型相适应的技术是数据库和数据仓库, 而与后一种类型相适应的是面向对象编程技术. 这里仅限于应用数据库与数据仓库技术.

数据仓库的数据组织方式共有三种: 虚拟存储方式、基于关系表的存储方式和多维数据库存储方式. 虚拟存储方式是虚拟数据仓库的数据组织形式. 它没有专门的数据仓库存储, 数据仓库中的数据仍然在源数据库中, 只是通过语义层工具, 根据用户的多维需求, 完成多维分析的功能; 关系型数据仓库的组织是将数据仓库的数据存储在关系型数据库的表结构中, 在元数据的管理下, 完成数据仓库的功能, 它被称之为 ROLAP; 多维数据库的组织是直接面向 OLAP 分析操作的数据组织形式, 它被称之为 MOLAP. ESGS 用的是 ROLAP 技术, 其特点是要求用户按星型或雪片数据模式用 SQL 语言书写查询语句.

2) 数据仓库设计

(1) 基于关系型数据库的技术实现

同专用的多维数据库相比, 关系型数据库尽管表达多维概念不太自然, 但在现有关系型数据库广泛使用的情况下也不失为一种实用可行的方案, 比如 Sybase 及 Informix 均采用了这种技术. 而这种技术的关键是如何用关系型数据库的二维表来表达多维概念, 事实上, 关系型结构能较好地适应多维数据的表示和存储. 关系型数据库将多维数据库中的多维结构划分为两类表：一类是事实表，用来存储事实的度量值及各个维的码值；另一类是维表，对每一个维来说，至少有一个表用来保存该维的数据. 最流行的数据仓库多维数据模型是星型模式与雪花模式. 一个星型架构的维度表只会与事实表生成关系，维度表与维度表之间并不会生成任何关系. 雪花模式的特征是用多张表来描述一个复杂维，它不仅适用于人们从多层次的角度观察问题，而且对星型模式的维表进一步规范化. 由于采取了规范化及较低的粒度，雪花模式增加了应用程序的灵活性.

(2) 模式的设计

数据仓库是面向主题的，一般而言，主题是对应于某一分析领域的分析对象. ESGS 的功用是帮助人们解决不相容问题，所以其主题就是决策者关心的不相容问题. ESGS 的模式设计有其特殊性，它是以问题的相关树作为模式设计的基础，下面以雪花模式为例加以说明.

给定问题 $P = G*L$，其对应的核问题为 $P_0 = g_0*l_0 = (Z_g, c_{0s}, X_0) * (Z_0, c_{0t}, c_{0t}(Z_0))$. 假如通过相关分析可得到如图 5.6 所示的问题初始态相关树.

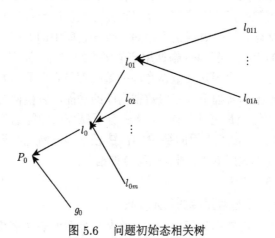

图 5.6   问题初始态相关树

① 设计事实表. 根据相关树与不相容问题求解的特点，事实表对应初始态相关树，由根和第 1 级结点构成的子树组成，它的维度有两个，

一个是条件编号, 另一个是目标编号, 而事实数据为关联函数 k 的值如表 5.6 所示.

② 设计维度表. 维度表有两种类型, 一种是对应既不是根, 也不是叶的结点; 另一种是对应叶结点的维度表. 表 5.7 所示的条件维表属于第一种, 另一种如表 5.8 所示.

表 5.6 事实表

问题编号
目标维编号
条件维编号
关联函数 k

表 5.7 条件维表

条件维编号
L_{01} 维编号
...
L_{0m} 维编号
条件维字段

表 5.8 对应于叶结点的维表

L_{011} 维表
L_{011} 维编号
L_{011} 维字段一
L_{011} 维字段二

3) 设计数据仓库架构

本节将研究如何从一个已有的 OLTP(联机事务处理) 系统生成一个 ESGS 所需要的数据仓库.

(1) 建立与核问题相适应的基础库

要研究策略生成技术, 首先要根据核问题的要求, 从原有的海量数据中提取有用的信息, 同时, 利用调查手段获取缺少的数据资料, 并用可拓学中物元、事元与关系元为基元的知识表示体系规范已有的数据资料, 然后用关系数据表类型表示.

为了方便生成事实表与各种维表, 应在数据表中增加基元相关性的信息. 由于初始态相关树属于有向树, 这种相关性表现在父子关系, 故可在数据表中用编号的形式增加双亲的信息. 例如, 在初始态相关树中, 条件结点 l_0 的双亲是问题结点 P_0, 因此其表的结构如表 5.9 所示.

表 5.9 条件数据表

问题编号	条件编号	条件数据 1	条件数据 2

基础数据库就是建立在能表示基元及其关系，变换及其运算的数据表的基础上.

(2) 设计事实表

对于事实表 5.6, 可以用下面的语句生成事实表:

> select $g.$ 问题编号，$g.$ 目标编号，$L.$ 条件编号，关联函数 k
> from 目标数据表 g，条件数据表 L
> where $g.$ 问题编号 $= L.$ 问题编号

其相应的数据表见表 5.10.

表 5.10 与事实表相应的数据表

问题编号	条件编号	目标编号	关联函数 k

(3) 设计维表

对条件维表 5.7, 可以用下面的语句生成事实表:

> select $L.$ 条件编号，$A.L_{01}$ 编号，$\cdots$，$M.L_{0m}$ 编号，L 条件. 字段
> from 条件维表 L，L_{01} 维表 A，$\cdots$，L_{0m} 维表 M
> where $L.$ 条件编号 $= A.$ 条件编号   AND
>
> $\cdots\cdots$
>
> $L.$ 条件编号 $= M.$ 条件编号

其相应的数据表见表 5.11.

表 5.11 与条件维表相应的数据表

条件编号	L_{01} 编号	$\cdots$	L_{0m} 编号	条件字段

4) 通过可拓变换生成可拓策略

(1) 求问题的基本解变换

① 拓展推理或共轭推理. 在初始态相关树中, 对问题进行拓展, 即是利用拓展推理对 "叶" 基元进行拓展. 可以应用发散推理或可扩推理, 而共轭推理只有在初始态相关树中的 "叶" 基元为物元时才可应用.

对上面的初始态相关树, 设其 "叶" 基元的集合为 $\{l_{011}, \cdots, l_{01h}, \cdots\}$, 下面仅以 "一对象一特征多量值" 的发散推理为例进行介绍.

给定基元 $l = (\Gamma, c, v)$, 则有

$$l \dashv \{l_i | l_i = (\Gamma, c, v_i), i = 1, 2, \cdots, n\}.$$

其余拓展推理规则参见书中 2.8 节的内容.

现以 l_{01h} 为例, 由于 l_{01h} 对应一个维度数据表, 如表 5.12 所示.

表 5.12 L_{01h} 维表

L_{01h} 编号	特征 c_{01h}

设初值为 (c_{01h}, v_{01h}), 则可以用下面的语句实现拓展推理:

insert into 拓展数据表

select L_{01h} 编号, 特征 c_{01h}

from L_{01h} 维表

Where $c_{01h} <> v_{01h}$

② 进行基元变换的传导变换. 假设原问题为不相容问题, 对基元进行相关分析后, 需要进行基元变换的传导推理.

令 $\varphi l_{01h} = l'_{01h}$, 由于传导作用, 会引起一系列的传导变换, 最终导致 l_0 的变换而使问题的关联度发生变化, 其关于可拓变换 φ 的问题相关树如图 5.7 所示.

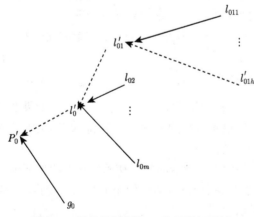

图 5.7 关于可拓变换 φ 的问题相关树

这种基元变换的传导变换可以用下面的语句实现:

select $F.$ 问题编号, $F.$ 条件编号, $A.l_{01}$ 编号, $B.l_{01h}$ 编号, $F.$ 关联函数 k

from, 事实表 F, L_0 维表 L, L_{01} 维表 A, L_{01h} 维表 B

Where $F.$ 条件编号 $=L.$ 条件编号   AND

$L.L_{01}$ 编号 $= A.L_{01}$ 编号   AND

$A.L_{01h}$ 编号 $= B.L_{01h}$ 编号   AND

$c_{01h}(l'_{01h}) = v'_{01h}$

如果关联函数值 $k > 0$, 则可拓变换 φ 为不相容问题的解变换, 即可拓策略.

其相应问题的动态变化表如表 5.13 所示.

表 5.13   实施变换 φ 前后的动态变化表

关联函数值	G_0 编号	L_0 编号	L_{01} 编号	L_{01h} 编号	状态
$k(P_0)$	g_0	l_0	l_{01}	l_{01h}	初始态
$k(P'_0)$	g_0	l'_0	l'_{01}	l'_{01h}	变换后

如果基本变换中没有解变换, 则进行变换的运算.

(2) 进行可拓变换的运算

可拓变换的运算包括与变换、或变换、积变换和逆变换.

首先进行拓展推理, 以两个基本可拓变换的与变换为例, 其基本思路为: 选择某两个基元 l_i、l_j 进行拓展推理的运算:

设 $(l_i \wedge l_j) \dashv = (l_i \dashv) \wedge (l_j \dashv) = H$, 从中选取使关联函数值 $k > 0$ 的基元, 设

$$HW \subseteq H, HW = \{l_{i_1}, \cdots, l_{i_m}\}, \quad m \leqslant h,$$

则相应地有 m 个可拓变换 $T = \{T_1, T_2, \cdots, T_m\}$. 如果 T 非空, 则生成了一个策略集; 如果对所有的 l_i 和 l_j, T 都为空, 则此问题无两个基本变换的与变换构成的策略.

例如, 对于如图 5.8 所示的问题初始态相关树作变换: $\varphi l_{01h} = l'_{01h}$, $\tau l_{0m1} = l'_{0m1}$, 令 $T = \varphi \wedge \tau$, 即作两个变换的与变换, 变换后的问题相关树如图 5.9 所示.

这种基元变换的传导变换可以用下面的语句实现:

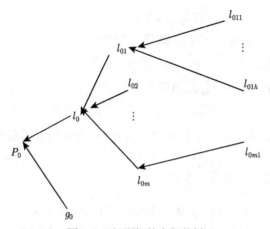

图 5.8 问题初始态相关树

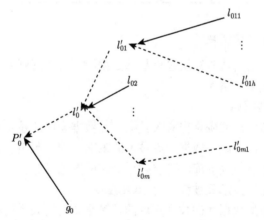

图 5.9 关于主动变换的运算式 $T = \varphi \wedge \tau$ 的问题相关树

select $F.$ 问题编号, $F.$ 条件编号, $A.L_{01}$ 编号, $B.L_{01h}$ 编号, $C.L_{0m}$ 编号, $D.L_{0m1}$ 编号 $F.$ 关联函数 k

from, 事实表 F, L_0 条件维表 L, L_{01} 维表 A, L_{01h} 维表 B, L_{0m} 维表 C, L_{0m1} 维表 D

Where $F.$ 条件编号 $= L.$ 条件编号　AND

　　$L.l_{01}$ 编号 $= A.l_{01}$ 编号　AND

$$A.l_{01h} \text{ 编号} = B.l_{01h}. \text{编号}$$
$$L.l_{0m} \text{ 编号} = C.l_{0m} \text{ 编号} \quad \text{AND}$$
$$C.l_{0m1} \text{ 编号} = D.l_{0m1}. \text{编号} \quad \text{AND}$$
$$c_{01h}(l'_{01h}) = v'_{01h} \quad \text{AND}$$
$$c_{0m1}(l'_{0m1}) = v'_{0m1}$$

如果关联函数值 $k > 0$, 则可拓变换 T 为不相容问题的解变换, 即可拓策略.

相应问题的动态变化表如表 5.14 所示.

表 5.14   实施可拓变换 T 前后的动态变化表

关联函数值	G_0 编号	L_0 编号	L_{01} 编号	L_{01h} 编号	L_{0m} 编号	L_{0m1} 编号	状态
$k(P_0)$	g_0	l_0	l_{01}	l_{01h}	l_{0m}	l_{0m1}	初始态
$k(P'_0)$	g_0	l'_0	l'_{01}	l'_{01h}	l'_{0m}	l'_{0m1}	变换后

3. ESGS 功能模块

ESGS 的主要功能模块包括基础数据库、可拓规则库、问题库、可拓变换库和可拓策略库.

1) 基础数据库

在上一节中已明确指出有关数据库与数据仓库的技术及实现, 本节仅限于对基于数据库与数据仓库技术的 ESGS 进行研究, 而且采用的技术是属于关系型数据仓库, 它将数据仓库的数据存储在关系型数据库的表结构中, 这种技术又被称之为 ROLAP.

基于关系型数据库的技术实现的关键是如何用关系型数据库的二维表来表达多维概念, 即将关系型数据库中的多维结构划分为两类表, 一类是事实表, 另一类是维表. 在从一个已有的 OLTP(联机事务处理) 系统生成一个 ESGS 所需要的数据仓库中, 基础数据库起着桥梁的作用. 我们要求建立一个与核问题和策略树相适应的基础库. 基础库的建立分两步走, 第一步是用基元表示信息, 用基元的各种关系式表示知识; 第二步是建立基础数据库.

要研究可拓策略的智能生成, 首先要从原有的海量数据中提取有用的信息, 同时利用调查手段获取缺少的数据资料, 并用可拓学中的基元信息与知识表示体系规范已有的数据资料, 即用基元表示概念类与实体, 包括: 用物元表示物, 用事元表示事, 用关系元表示事物之间的关系; 问题的目标类基元与相应的实例基元; 问题的条件类基元与相应的实例基元; 与条件相关的各个类基元与相应的实例基元等. 用关系数据表表示物元、事元与关系元, 而且数据表还要反映策略树的特征, 常用的一种方法是在数据表中增加双亲的编码. 如物元的数据表如表 5.1 所示. 反映可拓变换的数据表如表 5.5 所示.

文献 [20] 详细介绍了如何用数据表表示基元, 从而建立基础库的方法, 此处不再赘述.

2) 可拓规则库

可拓规则库包括的规则一般分为两大类: 一类是由可拓学提供的规则, 它们具有通用的性质, 即只要形式上是用基元或复合元表示的, 都可以用这些规则, 而与具体内容无关, 如可拓推理规则、关联函数公式与优度评价规则等. 另一类是针对具体内容的相关规则及相应可拓变换的蕴含规则, 它们是发现问题、分析问题、生成策略的重要工具.

可拓推理规则包括基元的拓展推理规则、基元变换的传导推理规则和共轭推理规则. 从技术上看, 可以用数据表表示, 也可以用产生式规则表示. 为了方便使用, 有的则需要专门编程.

在规则库中, 还包含各种类型的关联函数, 如初等关联函数、简单关联函数、区间关联函数与离散型关联函数. 各种类型的关联函数有不同的应用范围, 为了提高系统的质量, 必须针对具体问题, 选择合适的关联函数公式.

优度评价规则是评价一个对象, 包括事物、策略、方案、创意等的优劣的基本准则. 在本书中主要用于对策略、创意的评价筛选.

从技术上看, 应尽可能提高可拓规则库的通用程度, 在多层结构中可以把它们放在服务器上.

在很多实际问题中, 有很多规则或知识是未知的, 需要通过可拓数据挖掘的方法得到, 参见书中 5.3 节.

3) 问题库

问题库可由预警问题库、表层问题库与深层问题库组成.

把一些重大问题或急需解决的问题放在预警问题库, 要通过各种措施保证能引起人们的足够注意. 在技术上要采取适当的标识, 如用红颜色、黑边框、感叹号或其他一些专用图标.

从基础库中的信息出发, 利用规则库中的不同类型关联函数的建立规则, 对不同的指标, 选取不同的关联函数和阈值, 以发现问题, 并将问题放在表层问题库中.

要解决不相容问题, 必须对表层问题库中的问题进行分析, 找到这些问题的根源——深层问题, 并将它们放到深层问题库中.

从技术上来说, 要求尽可能采用数据表、统计图形或一些专门的统计决策组件, 以保证用户能从不同的角度 (包括不同的层次和粒度) 去观察问题与发现问题, 并提供友好的界面.

深层问题库存放的是深层次问题, 它来源于对表层问题的拓展分析. 要解决问题, 必须对表层问题进行拓展分析, 找到这些问题产生的根源——深层问题后, 才能 "对症下药", 以解决问题. 要从技术上提供对问题进行深层次分析的工具. 例如, 可以使用能进行蕴含分析的树形结构组件, 能进行多层次分析的专用数据仓库组件等可视化工具, 以方便用户运用拓展分析方法分析问题.

4) 可拓变换库

可拓变换是生成策略的基本技术, 通过可拓变换, 使求知问题中的不可知问题变为可知问题, 使求行问题中的不可行问题转化为可行问题.

可拓变换库中包括基本变换、变换的运算式及传导变换 (包括共轭变换), 根据变换对象的不同, 它们又可具体化为对元素的变换、关联准则的变换及论域的变换. 详细内容可参阅文献 [6]、[20] 的相应内容.

根据问题库中的问题所涉及的论域、关联准则和基元, 通过拓展分析得到它们开拓的各种可能性, 再利用基本变换、变换的运算式或传导变换, 可以生成各种可拓策略.

从技术上讲, 可拓变换既可以用数据表表示, 也可以用产生式规则表示, 还可以用可拓变换图表示. 变换与论域的具体内容有关, 因此它是动态的, 可以根据问题先给出一些变换, 然后在解题过程中不断地生成相关的变换.

可拓变换式包括基本变换式、变换的运算式和传导变换式 (或称变换的蕴含式), 它们都对应相应的数据表, 如表 5.15 和表 5.16 所示.

表 5.15 和表 5.16 中的一阶传导变换和多阶传导变换都可以有多个，表中从略.

表 5.15 基本可拓变换表

主动变换名称	变换对象	结果	一阶传导变换

表 5.16 可拓变换的运算式表

变换名称	运算类型	主动变换 1	主动变换 2	⋯	变换对象	结果	一阶传导变换	多阶传导变换

5) 可拓策略库

对可拓策略的智能生成的研究，目前有如下两种可行的思路：

(1) 根据专门知识 (或称为领域知识)，运用可拓创新方法对基础数据库进行分析，发现不相容问题，置于 "问题库" 中，再使用可拓推理规则和人–机对话的方式确定实质性的深层问题，利用 "可拓变换库" 中的变换对问题的目标或条件实施变换，在所实施的所有变换中，能使问题的相容度从不大于 0 变为大于 0 的那些变换，即为不相容问题的解变换. 在可拓学中，把这些解变换称为解决不相容问题的可拓策略. 对生成的所有可拓策略，再用优度评价规则进行评价，可以得出各可拓策略的优度，为决策者提供决策参考.

(2) 运用可拓数据挖掘方法，直接从基础数据库中生成相关规则，形成基础规则库，再根据关联函数和阈值获得问题规则库、强相关规则库和优选规则库. 对于从问题库中选择出来的问题，利用可拓变换生成解决问题的策略，并利用范例库对策略进行评价优选.

把利用上述两种思路生成的可拓策略置于可拓策略库中，常用的表示形式是产生式规则，以文件的形式存储，也可根据需要分成若干个窗口，分别表示对不同问题的解决策略.

本节只是简单地介绍了基于可拓策略生成方法的 ESGS 的功能模块，文献 [20] 中有详细的应用案例，有兴趣的读者可参阅.

5.2.3 基于 GEP 的可拓策略智能生成

根据 5.2.2 中所述的 ESGS 的一般过程可见，可拓变换运算式的构建及可拓变换的筛选机制是难点. 随着研究对象规模和复杂度的不断提升, 不相容问题可能会包含多个条件, 使得可实施可拓变换的对象的数量增多; 此外, 当直接对问题的目标或条件实施可拓变换不可行或者无法达到化解问题的目的时, 常常需要通过变换与它们相关的事物, 利用传导变换来化解问题, 这就使得可拓变换和变换结果之间呈现出较强的 "黑箱" 特性, 导致对可拓变换的选取变得困难. 另一方面, 大数据时代的到来以及领域知识的日益完善, 使得基础数据库的规模急剧增加, 对于同一类型的基本可拓变换 (如置换变换), 其可选择的变换后基元的数量也会随之增加, 如果对所有可能的可拓变换运算式逐一进行尝试, 将会发生计算量的组合爆炸, 导致 ESGS 的运行效率远远不能满足实际问题的应用需求.

理论上, 若能充分利用问题目标和条件所涉及的基元, 并结合基本可拓变换及其运算规则, 以最少的计算成本生成能够化解问题且优度较高的可拓变换运算式, 则基于此所建立的 ESGS 的运行效率将显著提高. 这一过程的实质是一个以优度为目标, 以相容度为约束的离散、非线性优化问题. 此类优化问题的独特之处在于, 它寻求的最优解是一组符号运算式, 其设计空间不能简单地用设计变量的概念加以描述, 因此, 传统的梯度算法和启发式算法难以适用. 基因表达式编程 (GEP) 是一种新型进化算法, 由于其采用了基于动态结构树的新型编解码方式, 在处理符号运算式优化方面具有先天的优势, 此外, GEP 方法是基于种群进行操作, 其自组织和启发式特性能够保证算法具有较好的全局收敛性, 因此非常适合可拓变换运算式的优化.

由不相容问题的可拓模型出发, 运用拓展推理, 可以获得许多涉及问题目标和条件的基元. 事实上, 可拓变换运算式是由这些拓展出的基元和基本可拓变换组合而成, 其结构灵活且组合方式众多. 想要高效地获取能够化解不相容问题的可拓变换运算式并非易事. 为此, 基于 GEP 的可拓策略生成方法从最优化的角度出发, 利用 GEP 进化机制逐步构建能够化解不相容问题 (相容度大于零) 且优度较高的可拓变换运算式. 在该方法中, 每一个染色体都代表一组可拓变换运算式; 种群结构在个体选择机制和遗传算子的作用下朝好的方向进化, 种群中个体的相容度和优度也随之提升, 直至收敛. 由此可获得较优的可拓变换的运算式, 即较优的可拓策略.

1. 染色体

采用 4.3.2 中的方法对不相容问题的目标和条件进行界定. 由于变换目标的情况 (见 4.3.2 中的步骤 6) 需要将蕴含分析和抽取核问题相融合, 目前无法实现计算机自主操作, 因此本节仅针对变换条件的情况进行介绍.

设问题的核问题的可拓模型为: $P_0 = g_0 * l_0$, 其中:

$$g_0 = \left(\begin{array}{ccc} Z_{g0}, & c_{0s}, & X_{0s} \end{array} \right), \quad l_0 = \left(\begin{array}{ccc} Z_{l0}, & c_{0t}, & c_{0t}(Z_{l0}) \end{array} \right),$$

对条件 l_0 的特征对应的类基元 $l'_0 = \left(\begin{array}{ccc} Z_{l0}, & c_{0t}, & v_{0t} \end{array} \right)$ 进行相关分析, 得到如下相关树:

$$l'_0 \sim \begin{cases} l_{01} \sim \begin{cases} l_{011} \sim \cdots \\ \vdots \\ l_{01h_1} \sim \cdots \end{cases} \\ l_{02} \sim \cdots \\ \vdots \\ l_{0m} \sim \begin{cases} l_{0m1} \sim \cdots \\ \vdots \\ l_{0mh_m} \sim \cdots \end{cases} \end{cases},$$

记上述相关树的叶基元集为 $\{l_{y1}, l_{y2}, l_{y3}, \ldots l_{yn}\}$, 对每个叶基元 l_{yi} 作可扩分析和发散分析:

$$l_{yi} // \{l_{yi1}, l_{yi2}, l_{yi3}, \ldots\}$$
$$l_{yi} \oplus l_{yi}^j = l'_{yi},$$
$$c_{yi}(\alpha_i l_{yi}) = \alpha_i c_{yi}(l_{yi})$$
$$l_{yi} \dashv \{l_{yi}^1, l_{yi}^2, \ldots\},$$

得到 l_{yi} 的拓展基元集. 将 $l_{yi}(i = 1, 2, \cdots n)$ 分别作为可拓变换的对象, 故每个染色体应由 n 个基因序列组成: $\Omega_1, \Omega_2, \cdots \Omega_n$ 分别代表对 l_1, $l_2, \cdots l_n$ 的可拓变换运算式.

对于基因序列 $\Omega_i\,(i=1,2,\cdots n)$，函数符号集 F_i 应包含恒等变换以及五类基本可拓变换. F_i 中的每一个变换都应该具有足够多的参数来明确的描述变换的对象和结果，因此，需重新定义某些基本可拓变换的参数结构. 对于置换变换有：

$$T_S\left(l_{yi},l_{yi}^j\right)=l_{yi}^j,(j=1,2,\cdots),$$

其中 l_{yi} 是变换对象；l_{yi}^j 为变换结果. 对于增加变换有：

$$T_I\left(l_{yi},l_{yi}^j\right)=l_{yi}\oplus l_{yi}^j,(j=1,2,\cdots),$$

其中 l_{yi} 是变换对象；l_{yi}^j 为增加的基元. 终点符号集 T_i 应包括 l_{yi} 的拓展基元集中的基元. 基因序列尾部长度 t_i 和头部长度 h_i 满足 $t_i=h_i+1$.

2. 基因序列解码模式

对可拓变换运算式的解码的独特之处在于，需要考虑每一个可拓变换的合法性. 对于基因序列 $\Omega_i\,(i=1,2,\cdots,n)$，如果某一个可拓变换与该变换对象 l_i 的拓展推理结果相悖，则该变换被认定为非法，例如，对不可分的基元实施分解变换，对不可加的基元实施增加变换等等. 非法的可拓变换将被解码为恒等变换，如图 5.10 所示. 图中 $_i$ 为不可分，则将作用于它的分解变换 $_D$ 替换为恒等变换 $_e$. 若基因序列中含有扩缩变换，乘子 α 应根据可拓分析的结果随机进行选取. 将基因序列进行解码后，所得的可拓变换运算式为对条件相关树的叶基元的主动变换，还需考虑后续可能的传导变换，从而获得最终的目标变换结果.

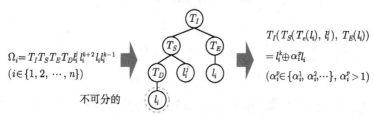

图 5.10　基因序列解码模式示意图

3. 个体选择机制

设当代种群为 Q_I, Q_I 经遗传算子 (交叉、变异、转座) 作用之后得到 Q_{IN}, 将 Q_I 和 Q_{IN} 合并, 记为 Q_{IT}, 则 Q_{IT} 中含有 $2N$ 个个体. 将这些个体按照每个评价特征相容度分类.

在所有评价特征上的相容度都为正的个体称为相容个体, 它们实质上都是能够化解问题的可拓变换运算式 (即可拓策略), 在个体选择过程中应具有最高的优先级. 然而, 这些相容个体在每个评价特征上的优度仍有差异. 为此, 这里采用 NSGAII 中的精英选择策略. 将这些相容个体根据每个评价特征的优度进行非支配排序, 得到第一级非支配个体, 第二级非支配个体, 第三级非支配个体……, 再按等级由小到大的顺序选择个体, 直至被选择的个体数量达到种群规模 N.

如果 Q_{IT} 中相容个体的数量小于种群规模 N, 则选择不相容个体作为补充. 将不相容个体按照相容度为正的评价特征的数量由多到少排序, 并依次选择, 直至达到种群规模 N. 图 5.11 描述了在两个评价特征下的个体选择过程, 其中, k_1 和 k_2 分别表示两个评价特征上的相容度。

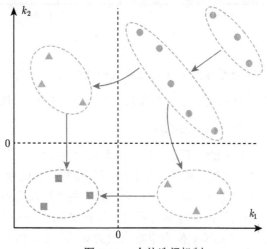

图 5.11　个体选择机制

4. 收敛准则

当种群内部结构趋于稳定时，GEP 收敛. 采用 $hv(hyper\text{-}volume)$ 指标衡量种群的结构:

$$v_1 = volume\left(\bigcup_{i=1}^{m} v_{1i}\right), \quad v_2 = volume\left(\bigcup_{i=1}^{m} v_{2i}\right),$$

其中 m 表示相容个体中第一级非支配个体的数量；hv_1 用于度量种群中的最优个体与原点所覆盖的相容度空间的体积，如图 5.12(a) 所示；hv_2 用于度量种群中个体所覆盖的相容度空间的体积, 如图 5.12(b) 所示. 当 hv_1 和 hv_2 的值在连续三代种群中的标准差小于预设阈值，则迭代过程收敛.

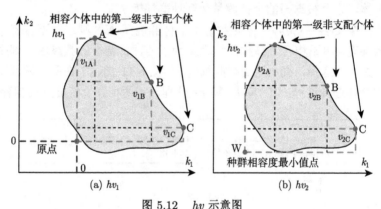

图 5.12 hv 示意图

5. 基于 GEP 的可拓策略智能生成的一般流程

基于 GEP 的可拓策略智能生成的一般流程如图 5.13 所示.

5.2.4 基于 HowNet 的 ESGS

根据 5.2.2 和 5.2.3 可知，要研制智能化生成解决不相容问题的 ESGS，问题的自动建模、知识库的构建等都是难点，结合 HowNet 的知识组织改进 ESGS 软件的基础知识库结构，并通过人机界面的智能引导，减轻计算机对自然语言理解的困难，是解决该难点的有效手段.

我们探索了以 HowNet 作为策略生成的知识资源，结合可拓知识的获取方法、拓展分析与共轭分析、可拓推理、可拓变换和矛盾问题求解的一般方法, 研究当人们遇到矛盾问题时, 如何让计算机利用 HowNet 上已有的信息和知识生成解决矛盾问题的策略, 可以辅助解决现有 ESGS 研究中由于知识库中知识不足致使生成的策略不足的问题, 提高策略生成的智能化水平. 基于 HowNet 的 ESGS 的结构与已有研究的基于数据库的 ESGS 不同, 它的知识库中的知识不只来源于可拓学和所涉及专业特有的领域知识, 还可以将 HowNet 作为解决矛盾问题的知识资源和获取可拓知识的来源. 初步的研究显示, 将可拓学与 HowNet 这两个中国原创的理论和应用工具相结合, 研究解决矛盾问题的策略生成问题, 可为 ESGS 研究提供一种新的思路.

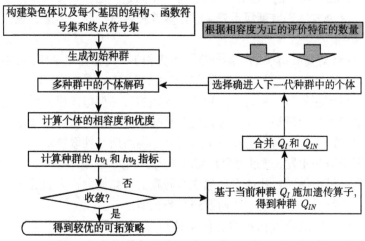

图 5.13 基于 GEP 的可拓策略智能生成的一般流程

本节介绍基于 HowNet 的 ESGS 实现的相关研究成果.

1. 基于 HowNet 的 ESGS 的主要功能模块及框架结构图

基于 HowNet 的 ESGS 的结构, 与 5.2.2 节介绍的 ESGS 的结构有很多相同之处, 主要包括如下模块: 基础数据库、问题可拓模型模块、问题相关度计算与判断模块、不相容问题模块、知识存储模块、可拓变换及其筛选模块、优度评价模块、可拓策略库等.

1) 基础数据库

基础数据库是实现策略生成的基础, 存放各种物、事、关系等原始数据和语料数据，以及按照 "可拓信息-知识-策略形式化体系" 的规范，结合 HowNet 的知识组织改进 ESGS 软件的基础知识库结构，经过预处理后的各种信息元 (基元与复合元)，需要根据不相容问题所涉及的领域分类进行构建.

2) 问题可拓模型模块

该模块包括用户需求语句处理模块、原问题的可拓模型模块和核问题的可拓模型模块.

要有效地解决不相容问题，必须根据实际问题准确地建立其可拓模型. 建立问题可拓模型有如下 4 种方法：

(1) 5.2.2 研究的 ESGS 一般靠用户在固定界面输入参数来建立可拓模型，减少自然语言理解困难. 但当参数较多时，系统界面的设计难以重复利用.

(2) 针对需要解决的实际问题，首先根据 "可拓信息-知识-策略形式化体系" 的规范，通过人机界面的智能引导和 HowNet 的 KDML，形式化表示原问题的目标和条件，建立原问题的可拓模型，根据原问题目标的要求和条件的限制，再通过人机交互抽象出核问题的可拓模型.

(3) 在智能 Agent 引导技术基础上，利用信息抽取技术，从用户输入的需求语句出发，通过对用户需求语句的预处理、组块分析、分类、量值提取、模型填充，从而自动建立原问题的可拓模型，再通过人机交互选取评价特征，进而建立核问题的可拓模型.

(4) 利用结合可拓论建立的本体可以解决语义冲突的优势、利用 Agent 的自主性、社会性和反应性等特性，再结合基元理论在问题形式化表达方面的独特性，对语义冲突、模糊的问题信息进行分析处理，得到语义正确的待求解问题后再建立其可拓模型，进而判别其核问题. 而所需要的本体也应该是不断进化的，利用智能 Agent 来支持本体进化，才可以用于辅助判断千变万化的不相容问题. 把本体、智能 Agent 和可拓论、可拓创新方法相结合构建本体，可以克服现有本体模型不具备变换机制的缺点，再结合 Agent 的自主性，协助识别问题类型和核问题，可以将人的智慧融合到计算机系统中，就可以逐步由计算机建立问题的可拓模型.

3) 问题的相关度计算与判断模块

该模块用于对需要解决的问题进行问题的相关度计算. 对于不相容问题, 利用 HowNet 中的词语相似度的计算方法, 改进词语相关度、建立基元相关度、进而建立目标相关度和条件相关度, 形成问题相关度的计算方法, 用于判断不相容问题与问题库中已解决的不相容问题的相关程度. 若相关度达到规定的阈值, 则直接采取已解决问题的策略解决该不相容问题, 认为找到解决不相容问题的策略; 若相关度达不到规定的阈值, 则认为未找到解决不相容问题的策略, 需要继续对问题利用下面的方法获得策略.

4) 不相容问题模块

该模块用于对需要解决的问题的相容度进行计算与判断, 并存储已有求解策略的不相容问题.

5) 知识存储模块

该模块是实现策略生成的重要部分, 主要包括: 拓展型知识、共轭型知识、关联函数、可拓知识、常识知识、其他领域知识等模块.

拓展型知识和共轭型知识都源于领域知识, 需要针对不同的领域, 根据 "可拓信息-知识-策略的形式化体系" 构建; 关联函数模块中存储着各种类型的关联函数及各种综合关联函数, 建立问题相容度函数时可以调用其中的关联函数; 基于可拓变换的各种可拓知识, 都存储在可拓知识模块中. 常识知识和部分领域知识除了来源于问题所涉及的领域, 还可以从 HowNet 的知识库中获取, HowNet 本身就是一个具有语义的通识知识库, 可以借助其中义原及其语义关系的表达方式, 对基元的结构进行重新构造, 利用 KDML 语言 (知识系统描述语言) 和基元、复合元的对应关系, 转化为基元、复合元形式及它们的运算式形式, 从而作为解决不相容问题的知识基础. 还有一些其他类型的可拓知识, 需要利用基于知识库的可拓数据挖掘方法获取. 这就为解决不相容问题提供了多种路径.

6) 可拓变换及其筛选模块

该模块中有很多类型的变换, 包括基本可拓变换、可拓变换的运算及传导变换, 变换的选择和筛选决定了可拓策略生成的有效性和效率. 目前主要有两种处理方法:

(1) 根据不相容问题的目标和条件中产生不相容的特征的相应量值

的差异，选择变换的类型，且实施变换后马上利用相容度函数度量是否是有效变换；还要根据具体问题预设阈值、相关度、评价特征及其评价函数，以便在可拓变换模块中选择变换时，既能保证生成的解决不相容问题的有效策略足够多，又能避免组合爆炸问题的发生.

(2) 对于复杂不相容问题，可拓变换的实施与变换的结果之间可能呈现一定的黑箱性，导致难以采用 (1) 中的方式选择变换的类型. 在此种情况下，利用 5.2.3 中的 GEP 方法，以由变换的对象拓展出的基元和基本可拓变换及其运算分别建立终点符号集合和函数符号集合，通过启发式迭代的方式来实现可拓变换运算式的自组织构建.

7) 优度评价模块

优度评价模块中存储着各种评价特征及其量值域，针对要解决的实际问题的不同评价特征，可以调用关联函数模块中的关联函数和综合关联函数，计算综合优度.

8) 可拓策略库

可拓策略库中存放各种已解决的不相容问题的解决策略，当以后再遇到不相容问题时，可以首先利用问题相关度的计算方法，与问题模块中已解决的问题进行比对，如果有相关度达到一定阈值的问题，则可直接到可拓策略库查询对应的问题所采取的解决策略，如果可用，则获得解决该不相容问题的可拓策略，否则，再进行策略生成的全过程，并把获得的可拓策略存入其中.

基于 HowNet 的 ESGS 框架结构图如图 5.14 所示.

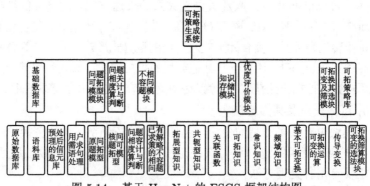

图 5.14　基于 HowNet 的 ESGS 框架结构图

2. 基于 HowNet 的 ESGS 的一般流程

基于 HowNet 的 ESGS 的一般流程如图 5.15 所示.

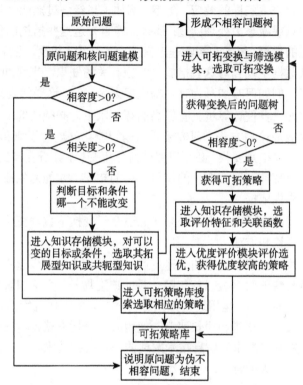

图 5.15 基于 HowNet 的 ESGS 的一般流程

5.3 可拓数据挖掘

可拓数据挖掘 [21-24] 是可拓学和数据挖掘结合的产物, 它研究用可拓学的理论和方法, 去挖掘数据库中与解决矛盾问题的变换有关的知识. 本节介绍利用可拓学的基本理论和方法, 去挖掘各个领域的数据库或知识库中所积累的基于变换的知识, 简称为可拓知识.

5.3.1 研究意义与价值

一项重大政策的实施, 会影响社会经济的发展, 从而使统计数据产生变化; 反之, 从社会经济的统计数据库中, 可以挖掘政策的作用规律.

在很多行业中，需要人们考虑研究对象的各特征之间，以及各研究对象之间存在什么样的相关关系，采用什么变换去处理矛盾问题，了解实施某个变换以后产生怎样的效应，等等. 例如，当经济过热或经济衰退时，银行采取加息或减息去处理问题. 那么，能否知道这些措施的作用效果，以便对变化的数据、范围和影响速度有一定的认识? 相反，能否从数据库积累的大量数据中找到与这些措施的实施有关的知识，来帮助今后制定相应的决策? 例如何时加息为宜，幅度多大为好等. 这类问题比比皆是.

另一方面，要使计算机具有较高的智能水平，必须研究解决矛盾问题的策略生成理论与方法，研究矛盾问题智能化处理的规律和技术. 解决矛盾问题的关键是变换，必须研究如何寻找变换，分析变换的作用，从数据库中获取变换对数据变化的作用有关的知识，才能为生成处理矛盾问题的策略提供依据.

基于上述两个原因，人们必须研究适合于变换下数据变化规律的新的数据挖掘理论和方法.

随着计算机软硬件技术的迅速发展，各行各业都逐步建立了自己的数据库，所收集的数据量以每年翻一番的速度增长. 大量积累的数据之中隐藏着丰富的知识，运用这些知识可以对未来的工作有所指导和帮助. 然而，如此大的数据量和增长速度，使用人工分析去获得潜在知识是无能为力的. 数据挖掘作为信息技术发展的一项关键技术，在市场营销方面已经产生了巨大的价值.

可拓学研究通过变换处理矛盾问题的规律和方法，其集合论基础是可拓集论. 从可拓集的观点看，数据库中的一个事项就是一个 n 维基元，一个数据表就是一个基元域. 利用关联函数可以计算数据和事项的关联度，去表示事物符合某一要求的程度，通过可拓规则研究变换对数据作用的规律，利用可拓集合和关联函数的性质及运算，通过可拓推理确定可拓变换的变源和内涵.

可拓数据挖掘从理论上把可拓集理论和可拓逻辑应用于数据挖掘中，把数据库和数据仓库与可拓集的论域对应起来，把数据与基元对应起来，从而可以把可拓集理论与数据挖掘这一领域相结合，形成挖掘"可拓知识"的基本理论. 在方法上，把以基元为逻辑细胞的形式化体系与数据库和数据仓库结合起来，形成适合于数据"变换"的知识表示方法，利用可拓推理和关联函数为工具, 建立一套适合于挖掘可拓知识的可拓数据挖掘方法, 进而开发获取 "可拓知识" 的实验软件.

把用形式化模型处理矛盾问题的可拓学理论与方法和数据挖掘技术相结合, 利用可拓方法挖掘数据库或知识库中的 "可拓知识" 和 "变换的作用", 进而挖掘数据库中由于政策的变化 (用可拓变换形式化描述) 导致数据变化的规律, 以及知识库中由于变换的作用导致知识的变化的规律, 从而为决策者提供决策参考依据, 是一项很有价值的开创性工作. 这对于发展数据挖掘的理论和方法具有一定的科学意义, 对于社会经济各行业 (如金融、税务、房地产等) 寻找处理问题的策略和分析变换的作用有较大的实用价值.

研究显示, 把可拓学与数据挖掘相结合, 将发展现有的数据挖掘理论和技术, 产生新的可拓数据挖掘理论与技术. 将该技术应用于市场营销、客户关系管理、金融证券、电信、医疗等领域数据的挖掘研究, 可为解决这些领域中的矛盾问题提供有效的决策支持.

目前, 在可拓数据挖掘领域, 一些专家已经利用可拓学理论和方法, 从可拓数据挖掘的理论、方法、算法、应用方案、技术改进等方面对上述数据挖掘中存在的部分问题进行了研究, 并取得了一定的成果. 随着研究的深入和研究力度的加强, 有望产生有更大应用价值的研究成果. 总之, 在事物类别转化、发现问题的根本原因、识别潜在的变换知识等方面, 可拓数据挖掘都可以发挥作用. 因此, 可拓数据挖掘具有广阔的应用前景.

5.3.2 可拓分类方法

可拓分类方法是基于变换的分类方法. 它与基于经典集合的分类方法有很大的区别. 例如, 某企业要求加工某种工件的规格 (直径) 为 $<50-0.1, 50+0.1>$(mm), 现有一批加工后的工件, 用经典集合的分类方法, 可把工件分为合格品和不合格品, 即直径在 [49.9, 50.1] 的为合格品, 而直径在 49.9 以下和 50.1 以上的为不合格品. 但实际上, 在不合格品中, 直径小于 49.9 的是废品, 直径大于 50.1 的是可返工品. 对可返工品通过重新加工后可以变成合格品; 对直径小于 49.9 的不合格品, 若在只用车床加工的限制下, 就不能变成合格品. 显然, 在不合格品中, 废品和可返工品是本质不同的不合格品，如图 5.16 所示.

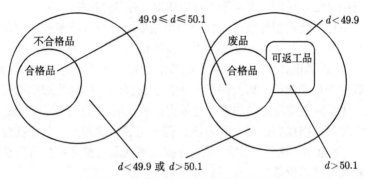

图 5.16　工件论域的经典划分与可变划分

相反，若把"重新加工"变为"电镀"，则直径大于 50.1 的工件变为废品，小于 49.9 的才是可返工品. 显然这种分类取决于所采取的变换，不同的变换对应着不同的分类. 这种分类问题在现实世界中是大量存在的，因此必须研究这种基于变换的分类方法.

根据可拓集的定义，对于一个给定的可拓变换，就对应一个可拓集合的划分，它把可拓集合分为正可拓域、负可拓域、正稳定域、负稳定域和拓界五部分，相应于关于论域中的元素的可拓变换，可把论域相应划分为五部分，参见 2.6 节. 这种基于可拓集定义的分类方法，称为可拓分类方法.

由此可见，可拓分类方法是基于可拓变换的，包括基于论域中元素变换的可拓分类、基于关联准则变换的可拓分类和基于论域变换的可拓分类.

下面给出可拓分类方法的一般步骤：

1) 把待分类的对象的全体作为论域 U，对任一可拓变换 $T=(T_k, T_u)$，在 U 上建立可拓集：

$$\tilde{E}(T) = \{(u, y, y') \mid u \in U, y = k(u) \in \Re; T_u u \in U, y' = T_k k(T_u u) \in \Re\},$$

其中 $y = k(u)$ 为关联函数，它表示论域 U 中的对象 u 具有某种性质的程度. 根据实际问题中各指标的不同要求，$y = k(u)$ 可取初等关联函数、简单关联函数、离散型关联函数或区间型关联函数等不同的形式.

2) 当 $T=(T_k,\,T_u)=(e,\,e)$，即变换为幺变换时，计算各对象的关联函数值，根据关联函数值可把论域划分为：

$V_+=\{\,u\mid u\in U, k(u)>0\,\}$,

$V_-=\{\,u\mid u\in U, k(u)<0\,\}$,

$V_0=\{\,u\mid u\in U, k(u)=0\,\}$,

分别称为论域 U 的正域、负域和零界. 此即论域的一个划分，此划分对于确定的关联函数是确定的.

3) 当 $T=(T_k,\,T_u)\neq(e,\,e)$ 时，对于一个确定的可拓变换，计算变换后各对象的关联函数值，根据关联函数值可把论域划分为：

$$V_+(T)=\{u\mid u\in U, y=k(u)\leqslant 0; T_u u\in U, y'=T_k k(T_u u)>0\}$$

称为论域 U 关于变换 T 的正可拓域；

$$V_-(T)=\{u\mid u\in U, y=k(u)\geqslant 0; T_u u\in U, y'=T_k k(T_u u)<0\}$$

称为论域 U 关于变换 T 的负可拓域；

$$V_+(T)=\{u\mid u\in U, y=k(u)>0; T_u u\in U, y'=T_k k(T_u u)>0\}$$

称为论域 U 关于变换 T 的正稳定域；

$$V_-(T)=\{u\mid u\in U, y=k(u)<0; T_u u\in U, y'=T_k k(T_u u)<0\}$$

称为论域 U 关于变换 T 的负稳定域；

$$V_0(T)=\{u\mid u\in U, T_u u\in U, y'=T_k k(T_u u)=0\}$$

称为论域 U 关于变换 T 的拓界.

此即论域的一个关于可拓变换的划分，此划分对于确定的可拓变换和关联函数是确定的.

4) 按照上述划分方法，可以把论域划分为 5 部分. 这样，对于论域中的任一对象，当给定一个可拓变换后，它一定属于上述 5 类中的某一类. 可拓分类完毕.

5) 依次类推, 若实施另一个可拓变换, 则计算变换后各对象的关联函数值, 就对应着一个新的可拓分类.

6) 对于关联函数值的不同取值范围的要求, 还可对上述类进行更细的划分, 如对

$$V_+(T) = \{u \mid u \in U, y = k(u) \leqslant 0; T_u u \in U, y' = T_k k(T_u u) > 0\}$$

若要求将变换后的关联函数值在 $<0,1>$, $<1,5>$, $<5, +\infty)$ 的划分为一类, 则此三类为如下集合:

$$V_1(T) = \{u \mid u \in U, y = k(u) \leqslant 0; T_u u \in U, y' = T_k k(T_u u) \in< 0, 1 >\}$$

$$V_2(T) = \{u \mid u \in U, y = k(u) \leqslant 0; T_u u \in U, y' = T_k k(T_u u) \in< 1, 5 >\}$$

$$V_3(T) = \{u \mid u \in U, y = k(u) \leqslant 0; T_u u \in U, y' = T_k k(T_u u) \in< 5, +\infty >\}$$

7) 若对待分类对象的论域 U 实施变换, 作 $T_U U = U'$, 则对应着新论域的一种可拓分类, 重复 1-6 的步骤.

例 5.17　某公司的人力资源部需要对其所有的员工进行分类管理, 原有的分类方法是按部门、职称、学历、技术类别、年龄等进行分类. 由于现代企业生产的高技术产品的特点, 使得各部门间、各工种间的联系日益密切, 因此, 对人力资源的分类管理也要考虑其可变性. 随着市场竞争的加剧, 该公司的老产品已不能适应市场的需求, 决定转产某种高新技术产品. 下面利用可拓分类方法, 给出几种公司人力资源的可拓分类方法.

假设该公司的全体员工形成的论域为 U. 对任一员工物元 $M \in U$,

$$M = \begin{bmatrix} O, & \text{部门} c_1, & v_1 \\ & \text{职称} c_2, & v_2 \\ & \text{技术类别} c_3, & v_3 \\ & \text{学历} c_4, & v_4 \\ & \text{年龄} c_5, & v_5 \end{bmatrix},$$

设其某种技术水平符合公司开发某高新技术产品要求的程度为 $y = k(M)$, 则可建立可拓集

$$\tilde{E}(T) = \{(M, y, y') \mid M \in U, y = k(M) \in \Re;$$

$$T_M M \in U, y' = T_k k(T_M M) \in \Re\}.$$

(1) 当不实施任何可拓变换，即 $T=(T_k, T_M)=(e, e)$ 时，可以把该公司的员工分为三类：

$V_- = \{ M \mid M \in U, k(M) < 0 \}$ 表示其某种技术水平不符合公司开发某高新技术产品要求的所有员工；

$V_+ = \{ M \mid M \in U, k(M) > 0 \}$ 表示其某种技术水平符合公司开发某高新技术产品要求的所有员工；

$V_0 = \{ M \mid M \in U, k(M) = 0 \}$ 表示其某种技术水平处于临界状态的所有员工，即既符合要求又不符合要求的员工.

通过上述分类后，发现符合要求的员工的全体 V 还不足以完成开发该高新技术产品的任务，因此，必须对不符合要求的员工进行培训，即重新进行变换下的分类，以组成新的开发团队.

(2) 对某种技术水平不符合要求的员工进行相应的技术培训，即作变换：

$$T_M M = \begin{bmatrix} O, & \text{部门 } c_1, & v_1 \\ & \text{职称 } c_2, & v_2 \\ & \text{技术类别 } c_3, & v_3' \\ & \text{学历 } c_4, & v_4 \\ & \text{年龄 } c_5, & v_5 \end{bmatrix} = M',$$

培训后进行考试以确定员工符合要求的程度，即根据 $y' = k(T_M M)$ 的值，可把该公司的员工分为四类：

$V_+ = \{ M \mid M \in U, k(M) > 0 \}$，表示原来就符合要求的员工的全体；

$V_+(T) = \{ M \mid M \in U, y = k(M) \leqslant 0; T_M M \in U, y' = k(T_M M) > 0 \}$，表示原来不符合要求或处于临界的员工，经过培训变为符合要求的员工的全体；

$V_-(T) = \{ M \mid M \in U, y = k(M) < 0; T_M M \in U, y' = k(T_M M) < 0 \}$，表示原来不符合要求，经过培训仍然不符合要求的员工的全体；

$V_0(T) = \{ M \mid M \in U, T_M M \in U, y' = k(T_M M) = 0 \}$，表示不论原来是否符合要求，经过培训后处于拓界的员工的全体.

在上述可拓变换 T_M 下，符合要求的员工的全体变为：$V \cup V_+(T)$，如果这些员工已足以完成开发该高新技术产品的任务，则分类结束. 如果员工数多于要求的员工数，则需要对符合要求的所有员工，按其关联函数值的大小排序确定人选.

(3) 对于进行上述分类后不录用的人员的全体 U_1，公司要考虑这些人员的转岗安置问题. 该公司考虑开办一个文化服务部门，此时原来的关联准则就不适用了，所以首先要进行关联准则的变换，即作 $T_k k = k'$，如考虑员工的社交能力和文化程度，以对 U_1 中的人员进行分类. 此变换可将 U_1 中的员工分为三类：

$V_+(T) = \{M \mid M \in U_1, y = k(M) \leqslant 0, y' = k'(M) > 0\}$ 表示不符合原来要求或处于临界的员工，经过准则的变换后变为符合要求的员工的全体；

$V_-(T) = \{M \mid M \in U_1, y = k(M) < 0, y' = k'(M) < 0\}$ 表示不符合原来要求的员工，经过准则的变换后仍然不符合要求的员工的全体；

$V_0(T) = \{M \mid M \in U_1, y = k(u) = 0, y' = k'(u) = 0\}$ 表示原来处于临界，经过准则的变换后仍然处于临界的员工的全体.

为了公司人员的统一调配和合理安置，可利用新准则对 U 中符合原要求的人员利用新准则进行分类，在新准则下，分为两类：

$V_-(T) = \{M \mid M \in U, y = k(M) \geqslant 0, y' = k'(M) < 0\}$ 表示符合原来的要求或处于临界的员工，经过准则的变换后变为不符合新要求的员工的全体；

$V_+(T) = \{M \mid M \in U, y = k(M) > 0, y' = k'(M) > 0\}$ 表示符合原来的要求的员工，经过准则的变换后仍然符合新要求的员工的全体.

在上述可拓变换 T_k 下，符合新要求的员工的全体变为：$V_+(T) \cup V_+(T)$，其中 $V_+(T)$ 中的人员可以作为备选人员，如其中的某位员工适宜当此文化服务部门的经理，则也可调配到该部门.

(4) 如果上述分类还不能满足要求，则还可采取变换论域的方法，即作 $T_U U = U'$，此变换又将导致对员工的重新分类，如在准则不变的情况下，作论域的扩大变换，招聘一部分公司外的高科技人员加盟该研究团队，或聘请公司外的兼职技术人员等，都可使分类发生变化，产生新的团队组合. 此处从略.

5.3.3 可拓数据挖掘方法

到目前为止，已经研究了可拓数据挖掘的基本理论、基本方法及其计算机实现，本节将简单介绍可拓数据挖掘方法的主要研究成果，包括基于数据库的可拓分类知识挖掘方法、基于数据库的传导知识挖掘方法、以及基于知识库的可拓知识挖掘方法. 详细内容参见文献 [21,22].

1. 基于数据库的可拓分类知识挖掘方法

可拓分类是基于可拓变换的分类，其集合论基础为可拓集. 它与基于经典集合的分类方法有很大的区别. 例如，某企业对其客户按重要程度进行分类，用经典集合的分类方法，可把客户分为 "重要客户" 和 "不重要客户". 但实际上，在 "不重要客户" 中，有一部分可通过一定的变换变为 "重要客户"；同理，在 "重要客户" 中，也有一部分客户，通过一定的变换会变为 "不重要客户". 显然，这种变换下的分类取决于所采取的变换，不同的变换对应着不同的分类. 这种分类问题在现实世界中是大量存在的，因此必须研究这种基于变换的分类方法.

由 5.3.2 可知，可拓分类方法包括基于论域中元素变换的可拓分类、基于关联准则变换的可拓分类和基于论域变换的可拓分类.

1) 可拓分类知识的含义

可拓分类是在变换下的分类，它把论域 U 分为五个域：正可拓域 (也称正质变域)$\underline{E}_+(T)$，负可拓域 (也称负质变域)$\underline{E}_-(T)$，正稳定域 (也称正量变域)$E_+(T)$，负稳定域 (也称负量变域)$E_-(T)$，拓界 $E_0(T)$. 我们要研究从数据库中挖掘如下知识：

(1) 关于正质变的可拓分类知识：在变换 T 下，什么样的信息元 I，有 $I \in \underline{E}_+(T)$，也即有什么特征的信息元会在实施变换 T 后，从不属于正域变为属于正域. 对于上例而言，可以寻找有什么特征的顾客会在实施 "午夜消费" 活动后，从不是该商场的顾客变成了该商场的顾客，也可以考察哪些商品从滞销变为畅销等.

(2) 关于负质变的可拓分类知识：在变换 T 下，什么样的信息元 I，有 $I \in \underline{E}_-(T)$，也即有什么特征的信息元会在实施变换 T 后，由不属于负域变为属于负域. 对于上例而言, 可以寻找有什么特征的顾客会在实施 "午夜消费" 活动后, 从是该商场的顾客变成了不是该商场的顾客, 也可以考察哪些商品从畅销变为滞销等.

(3) 关于正量变的可拓分类知识: 在变换 T 下, 什么样的信息元 I, 有 $I \in E_+(T)$, 也即有什么特征的信息元原来属于正域, 在实施变换 T 后 依然属于正域. 对于上例而言, 可以寻找有什么特征的顾客会在实施 "午夜消费" 活动后, 依然是该商场的顾客, 也可以考察哪些商品原来畅销, 现在依然畅销等.

(4) 关于负量变的可拓分类知识: 在变换 T 下, 什么样的信息元 I, 有 $I \in E_-(T)$, 也即有什么特征的信息元原来属于负域, 在实施变换 T 后, 依然属于负域. 对于上例而言, 可以寻找有什么特征的顾客会在实施 "午夜消费" 活动后, 依然不是该商场的顾客, 也可以考察哪些商品原来滞销, 现在依然滞销等.

(5) 关于拓界的可拓分类知识: 在变换 T 下, 什么样的信息元 I, 有 $I \in E_0(T)$, 也即有什么特征的信息元会变成拓界信息元, 其中包括从正域变到拓界的信息元、从负域变到拓界的信息元、从零界变到拓界的信息元.

对于上述知识, 可以根据前面介绍的可拓集的定义, 以及知识的蕴含式表示方法, 给出可拓分类知识的表示式.

2) 支持度和可信度

数据挖掘得到的规则知识是从一批数据中获取的, 其正确性以支持度和可信度来衡量.

支持度表示该规则所代表的事例 (元组) 占全部事例 (元组) 的百分比. 如购买面包的顾客占全部顾客的百分比为 50%, 称支持度为 50%.

可信度表示该规则所代表事例占满足前提条件事例的百分比. 如既买面包又买牛奶的顾客占买面包顾客的 90%, 称可信度为 90%.

在知识式中, 支持度和可信度通常用

$$\ell = (\text{支持度, 可信度}) = (\text{support, confidence})$$

表示, 即知识式表示为 $\Gamma_1 \Rightarrow (\ell)\Gamma_2$.

3) 可拓分类知识的表示方法及其支持度和可信度的计算方法

设 U 为论域，$u \in U$，k 是 U 到实域 $\Re$ 的一个映射，T 是可拓变换，对论域 U 上关于元素变换 T 的可拓集

$$\tilde{E}(T) = \{(u, y, y') \,|\, u \in U, y = k(u) \in \Re; Tu \in U, y' = k(Tu) \in \Re\},$$

当 $T = e$ 时，U 分为三个域 E_+, E_-, E_0. 当 $T \neq e$ 时，T 把 U 分为五个域 $\dot{E}_+(T)$，$\dot{E}_-(T)$，$E_+(T)$，$E_-(T)$，$E_0(T)$.

(1) 正质变知识：若 $u \in E_- \cup E_0$ 时，在变换 T 下，有 $u \in \dot{E}_+(T)$，称这一知识为变换 T 下 u 产生正质变的知识，记作

$$(Tu = u') \wedge (u \in E_- \cup E_0) \Rightarrow (\ell_1)(u \in \dot{E}_+(T)),$$

其中 ℓ_1 表示这条知识的支持度和可信度，其支持度是负域和零界中对象的个数之和 $|E_-| + |E_0|$ 占论域中全体对象的个数 $|U|$ 的百分比，可信度是从负域或零界变到正域的对象的个数 $|\dot{E}_+(T)|$ 占负域和零界中对象的个数之和 $|E_-| + |E_0|$ 的百分比，即

$$\ell_1 = \left(\frac{|E_-| + |E_0|}{|U|}, \ \frac{|\dot{E}_+(T)|}{|E_-| + |E_0|} \right).$$

例 5.18　某电信公司的某电信业务部在某地区的客户群论域为 U，通过市场调查和企业的历史资料得知，该地区使用或曾经使用该电信业务的用户有 10 万人，即 $|U|=10$ (万人)，其中目前还在使用该公司电信业务的客户 (即现有客户) 共有 5 万人，即 $|E_+|=5$ (万人)，冻结客户有 3000 人，即 $|E_0|=0.3$ (万人). 显然流失客户人数为 $|E_-|=4.7$ (万人). (说明：此例假定论域不变)

为了惠及老客户、吸纳新客户，该业务部采取了"预存话费送手机"的促销活动，即采取变换 $T=$"预存话费送手机"，则可使一部分流失客户或冻结客户变为该公司的现有客户. 活动期结束，统计得这部分客户有 2 万人，即 $|\dot{E}_+(T)|=2$(万人). 可以得到知识：采用"预存话费送手机"，可以使一批"流失客户"或"冻结客户"变为该企业的客户，其支

持度和可信度为

$$\ell_1 = \left(\frac{|E_-| + |E_0|}{|U|}, \quad \frac{|E_+(T)|}{|E_-| + |E_0|} \right) = \left(\frac{4.7 + 0.3}{10}, \quad \frac{2}{4.7 + 0.3} \right)$$
$$= (0.5, \quad 0.4),$$

据此, 公司可以总结经验, 发现知识, 为将来设计营销活动或确定目标顾客提供参考.

(2) 负质变知识: 若 $u \in E_+ \cup E_0$ 时, 在变换 T 下, 有 $u \in E_-(T)$, 称这一知识为变换 T 下 u 产生负质变的知识, 记作

$$(Tu = u') \wedge (u \in E_+ \cup E_0) \Rightarrow (\ell_2)(u \in E_-(T)),$$

其中 ℓ_2 表示这条知识的支持度和可信度, 其支持度是正域和零界中对象的个数之和 $|E_+| + |E_0|$ 占论域中全体对象的个数 $|U|$ 的百分比, 可信度是从正域或零界变到负域的对象的个数 $|E_-(T)|$ 占正域和零界中对象的个数之和 $|E_+| + |E_0|$ 的百分比, 即

$$\ell_2 = \left(\frac{|E_+| + |E_0|}{|U|}, \quad \frac{|E_-(T)|}{|E_+| + |E_0|} \right).$$

在例 5.18 中, 如果变换 T 的实施, 使现有客户或冻结客户不再使用该业务, 人数为 2000 人, 即 $|E_-(T)|=0.2$(万人), 则可得到知识: 什么类型 (满足什么条件) 的消费者经过此变换, 可以从 "现有客户" 或 "冻结客户" 变为 "流失客户", 其支持度和可信度为

$$\ell_2 = \left(\frac{|E_+| + |E_0|}{|U|}, \quad \frac{|E_-(T)|}{|E_+| + |E_0|} \right) = \left(\frac{5.3}{10}, \quad \frac{0.2}{5.3} \right) = (0.53, \quad 0.04).$$

(3) 正量变知识: 若 $u \in E_+$ 时, 在变换 T 下, 有 $u \in E_+(T)$, 称这一知识为变换 T 下 u 产生正量变的知识, 记作

$$(Tu = u') \wedge (u \in E_+) \Rightarrow (\ell_3)(u \in E_+(T)),$$

其中 ℓ_3 表示这条知识的支持度和可信度, 其支持度是正域中对象的个数 $|E_+|$ 占论域中全体对象的个数 $|U|$ 的百分比, 可信度是变换后依然在正域的对象的个数 $|E_+(T)|$ 占正域中对象的个数 $|E_+|$ 的百分比, 即

$$\ell_3 = \left(\begin{array}{cc} \dfrac{|E_+|}{|U|}, & \dfrac{|E_+(T)|}{|E_+|} \end{array} \right).$$

在例 5.18 中, 如果变换 T 的实施, 一部分 "现有客户" 仍然是 "现有客户", 人数为 4.9 万人, 即 $|E_+(T)|$=4.9(万人), 则可得到知识: 什么类型 (满足什么条件) 的消费者经过此变换, 仍然保持为 "现有客户", 其支持度和可信度为

$$\ell_3 = \left(\begin{array}{cc} \dfrac{|E_+|}{|U|}, & \dfrac{|E_+(T)|}{|E_+|} \end{array} \right) = \left(\begin{array}{cc} \dfrac{5}{10}, & \dfrac{4.9}{5} \end{array} \right) = \left(\begin{array}{cc} 0.5, & 0.98 \end{array} \right).$$

(4) 负量变知识: 若 $u \in E_-$ 时, 在变换 T 下, 有 $u \in E_-(T)$, 称这一知识为变换 T 下 u 产生负量变的知识, 记作

$$(Tu = u') \wedge (u \in E_-) \Rightarrow (\ell_4)(u \in E_-(T)),$$

其中 ℓ_4 表示这条知识的支持度和可信度, 其支持度是负域中对象的个数 $|E_-|$ 占论域中全体对象的个数 $|U|$ 的百分比, 可信度是变换后依然在负域的对象的个数 $|E_-(T)|$ 占负域中对象的个数 $|E_-|$ 的百分比, 即

$$\ell_4 = \left(\begin{array}{cc} \dfrac{|E_-|}{|U|}, & \dfrac{|E_-(T)|}{|E_-|} \end{array} \right).$$

在例 5.18 中, 如果变换 T 的实施, 一部分 "流失客户" 仍然是 "流失客户", 人数为 2.6 万人, 即 $|E_-(T)|$=2.6(万人), 则可得到知识: 采用 "预存话费送手机", 一批 "流失客户" 仍然流失, 其支持度和可信度为

$$\ell_4 = \left(\begin{array}{cc} \dfrac{|E_-|}{|U|}, & \dfrac{|E_-(T)|}{|E_-|} \end{array} \right) = \left(\begin{array}{cc} \dfrac{4.7}{10}, & \dfrac{2.6}{4.7} \end{array} \right) = \left(\begin{array}{cc} 0.47, & 0.55 \end{array} \right).$$

(5) 拓界知识: 若 $u \in E_+ \cup E_0 \cup E_-$ 时, 在变换 T 下, 有 $u \in E_0(T)$, 称这一知识为变换 T 下 u 属于拓界的知识, 记作

$$(Tu = u') \wedge (u \ni L_5) \Rightarrow (\ell_5)(u \in E_0(T)),$$

其中 ℓ_5 表示这条知识的支持度和可信度. 这条知识包括三种类型:

① 从正域变到拓界的知识, 其知识式表示为

$$(Tu = u') \wedge (u \in E_+) \Rightarrow (\ell_{+5})(u \in E_{+0}(T));$$

② 从负域变到拓界的知识, 其知识式表示为

$$(Tu = u') \wedge (u \in E_-) \Rightarrow (\ell_{-5})(u \in E_{-0}(T));$$

③ 从零界变到拓界的知识, 其知识式表示为

$$(Tu = u') \wedge (u \in E_0) \Rightarrow (\ell_{05})(u \in E_{00}(T));$$

不同的类型其支持度和可信度的计算方法不同, 可参考上述各类型给出如下:

$$\ell_{+5} = \left(\begin{array}{cc} \dfrac{|E_+|}{|U|}, & \dfrac{|E_{+0}(T)|}{|E_+|} \end{array} \right),$$

$$\ell_{-5} = \left(\begin{array}{cc} \dfrac{|E_-|}{|U|}, & \dfrac{|E_{-0}(T)|}{|E_-|} \end{array} \right),$$

$$\ell_{05} = \left(\begin{array}{cc} \dfrac{|E_0|}{|U|}, & \dfrac{|E_{00}(T)|}{|E_0|} \end{array} \right).$$

在例 5.18 中, 如果变换 T 的实施, 使一部分 "现有客户" 变为 "冻结客户", 人数为 0.2 万人, 即 $|E_{+0}(T)|{=}0.2$(万人), 则可得到知识: 什么类型 (满足什么条件) 的消费者经过此变换, 却从 "现有客户" 变为 "冻结客户", 其支持度和可信度为

$$\ell_{+5} = \left(\begin{array}{cc} \dfrac{|E_+|}{|U|}, & \dfrac{|E_{+0}(T)|}{|E_+|} \end{array} \right) = \left(\begin{array}{cc} \dfrac{5}{10}, & \dfrac{0.2}{5} \end{array} \right) = \left(\begin{array}{cc} 0.5, & 0.04 \end{array} \right).$$

在例 5.18 中, 不可能从 "流失客户" 变为 "冻结客户", 因此不存在第二种拓界知识. 如果变换 T 的实施, 使一部分 "冻结客户" 依然为 "冻结客户", 人数为 0.1 万人, 即 $|E_{00}(T)|{=}0.1$(万人), 则可得到知识: 什

么类型 (满足什么条件) 的消费者经过此变换, 依然保持为 "冻结客户", 其支持度和可信度为

$$\ell_{+5} = \left(\frac{|E_0|}{|U|}, \ \frac{|E_{00}(T)|}{|E_0|} \right) = \left(\frac{0.3}{10}, \ \frac{0.1}{0.3} \right) = \left(0.03, \ 0.33 \right),$$

上述五种知识统称为可拓分类知识.

4) 可拓分类知识的挖掘方法

根据上面介绍的可拓分类知识可见, 这是一种变化的分类知识, 根据变换的不同, 分类结果不同. 这是一种非常重要的知识, 企业可根据从数据库中挖掘出的这些知识, 发现所实施或自然发生的变换的作用和效果, 从而为今后的决策提供参考.

从数据库中进行可拓分类知识挖掘的一般步骤:

(1) 根据企业情况和专业理论选取评价特征;

(2) 列出原始数据表中与评价特征对应的原特征;

(3) 获取评价特征的量值, 进而得到评价信息元表;

(4) 根据企业实际确定各评价特征的评价规则, 从而建立关联函数, 获取评价信息元的关联度表;

(5) 根据可拓集理论和专业知识确定综合关联函数的构造方法, 并规定分类准则, 以获得静态分类知识;

(6) 获取实施可拓变换后的评价信息元表;

(7) 根据 (4) 建立的关联函数, 获取可拓变换后的评价信息元的关联度表;

(8) 重新计算可拓变换后的综合关联度;

(9) 根据变换前后的综合关联度的数值和可拓分类方法, 获得可拓分类知识.

2. 基于数据库的传导知识挖掘方法

在本书第 2 章中, 介绍了传导变换的概念, 由此我们知道: 由于事物之间存在各种各样的相关关系, 一个变换除了导致其作用对象产生改变外, 还由于传导作用, 会导致与其相关的对象的改变, 前一变换称为主动变换, 对后者的变换称为前者的传导变换.

　　这些传导变换反映到数据库中，就是其作用对象相关的信息元的变化. 这些变化有正面的，有助于决策者处理矛盾问题；也有负面的，影响决策者处理矛盾问题，或产生新的矛盾问题；有的导致了良性循环，也有的导致了恶性循环. 如果能从已有的数据库中挖掘到有关这些传导变换的传导知识，就可以根据这些知识去帮助决策者利用传导变换的正面作用，防止传导变换的负面作用.

　　例如，某投资公司曾打算将支付服务系统进行拍卖，因为该服务系统一直处于亏损状态. 但调查分析证实，该公司多数忠实的、有利可赚的客户在使用支付服务系统. 虽然支付服务系统亏损，该公司却凭借这些客户的其他账户挣了许多钱. 客户毕竟信任他们的金融机构，让他们帮助支付账单，该机构对这类客户有很高的信用度. 因此，公司认为不能削减这样的增值服务项目，因为它会导致最好的客户到别处寻找较好的服务，这样做无意之中降低了公司的收益. 也就是说，从传导变换的角度看，如果该公司做主动变换"拍卖支付服务系统"，则必然导致"最好的客户流失"这一传导变换的发生. 通过数据挖掘，可以找到这些传导知识，为公司减少损失. 这种知识对于公司决策者显然是有价值的.

　　保险公司与顾客联系的通讯手段的变化，会导致成本下降. 比如，保险公司给客户的缴费及收到缴费的通知、新业务介绍等，以前都是用信件，联系速度慢且成本高，现在改用短信提醒，只有缴费发票邮寄，既及时成本又低. 保险公司一定很想知道哪类客户喜欢这种新方式，进而购买更多的保险，哪类客户不喜欢这种新方式，进而投诉服务质量或退保. 由此可见，这类知识对保险公司非常重要. 了解了这些知识，保险公司可以针对不同的客户群实施不同的联系方式，以使更多的客户保持为公司客户.

　　1) 传导知识及其类型

　　传导知识是基于传导变换的知识. 在数据库中，把变换作用于某些数据，也会引起相关数据的变换. 从这些变化前后的数据中，可以获取诸如哪些对象发生了传导变换 (传导对象)、哪些特征发生了传导变换 (传导特征)、传导的效果如何 (传导效应)、传导的程度有多大 (传导度) 等知识，统称为传导知识.

　　对信息元实施变换，与它相关的知识和策略都会随之变化，由于传导变换的发生而产生的变化的知识，称为传导知识. 传导知识包括如下类型.

(1) 关于传导对象和传导特征的知识.

一个变换会使其作用对象的某些特征的量值产生变化，而对另一些特征的量值却毫无影响. 那么，能对哪些特征产生作用呢？作用有多大？一个变换，可能对一些对象发生传导作用，而对另一些对象不发生传导作用. 那么，能否从数据库中找到变换对哪些对象发生了作用呢？

银行加息，会导致房子的价格下降，这家饭店的酒菜提价，会使另一家不提价的酒店顾客量增加，利润值提高. 可见，传导变换会使不同对象和不同特征的信息元产生传导作用.

因此，通过挖掘数据库中变换对不同对象不同特征信息元的作用知识来了解变换的传导作用，就可以为未来的决策提供依据.

(2) 关于传导度的知识.

可拓变换对于其他对象和其他特征的作用，表现为对数据库中信息元的作用，从已有的数据中找出变换对信息元作用的程度，并用传导度和传导度区间加以描述. 这是从定量的角度衡量传导作用的知识.

(3) 关于传导特征对应量值的变化范围的知识.

找到传导特征后，其对应的量值范围也可以找到. 通过对比变换前后该特征的量值范围的变化情况，也可以了解传导变换的作用大小.

(4) 关于传导信息元产生量变还是质变的知识.

获取了上述传导知识以后，还可以根据可拓分类知识的获取方法，获取发生了传导变换的信息元 (称为传导信息元) 产生的变化是量变还是质变，进而可对传导信息元进行可拓分类.

2) 传导知识的挖掘方法

从数据库中获取这类与传导变换有关的知识，必须有如下三种类型的数据资料：① 某一对象的多个特征量值的数据资料，对应于信息元集，即同对象信息元集；② 多个对象的同一特征量值的数据资料，对应于信息元集，即同特征信息元集；③ 多个对象的多个特征量值的数据资料，对应于信息元集，即异对象异特征信息元集.

(1) 从某一对象的多个特征元的数据库中挖掘传导知识.

根据 "一对象多特征元" 的发散规则可知，任何一个对象都会有很多特征元，再根据"同对象异特征基元"的相关规则可知，这些对象的不同特征的量值之间可能会有不同的函数关系，当对某一特征的量值实施主动变换时，与其相关的特征的量值就会发生传导变换.同样，根据其他发散规则和相关规则，还会有其他类型的传导变换.我们希望从数据库中的数据获得如下知识：哪些特征元会发生传导变换，传导的程度如何，发生传导变换后量值变换了多少，是量变还是质变，等等.

从某一对象的多个特征量值的数据库中挖掘传导知识，就是挖掘变换关于同对象信息元的传导知识，即从数据库中获取如下知识：

① 获取主动变换 φ 的传导特征集；

② 获取传导特征对应量值的变化范围；

③ 获取变换关于传导特征的传导度与传导度区间；

④ 获取传导特征的量变或质变知识.

(2) 从多个对象的同一特征元的数据库中挖掘传导知识.

根据"多对象一特征元"的发散规则可知，任何一个特征都会对应着很多对象，而这些对象关于某些特征又具有相关性，当对某一对象的该特征量值实施主动变换时，与其相关的对象的量值就会发生传导变换.我们希望从数据库的数据中获得如下知识：哪些对象会发生传导变换，传导的程度如何，发生传导变换后的对象的量值变换了多少，是量变还是质变，等等.

从多个对象的同一特征元的数据库中挖掘传导知识，就是挖掘变换关于同特征信息元的传导知识，是要从数据库中获取如下知识：

① 获取主动变换 φ 的传导对象集；

② 获取传导对象关于特征 c 对应量值的变化范围；

③ 获取变换关于传导对象的传导度及其传导度区间；

④ 获取传导对象的量变或质变知识.

(3) 从多对象多特征量值的数据库中挖掘传导知识.

上述两种情况都是简单的或特殊的情况，一般地，数据库中往往是多对象多特征的数据，对某个对象的任一特征的量值的主动变换，可能导致该对象的其他特征量值或其他对象的某特征量值的传导变换发生.我们希望能从数据库中挖掘如下知识：哪些对象、特征会发生传导变换，传导的程度如何，发生传导变换后的对象、特征的量值变换了多少，是量变还是质变，等等.

这种情况，是上述两种特殊情况的综合，所获取的传导知识包括：传导特征集、传导特征的量值的变化范围、传导对象集、传导对象关于某特征的量值的变换范围、传导度、传导度区间等.

3. 基于数据库的可拓聚类知识挖掘方法

可拓聚类是基于可拓变换的聚类，不但可以考察研究对象变换前后的聚类情况，还可以根据变换前后聚类的不同，获得变换对聚类的影响的知识。

可拓聚类的论域中的对象是信息元，可以用每个信息元符合要求的程度——关联函数值、或者用每个信息元关于某特征的量值的可拓距来确定信息元在论域中的“位置”，从而使论域中的信息元聚类，并且可以通过对信息元的可拓变换，获取变换后的聚类结果。

设待聚类的对象构成的集合为论域 U，记 $U = \{O_1, O_2, \cdots, O_n\}$，根据实际问题的条件将各对象用信息元表示，形成信息元论域，记作

$$
U_I = \left\{ I_i | I_i = \begin{bmatrix} O_i, & c_{i1}, & v_{i1} \\ & c_{i2}, & v_{i2} \\ & \vdots & \vdots \\ & c_{iq}, & v_{iq} \end{bmatrix}, i = 1, 2, \cdots, n \right\}.
$$

根据实际问题对聚类的要求，选择单评价特征或多评价特征，建立相应的可拓距、位值或关联函数，并进行聚类。若不对信息元实施可拓变换，则为静态聚类；若对信息元实施可拓变换后再进行的聚类，则为可拓聚类。

可拓聚类是以可拓集为集合论基础的一种聚类，不同的变换对应着不同的可拓聚类。由于大自然、人类社会和经济环境处于不断变化中，因此，聚类的特征、标准和范围也不断改变。可拓聚类方法正是适应于这种变换下的聚类而出现的，详见文献 [22] 及相关论文。

通过可拓聚类，可以获得如下知识：什么类型的信息元，经过变换

后会聚为一类，与变换前的聚类相比，其中有多少信息元在变换后产生了质变，有多少信息元在变换后产生了量变。另外，还可以给出这些知识的支持度和可信度，其定义和计算方法与可拓分类知识的支持度和可信度的计算方法类似。

4. 基于知识库的可拓知识挖掘方法

前面主要介绍了基于数据库的可拓知识挖掘方法，包括可拓分类知识、传导知识以及可拓聚类知识的挖掘，告诉我们如何从变化的数据中挖掘出变化的知识. 但在很多行业中，面对矛盾问题，都需要人们考虑利用已有的知识库，选择什么变换去处理问题，了解实施某个变换以后产生怎样的效果. 这就需要利用基于知识库的可拓数据挖掘技术来解决问题. 也就是如何从已有的知识中，挖掘出基于变换的新知识，包括基于拓展型知识的可拓知识及其挖掘方法、基于决策树知识的可拓知识及其挖掘方法，以及基于其他知识库的可拓知识及其挖掘方法.

1) 基于拓展型知识的可拓知识及其挖掘方法

拓展型知识是基于可拓学中的拓展分析原理的知识. 为了解决矛盾问题，必须首先对问题的目标和条件进行拓展分析，由此可获得很多的拓展型知识. 把这些知识存入知识库中，一方面可为解决矛盾问题服务；另一方面，对这些知识实施可拓变换后，还可获得基于这些知识的可拓知识，这些可拓知识，也可为解决矛盾问题服务.

拓展型知识包括发散型知识、相关型知识、蕴含型知识和可扩型知识. 对根据拓展规则获得的拓展型知识，当对规则的前件实施某可拓变换时，其后件就会发生传导变换，变换后所获得的规则知识，称为变换前的规则知识的可拓知识，包括基于发散型知识的可拓知识、基于相关型知识的可拓知识、基于蕴含型知识的可拓知识和基于可扩型知识的可拓知识.

根据上面介绍的拓展型知识及其可拓知识可见，要想在拓展型知识中获取可拓知识，必须首先在知识库中存储这些拓展型知识. 以此为基础，可得获取这种可拓知识的一般步骤为：

(1) 在拓展型知识库中提取一条知识，并对其前件实施某主动可拓变换；

(2) 根据传导变换原理, 获取该知识的后件所发生的传导变换及其变换条件 ℓ;

(3) 用产生式规则表达出这种主动变换和传导变换的关系, 从而获得一条可拓知识.

2) 基于决策树知识的可拓知识及其挖掘方法

决策树是一种结构. 通过应用简单的决策规则, 利用这种结构可以将大型记录分割为相互连接的小记录集. 通过每一次连续分割. 结果集中的成员彼此变得越来越相似. 把由决策树获得的规则称为决策树知识. 这些知识是我们进一步获取可拓知识的基础.

基于决策树分类知识的可拓知识挖掘的一般步骤为:

(1) 首先利用递推的基本思想构造决策树, 从中提取规则模式, 并对得到的数据模式进行评估, 得到规则知识.

(2) 以前面得到的规则知识库为基础, 分析面对的矛盾问题, 实施可行的可拓变换, 利用评优技术找到可行的策略, 从而获得可拓知识.

3) 基于其他知识库的可拓知识及其挖掘方法

基于其他知识库的可拓知识挖掘方法, 主要研究了基于本体的可拓知识链挖掘、解决矛盾问题的可拓知识、基于属性约简变换可拓知识和基于某些领域知识库的可拓知识等, 此不详述.

5.3.4 可拓模式识别简介

传统的模式识别主要聚焦于对事物模式状态的识别, 自 20 世纪 60 年代提出以来发展很快, 已经建立了基本理论、方法和技术, 在指纹、基因、人脸、语音、文字、可见光、雷达、红外图像识别等方面取得了辉煌成绩, 在生物、医学、军事上已有许多成功应用. 然而到现在为止, 模式识别的理论和技术都远未完善, 很多课题有待人们去研究. 例如, 在模式识别领域, 事物可拓展性识别 (模式状态隐性特征检测、模式状态形成机理识别、模式状态可能的矛盾变化识别、在不同的视觉、听觉或触觉方式 (角度) 下模式的矛盾状态识别等) 几乎没有研究.

可拓模式识别 [24] 主要针对解决象 "某类人是否会患某种疾病的识别问题"、"某类产品是不合格产品是否能转化为合格产品的识别问题"、"矛盾图像识别问题" 等矛盾识别问题而提出的. 可拓模式识别是同时识别模式的状态和可拓状态 (或称该模式的矛盾状态) 的理论、方法和技术，主要内容包括给出可拓模式论域、模式预处理技术、模式可拓特征提取或模式基元选择方法、模式可拓分类和可拓结构 (结构状态和结构可能的矛盾状态) 描述方法 (或技术)，开发建立机器使机器能对模式进行分类或给出模式的特征信息解释、描述.

可拓模式识别主要有两种方法，即可拓决策论方法 (统计方法) 和可拓结构 (句法) 方法. 可拓决策论模式识别方法在可拓模式识别中对应于传统决策论模式识别方法，也称为由预处理、表性特征和可拓特征的抽取，以及可拓识别 (模式可拓分类) 三大部分组成的模式识别方法. 例如，可拓支持向量机方法 [24]，在进行分类预测的同时，更注重于找到那些通过变化特征值而转换类别的样本，通过定义可拓变量及其可拓区间的概念，构建了求解可拓模式识别问题的两种可拓支持向量机算法. 可拓结构模式识别方法在可拓模式识别中对应于传统结构模式识别方法，也称为由预处理、表性基元和可拓基元选择，以及结构可拓识别 (结构可拓信息描述) 三大部分组成的模式识别方法. 许多具体的可拓模式识别方法都可以归结到这两种方法中来.

可拓模式识别的目的就是用机器去完成人类智能中通过视觉、听觉、触觉等感官去识别外界环境特征 (包括可拓特征) 的那些工作. 由此我们相信，它将在生物、医学、军事上大有作为. 有兴趣的读者可以参考相应的文献.

5.3.5　可拓神经网络简介

把可拓学理论与方法和神经网络相结合而形成的神经网络称为可拓神经网络 [24]. 可拓神经网络是一类新的神经网络，由于不同的研究者对可拓神经网络研究的侧重点不同，所以不同的可拓神经网络在拓扑结构、学习规则、算法、神经元的信息处理特征以及所处理问题的目的也有所不同. 其主要思想是：把可拓学中 "基元模型"、"可拓距"、"位值"、"关联函数"、"可拓域"、"菱形思维" 等知识巧妙地引入到神经网络技术，使得其在处理某一类问题较之传统神经网络方法更具有优越性.

按照可拓神经网络的神经元互联方式进行划分，将可拓神经网络划分为单权连接的可拓神经网络、双权连接的可拓神经网络以及单双权混合连接的可拓神经网络三种类型.

单权连接可拓神经网络学习机制是: 以基元的可拓展性和关联函数为网络学习的基础, 使网络收敛于预期的标准样本. 这类网络的结构与 BP 网络的结构类似, 学习算法大都是基于误差反向传播学习算法的基础之上, 但由于引入了可拓学中的工具, 使得该类网络解决了一些通常方法难以解决的问题. 但也同时可以发现, 该类型网络在实际应用中, 网络的结构设计没有统一、有效的方法, 实际设计起来比较困难, 而针对实际问题的需要进行关联函数的描述更是一个非常困难的问题, 这也导致该类网络的通用性不强.

双权连接可拓神经网络对特征向量是基于区间的分类、聚类和识别效果显著. 该网络结构简单、权值的意义清晰明了, 网络设计有一定的方法可循. 该网络由输入层和输出层组成, 输入层节点接收输入模式, 其节点个数由输入特征向量的特征个数决定. 该类网络的学习思想是: 利用可拓模型确定连接输入输出的初始权值, 利用改进的可拓距作为测度工具, 用来判别待测物体与距离中心的相似程度. 双权连接的可拓神经网络的学习方式有两种, 分别是有监督学习和非监督学习.

单双权混合连接可拓神经网络由三层组成, 分别是输入层、竞争层和输出层; 输入层与竞争层之间采用双权连接. 竞争层的作用是通过学习 (监督学习或者非监督学习) 进行聚类或分类. 而竞争层与输出层采用单权连接, 当聚类或分类过程收敛后, 输出层采用逻辑运算合并相似的类别, 从而可以同时解决非线性和线性分类问题. 该类网络的学习思想是充分模拟人脑思考的特点, 结合了监督学习和非监督学习两种方式, 分别对应网络学习的两个阶段: 第一个阶段利用非监督学习和可拓距来度量数据与各个类别的相似度, 在竞争层得到所划分的类别, 具体非监督算法与上一部分的基本相同; 第二个阶段是利用监督学习, 根据竞争层与输出层的目标数据, 利用逻辑操作对相似类别进行组合, 其中, 竞争层与输出层的权值可以直接设置为 1, 并且它们之间的连接是基于训练数据集的目标输出. 如果聚类过程并不完全正确或者对聚类结果不满意, 可以通过减少距离参数阈值, 重复进行非监督学习算法, 从而产生更多的子类.

双权连接可拓神经网络是目前运用最广泛最普遍的可拓神经网络,

它结构简洁统一，且在运算速度、容错能力方面都有突出的优势，在交通红绿灯的智能控制、门禁访问控制系统中的图像识别、汽车发动机的振动故障诊断、煤矿的安全状态识别等方面都有较好的应用.

5.4　可拓营销

　　知识经济时代的到来为营销研究提出了许多新的课题，传统的营销理论和方法必将随着人类思维的开拓、视野的扩展而加以改进和更新.科学技术的迅速发展，网络的普及和电子商务的应用，使得产品的生命周期越来越短，很多产品开始朝着个性化、时尚化、知识化、智能化和数字化方向发展，市场的稳定性越来越弱，销售渠道越来越短，这就对企业提出了更多新的要求，要求企业对"顾客"的概念要有新的理解，必须了解产品开拓的规律，用新的观念来分析产品、市场、资源和企业的建设.

　　市场竞争日趋激烈，企业为了生存和发展，不得不面对众多对手，为竞争优势、为争夺市场份额、为实现差异化而拼搏，其结果是使企业之间斗得你死我活；为了争夺日益降低的利润额，弄得遍体鳞伤. 摆脱这种被动局面的出路是"创新".

　　2000 年，专著《可拓营销》[25] 提出了以"创新"为出发点的可拓营销理论与方法. 它包括三个方面的内容：一是产品创新，提出了利用拓展分析和可拓变换的产品创新理论与方法；二是市场创新，提出了利用可拓集这一工具开拓市场的理论与方法；三是企业创新，提出了按照物的共轭性革新企业的理论与方法. 这种可拓营销理论与方法是适应于市场竞争激烈的环境中，企业摆脱被动局面的有效理论与方法.

　　2005 年，由哈佛商学院出版的《蓝海战略》[26] 与专著《可拓营销》有异曲同工之妙，提出了价值创新、创造蓝海的方法，它是可拓营销理论与方法从实务角度的部分应用. 其核心是创造新的产品或服务.

　　专著《可拓营销》介绍了可拓营销的研究背景、基本思想及可拓营销理论与方法的阶段性成果. 本节将在此基础上，结合专著《可拓创新方法》中的内容，简单介绍产品创新之路、市场开拓方法、资源开拓方法与企业革新之路.

5.4.1 产品创新之路

知识经济时代的新特点, 对产品创新提出了新的要求. 企业如果能够掌握产品开拓规律与方法, 就可以正确把握市场. 产品开拓理论正是从产品开拓的可能性 (即拓展性) 和有序性入手, 研究产品开拓的规律, 并给予形式化的表达, 以便于研制新产品开发软件及对新产品的出现进行预测.

1. 产品开拓规律与方法

利用可拓论和可拓创新方法研究产品开拓规律与方法, 主要有以下特点:

(1) 从研究消费者的需要入手, 研究产品开拓规律与方法.

研究产品开拓规律, 必须从研究消费者的需要开始, 因为消费者购买产品是为了满足自己的需要, 而不是需要产品本身. 哪个企业能够发现未被满足的需要、可以提升的需要和可以延续的需要, 往往可以先知先觉, 为人之所不为, 把握商机, 把握市场. 目前对消费者需要的层次性的研究有很多, 但如何去分析和发现消费者的需要才是更重要的. 我们利用可拓学中的事元对需要给予了形式化表示, 并研究了需要的拓展性, 给出了需要的形式化分析方法. 由于消费者的需要与产品的功能是对应的, 因此, 可以提供从需要出发创造新产品的形式化思路, 便于产品开发人员构思新产品.

(2) 通过对产品进行拓展分析, 研究产品开拓的方法, 并根据产品的共轭分析, 研究创造完整产品的方法.

按照专著《可拓创新方法》中的观点, 任何一个产品实体及其部件、机构等, 都可以用多维物元或动态物元来形式化描述; 任何一个产品的功能、用途、工艺、运动行为等, 都可以用多维事元或动态事元来形式化描述; 任何一个产品的内部结构及该产品与其外部的各种关系, 都可以用多维关系元或动态关系元来形式化描述. 通过对产品的拓展分析, 再利用可拓变换, 充分考虑产品与技术、社会、经济、环保及时间等的变化关系, 形成创新产品的形式化方法.

另外, 任一产品都具有虚实、软硬、潜显、负正四对共轭部, 它们必须有合适的搭配, 才能成为完整产品.

(3) 通过对产品进行共轭分类, 创造相应的新产品.

由于科技的进步, 使得产品的形式越来越多, 产品的生命周期越来越短, 产品的范畴也产生了质的变化. 因此, 有必要从新的角度——满足人们需要的角度, 对产品进行分类, 以针对不同类型的产品, 制定不同的产品创新方案, 并应分别研究它们的营销规律和方法. 从产品是以物质实体来满足人们的需要还是用非物质性的形式来满足人们的需要的角度分类, 可以把产品分为实产品和虚产品; 从产品是以满足人们构成某系统的硬部的需要还是满足人们建立某些关系的需要的角度分类, 可以把产品分为硬产品和软产品; 从产品对人们的某特征而言的利弊的角度来分类, 可以把产品分为正产品和负产品; 从明显或潜在满足人们某种需要的角度分类, 可以把产品分为显产品和潜产品.

(4) 给出了产品创意生成的菱形思维模式, 使人们的产品创新活动有规律可依.

产品开拓的过程, 是菱形思维的过程. 不论是从消费者的需要出发, 还是从已有产品出发或从已有产品的缺点出发生成新产品创意, 都是依据这种思维模式进行的. 首先根据拓展分析方法进行发散, 然后利用优度评价方法进行收敛, 最后得到可用的较优的新产品创意. 这种菱形思维模式的优点在于提供了一种形式化的可操作模式, 便于产品创新人员掌握使用. 菱形思维模式详见书中 5.10 节.

2. 产品创新的思路

在专著《可拓营销》中, 提出了创新产品的三个创造法. 在专著《可拓创新方法》中, 又进一步研究了三个创造法的具体步骤, 形成了产品可拓创意生成方法, 已在 3.6 节中介绍, 此处只介绍专著《可拓营销》中给出的产品创新的思路.

1) 从消费者的需要出发生成新产品创意——第一创造法

用可拓创新方法生成新产品创意的第一创造法, 是从消费者对产品功能的需要出发生成全新产品创意的方法. 所谓全新产品, 是新技术、新发明、新发现的产物, 世界上从未有过. 这种产品的诞生, 会改变人们的生活方式, 导致 "消费革命".

事实上, 产品是具有满足人们某种需要的具有功能的东西. 需要是创造之母. 从需要出发, 可以创造产品 (或服务), 进而创造市场、创造企业, 甚至创造行业. 例如, 上海的下岗女工庞妈妈, 对大城市里人们紧张而繁忙的工作非常了解, 她知道很多人都需要 "洗净切好的蔬菜", 以省去回家洗菜、切菜的时间, 于是她联合了一批下岗女工, 专门 "生产" "洗净切好的蔬菜", 很受欢迎. 随着业务的不断扩大, "庞妈妈净菜公司" 应运而生.

由此可见, 从满足消费者的未被满足的 "需要" 出发生成新产品创意, 可以创造全新产品. 这是避开竞争、开创 "蓝海" 的很好方法.

第一创造法主要用于开发如下类型的产品:

(1) 开发他择性产品. 他择性, 是指有的产品或服务, 他们的功能和形式是截然不同的, 但服务于同一上位功能. 例如, 为了消遣, 既可以看电影, 也可以打麻将, 也可以去网吧等. 它们的功能和形式不同, 但服务于同一上位功能 "消遣". 这种同一上位功能的下位功能相应的产品就是他择性产品. 电影、网吧、休闲娱乐、茶馆等对 "消遣" 而言, 就是他择性行业, 其产品就是他择性产品.

电影、网吧、休闲娱乐、茶馆等对 "消遣" 而言, 就是他择性行业, 其产品就是他择性产品.

可以根据领域知识和蕴含系方法, 通过建立功能蕴含系统图寻找同一上位功能的不同功能产品, 例如, 美国某公司分析人们对 "装修" 的需要, 把 "提供装修" 变换为 "提供装修技能和原材料" 的公司, 获得了巨大的成功. 顾客从该公司购买原材料和装修技术, 得到自己业余装修的乐趣和省钱的效果. 它的产品和一般装修公司的产品就是它择性产品.

(2) 开发综合性产品. 在满足两种不同需要的产品之外, 开创同时满足这两种需要的产品就是综合性产品. 例如, 人们使用手机是接听和打电话, 计算机有满足人们用网络传递文字信息的功能. 把这两种需要结合在一起, 就成了 "能上网的手机" 的概念. 把收音和录音这两种需要结合在一起, 就产生了制造收录机的想法.

(3) 开发互补性产品. 购书的人有购书的需要、看书的需要, 也有喝茶的需要, 把它们结合在一起, 就是附设茶室的书店. 逛商店的大人希望有托儿的地方, 看电影的青年夫妇, 也希望有帮助带小孩的托婴室.

于是，电影院和商店的托儿服务应运而生.

(4) 开发终端产品. 有的产品要经过中间环节才能满足用户的需要，如果分析用户的最终需要，直接满足这种需要，也可以创造新的产品. 例如，糖尿病人注射胰岛素，过去，胰岛素放在小药瓶由医生开处方，卖给病人，很多病人每天要注射好几次，这种药使用起来很不方便. 于是，有人创造了注射胰岛素的笔，这种笔带有自动调节按钮，使病人免去了很多麻烦. 这一创造，把企业从生产胰岛素转变为糖尿病治疗公司.

2) 从已有产品出发生成新产品创意——第二创造法

为了争夺市场份额，得到更大份额的"饼"，很多企业集中在产品的若干特征上各出奇招，使投在这些特征上的成本居高不下. 要创造新产品，可以利用拓展分析方法，拓展出这些特征以外的其他特征及相应的量值，创造出更有特色的产品，也可以就这些产品现有特征的相应量值的拓展，再通过基本可拓变换或它们的运算以及相应的传导变换，生成新产品创意.

3) 从已有产品的缺点入手生成新产品创意——第三创造法

对于一个产品，调查不愿意购买这个产品的顾客意见，通过分析，找出非顾客对它不满意的特征，对这些"缺点"进行改进，从而可创造出新的产品. 如对葡萄酒，一部分非顾客认为价格太高，品味太复杂，难以选择，某企业正是针对非顾客的这些意见，生产出品味简单，只有两种款式，价格便宜的"黄尾酒"，它就是利用非顾客的需要创造的新产品.

另一方面，还要保持原顾客对新产品的需求. 新产品满足了老产品的非顾客，同时又要保持老产品的重要优点，使老产品的顾客也喜欢新产品. "黄尾酒"保持葡萄酒原有的优点，使原来喝葡萄酒的顾客也喜欢这种简易的黄尾酒.

也就是说，新产品的顾客包括两类：原产品非顾客的一部分；原产品顾客的一部分. 这种产品的市场比老产品的市场大得多.

5.4.2 市场开拓方法——寻找可拓市场

市场是一个十分复杂、多层次的概念，在不同的社会经济形态下，其内涵有所不同，导致市场变化的因素很多，变化的形式也有多种. 研究市场变化的原因和变化的规律, 将为开拓市场提供可靠的依据. 在市场经济中, 企业如果掌握了市场变化的规律和开拓市场的方法, 就可以制定出正确的经营策略, 从而使企业立于不败之地. 在市场营销学中, 对市场演进的研究早已有之, 对消费者的购买意愿及购买决策也有比较深入的研究, 但对市场的形式化分析及开拓市场的机理的研究还很不够.

市场的变化既有企业的原因, 也有顾客的原因, 更有社会、经济环境的影响, 变化的程度也随着产品处于生命周期中的不同时期而改变. 根据营销市场的概念, 某产品的市场就是有能力购买且愿意购买该产品的顾客的集合, 因此, 某产品的市场是由消费者的两个特征 ——购买意愿和购买能力来决定的, 不论是何种原因导致了市场的变化, 归根结底都是对顾客的购买意愿和购买能力的变换. 为了探寻开拓市场的机理, 用形式化方法描述市场的变化过程, 利用可拓集的思想, 对市场这一集合进行形式化分析, 提出了可拓市场的概念, 并分析了可拓市场的类型及实现方式, 以期为企业提供开拓市场的思路及形式化方法.

1. 可拓市场的概念

所谓可拓市场 [25,28], 是相对于某个可拓变换而言的, 如果在可拓变换 T 下, 可使原来不属于市场的人变成属于市场的人, 这些人构成的集合就称为原市场关于变换 T 的可拓市场.

例如, 对于广州到深圳的客运市场而言, 所有在广州的想去且有能力去深圳的人都属于该市场, 广州市的全体人员 (包括流动人口) 为论域. 通过某种变换, 如降低票价、深圳新建旅游景点等都可以使不想去或无能力去深圳的人进入市场, 这些人构成的集合即为原市场的可拓市场, 相应的可拓变换即为开拓市场的策略.

下面利用可拓集的思想, 给出可拓市场的概念.

设某产品 (或产品组合) 在给定地区销售, 把该地区的人群记为论域 U, 产品滞销是企业的矛盾问题. 从营销学的角度分析, 其核问题为企业提供的产品和消费者的购买能力和购买意愿产生的矛盾.

对消费者 $O, O \in U$, 取评价特征 $c_{01} =$ "购买意愿" 和 $c_{02} =$ "购买能力". 在这两个评价特征中, 只要某一个不符合要求, 问题就为不相容问题.

对评价特征 $c_{01}=$ "购买意愿" 和 $c_{02}=$ "购买能力",根据营销学的知识,通过市场调查或可拓数据挖掘,获得其量值的正域 X_{01}、X_{02}. 则对某一消费者 O_0,核问题为

$$P_0 = g_0 * l_0 = \left[\begin{array}{cc} O_0, & c_{0s1}, X_{01} \\ & c_{0s2}, X_{02} \end{array} \right] * \left[\begin{array}{cc} O_0, & c_{0t1}, x_{01} \\ & c_{0t2}, x_{02} \end{array} \right],$$

其中,g_0 表示消费者 O_0 要购买某产品需要的购买能力和购买意愿的基元,l_0 表示消费者 O_0 现有的购买能力和购买意愿的基元.

根据领域知识和关联函数的建立方法,分别建立关于评价特征 c_{01} 和 c_{02} 的关联函数 $k_1(x_1)$ 和 $k_2(x_2)$.

对任一 $l = \left[\begin{array}{cc} O, & c_{01}, & x_1 \\ & c_{02}, & x_2 \end{array} \right] \in W$ 和给定的可拓变换 $T=(T_W, T_K, T_l)$,建立可拓集

$$\tilde{M}(T) = \{(l, y, y')| l \in W, y = K(l) = k_1(x_1) \wedge k_2(x_2) \in \Re;$$

$$T_l l \in T_W W, y' = T_K K(T_l l) \in \Re\},$$

其中 $\Re$ 为实数域. 称

$$\dot{M}_+(T) = \{l| l \in W, y = K(l) \leqslant 0; T_l l \in T_W W, y' = T_K K(T_l l) > 0\}$$

为该问题的正可拓域,即原市场关于可拓变换 T 的可拓市场 [28]. 称

$$M_+(T) = \{l| l \in W, y = K(l) > 0; T_l l \in T_W W, y' = T_K K(T_l l) > 0\}$$

为该问题的正稳定域,是原市场的一部分,是通过实施变换后仍然保持的一部分市场. 显然 $\dot{M}_+(T) \cup M_+(T)$ 就是变换后的新市场.

特别地,当 $M_+(T) = \varnothing$ 时,说明变换后的新市场是全新的市场.

根据具体问题,对任一消费者 O,根据评价特征构造基元 l,建立关联函数 $y = K(l) = k_1(x_1) \wedge k_2(x_2)$. 若

$$y_0 = K(l_0) = k_1(x_{01}) \wedge k_2(x_{02}) < 0,$$

说明企业提供的产品不能满足消费者的购买能力或购买意愿的要求，即原问题为不相容问题. 通过实施可拓变换 $T=(T_W, T_K, T_l)$，若使得

$$T_K K(T_{l_0} l_0) = K'(T_{l_0} l_0) = K'(l') > 0,$$

则认为不相容问题转化为相容问题，其中的可拓变换 T 即为原问题的解变换.

2. 可拓市场的类型

不同的可拓变换对应不同的可拓市场，根据可拓市场的概念，有如下类型的可拓市场.

1) 关于可拓变换 T_l 的可拓市场

在 $M_+(T)$ 中，若 $T_W = e$, $T_K = e$, 则下列集合称为原市场关于可拓变换 T_l 的可拓市场：

$$M_+(T) = \{l | l \in W, y = K(l) \leqslant 0; T_l l \in W, y' = K(T_l l) > 0\}.$$

这是关于顾客的购买能力或购买意愿变换的可拓市场，它的含义如下：

(1) 通过一定的变换，可以使对某产品无购买意愿的人变得有购买意愿，这些人构成的集合就是原市场的可拓市场. 例如，很多人在冬天没有对冰淇淋的购买意愿，某个卖冰淇淋的老板通过到剧院赠送炒豌豆仁，从而使很多吃了炒豌豆仁的人产生了购买冰淇淋的愿望，这些人就形成了冰淇淋市场的可拓市场.

通过一定的变换，使原来较弱的购买意愿增强. 例如，附赠品销售、提高服务质量、美化销售环境等可增强消费者的购买意愿，从而开拓了市场.

(2) 通过一定的变换使没有能力购买某产品的人变得有能力购买，这些人便构成原市场的可拓市场. 例如，按揭、分期付款、透支、个人消费贷款等都是变换购买能力的方法，或称"超前消费"，它们使得很多购买能力较低的人产生了对产品的需求，从而成为该产品的可拓市场.

2) 关于可拓变换 T_K 的可拓市场

在 $M_+(T)$ 中，若 $T_W = e$，$T_l = e$，则下列集合称为原市场关于可拓变换 T_K 的可拓市场：

$$M_+(T) = \{l | l \in W, y = K(l) \leqslant 0, y' = T_K K(l) > 0\}.$$

这是关于关联准则变换的可拓市场，它的含义是：通过改变问题的关联准则，使得原来对某产品无购买意愿或购买能力的人变得有购买意愿和有购买能力. 这些人便构成原市场的可拓市场. 例如，把购买汽车的首期付款额从车价的 50% 改变为 20% 的措施扩大了的市场，就是原市场关于首期付款额改变的可拓市场.

3) 关于可拓变换 T_W 的可拓市场

在 $M_+(T)$ 中，下列集合称为原市场关于变换 T_W 的可拓市场：

$$M_+(T) = \{l | l \in W, y = K(l) \leqslant 0; \ l \in T_W W - W, y' = K'(l) > 0\},$$

其中 $l \in T_W W - W$ 表示 l 属于变换后的论域，但不属于原论域的基元的全体.

这是通过论域的变换寻找可拓市场的方法，也是在市场营销中最常用的开拓新市场的方法. 例如，从凭本市身份证购买房子的规定变为凭身份证购买房子的规定，就使市场从本市拓展到全国，全国除了该市的居民以外有能力购买且愿意购买该市房子的人，就成为原市场关于该规定变换的可拓市场.

4) 关于传导变换的可拓市场

假如利用可拓变换 $T = (T_W, T_K, T_l)$ 不能解决不相容问题，则可以考虑利用某些可拓变换的传导变换寻找可拓市场. 例如，通过对产品本身的变换、对产品的使用对象的变换、甚至对时间的变换等，都可导致人们的购买能力和购买意愿发生变换，从而形成关于传导变换的可拓市场. 例如，某楼盘增办某名校的附属小学，而导致购买该楼盘房子的客户大量增加. 那些因子女要读该附小而产生购买该楼盘房子的意愿的人的全体就是原市场关于增设名校这一变换的可拓市场.

5) 关于可拓变换的运算的可拓市场

假如利用可拓变换 $T=(T_W, T_K, T_l)$ 不能解决不相容问题, 则还可以考虑利用这些可拓变换的运算式, 包括多个变换的积变换、与变换、或变换、逆变换等.

可拓变换 T 的类型决定了可拓市场的性质. 根据可拓变换类型的不同, 可拓市场也可分为各种不同的类型, 其实现方式也有多种. 对可拓市场的研究, 使得开拓市场的过程有规律可循, 企业可以根据实际情况, 利用可拓变换, 寻找开拓市场的多种途径. 详细内容参见专著《可拓营销》和《可拓策划》.

事实上, 文献 [26] 中所讲述的开拓市场的各种方法, 都是不同变换下的可拓市场. 应用不同的可拓变换可获得不同的可拓市场策略. 该书中所述的市场, 是可拓市场中的一部分. 该书的一个基本思想就是避开竞争, 不去与竞争对手分割市场份额, 而是重新建立新的市场 (即开创蓝海). 例如, 该书中的典型案例 "太阳马戏团开拓市场的方法", 实际上是利用了产品变换的传导变换和论域变换相结合的方法, 它避开竞争激烈的 "儿童市场", 开拓了崭新的 "成年人、商界人士" 市场. 再如, 书中 "重建市场边界的方法", 实际上就是关联准则 (或相容度函数) 变换的方法. 有兴趣的读者可对照研究.

5.4.3 资源开拓方法 —— 寻找可拓资源

资源有多种类型, 不同企业有不同的资源矛盾. 为实现企业目标, 企业家们必须认真分析各种资源, 通过对不同资源的开发利用, 以获得企业的长期利益.

企业的运作需要用到各种资源. 由于受人的认识能力和 "占有观念" 的影响, 人们注意的往往是本企业可以控制的资源, 称之为可控资源. 在这种情况下, 很多企业家就认为企业的人、财、物越多越好, 这样企业的膨胀就越厉害. 随着科技的发展, 产品更新速度加快, 从构思、设计到生产出产品的各个阶段中所需的资源往往差异很大, 可控资源越来越难以满足企业的需要, 这时就需要利用其他社会资源来解决本企业资源不足的矛盾. 包罗万象的企业已越来越难以适应社会的发展, 这就要求企业家从使用 "可控资源" 开拓到使用企业以外的非可控资源, 今后企业利用非可控资源的比例将越来越大，企业的开放程度也将越来越高.
企业能否在激烈的市场竞争中生存和发展，关键问题不是企业可控资源
的多少，而是利用非可控资源的能力的大小. 企业将不一定是封闭式的
规模庞大的实体企业，而是具有高能力的核心，并能通过增殖链调动非
可控资源的灵活机构.

对于任何一个组织而言，都有资源的管理与利用问题. 资源的种类
很多，不论是人力资源、财力资源、权力资源、物质资源、非物质资源
等，都有专门的研究. 但对很多组织而言，大都比较重视可控资源，认
为只有可控资源才能被自己支配，这是传统的资源观. 从可拓学的角度
分析，资源具有可拓展性，即资源具有发散性、相关性、蕴含性和可扩
性，对于物质资源，还具有共轭性. 资源的可拓性为企业开拓资源提供
了所有可能的途径. 利用可拓集合与关联函数的知识，我们给出了可拓
资源[28]的形式化定义. 充分挖掘和利用可拓资源，应是资源管理研究
的重要内容.

1. 可拓资源的定义

设 U 为某企业的资源论域，$u \in U$ 表示企业的某种资源，$y = k(u)$
为 U 到实域 $\Re$ 的映射，表示资源 u 符合企业要求的程度，$T = (T_U, T_k, T_u)$ 表示要实施的可拓变换，$y' = T_k k(T_u u)$ 表示实施可拓变换 T 后资
源符合企业要求的程度，U 上关于可拓变换 T 的可拓集为

$$\tilde{E}(T) = \{(u, y, y') | u \in U, y = k(u) \in \Re; T_u u \in T_U U, y' = T_k k(T_u u) \in \Re\},$$

则当 $T = e$ 时，企业的资源正域 (即符合企业要求的资源集合) 为

$$E_+ = \{(u, y) | u \in U, y = k(u) > 0\},$$

企业的资源负域 (即不符合企业要求的资源集合) 为

$$E_- = \{(u, y) | u \in U, y = k(u) < 0\},$$

企业的资源零界 (即既符合企业要求又不符合要求的资源集合) 为

$$E_0 = \{(u, y) | u \in U, y = k(u) = 0\}.$$

当 $T \neq e$ 时, 企业的可拓资源 (即可以从不符合企业要求的资源转变为符合企业要求的资源集合) 为

$$E_+(T) = \{(u,y,y')| u \in U, y = k(u) \leqslant 0; T_u u \in T_U U, y' = T_k k(T_u u) > 0\},$$

把不符合企业要求的资源转变为符合企业要求的资源的关键是选择变换 T, 使 $y' = T_k k(T_u u) > 0$, 详细可拓变换方法及关联函数的构造方法可参见本书 2.5 节、3.3 节和 2.7 节.

根据可拓集的思想, 要把不符合企业要求的资源 (如负资源、不可控资源等) 变为可拓资源, 关键在于找到一个恰当的变换. 利用不同的变换, 可以得到不同类型的可拓资源, 当然, 不同的可拓资源, 也可以通过同一变换来实现.

根据共轭分析方法, 资源可分为实资源、虚资源、软资源、硬资源、潜资源、显资源、负资源和正资源, 即从物质性考虑, 资源包括实资源 (如人、财、物等有形资产) 和虚资源 (如品牌、名人、人员的技术、知识、智力等无形资产). 例如, 权力资源, 有行政部门赋予的职权, 这是实资源, 还有人的影响、名声等所造成的威望, 这部分资源就属于虚资源. 人力资源更明显地包含虚实两部分, 如人本身是企业的实资源, 而人的技术、知识、智力、关系、名声等却是企业的虚资源, 从系统性考虑, 某些实资源和虚资源又可构成企业的各个组成部分, 即为企业的硬资源, 各部分之间的关系及部分与外界的关系, 即为企业的软资源; 从动态性考虑, 又有潜资源和显资源之分; 从对立性考虑, 还有负资源与正资源之分. 企业运作得好, 潜在资源就会显化为显资源, 负资源和正资源都可以为企业所用.

为实现企业目标, 企业家们必须认真分析各种资源, 通过对不同资源的开发利用, 以获得企业的长期利益. 能否利用变换把非本企业的资源转化为本企业的可用资源, 是企业家必须认真研究的课题.

2. 寻找可拓资源的途径

根据可拓资源的概念, 可按照其中的不同变换去寻找可拓资源.

1) 关于元素变换的可拓资源

当 $T_U = e, T_k = e$ 时, 称

$$E_+(T_u) = \{(u,y,y') \mid u \in U, y = k(u) \leqslant 0; T_u u \in U, y' = k(T_u u) > 0\}$$

为关于元素 u 变换的可拓资源.

由于元素 u 是某种资源, 而资源又有内部资源与外部资源之分, 因此, 关于元素变换的可拓资源又分为内部可拓资源和外部可拓资源.

(1) 企业内部的实资源是企业的可控资源, 但企业内部的大量虚资源是企业不可控的, 如员工的智力资源、技术资源、关系资源等, 这就需要企业采取各种激励机制、提升机制, 增强企业的凝聚力、向心力, 把员工的利益紧密地与企业的利益相联系, 充分发挥员工的积极性和创造性, 使员工全心全意为企业工作. 例如, 某软件公司招聘了一名软件设计师 A, 他的设计能力非常强, 但由于该公司的管理及销售水平都较低, 致使企业利润无法提高. 后来, 该公司的总经理发现 A 不但有非常强的设计能力, 而且有非常强的组织能力以及广泛的营销关系网, 于是就破格提升 A 为总经理助理, 不久又提升为总经理, 给予了 A 充分发挥自己才华的空间, 使企业的利润大幅度增加. 由此可见, 企业内部可拓资源主要是对虚资源和软资源中的潜资源的开拓, 通过适当的变换, 使潜资源显化, 成为企业的可用资源.

内部可拓资源主要是内部各种资源的相互转化, 通过一定的变换使这种转化实现.

(2) 外部可拓资源是现代企业必须特别关注的资源, 我们所讲的 "可拓资源", 也主要是指 "外部可拓资源". 外部可拓资源既有实资源, 也有虚资源; 既有硬资源, 也有软资源. 例如, 通过一定的变换 (股票或利息等), 把银行或其他单位的资金为自己所用, 这种资源即为外部可拓财源; 通过一定的变换 (租金或交换等), 利用其他相关企业的厂房、设备, 为自己生产产品, 省去了进行厂房和设备投资的大量时间和资金, 这种资源即为外部可拓物源; 通过一定的变换 (酬金或交换等), 利用外单位的人为自己单位进行产品设计、员工培训等, 这种资源即为外部可拓智力资源.

外部可拓资源可通过与内部资源的转化去实现, 也可通过其他的变换实现. 当然, 不同的可拓资源, 也可通过同一变换来实现.

2) 关于论域变换的可拓资源

当 $T_u = e$ 且 $T_U U - U \neq \varnothing$ 时, $T_u u = u$,

$$T_k k(u) = k'(u) = \begin{cases} k(u), & u \in U \cap T_U U \\ k_1(u), & u \in T_U U - U, \end{cases}$$

称

$$E_+(T_U) = \{(u, y, y') \mid u \in U, y = k(u) \leqslant 0; \ u \in T_U U - U \ y' = k'(u) > 0\}$$

为关于论域变换的可拓资源. 此种可拓资源都是外部可拓资源.

对实现企业目标所需资源范围的变换, 即论域的变换, 也可使外部不可控资源变为可拓资源, 例如, 一般企业所考虑的资源主要限于国内, 实际上, 国外的很多资源也可为我所用. 在某个时期, 企业的资源论域可能是企业所在地区的各种资源, 随着企业业务的发展, 在本地区寻找可拓资源已不能满足企业的需要, 为此, 企业必须进行资源论域的变换, 或置换、或增删、或扩缩、或组合, 如把资源论域扩大到全国或由某地区置换为另一地区, 以适应企业发展的需要.

3) 关于关联准则变换的可拓资源

当 $T_U = e, T_u = e$ 时, $T_U U = U, T_u u = u$, 称

$$E_+(T) = \{(u, y, y') | u \in U, y = k(u) \leqslant 0, y' = T_k k(u) > 0\}$$

为关于关联准则变换的可拓资源. 此种可拓资源可以是外部可拓资源, 也可以是内部可拓资源.

企业处于不同的发展时期, 对不同类型资源的要求是不同的, 即关联准则可以是不同的. 例如, 对于企业的人力资源, 原来的企业制度不能充分调动员工的积极性, 致使员工的体力资源和智力资源都没有充分利用, 即 $k(u) \leqslant 0$, 后来, 企业进行了一系列的改革, 采取竞争上岗、改变固定工资为固定工资与绩效工资相结合、增加员工的福利等, 使员工与企业的关联准则发生变化, 即 $T_k k(u) = k'(u) > 0$, 从而拓展了内部资源. 对企业外的人力资源, 采取招聘、兼职、有尝提供技术等手段, 即重新定义关联准则, 使 $T_k k(u) = k'(u) > 0$, 从而得到外部可拓资源.

4) 关于可拓变换的运算式的可拓资源

假如利用可拓变换 $T = (T_U, T_k, T_u)$ 无法找到可拓资源, 则还可以考虑利用这些可拓变换的运算式寻找可拓资源, 包括多个变换的积变换、与变换、或变换、逆变换等.

5) 关于传导变换的可拓资源

假如利用可拓变换 $T = (T_U, T_k, T_u)$ 及可拓变换的运算都无法找到可拓资源, 则可以考虑利用某些可拓变换的传导变换寻找可拓资源.

5.4.4 企业革新之路 —— 建设健全企业

现代新技术革命日新月异, 对社会和经济产生了深刻的影响, 使企业经营环境处于不断的变化之中. 市场竞争日趋激烈, 并且从产品竞争逐步发展到企业能力的竞争. 因此, 企业必须全面剖析自己, 从多方面寻找自己的优势, 寻求协同合作, 提高自己的竞争力. 专著《可拓营销》中给出了企业的共轭分析方法与建设健全企业的思想.

1. 企业的共轭分析

依据共轭分析方法对企业进行分析, 可以更加全面地了解企业, 正确分析企业的优势与劣势. 再根据共轭部的可相互转化性, 及时采取相应的措施, 增强企业的竞争力.

1) 虚部与实部

人、财、物、资金、设施、土地等物质性部分是企业的实部. 企业的名称、知名度、信誉度、精神、宗旨等反映的是企业的形象, 这些都是企业的虚部特征. 企业的非物质性部分称为企业的虚部. 虚部是企业的无形资产. 无形资产不像土地、建筑物、设备等有形资产那样有着具体的形象, 但它却对企业的经营起着重要的作用.

企业形象是指企业的关系者对生产厂家的认识和评价. 当消费者购买某一商品时, 面对多种品牌, 在质量、价格、售后服务差不多时, 往往会根据对生产厂家的印象进行选购. 因此, 企业必须采取有计划的运作方式, 像扩大有形资产一样, 去塑造企业的虚部, 使企业虚部的价值越来越大.

企业的决策者都比较重视实部的建设, 对其无形资产的积累及其增值作用往往没有充分的认识. 随着市场经济的不断发展, 企业虚部的价值也越来越明显. 虚部的建设日益受到企业界人士的广泛关注.

2) 软部和硬部

企业由生产部门、销售部门、财务部门等机构组成. 企业和组成部门统称为企业的硬部,企业的一切内部关系和外部关系统称为企业的软部. 企业的内部关系是指企业经营者与各部门和员工之间的关系、企业各部门之间的关系、员工与员工之间的关系等. 企业的外部关系指企业与企业以外的部门,如与原材料供应商、零售商、顾客、金融部门、政府部门甚至竞争对手的关系等,当然,也包括企业与环境的关系.

中国有句俗话 "三个臭皮匠,胜过一个诸葛亮". 说的是三个人配合得好,可以发挥很大的作用. 相反,如果关系处理不好,则会 "三个和尚没水喝". 因此,企业家想要增强企业的凝聚力,就必须花大力气把企业的内部关系搞好. 此外,公共关系的建设也极为重要. 谁都懂得一个销售渠道不通,物流不畅,融资能力很差的企业是肯定要破产的. 因此,企业在建设好硬部的同时,也要建设好软部,这对企业经营有极其重要的价值.

企业的功能是企业的硬部和软部综合作用的结果,忽视哪一方面都会给企业带来损失.

3) 负部和正部

就某些特征而言,企业的负部和正部都是不可或缺的. 有些负部也是有价值的,它们使员工能更好地为企业创造利润. 有些企业往往比较重视正部的建设,对负部的建设 (或处理) 及负正部的比例关系考虑较少.

在市场经济中,建设负、正部要适当,要改变把企业办成 "小社会" 的做法. 我国的国有企业在股份制改革之前负部过于庞大,使企业负担过重,无法继续发展,必须通过改革,使企业把大量的精力集中到正部的建设上.

4) 潜部和显部

企业显现的部分,称为企业的显部. 潜在而未显化的部分,称为企业的潜部,如隐患、潜利润、销售潜力等. 企业在创建初期需要大量的投入,它可能是亏本的,但这蕴含着未来的赢利. 作为企业家,要善于看到企业潜在的部分,能及时发现潜在的危险,防患于未然;也要能发现有利的潜部,促使其显化. 在员工中隐藏着很大的潜力,采取一定的措施可以使这些潜力显化，为企业创造财富.

2. 企业共轭部的转化

根据共轭变换原理，企业的共轭部在一定条件下是可以互相转化的. 有能力的企业家善于了解企业各共轭部的关系，掌握其相互转化的规律与方法，以促进企业的发展.

1) 虚、实部的转化

企业的虚、实部在一定条件下是可以相互转化的，虚部的变化会引起实部的变化，实部的变化也会引起虚部的变化. 企业把资金 (实部) 交给电视台，电视台通过广告把企业和产品的形象传递给消费者，提高了企业的知名度 (虚部). 然后，一部分消费者到商店用金钱购买该企业的产品，又把资金通过商店转回到企业手中. 这个过程是虚、实的转化过程，如图 5.17 所示.

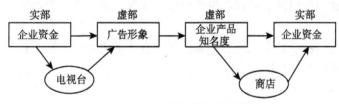

图 5.17   虚、实部的转化过程

在这里起转化作用的是电视台和商店. 在市场营销中，善于巧妙利用这些 "转换器"，可以使企业获得大量的利润.

2) 软、硬部的转化

企业的软、硬部在一定条件下也是可以相互转化的. 企业的负责人或企业某部门的领导人更换了，该企业或部门的一切内外关系都会产生相应的变化，这些变化对企业的经营会产生很大的影响. 企业的规章制度、公共关系的变化也会影响到企业硬部的变化. 因此，要想把企业搞好，必须重视企业硬部的安排及软部的协调作用. 会处理问题的企业家有时从 "硬" 处下手，通过调动人员解决矛盾；有时从 "软" 处着力，通过调整关系，使企业内部产生向心力和凝聚力.

3) 负、正部的转化

企业的负、正部在一定条件下也是可以相互转化的. 企业的福利待遇提高 (关于利润是负部), 会使员工的劳动积极性提高 (关于利润是正部); 企业的产量提高 (正), 相应地, 三废也会增加 (负), 必须增加治理费用或进行综合利用.

企业生产的产品为企业赚取利润, 但 "三废" 却必须花钱处理, 有的企业通过综合利用, 把废水处理后再利用, 把废渣变成砖块, 从而把负部转化为正部. 另外, 治理好 "三废", 也为企业消除了 "隐患", 因为不考虑社会利益的企业终将被淘汰.

负、正部的转化需要一定的条件, 但聪明的企业家会利用负部和正部的转化去获取利润.

4) 潜、显部的转化

在一定条件下, 企业潜在的部分会转化为显化的部分. 这些显化的部分可能是对企业有利的, 如潜在利润转化为现实利润, 员工的潜力转化为工作的积极性, 提高了生产效率. 但也可能是不利的, 如员工的怒气积累到一定程度, 就会物极必反, 转化为怠工甚至搞破坏, 隐患发展到一定程度就会转化为事故. 因此, 对企业有利的潜部应加强显化的条件使之显化, 对企业不利的潜部, 应减少显化条件, 使之不显化. 对企业有利的显部, 应减少潜化条件, 使之不潜化, 对企业不利的显部, 应增加潜化条件, 使之潜化. 企业潜、显部的转化如图 5.18 所示.

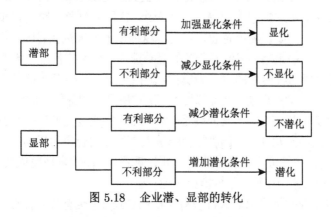

图 5.18 企业潜、显部的转化

3. 建设健全企业

所谓健全企业，是指企业的虚实部、软硬部搭配协调合理，能够合理建设有利于企业发展的正部和负部，缩小不利于企业发展的正部和负部，能够发现潜部，并促进有利于企业的潜部的显化，防止不利于企业的潜部显化. 这样，健全企业才有希望发展成为名牌企业.

1) 企业的共轭分析与健全企业的概念

传统的企业观念，只考虑企业看得见的实体，对企业的资源只注意它能控制的部分，对企业的能力只看到人力、物力、财力，这种认识有一定的片面性. 从可拓学的观点来看，任何一个企业都有虚实部、软硬部、潜显部和负正部，要分析一个企业，不能只看它的实、硬、显、正部，还要看它的虚、软、潜、负部；特别是，不但要只看它现在显现的部分，还要看到它潜在的部分，包括潜力和危险. 这种分析方法即为企业的共轭分析.

要建成健全的企业，首先要进行企业能力和资源的拓展分析，然后进行企业的共轭分析，从而找出企业在能力、资源及各共轭部上的优势和劣势 (与竞争企业比较)，再进行组织形式变革的选择，选择一种适合本企业竞争要求的、能提高企业竞争力的组织形式.

健全企业是一个动态概念，是企业永远追求的目标.

2) 健全企业的组织形式

健全企业的组织形式，可以是传统企业的组织形式，也可以是分散化企业、交叉企业、虚拟企业等. 也就是说，各种组织形式的企业都可以建成健全企业. 例如，虚拟企业，其基本精神在于突破企业界限，借用 "外部资源整合" 的策略，把位置分散的互补能力，在保持各自位置不变的情况下，整合成一种内聚的生产力资源. 虚拟企业是一种用来对市场环境作出迅速反应的动态联盟，其虚拟性在于：它所具有的部门或职能机构并不像常规企业那样齐备，但它的确是一个企业，它通过虚拟化的联盟，行使一个企业的所有功能 (不管那些功能是来自外部的合作和援助，还是利用内部职能)，并且可比常规企业更高效、低成本、高质量地完成既定目标.

3) 从可拓学的观点分析虚拟企业

虚拟企业并不是只有虚部没有实部的企业，它也有各共轭部. 要使虚拟企业成为健全企业，必须使其实部和硬部少而精，通过虚部和软部的开拓和变换，实现内部、外部可拓资源与企业可控资源的整合，实现组织内各子组织的可拓市场的整合. 健全的虚拟企业一定有一个强有力的企业核心，该核心与其组织内的其他部分通过分享设施、资源或者核心能力以增加竞争者展示给顾客的外在规模或地理覆盖范围；通过分担风险和基础设施成本以适应竞争；通过共享品牌、市场和顾客忠诚度，共同实行产品或服务创意，以抓住经营机会；把互补性核心能力联系起来，通过共享缩短"观念 → 现金"的转化时间；从出售产品过渡到出售方案，合作完成竞争者各自的次序工作，甚至完成在协同的条件下无法完成的任务.

5.5 可 拓 策 划

策划是一门科学，又是一种艺术. 在很多情况下，策划是为解决矛盾问题而进行的，且需要充分运用创造性思维. 我们把从处理矛盾问题的角度出发，利用可拓方法而进行的策划，称为可拓策划. 它是可拓学和策划学结合的产物，它用形式化的方法告诉人们，在遇到矛盾问题时如何生成"使不行变行"、"化对立为共存"的策划创意，如何寻找可拓资源，以解决策划中的资源矛盾.

2002 年，专著《可拓策划》[28] 作为《可拓学丛书》之一在科学出版社出版. 本节将简介可拓策划的基本思想、基本理论、基本方法和实务操作. 详细的内容可参阅专著《可拓策划》.

5.5.1 可拓策划的基本思想

自从人类诞生以来，策划便与人们的行为密切相关. 人们为了加强行动的目的性和有效性，无时无地不在进行着各种各样的策划. 可以说，人类活动的这种目的性和有效性正是需要策划的根本原因. 人类社会的进步，实质上是一个不断解决各类矛盾问题的过程. 尤其在目前的新经济时代，竞争日趋激烈，互联网络使时空差距日益缩小，产品和企业的平均寿命不断缩短，各种矛盾错综复杂. 因此，有必要从分析处理矛盾问题的角度去进行策划，寻找其规律与形式化方法，以突破传统策划模式的限制，使策划变得更加科学、规范、有序和理性，进而推动策划的普及和推广.

策划的种类很多，不论何种策划，都是为达到一定的目的而做的. 在所有的策划中，都存在着各种各样的矛盾问题，如何使 "不行变行"，如何化 "对立为共存"，是策划中的难点. 策划者如果掌握了使 "不行变行"，化 "对立为共存" 的规律与方法，将会使策划的难点更加容易处理. 可拓策划的基本思想主要有如下几点.

1. "一举多得" 的可拓思想

任何一项策划都涉及很多对象，根据可拓学中的拓展分析原理可知，任一对象都有很多特征，一个特征又可同时被许多对象所具有；要完成一件事，往往需要做很多事为其铺垫；做一件事，也往往会导致与其相关的很多事情发生. 如果由一件事引发的很多事件都会产生有利的效果，则称为一举多得. "一物多用"、"一箭双雕"、"一石二鸟"、"一头牛剥五张皮" 等都是这种思想的体现. 在策划中应用这些思想，可以收到事半功倍的效果.

2. "用别人的资源办自己的事" 的可拓资源思想

在传统的资源观中，企业往往关注的是自己可以控制的资源. 这种思维模式决定了人们对资源的使用形式是 "量入为出"，而在企业的运作中需要用到数量繁多、种类迥异的资源 (可用资源)，可用资源广泛存在于社会和大自然中. 那些虽不属于企业所有，而经过一定变换后可为企业所用的资源，称为可拓资源. 基于可拓资源的思想，在进行策划时侧重点并不在于本企业的可控资源，而采用 "量出为入" 的思维方式，根据策划项目所需的资源，去安排各种变换，把需要而非本企业可控的资源变成可拓资源，把各种需要的可用力量整合起来，变成本企业能够使用的力量，用较少的资源去办成较大的事情.

在策划中，懂得 "因人成事" 比依靠自己更加重要，而其结果就等于在发展自我. 如果希望在商场上成功，就应该能够巧妙地运用可拓资源来创造利润. 可拓策划是巧妙地配合运用可拓资源来创造新价值的实践活动. 因此，有效地寻找和开拓可拓资源，并加以合理配置，是可拓策划的重要思想.

3. 创新无限的思想

事物的可拓展性和可拓集的概念，为人们解决矛盾问题提供了很多可供选择的路径、方法和点子. 但这些路径、方法和点子必须进行筛选才能应用,筛选的目的在于去伪存真,去劣存优. 在筛选的过程中,还必须考虑到条件的限制和系统的相容性.

可拓学认为,一切方案都是不完善的,都是可以开拓、可以改进的. 对方案的筛选,也只能得到较优解. 另外,由于事物都是处于不断发展变化之中,因此任何方案都不应是绝对固定的,都应随着事态的发展、时间的推移而不断调整,即使是现在较优的方案,今后也许是被淘汰的方案.

"一切方案都是不完善的"这种观点,也就是"创新无限"的思想,对策划者来讲是特别重要的,它可以使策划者永不满足,永远追求更高的境界,也可使策划者以发展的眼光来实施策划,并在策划实施的过程中不断调整,使实施的结果超越策划时所制定的目标.

4. 利用信息时代的新工具辅助策划

策划是高级而又复杂的理性思维活动. 这一活动的灵魂就是创造性思维,它贯穿于策划的全过程. 策划的本质就是创新、求变. 没有创造性思维的策划只是一个没有生气的教条.

创造性思维是对策划对象的本质属性和内在联系的深刻认识和把握,在策划过程中占有非常重要的地位,而这往往是策划者最难把握之处. 但创造性思维绝不是天马行空,漫无边际,它是有规律可循的. 利用可拓方法,可以对创造性思维进行形式化描述与分析,从而打破了笼罩在创造性思维周围的神秘光环,为充分利用现代信息技术辅助策划创造了条件.

5.5.2 可拓策划的基本理论

基于目前策划研究中理论研究不足的倾向,以可拓学的基本理论为基础,研究了可拓策划的基本理论,包括策划目标与策划条件的拓展分析原理、可拓策划中的变换及其整合原则、策划中所涉及事物的共轭分析原理、可拓策划的动态转化原理,给出了可拓策划中的常用创新思维模式,以期为策划活动提供理论依据.

1. 策划目标与策划条件的拓展分析原理

拓展分析原理包括发散分析原理、相关分析原理、蕴含分析原理和可扩分析原理. 这些原理是按照事、物和关系的发散性、相关性、蕴含性和可扩性,对用基元表达的策划目标和策划条件进行形式化分析的依据. 由于策划对象、策划目标、策划条件及策划的主体、客体等都是可以拓展的, 把它们用基元形式化表达后, 便于人们理解和应用可拓创新方法去解决策划中的矛盾问题, 以拓展人们解决矛盾问题的思路.

2. 可拓策划中的变换及其整合原则

根据策划目标与策划条件的拓展分析原理, 可以得到解决矛盾问题的多条思路, 但要想形成解决矛盾问题的策划创意, 必须通过各种变换及其整合才能实现. 对策划中所涉及的对象, 包括策划目标、策划条件、策划主体、客体和资源等, 都可进行变换与整合.

变换是解决矛盾问题的手段, 根据可拓学中可拓变换的概念和基本可拓变换、可拓变换的运算及传导变换, 研究了可拓策划中所涉及的对象所遵循的变换原则及整合规则, 为策划创意的生成提供了形式化的工具.

3. 可拓策划中所涉及的物的共轭分析原理

在可拓学中, 从物的物质性、系统性、对立性和动态性四个方面, 把物对应地划分为虚部与实部、软部与硬部、潜部与显部、负部与正部. 策划中所涉及的物都具有共轭部, 我们研究了共轭分析原理与共轭变换原理, 为人们利用共轭分析去解决策划中的矛盾问题提供了理论依据. 在可拓策划中, 主要将共轭分析应用于对资源的分析.

4. 可拓策划中的动态转化原理

为了能更加确切地、定量化地表达事物的变化过程, 尤其是使事物如何从"不具有某性质"转化为"具有某性质", 或者说如何使"不相容转化为相容"、"对立转化为共存", 以使策划活动更加科学, 我们根据可拓集的概念, 给出了可拓策划中事物的动态转化原理.

5. 可拓策划中的创新思维模式

从可拓学的观点来看, 任何对象都是可拓展、可变换的. 把可拓学处理问题的思想和方法应用于人类思维领域是极其合适的. 它解决了"怎样创新"、"从哪里创新"、"对创新思维的结果如何评价"等问题. 正是基于此, 提出了四种创新思维模式, 即菱形思维模式、逆向思维模式、共轭思维模式和传导思维模式, 并给出了形式化的表达, 以便于人们应用这些思维模式去解决矛盾问题.

5.5.3 可拓策划的基本方法

策划是一种目的性很强的活动. 任何一种策划, 都是为解决组织的某个问题而做的. 按照可拓学的观点, 任何问题都是由目标和条件构成的. 可拓策划要解决的问题主要是如何使不相容问题转化为相容问题及如何使对立问题转化为共存问题.

根据可拓学中矛盾问题的可拓模型, 策划目标和条件以及策划中的矛盾问题, 都可以用可拓模型来形式化表达. 从对矛盾问题的可拓模型的建立出发, 通过拓展分析, 可以用形式化的方法得到与要解决的问题相关、蕴含、发散、可扩的信息, 通过共轭分析, 全面认识策划中所涉及事物的优势与劣势, 然后利用可拓变换或转换桥方法, 生成解决矛盾问题的多种创意. 再对生成的这些创意, 根据具体问题进行评价筛选, 选出优度较高者, 作为要制定策划方案的创意.

界定问题并将问题模型化、对策划目标和策划条件进行拓展分析、对资源进行共轭分析、用可拓变换方法或转换桥方法生成策划创意等, 都是可拓策划的基本方法, 可参阅本书中相应的可拓方法.

本节重点介绍使不相容问题转化为相容问题的策划创意生成方法和使对立问题转化为共存问题的策划创意生成方法. 为此, 首先介绍可拓策划创意.

1. 可拓策划创意

可拓策划是从分析矛盾问题入手进行的策划, 其创意必定是在对策划主题、策划对象或策划主体的矛盾分析的基础上产生的.

创意的产生是一个创造性的思维过程, 它遵循 "菱形思维模式", 即 "先发散, 后收敛" 的模式. 对于其发散的过程, 一般人认为是比较难以把握的, 似乎没有规律可循. 实际上, 在进行了恰当的问题界定之后, 利用拓展分析和可拓变换, 可以用形式化的方法, 甚至借助计算机形成多种创意思路. 这是对发散过程的一种非常可行的形式化方法, 对策划者产生策划创意有很大的帮助.

一个伟大的创意若不可能实现, 那么创意就成为空想了. 许多策划人根据自己的策划实践, 挖空心思, 大胆突破, 才能想出自认为是很好的创意. 但创意产生以后, 还要考虑该创意是否可行, 即创意的评价收敛过程. 这是一个不可或缺的过程，也是一个不能凭主观臆定的过程，必须根据对资源条件和其他条件的分析，确定衡量条件，进行科学的评价筛选后才能确定. 很多策划人往往忽略了资源和环境的限制，没有认真评价就确定创意，结果策划进行到一半，就发生了后劲不足的现象，以至于功败垂成.

因此，"好"的创意固然很重要，"可行"的创意却更重要. 在务实的前提下，"可行的"创意往往比"最好的"创意还要好.

可拓策划创意的生成特别强调发散和收敛的结合. 因为创意是策划的灵魂，只有形成可行的、独特的创意，才能保证策划的成功.

策划创意的生成和资源的分析与整合是策划过程中的两个关键环节. 可拓学的理论和方法恰恰揭示了这两个关键环节的内在规律性，提出了形式化解决矛盾问题的新思路，从而可以改变策划者的习惯领域，使人们不必单靠灵感去策划. 同时，可拓学对事物所进行的形式化描述，为将信息技术应用于策划过程开辟了道路，从而确保策划更加科学、系统、可行和有效，为正确决策提供重要的保证.

可拓策划的创意生成方法，是一种形式化的、可操作的、定性与定量相结合的方法，它利用可拓学中的形式化表达方式，把创意生成的创造性思维过程用符号展示出来. 由于创意生成时的信息量很大，对较复杂的问题，单凭人脑的想象或笔记难以完成，利用可拓策划的创意生成方法，就可以借助计算机技术辅助完成拓展、变换和评价的过程.

2. 使不相容问题转化为相容问题的策划创意生成与评价方法

对不相容问题，在进行了策划目标和策划条件的拓展分析及资源的共轭分析，从而得到解决不相容问题的多种思路的基础上，要想使不相容问题转化为相容问题，必须进行可拓变换以生成多个策划创意，然后利用合适的评价方法评价筛选创意，最后确定一个或几个可行的策划创意. 使不相容问题转化为相容问题的策划创意的生成步骤如下：

1) 界定问题并建立问题的可拓模型

准确地界定问题是解决问题的基础. 策划者首先要替客户"界定问题"，把问题简单化、明确化，判断问题的重要性. 准确地为客户界定问题，是策划成功的关键之一.

要界定问题,首先要界定目标和条件,再根据策划目标和策划条件的不同情况及问题的可拓模型的建立方法,建立问题的可拓模型和核问题的可拓模型,从而准确地界定要解决的矛盾问题. 如果某个问题是不相容问题,则进入下一步.

不相容问题的可拓模型建立方法参见本书 4.1 节.

2) 对策划目标和策划条件进行拓展分析

利用拓展分析方法,对用基元表示的策划目标或策划条件进行拓展分析. 在可拓策划中,应用较多的是发散树方法、相关网方法和蕴含系方法. 应用拓展分析方法对策划目标和策划条件进行分析,可以找到解决矛盾问题的多条路径. 参见本书 3.2 节.

3) 资源的共轭分析方法

矛盾问题的形成,在很多情况下都是由于资源条件的限制而形成的,因此,要进行资源的共轭分析,以分清是什么资源引发的矛盾,策划主体的资源优势是什么,可否利用资源的共轭变换使资源劣势转化成优势,如何合理利用优势资源解决矛盾问题等.

需要特别指出的是,并非所有领域的可拓策划都要进行资源的共轭分析,也并非所有的共轭分析都要从物质性、系统性、对立性、动态性四个方面去分析所有的资源,应该根据由策划主题形成的矛盾问题的类型和所涉及的资源类型有针对性地去分析资源,这样也可避免分散精力. 参见本书 3.4 节.

4) 利用可拓变换方法生成多个创意

根据实际问题的不同,可以对策划目标或策划条件实施不同的可拓变换,以生成解决矛盾问题的策划创意. 另外,策划中所涉及对象的范围也是可以改变的,有时甚至对象的关联准则也是可以改变的. 因此,还可选用论域的变换或关联准则的变换去生成解决矛盾问题的策划创意.

在具体应用可拓变换方法时,有时只利用基本可拓变换方法即可达到解决矛盾问题的目标,有时则需要应用变换的组合才能达到目的. 另外,还要特别注意所实施的变换导致的传导变换,考虑其效应是正效应还是负效应,避免产生不良后果. 具体的可拓变换方法可参见本书 3.3 节.

5) 对上述创意进行评价筛选,选出可行的策划创意

应用不同的变换方法,可以得到多个不同的创意. 但并非所有的创

意都是可行的，都能取得好的效果. 因此，必须选择一定的评价方法对上述创意进行评价筛选，选取较优的作为形成策划方案的创意. 另外，对一个创意，也可以生成多个策划方案，或对优度差不多的几个创意，分别生成的策划方案，也需要通过评价来辅助决策. 对策划创意或策划方案的评价，是多指标综合评价. 而多指标综合评价的方法有很多，如常规多指标综合评价方法、模糊综合评价方法、多元统计的综合评价方法等，它们各有各的优点，各有各的应用领域，在对策划创意或策划方案进行评价时，也可选用其中的某种方法进行评价. 这些方法在很多论著中都有详细的论述，故此处不作介绍. 本书 3.5 节介绍的优度评价法也适用于对策划创意和策划方案进行评价.

6) 形成策划方案

利用优度评价方法选出优度较高的创意后，便可进入策划方案的形成过程. 对所形成的多个策划方案，还可以利用上述评价方法进行评价筛选，但衡量条件和关联函数都要根据具体情况作相应的改变，最后确定一到两个策划方案，提供给决策者或委托策划单位.

策划方案确定以后，就进入策划的实施阶段. 在实施过程中，还要注意加强对实施效果的评价. 这一评价也非常重要，因为它是从最终的实际绩效的角度对策划进行的评价，能反映策划的实效性. 因此，在策划实施过程中，应该建立信息反馈系统，对实施情况进行追踪验证，对偏离策划目标的情况，应及时取得信息反馈，以便采取措施加以纠正. 如果通过信息反馈，发现原来的策划方案有误或主客观条件发生重大变化，原来的策划方案已难以继续实施时，还必须进行追踪策划，以便对原来的策划目标和方案进行根本性的修正和调整.

策划方案的实效评价方法有很多，如问卷调查法、座谈会法、比率分析法、差额分析法等. 针对不同的策划内容，可以选用不同的方法进行评价. 有兴趣的读者可以参阅有关的策划书籍. 此处不再赘述.

由此可见，在进行可拓策划时，有三个环节需要进行评价：① 策划创意的筛选；② 策划方案的筛选；③ 策划实施效果的评价. 这三个环节都可以利用优度评价方法去评价，当然也可以应用其他方法评价，要具体问题具体分析.

解决不相容问题的可拓策划流程如图 5.19 所示.

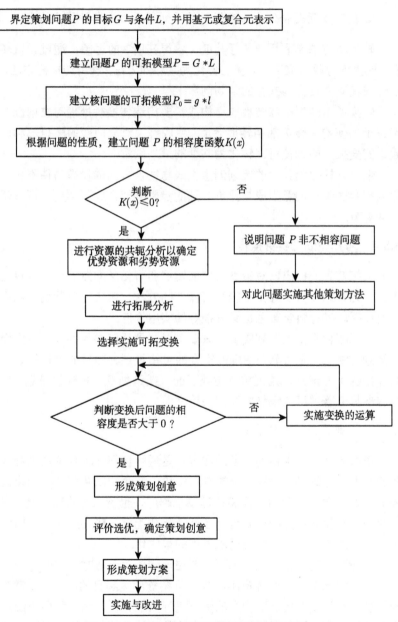

图 5.19 解决不相容问题的可拓策划的流程

3. 使对立问题转化为共存问题的策划创意生成与评价方法

转换桥方法是利用"各行其道，各得其所"的思想，通过设置转换桥，连接或分隔对立双方，使之转化为共存的方法. 利用转换桥方法，可以形成使对立转化为共存的策划创意.

转换桥由转折部和转换通道构成，要构造转换桥处理对立问题，关键在于如何构造转折部和转换通道. 生成解决对立问题的转折部和转换通道的变换，即为使对立转化为共存的策划创意.

使对立转化为共存的策划创意生成与评价方法的步骤与使不相容转化为相容的策划创意生成与评价方法的步骤类似，此不详述，可参阅本书 4.4 节.

5.5.4　可拓策划的实务操作

可拓策划的提出，对策划科学的发展和可拓学的发展都具有重要的意义，为策划提供了理论依据和可操作的方法，对企业及策划者利用现代科技手段进行科学策划也具有很好的实用价值.

无论哪种类型的策划实务，只要可以从矛盾问题入手，都可应用可拓策划方法. 下面简单介绍资源整合的可拓策划、项目的可拓策划、市场开拓的可拓策划、危机防范与处理的可拓策划及可拓建筑策划. 详细内容参见专著《可拓策划》和相关论文.

1. 资源整合的可拓策划

资源的整合，也称为资源的配置，是进行任何一项经济活动都要涉及的问题. 资源的概念从传统的自然资源，演变到以共轭分析的模式划分的各种资源，资源的内涵和外延越来越广，也越来越难以把握. 资源整合的核心就是把各种资源进行合理转化和配置，成为解决某一问题时所需要用到的资源，以实现资源效用的最大化.

资源整合的可拓策划，主要研究在遇到资源矛盾时，如何充分利用自己的资源优势整合各种资源、寻找可拓资源达到目的. 要生成资源整合创意，首先要对自己所拥有的资源进行共轭分析，然后利用资源的拓展性开拓资源，再利用可拓变换、变换的运算及传导变换，对资源进行变换，从而生成解决资源矛盾问题的多个创意，并通过评价筛选来确定合适的、能实现资源效用最大化的整合创意，再进一步生成资源整合的策划方案.

2. 项目的可拓策划

项目策划是对拟完成的项目从战略、战术和操作三个层面上进行的整体性运筹规划，以确保在各种约束条件下实现项目目标. 项目的可拓策划则是指将可拓学的基本思想、理论和方法应用于项目策划，研究项目策划中如何利用可拓方法去开拓项目的目标、约束条件和资源，并处理项目策划中所遇到的矛盾问题.

任何一个项目的实施，除了会产生其直接的效果之外，还会产生重大的间接效果. 如一条高速公路的建成，除了对交通运输业有直接的推动作用之外，还会有力地促进沿线区域经济的发展. 因此，如何在一个项目实施并取得预期的直接效果的基础上来扩大项目的效果，是项目策划者必须加以关注并在策划时就应该考虑的问题.

从可拓学的角度来理解项目效果的扩大问题，就是追求一阶、二阶、乃至多阶正传导效应的问题. 有兴趣的读者可对此问题进行深入的研究.

3. 市场开拓的可拓策划

从市场营销的角度来看，某个产品的市场是由那些具有特定的需要或欲望，而且愿意并能够通过交换来满足这种需要或欲望的全部潜在顾客所构成. 因此，这个市场的大小就取决于那些有某种需要，并拥有使别人感兴趣的资源，而且愿意以这种资源来换取其所需东西的人的全体. 简言之，有能力购买且愿意购买某产品的消费者的全体构成了该产品的市场，这个市场的定义称作营销市场. 利用可拓集的思想，对市场这一集合进行形式化分析，以可拓市场的概念作为进行市场开拓的可拓策划的基本依据.

市场开拓的可拓策划的主要内容包括消费者需求研究、产品功能定位、利用拓展分析方法和可拓变换方法生成开拓市场的策划创意等. 有关内容可参阅专著《可拓营销》和本书中的 5.4 节.

4. 危机防范与处理的可拓策划

危机的表现形态千差万别，但从本质上看，所有的危机都是事物内部诸要素之间以及事物与事物之间各种矛盾尖锐激化的结果. 没有矛盾也就无所谓危机. 危机的爆发就是事物从量变发展到质变的表现形式.
在这个阶段中, 不但由于存在大量的失控、失范、混乱和无序而表现出
危机巨大的破坏性, 而且由于各种矛盾因素都处于动态的骤变之中而表
现出危机的潜在机遇性. 因此, 危机防范和危机处理本质上是一个避免、
缓和、化解、解决矛盾的过程, 也就是如何避免矛盾激化, 而在矛盾激
化时, 如何尽量减少危机所造成的损失, 以及如何开拓利用危机中的潜
在机遇. 这一化解和解决矛盾问题的过程为把可拓策划的思想、理论和
方法应用于其中开辟了广阔的空间.

5. 可拓建筑策划

可拓建筑策划 [24,29] 是以建筑策划创意生成阶段遇到的矛盾问题以
及不存在矛盾但有创新需求的另一类问题为研究对象, 应用可拓创新方
法科学化解矛盾和实现创新, 从而生成解决问题的策划创意的过程. 借
助可拓学理论和可拓创新方法, 可拓建筑策划的创意生成思维过程具有
了可描述性. 对可拓建筑策划理论与方法的探索, 是实现智能化的建筑
策划创意生成、发展建筑策划人工智能的第一步, 同时也是至关重要的
一步.

在可拓建筑策划中, 将可拓学中菱形、逆向、共轭和传导四种可拓思
维模式应用于解决矛盾问题或非矛盾创新问题, 是对策略生成思维机制的
研究, 是对建筑策划中矛盾问题求解和产生创新性创意方向、途径的研究.

实现可拓建筑策划, 需要依赖以可拓模型为基础的可拓创新方法. 可
拓建筑策划应用拓展分析方法对策划目标和条件从向外、平行、变通、组
合分解的角度进行分析, 得到解决矛盾或进行创新的各种开拓性可能途
径, 生成可供选择的多种创造性的策划策略或为下一步进行变换做好准
备. 在拓展分析的基础上, 应用可拓变换方法, 意在达到以下目的: 1) 对
矛盾问题, 通过变换转化事物的对立或不相容状态; 2) 对非矛盾问题, 通过
变换改变建筑创作中一些常规概念和做法, 突破传统以寻求创新和发展.

可拓建筑策划模型化的应用方法, 使策划者能够科学、高效地通过
逻辑推导得出解决矛盾问题或者创新性问题的策划创意, 使创意生成的
思维过程具有可描述性, 为人工智能化的计算机辅助可拓建筑策划的实
现提供了理论与方法支撑.

下面用一个策划案例说明可拓策划方法的应用, 以期抛砖引玉, 方便读者学习和进一步研究、应用.

例 5.19 某山村 N, 位于一非常偏僻的山区, 道路崎岖, 交通不便, 耕地面积少, 没有任何人文景观, 很多年轻人都到外地打工去了, 人们都有走出去赚钱的思想, 其结果是很多年轻人出去后就不再回来. 目前, 留村劳动力人数只占全村总劳动力人数的 5%, 使该村长期处于贫困落后的状态. 但该村空气清新, 树木茂盛. 如何使该村脱贫致富? 有人提出要发展养殖业, 有人提出要发展手工业, 但都不可能成为该村的优势项目.

下面利用可拓策划方法生成 "山村致富" 项目的策划方案.

(1) 项目目标的确定. 在此案例中, 目标确定为人均年收入 1 万元 ~ 2 万元, 留村劳动力人数占总劳动力人数的 40%, 则项目的目标可用物元形式化表示为

$$G_0 = \begin{bmatrix} \text{山村 } N, & \text{人均年收入,} & \langle 1.0, 2.0 \rangle \text{万元} \\ & \text{留村劳动力人数,} & 40\% \, a \end{bmatrix} = \begin{bmatrix} G_{01} \\ G_{02} \end{bmatrix},$$

其中 a 为全村总劳动力人数.

(2) 确定项目条件. 根据项目目标, 确定项目条件. 在本案例中, 项目目标是使山村 N 脱贫致富, 而该村的条件是人均年收入 0.1 万元、位置偏僻、道路崎岖、交通不便、耕地面积少、没有任何人文景观、森林资源丰富、留村劳动力人数只占全村总劳动力人数的 5%, 可用物元表示为

$$L_0 = \begin{bmatrix} \text{山村 } N, & \text{人均年收入,} & 0.1 \text{ 万元} \\ & \text{道路情况,} & \text{崎岖} \\ & \text{人文景观,} & \text{缺} \\ & \text{资金状况,} & \text{少} \\ & \text{就业机会,} & \text{差} \\ & \text{耕地面积,} & \text{少} \\ & \text{森林资源,} & \text{丰富} \\ & \text{留村劳动力人数,} & 5\%a \end{bmatrix}.$$

(3) 建立问题的可拓模型. 根据所确定的项目目标和项目条件, 建

立问题的可拓模型，然后，确定矛盾问题的类型.

本案例中问题的可拓模型为

$$P = G_0 * L_0,$$

以人均年收入 c_0 为评价特征，正域为 $\langle 1.0, +\infty \rangle$，最优点为 $x_0 = 2.0$，设

$$g_0 = (N, c_{0s}, < 1.0, +\infty) \text{ 万元}), l_0 = (N, c_{0t}, 0.1 \text{ 万元}),$$

则 P 的核问题的可拓模型为

$$P_0 = g_0 * l_0 = (N, \quad c_{0s}, \quad < 1.0, +\infty) \text{ 万元}) * (N, \quad c_{0t}, \quad 0.1 \text{ 万元}).$$

根据简单关联函数的建立方法，建立相容度函数

$$k(x) = \begin{cases} \dfrac{x - 1.0}{2.0 - 1.0} = x - 1, & x \leqslant 2, \\ \dfrac{1 + 2}{x + 1} = \dfrac{3}{x + 1}, & x \geqslant 2, \end{cases}$$

显然该问题的相容度为

$$K(P) = k(0.1) = 0.1 - 1 = -0.9 < 0,$$

因此，该问题是现有的条件与"致富"目标的不相容问题，即 $G_0 \uparrow L_0$，它表示在现有的自然条件下，要使村民不到外地打工而提高生活水平，是一个不相容问题. 为解决此矛盾问题，必须进行目标与条件的开拓与变换.

(4) 资源的共轭分析. 山村 N 的实资源是大树、村民、山地及清新的空气，虚资源是原始的自然景观和幽静的环境. 村民的住所是就地取材并自己制造的木屋. 由于交通不便，很少有人来往，致使该村远离现代文明. 而城市里的人，却厌倦了都市的喧哗生活，向往一种返璞归真的原始自然生活. 因此，该村的虚资源"原始自然景观"可成为资源开发的重点.

(5) 对不相容问题进行拓展分析.

① 根据该村的资源优势, 对条件 L_0 进行发散分析:

$$L_0 \xrightarrow{\text{一物多特征元}} |L_1 = \begin{bmatrix} \text{山村 } N, & \text{空气状况,} & \text{清新} \\ & \text{自然景观,} & \text{原始} \\ & \text{绿化情况,} & \text{好} \\ & \text{景观特点,} & \text{原始自然} \end{bmatrix} = \begin{bmatrix} L_{11} \\ L_{12} \\ L_{13} \\ L_{14} \end{bmatrix}$$

$$L_{14} \xrightarrow{\text{一特征元多物}} |L_2 = \Big(N_1 \hat{\in} N, \quad \text{景观特点,} \quad \text{原始自然} \Big)$$

$$L_2 \xrightarrow{\text{一物多特征元}} |L_3 = \begin{bmatrix} N_1 \hat{\in} N, & \text{特点,} & \text{独一无二} \\ & \text{开发经费,} & \text{少} \\ & \text{资金来源,} & \text{现有} \end{bmatrix}$$

即要实现目标, 需要建设一个能利用该村现有的资源, 且需要较少的开发经费的 "原始自然、独一无二" 的消费场所 N_1.

② 对目标 G_0 进行蕴含分析

$$G_0 = \begin{bmatrix} \text{山村 } N, & \text{人均年收入,} & \langle 1.0, 2.0 \rangle \text{万元} \\ & \text{留村服务人数,} & 40\%a \end{bmatrix} = \begin{bmatrix} G_{01} \\ G_{02} \end{bmatrix}$$

$$\Leftarrow G_1 = \begin{bmatrix} N_1 \hat{\in} N, & \text{吸引力,} & \text{大} \\ & \text{投资额,} & \text{少} \\ & \text{工作人员,} & \text{村民 } \hat{\in} N \\ & \text{消费者,} & \text{村外人员} \end{bmatrix},$$

即要实现 G_0, 只须实现下位目标物元 G_1. 由此分析可见, 只要在该村创造一个吸引力大, 且投资额较少 (考虑村子的承受能力) 的消费场所 N_1, 吸引外面的人来该村消费, 即可创造就业机会, 从而提高村民的生活水平.

对由①拓展出的条件 L_3, 若 $L_3@$, 则问题 $P_1 = G_1 * L_3$ 的核问题为

$$P_0' = g_0' * l_0' = (N_1 \hat{\in} N, \text{需要投资额} c_{0s}', <5.0, 8.0> \text{万元})$$

$$* (N, \text{提供投资额} c_{0t}', 10 \text{万元})$$

显然，$G_1 \downarrow L_3$. 因此，下面的关键问题是如何设计满足 L_3 的消费场所.

根据山村 N 的资源分析与发散分析可知，可从其优越的"原始自然景观"着手，以便充分利用已有资源，生成策划创意.

(6) 策划创意的生成. 根据"多物多特征一量值"和"多物一特征元"的发散分析:

$$L_2 = (N_1 \hat{c} N, \text{景观特点, 原始自然})$$
$$\dashv L_2' = (\text{村民 } \hat{c} N, \text{生活方式, 原始自然})$$
$$\dashv L = (\text{原始人, 生活方式, 原始自然}),$$

再根据领域知识和"一物多特征元"的发散分析:

$$L \dashv L' = \begin{bmatrix} \text{原始人,} & \text{住所类型,} & \text{巢} \\ & \text{居住位置,} & \text{树上} \\ & \text{交通方式,} & \text{步行} \\ & \text{食物来源,} & \text{自然界} \end{bmatrix}$$

$$\triangleq \begin{bmatrix} \text{原始人,} & c_1, & \text{巢} \\ & c_2, & \text{树上} \\ & c_3, & \text{步行} \\ & c_4, & \text{自然界} \end{bmatrix},$$

其中的事物"原始人"的同征事物集为

$$\{\text{村民 } \hat{c} N, \text{城市人, 外村人, 外国游客, } \cdots\},$$

特征 c_1、c_2、c_3、c_4 的量值域分别为

$$V(c_1) = \{\text{巢, 木屋, 草屋, 石屋, 楼房, 砖房, 窑洞, } \cdots\},$$
$$V(c_2) = \{\text{树上, 地面, 地下}\},$$
$$V(c_3) = \{\text{步行, 骑车, 乘车, } \cdots\},$$
$$V(c_4) = \{\text{自然界, 种植} \wedge \text{养殖, 购买, } \cdots\}.$$

由于要建设的是满足 L_3 的消费场所，且此消费场所是提供给城市人、外村人或外国游客使用的. 为此，对物元 L' 实施可拓变换:

$$T_1 L' = \begin{bmatrix} 城市人, & c_1, & 巢 \\ & c_2, & 树上 \\ & c_3, & 步行 \\ & c_4, & 自然界 \end{bmatrix} = L_1',$$

$$T_2 L' = \begin{bmatrix} 城市人, & c_1, & 草屋 \\ & c_2, & 地面 \\ & c_3, & 步行 \\ & c_4, & 种植 \wedge 养殖 \end{bmatrix} = L_2',$$

$$T_3 L' = \begin{bmatrix} 外国游客, & c_1, & 木屋 \\ & c_2, & 树上 \\ & c_3, & 骑车 \\ & c_4, & 自然界 \end{bmatrix} = L_3',$$

$$\cdots$$

可形成多个策划创意, 还可对这些策划创意进行增删、扩缩、分解与组合, 得到一批策划创意, 它们目的都是为了实现"建设让城市人或外地人到山村 N 来消费的场所".

(7) 策划创意的评价. 利用上述可拓变换所形成的策划创意 Z_i, 不一定都是可行的, 必须进行评价筛选. 根据 L_3 的要求, 即把 L_3 作为衡量指标, 选择衡量指标集为

$$MI = \{MI_1, \quad MI_2, \quad MI_3\},$$

其中, $MI_1 =$(特点, 独一无二), $MI_2=$(开发经费, 少), $MI_3=$(资金来源, 现有), MI_1 是非满足不可的条件. 则 MI_1 的权重为 $\alpha_1 = \Lambda$. 设 MI_2 和 MI_3 的权重为 $\alpha_2 = 0.6$, $\alpha_3 = 0.4$. 利用离散型关联函数的建立方法, 建立 MI_2 和 MI_3 的关联函数如下:

$$k_2(x_2) = \begin{cases} 1, & x_2 = 少, \\ 0, & x_2 = 中, \\ -1, & x_2 = 多, \end{cases}$$

$$k_3(x_3) = \begin{cases} 1, & x_3 = 现有, \\ 0, & x_3 = 村内集资, \\ -0.5, & x_3 = 贷款, \\ -1, & x_3 = 无法获得, \end{cases}$$

对所有的策划创意, 先用 MI_1 来筛选, 再用 MI_2 和 MI_3 对所有满足 MI_1 的方案进行综合评价. 则综合优度评价函数为

$$C(Z_j) = \alpha_2 k_2(x_{2j}) + \alpha_3 k_3(x_{3j}), \quad j = 1, 2, \cdots, n$$

综合优度大于 0 的创意 Z_i^* 即为较优策划创意, 如

$$Z_1^* = \begin{bmatrix} 城市人, & c_1, & 木屋 \\ & c_2, & 树上 \\ & c_3, & 步行 \\ & c_4, & 自然界 \end{bmatrix}, \quad C(Z_1^*) = 1,$$

即 "在树上建造木屋, 让城市人步行来住, 并从自然界获取食物";

$$Z_2^* = \begin{bmatrix} 城市人, & c_1, & 草屋 \\ & c_2, & 地面 \\ & c_3, & 步行 \\ & c_4, & 种植 \wedge 养殖 \end{bmatrix}, \quad C(Z_2^*) = 1,$$

即 "在地面上建造草屋, 让城市人步行来住, 并通过种植与养殖获取食物";

$$Z_3^* = \begin{bmatrix} 外地游客, & c_1, & 木屋 \\ & c_2, & 树上 \\ & c_3, & 步行 \\ & c_4, & 购买 \end{bmatrix}, \quad C(Z_3^*) = 0.6,$$

即 "在树上建造木屋, 让外国游客步行来住, 并通过购买获取食物"; ……

由于该村有很多大树, 木材是已有的实资源, 木屋是该村村民自己可建造的建筑, 若能在树上建造木屋让城市人来住, 则可让其充分体验人类祖先原始的生活方式, 因此这种创意满足 "独一无二" 的条件, 而建筑工人和建筑材料也是已有的, 也满足 "开发经费少" 和 "利用已有资源" 的条件. 而对 "交通方式" 的选择, 若选择 "骑车" 或 "乘车", 则要修路, 必定增加开发经费, 且失去 "原始自然" 色彩, 故选择 "步行". 至于食物来源, 则应因游客在此停留的时间长短和爱好而定.

由以上分析, 可确定如下策划创意:

$$Z^* = \begin{bmatrix} \text{外地人,} & c_1, & \text{木屋} \\ & c_2, & \text{树上} \\ & c_3, & \text{步行} \\ & c_4, & \text{自然界} \vee (\text{种植} \wedge \text{养殖}) \vee \text{购买} \end{bmatrix},$$

即 "在树上建造木屋, 让外地人来住, 并从自然界或自己种植 ∧ 养殖或通过购买获取食物".

(8) 生成具体的策划方案, 并选取较优的方案. 对实现策划创意所需要的资源进行匹配与整合, 形成多个策划方案, 并根据社会标准、经济标准、技术标准及可行性标准进行评价, 选取几个方案, 供决策者选择. 限于篇幅, 此处不再详述, 仅列举一个策划方案如下:

① 在山村 N 中的森林里, 选择多棵大树, 在树上建造一批能住 $2\sim3$ 人的小木屋, 材料可就地取材, 村中的村民可作建屋工人;

② 距该村 5km 以外建一个停车场, 为保持村子的 "原始性", 游客必须走路进村, 不许把车开进村;

③ 组织该村的一批 "原始装束" 的村民, 到城市里进行宣传, 或制造 "新闻事件", 让新闻媒体宣传报道, 以吸引城里人到该村来旅游、度假, 体验返璞归真的生活;

④ 随着市场的开拓, 积累一部分资金后, 可扩建更多的树屋, 以吸引更多国内甚至国外的游客来此.

(9) 编制策划方案书, 并进行实施与改进 (略).

5.6 可 拓 设 计

可拓设计是以可拓论和可拓创新方法为基础, 从知识驱动的角度, 研究设计创意的生成及设计过程中矛盾问题的处理 (包括形式化建模、拓展、变换、推理、评价、优化与决策), 以寻求较优设计创意和方案的一种新的现代设计理论与方法.

可拓设计的理论和方法与其他设计理论和方法的最大区别在于它的形式化和定性与定量相结合. 它所建立的模型是可拓模型, 避免了数学建模中常常舍去问题的一些实际内容的缺点, 也避免了目前已有设计方法中形式化和定量化不足的缺陷. 它是对现代设计理论与方法的补充、完善和进一步发展.

本节将在 3.6 节的基础上, 简单介绍可拓设计创意生成方法及其在多领域的应用研究进展、机械产品的可拓设计理论与方法、可拓建筑设计理论与方法, 详细内容请参考相应的文献.

5.6.1 可拓设计创意生成方法及应用研究进展

有关可拓设计的最初研究, 始于可拓学应用研究的初期, 首先涉足于新产品构思领域 [2], 研究了新产品构思的三种创造法, 并初步应用于产品创新. 在此基础上, 本书作者结合最新的可拓学理论与方法成果, 建立了普适性的、可应用于一般产品创新设计的产品可拓创意生成方法, 参见本书 3.6 节及专著《可拓创新方法》[14,15].

将这些方法与多种现代创新设计方法相结合, 作者团队提出了普适性的产品设计要素的可拓模型建立方法, 包括: 用户需要的事元模型; 产品实体及其部件的物元模型; 产品功能与用途、产品工艺、产品的运动行为等的事元模型及复合事元模型; 产品结构、产品部件间的各种关系、产品与其他产品等外部关系的关系元模型及复合关系元模型; 用户需求的物元模型. 以这些可拓模型为基础, 进一步研究了产品设计要素可拓模型间的映射、匹配、检索方法, 并利用拓展分析方法与可拓变换方法对这些产品设计要素可拓模型进行拓展和变换, 以生成满足用户需要、需求或改善产品缺陷的可拓设计创意, 再利用优度评价方法对这些可拓设计创意进行评价选优, 即可获得较优的可拓设计创意. 由此形成了较成熟的、普适性强的产品可拓设计创意生成方法.

以此为基础，作者团队研究了电-机械转化器可拓设计创意生成、下肢外骨骼机器人结构可拓设计创意生成、纯电动汽车车门轻量化可拓设计创意生成、面向用户需要的机械产品可拓概念设计创意生成、灌胶机工艺与执行机构的可拓模块化概念设计创意生成、海上风力发电机结构的可拓设计创意生成、ROS 环境下移动运输机器人的结构可拓设计创意生成、永磁发电机绿色可拓设计创意生成等，取得较好的应用成果. 详细内容请参考相应的文献.

5.6.2 机械产品的可拓设计理论与方法

浙江工业大学赵燕伟教授及其研究团队将可拓学理论与可拓创新方法应用于机械产品的智能化设计中，初步形成机械产品的可拓设计理论与方法，先后完成多项国家基金项目和省部级基金项目，包括：国家自然科学基金项目 "基于可拓学理论的智能化概念设计方法研究"，"基于可拓逻辑的产品族适应性设计理论与方法"，"面向产品低碳设计冲突协调的可拓知识演化方法"，"面向绿色设计冲突消解的可拓层次基元模型及其变换方法研究"，"面向复杂技术冲突协调的可拓设计集成创新方法研究"，"面向成果快速转化的科技产品复杂技术冲突协调创新机理与应用研究"，"基于增强学习的产品低碳设计冲突问题可拓求解策略智能生成方法"；CAD&CG 国家重点实验室开放课题 "可拓决策在机械产品方案设计中的应用"；浙江省自然科学基金项目 "机械产品方案设计可拓决策及其在智能 CAD 中应用"，"面向绿色适应性设计的基元建模及其可拓变换方法研究" 等.

机械产品的可拓设计理论与方法 [24,30,31] 主要包括如下研究内容：

1. 可拓概念设计

该研究综合运用可拓学理论、模糊理论和优化技术，分别在概念设计可拓知识表达、分解与综合、优化与求解、推理与评价等方面提出了若干新思想、新原理与新方法. 研究者们建立了定性与定量相结合的可拓知识模型，提出基于多级菱形思维的概念设计新方法，实现了复杂产品概念设计发散–收敛–再发散–再收敛的反复迭代过程；提出复杂机械产品可拓实例推理方法、可拓进化设计、可拓变换设计、设计方案评价与决策等方法，分别通过理论分析与比较验证了该类方法的可行性，进一步通过加工中心刀库、吸尘器、机械减速器等产品的优化，实现了复杂产品智能化概念设计的创新过程.

2. 可拓配置设计

产品从大规模生产到个性化定制，大规模定制生产模式应运而生. 用大批量生产的效率和成本满足不同客户个性化产品的需求，实现定制化和大批量生产的结合. 可拓配置设计方法为有效解决"大规模"与"定制"之间的矛盾问题、顾客需求的"个性化设计"与企业效益的"共同性设计"之间的矛盾提供了一种全新思路.

3. 可拓低碳设计

产品低碳设计是在产品实现功能、满足性能和符合经济指标的前提下，以降低全生命周期各阶段碳排放为目标的一种新的设计方法，与绿色设计、生态设计既有关联又有明显的差异. 低碳设计产生的不相容性和对立等冲突问题，涉及大量有待更新和处理的新知识，因此运用可拓学理论与方法研究低碳设计中的冲突协调方法，建立以产品全生命周期碳足迹、成本和性能等的多因素关联模型，分析基于设计要素变换的动态分类机理，解决面向多种方法集成的低碳设计冲突协调问题，形成可拓低碳设计方法，具有重要价值.

4. 可拓绿色设计

产品绿色设计要解决的是产品绿色属性与产品原有功能、性能、参数之间的冲突问题，如产品的可拆卸性、可回收性、可重用性、可再制造性和环境友好性等要素在满足产品基本功能的前提下实现绿色设计的要求. 可拓绿色设计采用可拓学理论与方法研究产品绿色设计冲突协调方法，通过基元理论将冲突问题提炼、抽象为可拓语言可表达问题；采用可拓变换理论对可拓语言描述的冲突问题进行变换、推理和消解，并将可拓形式的消解方案反馈到实际问题中.

5.6.3　可拓建筑设计的理论与方法

为实现建筑设计的计算机化、人工智能化，哈尔滨工业大学建筑计划与设计研究所所长邹广天教授及其团队从 2002 年 12 月开始将可拓学、创新学与建筑学相交叉，进行多年持续的基础研究与应用研究. 该研究团队完成和在研国家自然科学基金项目 "可拓建筑策划与设计的基本理论及其应用方法研究"、"面向可拓建筑策划与设计的可拓数据挖掘理论及其方法研究"，"基于社会设计的社区公共服务复合设施可拓创新设计理论与方法研究"，"社区医养结合设施可拓空间模型与疗愈环境设计研究"，撰写了一系列的博士学位论文、硕士学位论文，发表了大量的期刊论文、会议论文，为促进人工智能在该领域的发展进行了非常有益的基础研究，形成了可拓建筑设计的理论与方法 [24,32].

可拓建筑设计是运用可拓学的理论与方法所进行的建筑创新设计. 它是指从建筑设计要素的基元模型出发，应用可拓建筑设计思维模式，经拓展分析，至可拓变换，最终生成具体的建筑设计方案的操作方法. 在整个过程中，常规建筑设计中所涉及的各种问题、要素得以形式化表达，"黑箱" 的建筑设计思维也可以形式化推导，这将为建筑设计走向人工智能化打下基础，提供新的思路.

建筑设计问题兼具科学性与艺术性：前者使设计问题具有明确设计目标，以及检验该问题是否解决的一系列标准；而后者则使目标在解答过程中不断发生变化. 这两种属性分别代表了设计问题的两极，但在设计问题解决过程中，却又往往交织、统一；每一个伟大的建筑设计，都是不乏理性，又充满浓郁艺术气息的作品. 将可拓学引入到建筑学中，用可拓创新方法体系直面科学性占主导的设计问题或设计问题的科学性部分，将为解决设计问题提供一种新的思路与方法；同时，可拓学因应人工智能需求而具备的一系列属性，也将随之而来，与建筑设计特性有机结合，形成形式化表达、多角度分析、拓展性思维、科学性变换等特点，将一步步搭建起建筑设计走向人工智能的桥梁.

形式化表达是可拓建筑设计的根本，也是可拓建筑设计走向人工智能的第一步. 由于可拓学中的基元表达体系具备了 "所指—能指" 的特性，所以可以构建出一种专属可拓建筑设计的 "语言体系"：以单一基元模型为 "词汇"，以复合元模型为 "句子"，复合方式为 "语法"；进而再以一定的组合方式为 "句法"，构成 "段落". 而在这一基础上进一步代码化，"语言体系" 便具备了 "智能可读" 的属性.

多角度分析是可拓建筑设计的精髓与内涵，将可拓学分析方法，与建筑设计的空间、形式等基本设计要素联系起来，建构一种从设计问题出发，经设计条件、设计目标，到解决问题后的设计结果的逻辑"路径"，使得可拓建筑设计的语言体系得以"构段成章"以至"成文"，为人工智能深层次地解读建筑设计、进而进行建筑设计形成可能.

拓展性思维是可拓建筑设计的外延，将可拓学的"触手"延伸到建筑设计中最具"神秘性"的思维领域，形成一种兼具目的性、创新性、可操作性和综合性的可拓建筑设计思维模式，促使设计者可以更加理性地控制设计思考. 同时，也因其提供了对思维过程的形式化表达模式，将成为联系设计思维与人工智能思维的"一道桥梁".

科学性变换是可拓建筑设计的方法与手段，是前述特点的综合运用，本质上是可拓变换方法在建筑设计领域的体现：面向建筑设计中的矛盾问题、质量问题和创新问题，通过一系列针对形式化模型的合理有效的变换组合，进而转化矛盾、提升质量、促进创新. 这将对未来人工智能领域中对建筑设计过程之模拟提供指南.

将可拓建筑设计的理论与方法进一步发展成为计算机辅助可拓建筑设计，将促进人工智能在建筑设计领域的创新与发展.

5.6.4　解决设计过程中遇到的矛盾问题

在设计过程中，设计者要遇到各种各样的矛盾问题，如需要和功能的矛盾问题、功能和功能之间的矛盾问题、功能和结构之间的矛盾问题、功能和成本之间的矛盾问题、子系统和子系统的矛盾问题，等等. 利用可拓创新方法处理这些矛盾问题也是可拓设计方法的核心内容之一. 本书 3.6 节介绍的产品可拓创意生成的第一创造法，是解决现有产品无法满足用户需要的矛盾问题的方法，第三创造法是解决现有产品的缺陷问题的方法，相关案例可参阅专著《可拓创新方法》.

在机械设计、建筑设计、工业设计等中，都存在大量的矛盾问题，这些矛盾问题都可借助可拓设计的思想和方法去寻找解决方案. 有兴趣的读者可进行深入研究.

运用可拓学的理论与方法对设计所涉及的各种目标与条件、各种矛盾问题和非矛盾问题、各种相互关系进行形式化的表达，可以对设计思维过程进行形式化推导，帮助设计师选择创新设计思维的方向，形成具有创意的设计. 将可拓学的理论和方法与设计学、计算机科学结合起来，利用可拓学的形式化模型的优点，可以将计算机辅助设计和辅助处理设计过程中出现的矛盾问题向前推进一步，开发辅助设计师生成设计创意的可拓智能设计系统. 本书 5.9 节将会介绍有关研究进展.

下面以仿生学者发明不粘仿生犁和仿生电饭锅等为例，说明如何生成仿生设计创意、解决仿生设计过程中的矛盾问题.

例 5.20 在农村，当用犁耕作粘性土地时，常常附着很多粘土，操作很不方便，而且效率也低. 如何生成 "不粘着泥土的犁头" 的设计创意？

设该问题的目标为

$$G = \begin{bmatrix} \overline{\text{粘着}}, & \text{支配对象}, & \text{泥土} \\ & \text{施动对象}, & \text{犁头 } D \end{bmatrix},$$

而现有的犁头 D 构成的条件基元为：

$$L = (\text{表面 } D_0 \bar{\in} \text{ 犁头 } D, \text{光滑度}, \text{光滑})$$

其中 "表面 $D_0 \bar{\in}$ 犁头 D" 表示犁头 D 的表面 D_0. 则该问题的可拓模型为 $P = G * L$，且 $G \uparrow L$，即该问题为不相容问题.

根据生物学知识和发散分析方法，首先对 G 进行发散分析，寻找不粘着泥土的生物，得到

$$G \dashv G_i = \begin{bmatrix} \overline{\text{粘着}}, & \text{支配对象}, & \text{泥土 } \vee \text{ 粪便} \\ & \text{施动对象}, & \text{生物 } D_i \end{bmatrix},$$

其中 $D_i \in V = \{D_1, D_2, \cdots, D_n\} = \{\text{蚯蚓, 蝼蛄, 穿山甲, } \cdots\}$.

再通过调查和分析 $D_i (i = 1, 2, \cdots, n)$ 的结构的共同特征，得到：

$$L_i = (\text{皮肤 } D_{0i} \bar{\in} \text{ 生物 } D_i, \text{光滑度}, \text{粗糙}), i = 1, 2, \cdots, n$$

且有 $P_i = G_i * L_i$，且 $G_i \downarrow L_i$，即对于拓展出来的这些生物 $D_i(i = 1, 2, \cdots, n)$ 而言，都是相容问题.

利用这一领域知识和发散分析方法，可以对 L 进行如下发散分析：

$$L \dashv L' = (\text{表面 } D_0 \bar{\in} \text{ 犁头 } D, \text{光滑度}, \text{粗糙})$$

作变换：$T_1L = L' = $（表面 $D_0\hat{\in}$ 犁头 D, 光滑度, 粗糙），T_1 即为 "仿生创意"：把犁头的表面从光滑改变为粗糙.

仿生学者根据这一创意进行试验，通过实验可知，$P = G * L'$，且 $G \downarrow L'$，证明了这一创意的可行性，再结合专业知识，发明了 "仿生犁头".

在此基础上，仿生学者们进一步对 L' 进行发散分析：

$$L' \dashv L'' = （接触面 E_0 \hat{\in} E, 光滑度, 粗糙）$$

并作变换：$T_2L' = L'' = $（接触面 $E_0\hat{\in}E$, 光滑度, 粗糙），其中 $E \in$ {矿车, 装泥车……}，且在条件 L'' 下，新目标

$$G'' = \begin{bmatrix} \overline{粘着}, & 支配对象, & 泥土 \\ & 施动对象, & E, \end{bmatrix}$$

可以实现. T_2 是多次开发的仿生创意，即把矿车、装泥车等机械与装卸物的接触面做成粗糙的，解决了它们粘着泥土的不相容问题.

后来，仿生学者又把 E 进一步拓展到电饭锅，生成新的仿生创意：

$$T_3L'' = L''' = （接触面 E_0'\hat{\in} 电饭锅 E', 光滑度, 粗糙）$$

通过试验，又研制出 "仿生电饭锅"，即把电饭锅内胆与食物的接触表面从 "光滑" 改变成 "粗糙"，解决了粘附饭粒的不相容问题.

同理，盛饭的饭铲的表面从 "光滑" 改变成 "粗糙"，解决了饭铲粘附饭粒的不相容问题.

由上例可见，利用生物学的领域知识，通过对不相容问题的建模、拓展和变换，即可获得仿生产品的设计创意，再通过实验验证，即可得到解决领域不相容问题的可行设计创意.

5.7　可　拓　控　制

5.7.1　可拓控制简介

将可拓论和可拓创新方法应用于控制领域，去处理控制中的矛盾问题，称为可拓控制，它为解决控制领域中存在的矛盾问题提供了一条值

得探索的路径.

可拓控制 [24] 的基本思想是从信息转换角度去处理控制问题, 即以控制输入信息的合格度 (关联度) 作为确定控制输出校正量的依据, 从而使被控信息转换到合格范围内. 1994 年, 华东理工大学王行愚教授在《控制理论与应用》中发表的 "论可拓控制"[34], 首先提出了可拓控制的概念、定义和架构. 国内外很多学者相继开展深入研究, 建立了可拓控制理论与方法, 进行了可拓控制器的结构与设计研究, 并应用于许多领域. 例如, 第二期国际可拓学研究学者、罗马尼亚科学院机器人研究室主任 Luige Vladareanu 教授等与本书作者合作完成的应用项目 "机器人系统的可拓混合力-位置控制" 获国际专利, 并于 2014 年获得日内瓦国际发明博览会金奖、俄罗斯联邦奖等多项奖项.

可拓控制器是可拓控制系统的核心, 为了更好地研究和设计可拓控制系统, 必须先从可拓控制器的设计着手. 20 世纪 90 年代后期, 国内学者率先提出并设计出可拓控制器, 研究特征模式划分和关联度计算与实现问题, 并对可拓控制器的结构逐步改进, 进而提出上层可拓控制器和基本可拓控制器的概念, 探讨了上层可拓控制器的结构, 改进基本可拓控制器的控制算法, 并得到实验验证. 近年来, 随着对可拓学理论研究的深入, 将基元引入可拓控制, 提出可拓控制的基元模型. 针对自适应设计仅能处理渐变和量变问题的局限性, 探讨运用可拓控制对自适应控制进行补充, 建立可拓自适应混杂控制方法, 运用可拓控制变量, 处理和控制非渐变或质变的动态系统和未预见的各种突发事件, 解决控制系统的矛盾问题已成为当前研究可拓控制技术的发展方向.

可拓控制是智能控制的新兴课题, 目前已经引起了国内外许多学者的关注. 可拓控制具有良好的发展潜力, 随着可拓控制的研究不断深入, 它将为人们解决复杂控制系统中的某些难题, 提供一种有效的工具.

5.7.2 可拓控制与传统控制的区别

可拓控制和传统控制最大的区别在于: 传统控制方法解决的是系统的控制品质问题; 可拓控制解决的是系统的控制论域问题, 即解决不可控制与需要控制这一对矛盾问题, 使不可控变成可控.

从控制对象上看, 可拓控制能很好地模仿人善于概括、学习和处理矛盾问题、未预见性的问题和不可预料事件的能力，比现有各种控制方法能更好地模拟人类运用变通性和创造性处理矛盾问题的过程.

从模型上看，可拓控制最突出的特点是它不依赖于控制系统的结构信息，不需要任何预先提供的数学模型. 因此，它没有由于预定模型或结构隐含错误而导致的问题，能很好地应用于那些了解尚不充分甚至完全未知的领域，此特性使它在无法预料的紧急、灾难性情况的处理方面，能发挥实时处理的作用.

从方法上看，可拓控制是一种定性和定量相结合的控制方法，它的定性分析工具是以基元为基础的拓展分析与可拓变换方法，它的定量分析工具是以可拓集为基础的关联函数和优度评价方法. 它不仅考虑控制对象的数量关系，还考虑控制对象及其特征的变化. 这种定性和定量相结合的特点使它既能用定性分析把握控制过程中各对象质的规定性，也能用定量分析来补充说明事物的质变中量与度的概念，为处理控制过程中的各种矛盾问题提供了恰当的模型 [24].

可拓控制的目的在于使目前各种领域的有关控制系统，通过可拓变换的处理，使系统对原来不可控的区域实现可控，从控制的范围、控制的深度和广度上提高控制系统的水平，发挥控制的更大潜力，在产品质量、水平、节省能源、节省材料等方面都能有更明显的增长. 对信息控制及动力系统的应用、经济的增长都有重大的意义.

可拓控制以可拓学的状态关联度为核心，从信息转化的角度研究控制问题，对传统控制方法认为不可控的区域进行处理，在一定条件下把其转化为可控的，从而将控制系统中不可控状态变为可控状态，提高了控制系统的能力和水平. 可拓控制研究者试图建立一种新的控制方法，补充传统控制在处理矛盾问题上的不足，以发展传统的控制理论.

在多个领域的控制系统中，其控制范围是受到特定限制的. 超过所限定的范围，运行状态变为不可控的，甚至会发生危险事故. 把系统的不可控状态变成可控状态，不仅扩大了控制系统的工作范围，更重要的是防止危险事故的发生，提高生产的安全性，并由于控制系统的潜力扩展，有利于减少设备投资，节约资金、能源和材料.

在国际上，现代控制理论、模糊控制理论、神经网络控制理论都与各种先进的优化理论相结合，并提出了各种融合多种技术的控制方法，对系统实现不同程度的智能控制. 然而, 现有的其他控制方法都是为了提高系统的控制品质. 快速性、稳定性和可靠性是量度系统控制水平的主要因素, 现行的控制方法都是围绕这些因素的提高而进行的. 可拓控制则是在于扩展系统的控制论域, 扩大系统的控制范围, 使系统有更大的控制能力, 在提高控制的安全性和可靠性方面做工作.

在一定范围内, 使不可控状态转化为可控状态, 对控制系统来说, 是一种能力的扩展. 它使控制系统的控制能力和范围进一步提高, 从而改善被控对象的性能和特点, 有利于潜能的开发、能量的节省和资源的深度利用.

综上所述, 可拓控制的目的就是使某种条件下的控制系统从不可控状态转化为可控状态, 解决控制系统的不可控以及需要控制之间的矛盾, 使控制系统的控制能力和范围得到扩展及提高. 这将对工业、农业、航空、交通、运输、汽车、机械加工、船舶、家电、国防、军事上的系统控制起到重要的作用.

5.8　可拓识别与可拓搜索

识别是确定一物是否属于某一类物或是某物. 识别是相当复杂的工作, 它要涉及已有的信息, 也要运用积累的知识, 还要考虑采取什么样的变换, 得到更多的信息帮助识别任务的完成. 搜索是寻找具有某些特征的物, 在搜索过程中, 往往会找到很多符合要求的物, 这时, 需要识别哪些是真的, 哪些是不准确的.

可拓识别和可拓搜索主要研究变换下的识别和搜索, 即如何利用变换使不能识别变为能识别、使不能搜索或搜索不到变为能搜索. 本节简要介绍可拓识别和可拓搜索的初步研究情况.

5.8.1　可拓识别

由于环境、系统、元素处于不断变化中, 因此, 对事物的识别也应随变化的不同而得到不同的结论, 所以, 要研究变换下的识别方法——可拓识别. 特别是研究 "不是变是""是变不是" 的对象识别方法. 另一方面, 也要研究使不能识别的问题转化为能识别的变换方法.

1. 可拓识别的研究对象

识别，是人们常用的方法. 例如，识别远处来的人是不是张三，识别某个动物是不是昆虫，某人患的疾病是不是脑血栓等. 这些问题，大致可以归纳为三种类型：

a) 已知 O_0，识别 O 是不是 O_0；

b) 已知 O 和类 S，识别 O 是否属于 S；

c) 已知 O 和类 $S_1, S_2 \cdots, S_n$，识别 O 属于哪一类.

显然，第一种类型是第二种类型的特例，第三种类型是第二种类型的拓展.

在识别活动中经常碰到这样的问题：犯罪嫌疑人进行了伪装，如何认识它？断了一条腿的昆虫还是不是昆虫 (昆虫必须是 6 条腿)？变异了的细菌应该属于哪一类？综合性的疾病应该如何识别等.

可拓识别，是利用可拓集的思想，从变换的角度去识别事物，研究如何利用变换使不能识别的对象变为能够识别，包括：

① 如何利用变换使事物某些特征元发生变化，从而识别它；

② 如何利用变换判别获得信息的真伪程度；

③ 如何利用变换和已有的知识去获取更多的信息，从而判别事物的真伪或事物属于某类的程度.

可拓识别的变换可以有三种类型：

① 对象及描述对象的基元或复合元的变换；

② 识别准则的变换；

③ 对象域 (论域) 的变换.

综上所述，可拓识别要研究的核心是研究识别 "是变不是" 和 "不是变是" 的对象和方法.

可拓识别的研究是一块等待开垦的处女地. 本书只就目前的初步认识和已有的研究结果作粗浅的介绍，深入的探讨还有待于读者去努力开拓.

2. 基本概念

在识别活动中，如果遇到无法识别的问题，人们经常采用变换的方法，使不能识别的问题转化为能识别的问题. 例如，要识别金皇冠中有无掺假, 用质量是识别不了的, 可把它转化为计算金皇冠体积的问题, 通过计算金皇冠的体积来识别金皇冠的真假. 当用物理方法无法识别某种矿石属于哪类矿石时, 地质学家便把它转化为用化学方法去识别. 这类变不能识别为可识别的方法也是要认真探讨的课题.

为了研究可拓识别方法, 先引入几个基本概念.

1) 现在物、过去物和将来物

给定物 $O(t)$, 若 $t = t_0$ 表示现在, 称 $O(t_0)$ 为现在物, $O(t)(t < t_0)$ 为过去物, $O(t)(t > t_0)$ 为将来物.

2) 关键基元

任何一个物都是由很多组成部分构成的, 如猪有猪脚、猪头、猪身、猪尾巴, 而识别某动物是不是猪的关键是看其鼻子. 要识别某人是不是张三, 关键是看某人的脸部或指纹, 在今天则是分析其 DNA 结构. 识别昆虫, 则看它是否有六条腿. 从物的系统性考虑, 其硬部可表示为 $\mathrm{hr}(O) = \{O_1, O_2, \cdots, O_d\}$. 物有关键部位, 记 O_h 表示 O 的关键部位.

物又有类物与个物之分. 对于类物 S, 判定 O 是否属于 S 的关键部位记为 $O_h(S)$.

关键部位是根据专业知识或历史数据确定的. 关键部位可以有多个, 记为 $\{O_{hi}\}, i = 1, 2, \cdots, m$.

要根据关键部位确定对象是否属于某类事物, 必须考虑其关键特征 c_h. 若 c_h 有多个, 记为 $\{c_{hj}\}, j = 1, 2, \cdots, n$. 关键特征也是由专业知识或历史数据确定的. 当被识别的对象 O 关于关键特征 c_h 的量值为 v_h 时, 称 $B_h = (\ O_h, \quad c_h, \quad v_h\ )$ 为关键基元. (c_h, v_h) 为关键特征元.

当关键特征有多个时, 关键基元为多维基元, 记为

$$B_h = \begin{bmatrix} O_h, & c_{h1}, & v_{h1} \\ & c_{h2}, & v_{h2} \\ & \vdots & \vdots \\ & c_{hn} & v_{hn} \end{bmatrix}.$$

若关键部位有 m 个, 即 $\{O_{hi}\}, i = 1, 2, \cdots, m$, 则关键基元有 m 个, 即

$$B_{hi} = \begin{bmatrix} O_{hi}, & c_{hi1}, & v_{hi1} \\ & c_{hi2}, & v_{hi2} \\ & \vdots & \vdots \\ & c_{hin_i}, & v_{hin_i} \end{bmatrix}, \quad i = 1, 2, \cdots, m.$$

3) 特殊基元和一般基元

在识别活动中, 有一些基元只有某物才具有, 例如:

$$B_s = \begin{bmatrix} 黑痣\ O_s, & 所有者, & O \\ & 位\quad置, & 左臀中间 \\ & 直\quad径, & <0.3, 0.5>\text{cm} \\ & 形\quad状, & 圆形 \end{bmatrix},$$

这样的黑痣只有某人 O 才具有. 因此, 这是识别人 O 的最佳基元. 这种基元称为特殊基元.

物 O 的特殊部位 O_s 与它们特有的特征元构成的基元 B_s 称为该物 O 的特殊基元, 记作

$$B_s = \begin{bmatrix} O_s, & c_{s1}, & v_{s1} \\ & c_{s2}, & v_{s2} \\ & \vdots & \vdots \\ & c_{sp}, & v_{sp} \end{bmatrix}.$$

若特殊部位有 q 个, 即 $\{O_{su}\}$, $u = 1, 2, \cdots, q$, 则特殊基元有 q 个:

$$B_{su} = \begin{bmatrix} O_{sui}, & c_{su1}, & v_{su1} \\ & c_{su2}, & v_{su2} \\ & \vdots & \vdots \\ & c_{sup_u}, & v_{sup_u} \end{bmatrix}, \quad u = 1, 2, \cdots, q.$$

以物或类物为对象的基元, 除了特殊基元或关键基元统称为一般基元.

4) 基元与类基元的相关度

给定类基元 $\{B\} = \left\{ \ (\{O\}, \quad c, \quad v) \ \right\}, v \in V_0, B_1 = \left(\begin{array}{ccc} O_1, & c, & v_1 \end{array} \right)$，以 V_0 为正域，作关联函数 $k(v)$，称 $k(v_1)$ 为 B_1 与类基元 $\{B\}$ 的相关度，记作 $k_{\{B\}}(B_1)$.

5) 真伪度及其计算方法

在识别活动中，人们搜集到各种各样的信息，这些信息有真的，有假的，有半真半假的. 为此，首先必须对信息的真伪性进行判断. 判断信息的真伪可以有很多方法，判别真伪的函数也可以有三种类型：

a) 特征函数：$\alpha(B) \in \{0,1\}$，当 $\alpha(B) = 0$ 时表示 B 为伪信息，当 $\alpha(B) = 1$ 时表示 B 为真信息.

b) 隶属函数：$\alpha(B) \in [0,1]$，当 $\alpha(B) = 0$ 时表示 B 为伪信息，当 $0 < \alpha(B) < 1$ 时表示 B 为真信息的程度，当 $\alpha(B) = 1$ 时表示 B 为真信息.

c) 关联函数：$\alpha(B) \in (-\infty, +\infty)$，当 $\alpha(B) < 0$ 时表示 B 为伪信息的程度，当 $\alpha(B) = 0$ 时表示 B 为临界信息，当 $\alpha(B) > 0$ 时表示 B 为真信息的程度.

判断信息的真伪有多种路径，例如：利用常识知识进行判断；利用专业领域知识进行判断；利用蕴含规则进行判断；利用可拓变换的逆变换判断；利用实施可拓变换后的新信息和新知识进行判断.

6) 识别度及其计算方法

当要识别某个基元 B_i 是否为 B_{*i} 时，定义识别度为

$$\beta_{B_{*i}}(B_i) = \alpha(B_i) k_{B_{*i}}(B_i),$$

若 $\beta_{B_{*i}}(B_i) < 0$，则认为无法识别 B_i 是否为 B_{*i}.

若通过实施可拓变换 $T_i B_i = B_i'$，使变换后的基元 B_i' 关于 B_{*i} 的识别度变为：

$$\beta_{B_{*i}}(B_i') = \alpha(B_i') k_{B_{*i}}(B_i')$$

且 $\beta_{B_{*i}}(B_i') > 0$，则认为可以识别 B_i 是否为 B_{*i}.

同理，若要同时识别 m 个基元 $B_1, B_2, \cdots, B_m$ 是否为 $B_{*1}, B_{*2}, \cdots,$

B_{*m} 时, 定义识别度为

$$\beta = \bigwedge_{i=1}^{m} \beta_{B_{*i}} (B_i),$$

若 $\beta < 0$, 则认为无法识别 $B_1, B_2, \cdots, B_m$ 是否为 $B_{*1}, B_{*2}, \cdots, B_{*m}$.

若通过实施可拓变换 $\bigwedge_{i=1}^{m} T_i B_i = \bigwedge_{i=1}^{m} B_i'$, 记 $T = \bigwedge_{i=1}^{m} T_i$, 则变换后的识别度为

$$\beta (T) = \bigwedge_{i=1}^{m} \beta_{B_{*i}} (B_i'),$$

若 $\beta (T) > 0$, 则认为可以识别 $B_1, B_2, \cdots, B_m$ 是否为 $B_{*1}, B_{*2}, \cdots, B_{*m}$.

由于人的知识能力是有限的, 因此, 对已有条件的认识有一定的限制, 当矛盾问题不能解决, 也即对象无法识别时, 可以通过对目标和条件的拓展分析, 再利用可拓变换去获取新的变化的信息, 然后通过常识或专业知识对已有信息进行判别.

3. 可拓识别方法的一般步骤

可拓识别方法只针对用一般识别方法无法识别的问题, 记初始识别度 $\beta < 0$. 为了识别对象 O 属于类 S, 一般采用关键基元进行识别; 判别 O 是否为另一事物 O_*, 则使用特殊基元进行判别.

可拓识别方法的一般步骤如下:

1) 确定关键基元或特殊基元

根据领域知识确定类 S 的关键特征元或物 O_* 的特殊特征元, 并用基元表述类 S 的关键基元 (或对象 O_* 的特殊基元) B_{*0i} 和对象 O 相应的关键基元 (或特殊基元) B_{0i}, 假设其初始识别度为 $\beta < 0$, 即用常规的识别方法无法识别.

2) 进行拓展分析

根据拓展规则, 把 B_{*0i} 和 B_{0i} 拓展为 B_{*i} 和 B_i:

$$B_{*i} = \begin{bmatrix} O_{*i}, & c_{i1}, & v_{*i1} \\ & c_{i2}, & v_{*i2} \\ & \vdots & \vdots \\ & c_{in_i}, & v_{*in_i} \end{bmatrix}, \quad v_{*ij} \in V_{ij}, j = 1, 2, 3, \cdots, n_i,$$

$$B_i = \begin{bmatrix} O_i, & c_{i1}, & c_{i1}(O_i) \\ & c_{i2}, & c_{i2}(O_i) \\ & \vdots & \vdots \\ & c_{in_i}, & c_{in_i}(O_i) \end{bmatrix}$$

$$= \begin{bmatrix} O_i, & c_{i1}, & v_{i1} \\ & c_{i2}, & v_{i2} \\ & \vdots & \vdots \\ & c_{in_i}, & v_{in_i} \end{bmatrix}, \quad i = 1, 2, \cdots, m.$$

3) 计算相关度

根据本书第 2 章 2.7 节介绍的关联函数的建立方法, 以 V_{ij} 为正域, 建立关联函数 $k_{ij}(v_{ij})$, 称 $k_{ij}(v_{ij})$ 为 B_i 关于关键基元集 $\{B_{*i}\}$ 的相关度, 记作 $k_{B_{*i}}(B_i) = \bigwedge_{j=1}^{n_i} k_{ij}(v_{ij})$. 令 $k = \bigwedge_{i=1}^{m} k_{B_{*i}}(B_i)$, 称 k 为 O 关于 S 的相关度.

4) 实施可拓变换

若上述相关度小于或等于 0, 则首先利用拓展规则对 B_i 进行拓展分析, 然后对 B_i 实施可拓变换 T_i, 获得变换后的基元 $T_i B_i = B_i'$, 并计算 B_i' 关于 B_{*i} 的相关度 $k_{B_{*i}}(B_i')$, $i = 1, 2, \cdots, m$.

$$T_i B_i = B_i' = \begin{bmatrix} O_i', & c_{i1}, & v_{i1}' \\ & c_{i2}, & v_{i2}' \\ & \vdots & \vdots \\ & c_{in_i}, & v_{in_i}' \end{bmatrix}.$$

5) 判断变换后的B_i'的真伪度$\alpha(B_i')$

根据基元知识表示方法的特点可知,目前已有的知识表示方法,可转换成基元及各种关系式来表达,因此,在利用常识知识和专业领域知识来判断某信息的真伪时,可以借助基元形式进行.

对基元B_i,根据实际问题和领域知识,选择应用特征函数、隶属函数或关联函数计算B_i的真伪度$\alpha(B_i)$和变换后的B_i'的真伪度$\alpha(B_i')$.

6) 计算变换后的识别度

根据可拓识别方法中的识别度计算方法和通过上述变换后得出的相关度和真伪度,计算变换后的基元B_i'关于B_{*i}的识别度:

$$\beta_{B_{*i}}(B_i') = \alpha(B_i')\, k_{B_{*i}}(B_i'),$$

$$\beta(T) = \bigwedge_{i=1}^{m} \beta_{B_{*i}}(B_i').$$

7) 判断

可拓识别方法的判断分为三种类型:第一类是判别O是否属于S,第二类是判别O是否为O_*,第三类是判断O属于某几类$S_r\,(r=1,2,\cdots,p)$中的哪一类.

(1) 判别O是否属于S

判别变换后的识别度为$\beta(T)$的关键基元B_{i_0}'属于可拓集中的哪个域. 若B_{i_0}'属于正可拓域,即满足$\beta < 0$,$\beta(T) > 0$,则表示通过变换T,B_{i_0}从不属于B_{*i}(不能识别) 变为属于B_{*i}. 与之相对应,O从不能识别变为属于S.

(2) 判别O是否为O_*

有大量实际问题,需要判断某对象O是不是O_*. 例如,住在某旅店的甲是不是杀人犯乙化装的. 可用上述相似的方法,建立乙的特殊基元和甲相应特殊基元,重复上述的过程,判定甲是否为乙. 判别O是否为O_*时,要利用第 1) 步建立的 "特殊基元",结论变成$O_*(t_0) = O(t_0)$或$O_*(t_0) \neq O(t_0)$.

在实际问题中,为了识别某对象O是不是O_*,有时先利用关键特征元,识别O_*是否属于S,再利用特殊基元,识别它是否为O. 例如,在上述识别甲是否为乙时，可先利用关键特征判定他是否为犯罪嫌疑人的集合，再利用特殊特征判定他是否为乙.

(3) 判断个体属于某几类中的哪一类

已知 O 和 $\{S_1, S_2, \cdots, S_p\}$，判断 O 属于 S_r 中的哪一个 $(r = 1, 2, \cdots, p)$，可利用上述识别度的计算方法，计算 $O \in S_r$ 的程度 $\beta_r(T) = \beta_r$，若 $\beta_{r_0}(T) = \max\limits_{1 \leqslant r \leqslant p} \beta_r(T)$，则 $O \in S_{r_0}$.

以上介绍的是利用关键基元和特殊基元进行可拓识别的方法，如果不能确定这两类基元，而只有一般基元，则可通过设定权系数、确定综合识别度进行初步识别.

说明：在某些不需要判别真伪的情况下，就不需要计算真伪度，直接利用关联函数作为识别度函数即可.

下面给出可拓识别方法的初步应用案例.

例 5.21 某案件现场可见，尸体 O 的脸的形状和颜色都像某人 O_*，脸的颜色白皙，因此可判断尸体 O 与某人 O_* 的密切相关. 但在尸体 O 的口中发现了砒霜，按专业知识，吃砒霜的脸色是黝黑的. 下面利用上述可拓识别方法判断该尸体 O 是否为某人 O_* 的尸体.

根据现场情况和对某人 O_* 的调查，设

$$B_* = \left[\begin{array}{ccc} O_* \text{脸}, & \text{形状}, & v_{*1} \\ & \text{颜色}, & \text{白皙} \end{array} \right] = \left[\begin{array}{c} B_{*1} \\ B_{*2} \end{array} \right],$$

$$B_0 = \left[\begin{array}{ccc} O \text{脸}, & \text{形状}, & v_{*1} \\ & \text{颜色}, & \text{白皙} \end{array} \right] = \left[\begin{array}{c} B_{01} \\ B_{02} \end{array} \right],$$

且设关于"形状"的关联函数为

$$k_{B_{*1}}(B_1) = \left\{ \begin{array}{ll} 1, & B_1 \text{ 与 } B_{*1} \text{ 完全一致} \\ 0, & \text{不能判定} \\ -1, & B_1 \text{ 与 } B_{*1} \text{ 完全不一致} \end{array} \right. ,$$

关于 "颜色" 的关联函数为

$$k_{B_{*2}}(B_2) = \begin{cases} 1, & B_2 \text{ 与 } B_{*2} \text{ 完全一致} \\ 0, & \text{不能判定} \\ -1, & B_2 \text{ 与 } B_{*2} \text{ 完全不一致} \end{cases},$$

则相关度函数为

$$k_{B_*}(B) = k_{B_{*1}}(B_1) \wedge k_{B_{*2}}(B_2).$$

根据实际情况可得：$k_{B_*}(B_0) = k_{B_*}(B_{01}) \wedge k_{B_*}(B_{02}) = 1 \wedge 1 = 1.$

设真伪度函数为

$$\alpha(B) = \begin{cases} 1, & B \text{ 与 } B_* \text{ 一致} \\ 0, & \text{无法确定} \\ -1, & B \text{ 与 } B_* \text{ 不一致} \end{cases},$$

则识别度函数 $\beta = \alpha(B)\, k_{B_*}(B) \in [-1, 1].$

又因为在尸体 O 的口中发现了砒霜，因此有 $B_1 \Rightarrow B_2$，其中

$$B_1 = \begin{bmatrix} \text{服食,} & \text{支配对象,} & \text{砒霜} \\ & \text{施动对象,} & O \end{bmatrix},$$

$$B_2 = \begin{pmatrix} \text{死亡,} & \text{施动对象,} & O \end{pmatrix},$$

再根据领域知识，有蕴含规则：

$$B_1 \Rightarrow B'_{02}, \quad B'_{02} = (O \text{ 脸, 颜色, 黝黑}),$$

显然，B'_{02} 的真伪度为 $\alpha(B'_{02}) = 1$，即

$$B'_0 = \begin{bmatrix} O \text{ 脸,} & \text{形状,} & v'_{*1} \\ & \text{颜色,} & \text{黝黑} \end{bmatrix} = \begin{bmatrix} B'_{01} \\ B'_{02} \end{bmatrix}$$

的真伪度为 $\alpha(B'_0) = 1$. 因此，可判定 B_0 的真伪度为 $\alpha(B_0) = -1$，对于 B_* 的识别度为

$$\beta = \alpha(B_0)\, k_{B_*}(B_0) = (-1) * 1 = -1,$$

即尸体 O 不是某人 O_* 的尸体.

侦察员仔细观察后，发现尸体 O 的颈有摺痕，说明 O 的脸皮可能是假的，把脸皮剥离，见是另一张脸，颜色是黝黑的，即对 B_0 实施变换：

$$TB_0 = \left[\begin{array}{ccc} O \text{ 脸 } \ominus O_* \text{ 的脸皮，} & \text{形状，} & v'_{*1} \\ & \text{颜色，} & \text{黝黑} \end{array} \right]$$

$$= \left[\begin{array}{ccc} O' \text{ 脸，} & \text{形状，} & v'_{*1} \\ & \text{颜色，} & \text{黝黑} \end{array} \right] = \left[\begin{array}{c} B''_{01} \\ B''_{02} \end{array} \right] = B''_0,$$

则 B''_0 的真伪度为 $\alpha(B''_0) = 1$，与 B'_0 的相关度为 $k_{B'_0}(B''_0) = 1$，显然对于 B''_0 的识别度为

$$\beta(T) = \alpha(B''_0) k_{B'_0}(B''_0) = 1 * 1 = 1$$

原来，是另一个人 O' 的尸体脸上贴着人皮造的 O_* 的脸皮.

5.8.2 可拓搜索

1. 搜索问题的可拓模型

搜索涉及的范围很广，在工业上搜索矿藏，在军事上搜索敌人或敌人的武器，在公安部门搜索嫌疑人或作案物品等. 不论出于什么搜索目的，最终都是为了寻找未知事物，如找矿、找油、找飞机及找案犯等，也就是说，搜索问题是求知问题.

以单目标搜索问题为例，如果在现有的条件下搜索目标无法实现，则该搜索问题就是一个不相容问题，可建立其可拓模型为

$$P = G_x * L$$

其中，G_x 是搜索的目标，L 是搜索条件. 与一般不相容问题的处理一样，解决搜索问题有三条途径：

(1) 从目标进行搜索，找出问题的解；

(2) 从条件出发，寻找问题的解；

(3) 同时从目标和条件出发，寻找问题的解.

搜索问题一般都比较复杂，它涉及搜索者、搜索目标和搜索环境. 在搜索过程中，会碰到各种各样的信息，首先要用基元或其运算表示信息，

利用知识库中的知识，判别信息的真伪，再利用基元的拓展规则，开拓出更多的信息，逐步找到要搜索的对象，如果搜索的对象是人或人参与的活动，还可以利用基元变换研究被搜索者 (如罪犯) 可能采取的策略，从而根据他们采取的策略及相应的信息去发现被搜索者，并利用可拓方法与相关专业知识结合去处理搜索过程中出现的矛盾问题.

2. 可拓搜索方法的一般步骤

搜索一物，本质上是寻找一个符合若干特征的东西. 例如，搜索人 D，就是要从已知的条件寻找做某事或具有某种特征的人 D. 在这个过程中，利用拓展分析方法，使未知的范围缩小. 再通过可拓变换方法寻找目标，判别得到信息的真伪，通过变换，使搜索不到的物转化为搜索到的物，其核心是拓展、变换和匹配，它们反复地进行简单的流程，直到搜索成功.

下面以单搜索目标问题为例，介绍可拓搜索方法的一般步骤.

1) 建立搜索问题的可拓模型

$$P = G_x * L,$$

其中 G_x 是要求知的目标事元或复合事元，L 是已知的条件基元或复合元.

例如，某案件的目标为警察 D_1 要寻找盗窃某文物 D_2 的人 O_x，则目标的可拓模型为

$$G_x = \begin{bmatrix} \text{寻找}, & \text{支配对象}, & A_x \\ & \text{施动对象}, & \text{警察 } D_1 \end{bmatrix},$$

其中

$$A_x = \begin{bmatrix} \text{盗窃}, & \text{支配对象}, & \text{文物 } D_2 \\ & \text{施动对象}, & O_x \end{bmatrix},$$

作案现场提供的条件为

$$L_1 = \begin{bmatrix} \text{鞋印 } O_{x1} \hat{\in} O_x, & \text{长度}, & 25\text{cm} \\ & \text{深度}, & 1\text{cm} \end{bmatrix},$$

$$L_2 = \begin{bmatrix} 汽车 \ D_3, & 牌照归属, & 某单位 \\ 类 \quad 型, & 货 \quad 车 \end{bmatrix},$$

$$L_3 = \begin{bmatrix} 吸附, & 支配对象, & 玻璃 \\ 工 \quad 具, & M \end{bmatrix}, \quad M = \begin{pmatrix} D_4, & 型号, & v_4 \end{pmatrix},$$

则该搜索问题为 $P = G_x * (L_1 \wedge L_2 \wedge L_3)$.

2) 对问题的目标或条件进行拓展分析

首先对 G_x 和 L 进行发散分析, 写出 G_x 和 L 的一对象多征基元, 然后建立相关网寻找它们的交汇点, 对目标进行蕴含分析, 找出最下位目标和条件的关系.

3) 确定初始目标

根据上述拓展分析的结果, 由限制条件进行收敛, 确定初始目标 G_x, 从而确定初始搜索对象集 $\{O\}$.

4) 在初始搜索对象集 $\{O\}$ 中, 利用可拓识别方法, 确定目标搜索对象.

根据 3) 得到的初始搜索对象集 $\{O\}$, 利用 5.8.1 节的可拓识别方法, 对于一切 $O \in \{O\}$, 进行识别, 得到目标对象, 则问题解决, 若对任何 $O \in \{O\}$ 都不是目标对象, 则需要利用可拓变换寻找新的线索, 再进行判断.

5) 利用可拓变换及其传导变换获取新信息辅助搜索

在搜索过程中, 要不断寻找有用的信息 (线索), 寻找线索的方法之一是通过调查得到, 方法之二是利用可拓变换使新的信息出现, 如投石问路、引蛇出洞、欲擒故纵、外松内紧等变换方法使对方采取对策, 从而搜索到目标. 另一方面, 搜索者常常采取各种方法, 使被搜索对象暴露出有关的线索, 这些都是传导变换的结果. 为此, 可拓创新方法在搜索中的另一项应用就是为搜索者提供若干可以采用的可拓变换方法, 通过传导变换去搜索目标. 这些变换可以是历史资料积累的案例, 也可以是专业知识规定的.

给定问题 $P = G_x * L$, 作 $\varphi L = L'$, 若 $_\varphi T_G G_x = G_x' \Rightarrow G_x$, 则可以通过变换 φ, 先解决问题 $P' = G_x' * L'$, 从而使 G_x 实现, 也即 φ 是问题 P 的解变换.

下面通过几个例子说明如何利用可拓搜索方法进行搜索.

例 5.22 某人 D 的左鞋 O_x 在河边被河水冲走, 如何找到它呢?
设搜索目标为

$$G_x = \begin{bmatrix} 寻找, & 支配对象, & 左鞋\ O_x \\ & 施动对象, & 人\ D \end{bmatrix},$$

条件为

$$L = \begin{bmatrix} 冲走, & 支配对象, & 左鞋\ O_x \\ & 施动对象, & M \\ & 位\quad 置, & 河边\ D_1 \end{bmatrix},$$

其中,

$$M = \begin{pmatrix} 河水\ D_2, & 速度, & 5\ 米/秒 \end{pmatrix}$$

问题是 $P = G_x * L$. 由于

$$G_x \Leftarrow G_x' = \begin{bmatrix} 寻找, & 支配对象, & M_x \\ & 施动对象, & 人\ D \end{bmatrix},$$

其中, $M_x = (左鞋\ O_x,\ 位置,\ x)$.

作变换

$$\varphi L = L' = \begin{bmatrix} 冲走, & 支配对象, & 右鞋\ O_0 \otimes 绳子 S \\ & 施动对象, & M \\ & 位\quad 置, & 河边\ D_1 \end{bmatrix},$$

则存在如下传导变换:

$$\varphi T_{M_x} M_x = \begin{pmatrix} 右鞋\ O_0 \otimes\ 绳子 S, & 位置, & x \end{pmatrix} = M_x',$$

$$\varphi T_{G_x'} G_x' = \begin{bmatrix} 寻找, & 支配对象, & M_x' \\ & 施动对象, & 人 D \end{bmatrix} = G_x''$$

显然, $G_x''@ \Rightarrow G_x'@ \Rightarrow G_x@$.

于是，搜索者取来一条绳子，一端绑着右鞋，另一端拿在手中. 在左鞋被冲走的位置，让河水把绑着绳子的右鞋冲向河底，最后，在绑着绳子的右鞋处找到左鞋.

例 5.23 某住宅区 D 出现盗窃案，于是戒备森严，但无法找到犯罪嫌疑人. 下面利用可拓搜索方法分析该问题.

设搜索问题为 $P = G_x * L$，其中

$$G_x = \begin{bmatrix} 抓获, & 支配对象, & M_x \\ & 地\quad 点, & 住宅区\ D\ 内 \end{bmatrix},$$

$$M_x = \begin{bmatrix} 犯罪嫌疑人\ O_x, & 作案意图, & 弱 \\ & 位置, & x \end{bmatrix},$$

$$L = \begin{bmatrix} 戒备, & 地点, & 住宅区\ D\ 内 \\ & 程度, & 高 \end{bmatrix},$$

根据领域知识可知：

$$L \Rightarrow L_1 = \begin{bmatrix} \overline{盗窃}, & 支配对象, & 财物 \\ & 施动对象, & 犯罪嫌疑人\ O_x \\ & 地点, & 住宅区\ D\ 内 \end{bmatrix},$$

$$\Big(\ 戒备,\quad 程度,\quad v_1\ \Big) \widetilde{\rightarrow} \Big(\ 犯罪嫌疑人\ O_x,\quad 作案意图,\quad v_2\ \Big)$$

且

$$v_2 = f(v_1) = \begin{cases} 弱, & 当\ v_1 = 高 \\ 强, & 当\ v_1 = 低 \end{cases},$$

作置换变换

$$\varphi L = \begin{bmatrix} 戒备, & 地点, & 住宅区\ D\ 内 \\ & 程度, & 低 \end{bmatrix} = L',$$

则必存在传导变换

$$
_\varphi T_{M_x} M_x = \left[\begin{array}{lll} \text{犯罪嫌疑人 } O_x, & \text{作案意图}, & \text{强} \\ & \text{位置}, & \text{作案现场} \end{array} \right] = M_x'
$$

且

$$
_\varphi T_{L_1} L_1 = \left[\begin{array}{lll} \text{盗窃}, & \text{支配对象}, & \text{财物} \\ & \text{施动对象}, & \text{犯罪嫌疑人 } O_x \\ & \text{地点}, & \text{住宅区 } D \text{ 内} \end{array} \right] = L_1',
$$

进而导致目标 G_x 发生传导变换：

$$
_{M_x} T_{G_x} G_x = \left[\begin{array}{lll} \text{抓获}, & \text{支配对象}, & M_x' \\ & \text{地点}, & \text{住宅区 } D \text{ 内} \end{array} \right] = G_x',
$$

于是 $G_x' * L_1'$ 成为相容问题, 实现了在住宅区 D 内抓获犯罪嫌疑人的目的. 也即利用 "外松内紧" 的安排使犯罪嫌疑人放松警惕, 外出作案从而被捕.

5.9　可拓智能的研究进展

5.9.1　可拓智能的提出

随着科学技术的发展, 人类已经从发明动力工具拓展到发明智能工具的新阶段. 智能, 包括人类智能和机器智能 (人工智能, AI), 是提升创新驱动发展源头供给能力的时代需求. AI 给人类带来的影响, 将远远超过计算机和互联网在过去几十年间已经对世界造成的改变, 已经被很多国家提升到国家战略的高度. 今后, 充分利用智能工具将是国民经济各个领域现代化的重要任务. 而智能机器水平高低的关键是如何处理矛盾问题. 面向未来, 无法处理矛盾问题的软件和网络、不能从解决用户的矛盾问题的角度出发的信息平台, 就无法实现真正意义上的智能化. 人们在遇到各种问题时, 希望借助计算机进行创造性思维, 帮助人们提出高水平的解决策略. 这就需要计算机具有从主观目的出发, 搜集客观环境中有关的信息和知识, 去生成解决矛盾问题的策略的能力.

互联网、物联网、大数据时代，变化迅速，矛盾问题层出不穷. 创新是时代的主旋律，创新的目的就是解决矛盾问题. 利用网络和计算机帮助人们创新性地处理矛盾问题，是 AI 的重要体现. 目前，人们已经能将大量工作交给计算机或移动客户端处理，并在许多方面得到了满意结果，而在问题求解方面的研究还很不够. AI 领域确实花了很长时间考虑问题求解，但对于解决矛盾问题的策略生成并没有很好解决，主要原因在于现有系统还没有自动生成解决矛盾问题的策略的功能.

可拓学创始人蔡文教授自 1976 年开始研究处理矛盾问题的理论和方法，1981 年 7 月 21 日在北京师范大学举行的"全国模糊数学报告会"上作题为"可拓集合"的首次可拓学论文报告，1981 年 9 月在"中国人工智能学会成立大会"上作报告"物元分析概要"，1983 年 1 月在《科学探索学报》发表题为"可拓集合和不相容问题"的开创性论文，创立了新学科"可拓学"(原称"物元分析").

可拓学研究创新和解决矛盾问题的规律与方法，它通过探讨古往今来人们进行创新活动和处理矛盾问题的规律，建立了一套程序化的方法，使人能按照一定的程序进行创新，使计算机和网络能帮助人类进行创新和解决矛盾问题，以期最终实现矛盾问题的智能化处理和智能化创新. 可拓学从诞生至今历经近 40 年的发展，创立了对矛盾问题求解和创新的普遍规律与一般方法的形式化、定量化模型，为各行业解决矛盾问题和开拓创新提供了一套系统的理论与方法. 这项工作开辟了一个新的研究领域，使对矛盾问题求解的研究，从概念与理论的层次，发展到逻辑推理层次和可操作的方法层次，是一种新的科学方法论. 可拓学与 AI 及其他理论与方法的结合，形成了可拓智能这一重要研究方向.

以 AI、网络信息技术、数据科学和计算思维等为主要方向的学科交叉研究与应用的迅速发展，为可拓学带来了新的发展机遇. 在中国智能科学技术领域唯一的国家级学会——中国人工智能学会的大力支持下，2017 年 10 月 13 日，由中国人工智能学会可拓学专业委员会承办的"可拓智能创新发展专题论坛"，作为由中国人工智能学会举办的"第七届中国智能产业高峰论坛"的分论坛于广东潭州国际会展中心成功举办，在中国人工智能学会理事长李德毅院士的大力倡导下，首次提出"可拓智能"的概念. 此次专题论坛，杨春燕教授作为论坛主席，可拓学创始人蔡文教授作了题为"可拓智能的基本思想与应用方法"的演讲, 介绍了将可拓学与 AI 相结合处理矛盾问题的基础理论、基本方法和应用概况, 展现了可拓智能广阔的应用和发展前景. 2018 年 8 月 17-19 日, 中国人工智能学会可拓学专业委员会在珠海承办了全国第 16 届可拓学年会, 交流了近年来可拓学的理论与应用研究成果, 杨春燕教授作了"可拓学 +AI 的研究进展与未来发展"的大会报告, 介绍了可拓学与 AI 相结合所形成的可拓智能方向的研究进展, 并提出了未来发展的一些重要课题与方向, 会后将报告提交发表在《中国人工智能通讯》2019 年第 8 期的"可拓学专题", 题为"可拓智能的研究进展与未来发展". 2018 年 11月 8-9 日, 杨春燕教授应邀参加在新加坡南洋理工大学举办的"第三届全球华人品质峰会", 作了"可拓学 +AI 的研究进展"的报告. 2020 年8 月 12-15 日, 因为疫情原因, "全国第 17 届可拓学年会"、"人工智能前沿论坛"暨"可拓创新方法培训班"在"腾讯会议"线上网络平台成功举办, 蔡文教授再次以"可拓智能"为题, 作了大会主题报告.

本节将简要介绍可拓智能的研究进展及未来发展, 希望有兴趣的读者参考相关文献进行更深入的研究.

5.9.2　研究进展

可拓智能是可拓学的重要研究方向, 其理论基础是可拓论, 方法基础是可拓创新方法. 可拓智能研究的基础工作主要包括: ① 建立表示物、事和关系的形式化模型——可拓模型, 并利用可拓模型形式化表示信息和知识; ② 建立可拓信息-知识-策略的形式化体系; ③ 研究策略生成的规律与方法—解决矛盾问题的理论与方法; ④ 研究解决专业领域中矛盾问题的方法和程序; ⑤ 研究生成解决矛盾问题策略的智能系统的算法和流程.

目前可拓智能的主要研究方向包括: ① 可拓知识工程的基础研究; ② 可拓数据挖掘方法与系统; ③ 可拓策略的智能生成方法与系统; ④ 产品可拓创意的智能生成方法与系统; ⑤ 可拓智能设计方法与系统; ⑥ 可拓智能控制方法与系统.

1. 可拓知识工程的基础研究

知识工程 (1977 年提出) 是一门以知识为研究对象的新兴学科, 它将具体智能系统研究中那些共同的基本问题抽出来, 作为知识工程的核心内容，使之成为指导具体研制各类智能系统的一般方法和基本工具，成为一门具有方法论意义的科学.

知识工程主要包括：知识获取、知识表示和知识应用. 知识工程是符号主义人工智能的典型代表，近年来越来越火的知识图谱 (2012 年谷歌)，就是新一代的知识工程技术，被称为知识工程的新发展时期. 复旦大学教授、知识工场创始人肖仰华认为：人工智能分为计算智能、感知智能和认知智能三个层次. 知识工程是智能化的突破口，认知智能 (理解、解释的能力) 是机器智能化的关键. 可以认为，知识工程为实现认知智能而生.

在人工智能中，信息和知识表示方法种类繁多，其中的每一种都有其优点，但它们还存在一个共同的问题，这就是它们都缺乏严格的理论体系. 此外，在有效生成知识和产生智能方面，现有的理论和方法远远不能满足实现认知智能的要求.

可拓知识工程 [35] 是可拓学与知识工程相结合的新的研究方向，以可拓论为基础，研究了可拓信息-知识-策略 (创意) 形式化体系、信息的形式化表示、基于可拓规则的知识表示、知识生成、知识转换与知识获取等基础理论和基本方法，为建立 “大知识”“大模型”、实现可理解可解释的认知智能打下良好基础，并将其应用于创新与矛盾问题求解研究，取得了较好的成果. 这是实现认知智能迫切需要研究的基础问题.

在可拓论中，建立了形式化、动态化、规范化表示物、事、关系和问题等的可拓模型，包括基元 (物元、事元、关系元) 及其运算、复合元及其运算，可以作为形式化描述信息和知识的逻辑细胞；建立了基于拓展分析规则和可拓变换规则的可拓推理规则，可以用来形式化定量化描述复杂的、变化的知识及其推理过程；探索了由信息生成知识的机制，可以作为知识转换、形成可拓知识、产生智能策略 (创意) 的基础；建立了可拓集和关联函数，可以作为生成智能策略 (创意) 的定量化工具，并在此基础上建立了优度评价方法，可以用来评价和筛选策略 (创意). 在可拓论的基础上，可以进一步建立 “可拓信息—知识—策略 (创意) 的形式化体系”，参见书中 5.1 节.

这些基础研究，为构建智能化创新或解决矛盾问题的信息元库 (基元与复合元库)、拓展规则知识库、可拓知识库及可拓知识图谱打下了良好基础.

2. 可拓数据挖掘方法与系统

可拓数据挖掘是数据挖掘和可拓学相结合的产物, 研究如何从已有数据库和知识库中获取变换和变换对数据变化的作用的可拓知识. 该研究方向是获取实现可拓智能所需的变化知识 (即可拓知识) 的重要工具, 获得了多项国家自然科学基金项目的支持, 主要项目有 "获取变换知识的可拓数据挖掘理论、方法及其实证研究""数据挖掘获取的知识的智能化管理研究""领域知识驱动的深层知识发现研究""面向可拓建筑策划与设计的可拓数据挖掘理论及其方法研究""可拓支持向量机理论、方法与应用研究""可拓神经网络的研究及其在分类器设计方面的应用" 等.

可拓数据挖掘方法包括基于数据库的可拓分类知识获取、传导知识获取和基于知识库的可拓知识获取等方法. 可拓分类知识获取的主要成果包括基于可拓集获取关于质变的知识和量变的知识、基于 GEP 高效自组织建模的可拓分类知识获取、可拓支持向量分类机算法, 以及基于可拓神经网络的分类器设计等. 传导知识获取的主要成果包括关于传导对象和传导特征的知识、关于传导程度的知识、变换关于同对象信息元的传导知识、变换关于同特征信息元的传导知识、变换关于异对象异特征信息元的传导知识, 以及关于传导信息元的量变或质变的知识. 基于知识库的可拓知识获取的主要成果包括基于拓展型知识的可拓知识获取、基于决策树知识的可拓知识获取、基于 HowNet 知识库的可拓知识获取和基于其他知识库的可拓知识获取等. 相关内容参见书中 5.3 节.

基于上述可拓数据挖掘方法、AI 技术和领域知识, 目前都已研制了领域可拓数据挖掘系统软件, 例如 "面向产品性能配置的可拓数据挖掘系统""基于变换的股票市场可拓数据挖掘系统""基于 ASP 平台的五金产品质量分析与挖掘系统""基于 ASP 平台的五金企业网络化制造伙伴选择系统""服装外贸转型企业智能可拓补货系统""基于决策树的可拓转化规则挖掘系统""面向产品性能配置的可拓数据挖掘系统""基于变换选择策略的可拓知识挖掘系统""基于可拓聚类的产品零件规划系统""基元库智能构建系统"、"问题导向的因素-基元特征智能抽取算法软件" 等, 获得多项软件著作权. 相关研究情况可参见文献 [21-24] 及相关论文和软件著作权.

3. 可拓策略的智能生成方法与系统

可拓策略生成的理论基础是可拓论,基于可拓论和可拓创新方法,针对矛盾问题求解开展形式化定量化研究,以获取解决矛盾问题的策略的方法, 称为可拓策略生成方法.

该研究方向是实现可拓智能的基础,获得了多项国家自然科学基金项目的支持,包括"可拓策略生成系统的基础理论与基本方法"、"基于可拓学和 HowNet 的策略生成方法与系统"、"基于 GEP 的可拓策略自组织生成理论与方法"等,在可拓策略生成的理论、方法与系统研制方面做了大量的基础研究工作. 该研究结合了 HowNet 和 GEP 方法,为可拓策略的智能生成系统的开发打下良好基础. 利用 HowNet 的知识库,可以辅助解决现有策略生成系统由于知识存储模块中知识不足,致使生成策略困难的部分问题,提高了策略生成的智能化水平;利用 GEP 构建一种高效的可拓变换运算式的自组织生成机制,从而有效避免在可拓策略智能生成的过程中,因可拓变换的类型和数量繁多而引起的计算量的组合爆炸,提高了可拓策略智能生成的效率和智能化水平. 参见书中 5.2 节.

基于书中的相关理论与方法,研究者们已研制了解决多领域不相容问题的可拓策略智能生成系统软件,例如"房地产营销优化可拓策略生成系统""交通问题可拓策略生成系统""防治空气污染可拓策略生成系统""游客停车问题可拓策略生成系统""自助游可拓策略生成系统""租房可拓策略生成系统""求职问题可拓策略生成系统""防止企业人才流失可拓策略生成系统""提高客户价值的可拓策略生成系统""大坝安全的可拓策略生成系统""基于可拓策略生成技术的商品搜索服务系统""可拓策略辅助生成系统""图像识别可拓策略生成系统""结合 HowNet 的可拓策略生成系统"等,获得多项软件著作权,为多领域智能化地有效生成解决不相容问题的可拓策略提供了辅助工具. 有关内容参考专著《可拓策略生成系统》及相关论文和软件著作权.

4. 产品可拓创意的智能生成方法与系统

书中 3.6 节介绍了产品可拓创意生成方法,包括从用户需要出发生成新产品创意的第一创造法、从现有产品出发生成新产品创意的第二创

造法 (也称为可拓创新四步法)、从现有产品的缺陷或用户的抱怨出发生成新产品创意的第三创造法. 目前已有很多学者在这些方法的基础上, 与 AI 技术和领域知识相结合, 开发了普适性的 "可拓创新方法工具箱系统""可拓创新方法学习系统" 和 "可拓创意辅助生成系统", 以及某些领域的产品可拓创意智能生成系统, 例如 "灯饰产品可拓创意辅助生成系统"、"灌胶机可拓模块化概念设计创意生成系统"、"基于 GEP 的可拓模块划分方法后端系统" 等, 获得多项软件著作权, 可以辅助产品设计人员生成新产品设计创意. 有关内容参考相关论文和软件著作权.

5. 可拓智能设计方法与系统

可拓智能设计是将可拓学的理论与方法、现代设计理论与方法及 AI 技术相结合, 研究设计过程中矛盾问题的智能化处理, 以获取较优的可拓设计创意的一种新的智能设计方法.

该研究方向获得了多项国家自然科学基金项目的支持, 参见本书 5.6 节. 在这些项目的支持下, 研究者们也研制了适用于较多领域产品智能设计的可拓智能设计系统, 如 "大型空气动力装备低碳设计可拓智能方法原型系统"、"复杂产品的可拓设计平台""签字笔的缺点改进型 GEP 可拓创新设计软件"、"基于知识的通用鞋品智能计算机辅助概念设计系统"、"基于层次化矛盾求解的鞋品创新设计策略生成系统"、"基于三维楦面模型的交互式鞋品式样设计系统"、"基于可拓实例推理的产品配置设计系统"、"基于可拓知识的布置设计系统"、"基于可拓学理论的智能化概念设计系统" 等, 获得多项软件著作权, 辅助解决设计过程中的复杂矛盾冲突问题, 提高了产品设计的效率. 有关内容参考相关论文和软件著作权.

6. 可拓智能控制方法与系统

可拓智能控制是基于可拓学理论与方法发展起来的新的智能控制的研究方向, 目前已经引起了许多学者的关注, 研究者们根据 5.7 节介绍的可拓控制的基础理论与方法, 结合应用领域知识, 不断改进可拓控制理论、方法与可拓控制器的设计, 研究了分层多变量可拓控制、非线性系统自适应可拓控制、可拓自适应混杂控制、基于功能分配的可拓控制器、多模态可拓转换器、机器人系统的可拓混合力-位置控制等.

为了更好地研究和设计可拓智能控制系统, 研究者们设计了可拓控制器 [24]. 可拓控制器具有上下两层结构, 下层结构主要完成基本控制功能, 称之为基本可拓控制器, 包括特征量抽取、特征模式识别、关联度计算、测度模式划分、控制算法等五个部分; 上层结构的功能可以看作是基本可拓控制器的补充和完善, 称之为上层可拓控制器, 包括决策与信息处理、数据库、知识库三个部分, 它的作用是对控制进行优化, 保证良好的控制效果.

这些研究成果已被应用在许多领域, 充分展现了可拓控制能很好地模仿人类学习和解决矛盾问题的能力, 将不可控的问题转化为可控.

5.10 可拓思维模式

思维是人脑对现实世界能动的、概括的、间接的反映过程. 它是在社会实践的基础上, 通过对感性材料的由此及彼、由表及里、去粗取精、去伪取真的分析和综合而进行的.

由于市场经济的多变性、创新性和竞争性, 人们必须随时警惕和突破自己头脑中固有的思维定式和模式, 克服经验思维方式的习惯性和局限性, 追求创新思维.

创新思维是以非习惯的方式进行思考, 也就是"思人所未思, 做人所未做". 它与常规思维的最本质区别就在于常规思维通常都是逻辑思维和经验思维, 创新思维是相对的而不是绝对的. 因为思维本身也要受到许许多多因素的制约, 而不可能是"天马行空, 独来独往". 比如客观环境、教育背景、生理状况等方面, 都会制约着一个具体人的思维超越性和创新水平. 而人类的优越性之一就表现在, 人能够意识到这种制约, 而且又不断地打破这些制约, 去实现充满创意的新思维. 综观整个人类的进步史, 就是一部从不可能到可能, 再从可能到现实的不断创新的历史.

创新思维往往意味着理论上的突破和实践上的成功. 因此, 千百年来, 古今中外的人们一直都在努力总结创新思维的规律, 探索其中的奥秘, 并取得了十分丰硕的成果. 但遗憾的是, 到目前为止, 有关创新思维的研究成果还很难说是一门概念明确、体系完整的学科, 相关的理论研究和实践成果都还存在着难以克服的不足之处.

从可拓学的观点来看，任何事物都具有可拓展性. 可拓展性和共轭性是进行创新的依据. 把拓展分析、共轭分析和可拓变换以及可拓集的思想和方法应用于人类思维领域是极其合适的. 它解决了"思维怎样创新"、"从哪里创新"、"对创新思维的结果如何评价"等问题.

将可拓学理论与可拓创新方法和思维科学交叉融合，用形式化方法研究创新思维，在各领域的创新和解决矛盾问题中都有重要作用. 为此，提出了 5 种可拓思维模式，包括菱形思维模式、逆向思维模式、共轭思维模式、传导思维模式和降维升维思维模式. 菱形思维模式把拓展方法与收敛方法相结合，是模型化、定性分析与定量计算相结合进行创新和解决矛盾问题的方法. 逆向思维模式是有意识地从常规思维的反方向去思考问题的思维方式，逆向思维作为一种非常规的创造性思维模式，其形式化研究有较大的难度，致使人们较难掌握这种思维方法，但若利用可拓学中的形式化方法，则可以给出逆向思维的多种模式. 共轭思维模式是可拓学特有的一种思维模式，它依据的是物的共轭分析原理和共轭变换原理，应用这种思维模式可以使我们更全面地了解物的内部结构和外部关系，分析其优缺点，并根据共轭部在一定条件下的相互转化性，有针对性地采取相应措施去达到预定的目标. 在创新或解决矛盾问题时，有时实施某一变换不能直接实现创新或解决矛盾问题，但由此产生的传导变换却可以使问题得以解决，这种利用传导变换实现创新或解决矛盾问题的思维模式，称为传导思维模式. 降维升维思维模式是通过对多维基元或复合元进行降维或升维操作，以实现创新或解决矛盾问题的思维模式，应用非常广泛.

5.10.1　菱形思维模式

菱形思维模式是一种先发散、后收敛的思维模式，它包括了发散性思维和收敛性思维两个阶段.

人们从事的许多活动，都可以用基元、复合元或它们的运算式进行形式化描述. 基元是形式化表示事、物和关系的基本元，以基元为例，从某一基元出发，利用拓展分析方法，沿不同的途径，可以拓展出多个基元，从而获得大量的信息，为创新或分析问题、解决问题提供丰富的资料，这个过程是发散过程. 发散性思维是创新思维的第一阶段，主旨是先求数量，先拓宽思路. 在此基础上，根据客观条件的限制和解决不同问题的不同需要，从可行性、优劣性、真伪性和相容性出发，对发散过程得到的大量基元进行评价，筛选符合要求的少量基元，这个过程称为收敛过程. 收敛性思维是创新思维的第二阶段，其主旨是将被拓宽的思路向最佳方向聚焦. 最后，对选出的基元进行可拓变换或综合处理，可以得到超乎寻常的新观点、新思想、新创意. 这个过程就是一级菱形思维过程. 用基元表示的一级菱形思维模式如图 5.20 所示.

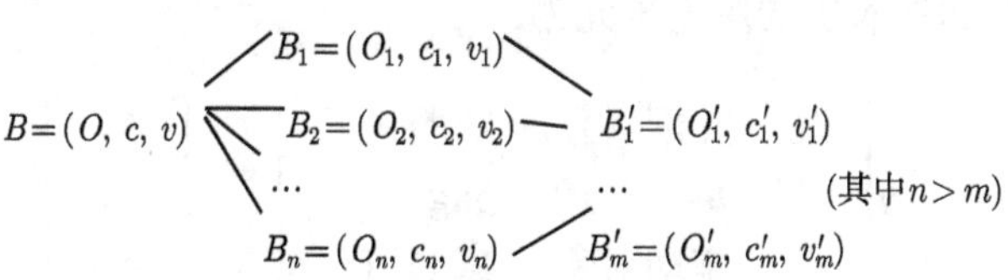

$B_1=(O_1, c_1, v_1)$
$B=(O, c, v)$
$B_2=(O_2, c_2, v_2)$
$B'_1=(O'_1, c'_1, v'_1)$
…
…
(其中$n>m$)
$B_n=(O_n, c_n, v_n)$
$B'_m=(O'_m, c'_m, v'_m)$

图 5.20 一级菱形思维模式

在上述模型中，发散过程即 B—|$\{B_1，B_2,\cdots,B_n\}$，它依据基元的拓展分析原理或物元的共轭分析原理，采用拓展分析方法、共轭分析方法和可拓变换方法进行. 而收敛的过程，即 $\{B_1，B_2,\cdots,B_n\}$|—$\{B'_1，B'_2,\cdots,B'_m\}$，可采用恰当的评价方法，如 3.5 节介绍的优度评价法等，进行筛选评判，从而获得想得到的基元.

有时我们可以采取“发散—收敛—再发散—再收敛……”的多次循环，从而形成多级菱形思维模式. 多级菱形思维模式如图 5.21 所示.

B_{11}
B_1
…
$\{B_1{}^*\}$
B_2
B_{1n_1}
B
…
…
…
$\{B^*\}$
B_{m1}
B_m
…
$\{B_m{}^*\}$
B_{mn_m}

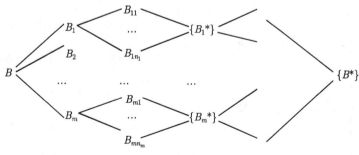

图 5.21 多级菱形思维模式

对于复合元及基元或复合元的运算式，也都可以进行上述的发散和

收敛，此不详述.

例 5.24　某品牌洗衣机系列产品开发中的菱形思维模式.

某生产洗衣机的企业的起步不能算早，但和许多同行业的生产厂相比，它的产品开发却别具特色. 特别是在产品开发中的菱形思维模式，不仅在整个洗衣机行业中引人注目，而且在整个工业领域都具有借鉴意义.

仔细研究洗衣机 O_0 的产品创新过程，可以发现其"用途"演化的菱形思维轨迹.

设现有的洗衣机的用途事元为：

$$
A_0 = \begin{bmatrix} \text{洗,} & \text{支配对象,} & \text{衣服} \\ & \text{重　量,} & 5\text{kg} \\ & \text{施动对象,} & \text{家庭用户} \\ & \text{地　点,} & \text{家中} \\ & \text{工　具,} & O_0 \end{bmatrix} = \begin{bmatrix} A_{01} \\ A_{02} \\ A_{03} \\ A_{04} \\ A_{05} \end{bmatrix},
$$

根据发散分析原理，可对上述事元的分事元进行如下发散分析：

$$
A_{01} - \begin{cases} A_{011} = \left(\text{洗,} \quad \text{支配对象,} \quad \text{红薯} \right) \\ A_{012} = \left(\text{打,} \quad \text{支配对象,} \quad \text{酥油} \right) \\ A_{013} = \left(\text{削,} \quad \text{支配对象,} \quad \text{土豆皮} \right) \end{cases},
$$

$$
A_{02} - \begin{cases} A_{021} = \left(\text{洗,} \quad \text{重量,} \quad 3\text{kg} \right) - \begin{cases} A_{0211} = \left(\text{打,} \quad \text{重量,} \quad 3\text{kg} \right) \\ A_{0212} = \left(\text{削,} \quad \text{重量,} \quad 3\text{kg} \right) \end{cases} \\ A_{022} = \left(\text{洗,} \quad \text{重量,} \quad 1.5\text{kg} \right) - \begin{cases} A_{0221} = \left(\text{打,} \quad \text{重量,} \quad 1.5\text{kg} \right) \\ A_{0222} = \left(\text{削,} \quad \text{重量,} \quad 1.5\text{kg} \right) \end{cases} \\ A_{023} = \left(\text{洗,} \quad \text{重量,} \quad 8\text{kg} \right) - \begin{cases} A_{0231} = \left(\text{打,} \quad \text{重量,} \quad 8\text{kg} \right) \\ A_{0232} = \left(\text{削,} \quad \text{重量,} \quad 8\text{kg} \right) \end{cases} \end{cases},
$$

$$A_{03} - \begin{cases} A_{031} = \left(\text{洗}, \quad \text{施动对象}, \quad \text{军人} \right) \\ A_{032} = \left(\text{打}, \quad \text{施动对象}, \quad \text{工人} \right) \\ A_{033} = \left(\text{削}, \quad \text{施动对象}, \quad \text{餐饮业人员} \right) \end{cases} ,$$

$$A_{04} - \begin{cases} A_{041} = \left(\text{洗}, \quad \text{地点}, \quad \text{军营} \right) \\ A_{042} = \left(\text{打}, \quad \text{地点}, \quad \text{工厂} \right) \\ A_{043} = \left(\text{削}, \quad \text{地点}, \quad \text{餐饮店} \right) \end{cases} ,$$

根据上述发散的结果，再按照用途事元的结构实施各种可拓变换和可拓变换的运算，可获得多种洗衣机的用途事元，从而获得多种洗衣机的设计创意.

对经过发散分析得到的创意，并非全部可以应用，需要根据实际应用中的衡量指标，进行评价筛选，得到优度较高的创意. 例如，利用优度评价法收敛得到如下洗衣机的新用途事元模型：

$$A_1 = \begin{bmatrix} \text{洗}, & \text{支配对象}, & \text{红薯} \\ & \text{重} \quad \text{量}, & 5\text{kg} \\ & \text{施动对象}, & \text{家庭用户} \\ & \text{地} \quad \text{点}, & \text{家中} \\ & \text{工} \quad \text{具}, & O_1 \end{bmatrix} ,$$

$$A_2 = \begin{bmatrix} \text{打}, & \text{支配对象}, & \text{酥油} \\ & \text{重} \quad \text{量}, & 3\text{kg} \\ & \text{施动对象}, & \text{工人} \\ & \text{地} \quad \text{点}, & \text{工厂} \\ & \text{工} \quad \text{具}, & O_2 \end{bmatrix} ,$$

$$A_3 = \begin{bmatrix} \text{削}, & \text{支配对象}, & \text{土豆皮} \\ & \text{重} \quad \text{量}, & 5\text{kg} \\ & \text{施动对象}, & \text{餐饮人员} \\ & \text{地} \quad \text{点}, & \text{餐饮店} \\ & \text{工} \quad \text{具}, & O_3 \end{bmatrix} ,$$

$$A_4 = \begin{bmatrix} 洗, & 支配对象, & 衣服 \\ & 重\quad量, & 1.5kg \\ & 施动对象, & 家庭用户 \\ & 地\quad点, & 家中 \\ & 工\quad具, & O_4 \end{bmatrix},$$

$$A_5 = \begin{bmatrix} 洗, & 支配对象, & 衣服 \\ & 重\quad量, & 8kg \\ & 施动对象, & 军人 \\ & 地\quad点, & 军营 \\ & 工\quad具, & O_5 \end{bmatrix},$$

由上述事元模型, 可获得如下新产品创意:

家庭用户在家中使用的 5kg 的洗红薯机; 工人在工厂使用的 3kg 的打酥油机; 餐饮业人员在餐饮店使用的 5kg 削土豆皮机; 家庭用户在家中使用的 1.5kg 的迷你洗衣机; 军人在军营中使用的 8kg 的迷彩洗衣机.

实际上, 本书 3.6 节介绍的产品可拓创意生成方法和第 4 章矛盾问题的求解方法, 都是先发散后收敛获取创新或解决矛盾问题的可拓创意, 因此, 都遵循菱形思维模式.

5.10.2　逆向思维模式

逆向思维是有意识地从常规思维的反方向去思考问题的思维方式, 是一种冲破常规、寻求变异的思维, 也就是 "按臃疵媛ニ枷?′薄‘反其道而行之′. 它改变了人们从正面去探索问题的习惯, 主动地打破了常规思维的单向性、单一性、习惯性和逻辑性, 故虽不符合常规的逻辑, 却可产生超常的构思和不同凡响的新观念和新思路. 应用逆向思维, 往往可以获得较大的创新.

从创造学的角度看, 常用的逆向思维主要有: 原理逆向、属性逆向、方向逆向和方法逆向等. 逆向思维作为一种非常规的创造性思维模式, 其形式化研究有较大的难度, 致使人们较难掌握这种思维方法. 但若利用可拓学中的形式化方法, 则可以给出逆向思维的多种模式. 下面我们将基于可拓学中的基元、逆变换及蕴含关系等, 给出形式化描述逆向思维的四种常用思维模式.

1. 利用"非基元"的逆向思维模式

根据 2.1 节基元的逻辑运算中所定义的基元的"非运算"可知,"非运算"是一种逆向思维运算,在创新或解决矛盾问题时,可以利用"非运算"获取的"非基元",作为创新或解决矛盾问题的基元.

在创新或解决矛盾问题的过程中,往往某一基元是常规思维基元,如果从该基元出发无法找到创新或解决矛盾问题的方法,则可试图去寻找它的"非基元",从"非基元"去思考创新或解决矛盾问题的方法. 这种思维模式,是利用"非基元"的逆向思维模式.

例如,一个金属球从一个斜坡上滚下,大家都认为是很正常的,因为金属球有重量. 如果让你想象一下,一个金属球能否自动从一个斜坡下面滚到斜坡顶上?没有看过科技展览或没有一定的物理学知识的人一定认为是不可能的,但科学家们已经证明这是完全可以实现的.

例 5.25 在火箭研制即将成功时,专家们遇到了一个瓶颈问题,即火箭发射时的平衡性问题无法解决. 后来有人提出在火箭的尾部增加一物体,即可解决平衡性问题. 但由于火箭发射时尾部的温度非常高,因此专家们就都把注意力转移到了寻找这一"耐高温"的附加物上. 但由于当时的条件,一直无法找到这种材料,致使专家们一筹莫展. 就在这时,有一位年轻的专家突然想到:为什么要寻找"耐高温"的材料?我们的目的是使火箭平衡,而且当火箭的速度达到一定程度时,根本不存在平衡问题. 这种材料只要能保证发射初期火箭的平衡不就足够了吗?发射以后这种材料被烧掉也对火箭无妨. 于时他大胆地提出了在火箭尾部附加易燃的"木质"材料的方案. 经过试验证明,这种既廉价又容易找到的材料轻易的解决了困扰了专家们很久的瓶颈问题.

此例就是利用非事元寻找解决矛盾问题的策略的一种逆向思维模式.

设要附加的材料为 D,根据专家们的经验和火箭尾部的条件,专家们最初界定的问题的目标,即常规思维的目标事元为

$$G = \begin{bmatrix} 防止, & 支配对象, & 燃烧 \\ & 接受对象, & D \\ & 位\quad置, & 火箭底部 \end{bmatrix},$$

要实现这个目标,就必须要求下位目标事元

$$G_1 = \begin{bmatrix} 耐, & 支配对象, & 高温 \\ & 接受对象, & D \\ & 位　置, & 火箭底部 \end{bmatrix}$$

实现, 即 $G \Leftarrow G_1$. 而当年没有能够承受火箭底部高温的材料, 因此使问题陷入瓶颈.

实际上, 问题的原目标并非 G, 而是 "在火箭发射初期使火箭平衡", 即原目标事元为

$$G_0 = \begin{bmatrix} 平衡, & 接受对象, & 火箭 \\ & 工　具, & D \\ & 时　间, & 发射初期 \end{bmatrix},$$

要使该目标实现, 只需利用下位目标事元 G_1 的非事元即可, 即

$$\overline{G}_1 = \begin{bmatrix} \overline{耐}, & 支配对象, & 高温 \\ & 接受对象, & D \\ & 位　置, & 火箭底部 \end{bmatrix},$$

使 $G_0 \Leftarrow \overline{G}_1$.

显然, 在当年的条件下, 下位目标事元 G_1 无法实现, 而它的非事元 $\overline{G}_1$ 却很容易实现. 该例中的年轻专家就利用了木材这一 "不耐高温材料".

例 5.26　18 世纪末, 英国著名的医生琴纳正忙于解决天花这个千年难题. 研究过一次又一次病例后, 他仍然找不到可行的治疗方法. 他的思路陷于绝境. 这时, 琴纳医生另辟蹊径: 他停止了同问题的拼搏, 改变了分析问题的方向——不把主要精力集中在那些天花患者身上, 而是转向那些未染上此病的人们. 结果发现挤奶女工从未患过此病. 于是他从挤奶女工的手上取出微量牛痘疫苗, 接种到一名 8 岁男孩的胳膊上, 一个月后的实验证明, 琴纳找到了抵御天花的武器, 从而消灭了肆虐西方世界上千年的天花.

本案例中, 目标事元为 $G = \begin{pmatrix} 治疗, & 支配对象, & 天花 \end{pmatrix}$, 且在条

件事元

$$L = \left(\text{研究}, \quad \text{支配对象}, \quad \text{天花患者} \right)$$

下目标事元 G 无法实现，即 $P = G * L$, $G \uparrow L$.

根据领域知识可知，目标事元和条件事元的非事元分别为

$$\overline{G} = \left(\overline{\text{治疗}}, \quad \text{支配对象}, \quad \text{天花} \right),$$

$$\overline{L} = \left(\text{研究}, \quad \text{支配对象}, \quad \overline{\text{天花患者}} \right)$$

$$= \left(\text{研究}, \quad \text{支配对象}, \quad \text{未患天花者} \right),$$

再根据领域知识和发散分析方法，有

$$\overline{G} -| G' = \left(\text{预防}, \quad \text{支配对象}, \quad \text{天花} \right),$$

由此形成新的问题 $P' = G' * \overline{L}$. 若能从 $\overline{L}$ 中找到不患天花的原因，即可实现预防天花的目标.

琴纳就是利用这种思维模式，解决了这个千年难题. 现在对于很多难以治愈且传染性较强的疾病，科学家们都是通过研制疫苗来降低发病率，预防疾病的大面积传播.

说明：复合元也有"非运算"，在创新或解决矛盾问题时，也可以利用复合元的"非运算"获取的"非复合元"，作为创新或解决矛盾问题的复合元，有兴趣的读者可以自行思考.

2. 利用"逆事元"的逆向思维模式

在 2.1 节中基元的逻辑运算部分，介绍了"逆基元"的概念，说明"逆基元"是"非基元"的特例，而"逆事元"在创新或解决矛盾问题中非常有用. 下面介绍利用"逆事元"的逆向思维模式.

"逆事元"是指事元中的动作为逆动作，或者动作关于某特征的量值是逆量值的事元. 用事元形式化表示为：

设事元 $A_1 = \left(O_1, \quad c, \quad v_1 \right)$, $A_2 = \left(O_2, \quad c, \quad v_2 \right)$, 若动作 O_1 与 O_2 互为逆动作，或者量值 v_1 与 v_2 互为逆量值，则称事元 A_1 与 A_2 关于特征 c 互为"逆事元". 记作 $A_1 = A_2^{-1}$ 或 $A_2 = A_1^{-1}$.

　　在现实生活中, 逆动作是大量存在的, 如 "投入" 和 "产出"、"借" 和 "贷"、"进" 和 "退"、"提高" 和 "降低" 等等. 在解决矛盾问题时, 如果从某一事件考虑不能解决, 则可以从它的相反方面去考虑, 看看能否有所突破. 这种思维模式就是利用 "逆事元" 的逆向思维模式. 例如, "水往低处流" 这一常规思维, 无法解决 "引水上山"、"高楼用水" 等问题, 即 "水往高处流" 这一逆向问题. 改变了思维模式后, 人们就不认为 "水往高处流" 是不可能的了, 于是发明了压力泵等设备, 使人们的生活发生了革命性的变化.

　　例 5.27　某水果经销商 E 得知 D_1 地盛产一种皮薄如纸、甘甜如蜜的水晶桃, 便与当地的供销社签订了数百吨的供销合同, 销售地点为 D_2. 待到收获前, 这位经销商才了解到该种水晶桃正是因为皮薄肉厚汁多才具有怕碰怕破、保存期特短 (一般保存 3~5 天), 运输和储存特不方便等致命缺陷. 按照正常的销售方式, 从采摘、收购、装箱、运输、批发到零售一系列环节, 少了 10 天绝对不行. 此时经销商面临着进退两难的困境: 继续执行合同, 定赔无疑; 若废止合同, 支付巨额赔偿金不说, 多年来的商业信誉也会一扫而光.

　　在本例中, 经销商 E 的原目标事元为

$$G = \begin{bmatrix} 销售, & 支配对象, & 水晶桃 \\ & 施动对象, & 经销商\ E \\ & 数量, & 数白吨 \end{bmatrix},$$

　　根据常规的销售方式和水晶桃的保存期, 要实现目标 G, 必须首先实现下位目标:

$$G_1 = \begin{bmatrix} 运给, & 支配对象, & 购买者 \\ & 时\quad间, & <3,5>\ 天 \\ & 路\quad径, & D_1 \to D_2 \\ & 施动对象, & 经销商\ E \end{bmatrix},$$

即 $G \Leftarrow G_1$. 而按照当时的物流情况和水晶桃的情况可知, 该问题原有

的条件为

$$L_1 = \begin{bmatrix} 运给, & 支配对象, & 购买者 \\ & 时\quad间, & 10\ 天 \\ & 路\quad径, & D_1 \to D_2 \\ & 施动对象, & 经销商\ E \end{bmatrix} = \begin{bmatrix} L_{11} \\ L_{12} \\ L_{13} \\ L_{14} \end{bmatrix},$$

$$L_2 = \begin{bmatrix} 水晶桃, & 产地, & D_1 \\ & 保存期, & <3,5>\ 天 \end{bmatrix},$$

显然，原有的销售方式所花费的时间要远远大于水晶桃的保存期限，在这种情况下，目标事元 G_1 难以实现，因此目标 G 难以实现，即 $P = G * (L_1 \wedge L_2)$，$G \uparrow (L_1 \wedge L_2)$。

根据领域知识可知，L_1 的分事元 L_{11} 和 L_{13} 的逆事元为

$$L_{11}^{-1} = L_{11}' = \begin{pmatrix} 请来, & 支配对象, & 购买者 \end{pmatrix},$$

$$L_{13}^{-1} = L_{13}' = \begin{pmatrix} 请来, & 路径, & D_2 \to D_1 \end{pmatrix},$$

再根据发散分析可得：

$$L_{13}^{-1} = L_{13}' \dashv L_{13}'' = \begin{pmatrix} 请来, & 路径, & 任意 \to D_1 \end{pmatrix},$$

因此，根据领域知识和可拓变换方法，对 L_1 实施如下可拓变换，可构成新的销售方式事元为

$$T_1 L_1 = L_1' = \begin{bmatrix} 请来, & 支配对象, & 购买者 \\ & 时\quad间, & 1\ 天 \\ & 路\quad径, & D_2 \to D_1 \\ & 施动对象, & 经销商\ E \end{bmatrix} = \begin{bmatrix} L_{11}' \\ L_{12}' \\ L_{13}' \\ L_{14}' \end{bmatrix}$$

或

$$T_2 L_1 = L_1'' = \begin{bmatrix} 请来, & 支配对象, & 购买者 \\ & 时\quad间, & <1,3>\ 天 \\ & 路\quad径, & 任意 \to D_1 \\ & 施动对象, & 经销商\ E \end{bmatrix} = \begin{bmatrix} L_{11}' \\ L_{12}'' \\ L_{13}'' \\ L_{14}' \end{bmatrix}.$$

若 L_1' 或 L_1'' 能实现, 即从 D_2 地或任意地点请来购买者, 在 D_2 地待 1 天或 1~3 天, 则目标 G 在条件 $L_1' \wedge L_2$ 或 $L_1'' \wedge L_2$ 下可以实现.

该经销商就是利用了这种思维模式, 开辟了"逛桃花山、游桃花河、吃桃花鱼、尝水晶桃"的特色旅游项目. 以一种崭新的方式来间接推销水晶桃, 不仅避免了原来的风险, 而且获得了很高的利润 (即把原来的"运出去卖"变为"请进来买").

说明: 此例是在物流业不发达的年代解决异地销售矛盾问题的方法. 当今物流业的发展, 已大大缩短了水果的运输时间, 因此, 目前水晶桃的运输时间和保存期已经不存在矛盾问题.

这种利用"逆事元"的逆向思维模式, 在解决矛盾问题时经常用到. 例如, 在钨丝灯泡发明的早期, 灯泡是抽真空的. 但钨丝通电后很容易变脆, 且使用时间不长, 容易变黑. 为了改变这一缺点, 发明家兰米尔采用了上述的逆向思维模式, 给灯泡充气, 从而发明了充气灯泡.

例 5.28　某小区一家业主家的水表坏了, 家里没用水, 但水表指针一直在正向旋转. 男主人 D_1 很着急, 打电话报自来水公司维修, 自来水公司工作人员回复说最近很忙, 要预约一周后才能上门修理. 这家女主人 D_2 一听, 又给自来水公司打电话, 说她家的水表坏了, 一直倒着转, 请马上维修, 否则水表读数就转到 0 了. 自来水公司回复说马上安排师傅上门维修.

下面利用"逆事元"的逆向思维模式解读这个案例. 设该案例中 t 时刻男主人 D_1 的目标为

$$G = \begin{bmatrix} \text{维修,} & \text{支配对象,} & A \\ & \text{施动对象,} & \text{维修师傅} \\ & \text{时　间,} & t \\ & \text{地　点,} & \text{家中} \end{bmatrix},$$

$$A = \begin{bmatrix} \text{旋转,} & \text{施动对象,} & \text{水表指针} \\ & \text{方　向,} & \text{正向} \\ & \text{状　态,} & \text{持续} \end{bmatrix}$$

条件为

$$L = \begin{bmatrix} 报修, & 接受对象, & A \\ & 施动对象, & D_1 \\ & 时\quad间, & t \end{bmatrix},$$

但由于这个目标是业主 D_1 的目标，水表持续旋转浪费的是业主家的钱，所以自来水公司并不着急派人维修. 这家的女主人先把事元 A_1 变成其逆事元，即作变换

$$\varphi_1 A = \begin{bmatrix} 旋转, & 施动对象, & 水表指针 \\ & 方\quad向, & (正向)^{-1} \\ & 状\quad态, & 持续 \end{bmatrix}$$

$$= \begin{bmatrix} 旋转, & 施动对象, & 水表指针 \\ & 方\quad向, & 反向 \\ & 状\quad态, & 持续 \end{bmatrix} = A^{-1},$$

然后再做如下变换

$$\varphi_2 L = \begin{bmatrix} 报修, & 接受对象, & A^{-1} \\ & 施动对象, & D_2 \\ & 时\quad间, & t_1 \end{bmatrix} = L',$$

则必然导致原目标发生如下传导变换

$$_{\varphi_2\varphi_1} T_G G = \begin{bmatrix} 维修, & 支配对象, & A^{-1} \\ & 施动对象, & 维修师傅 \\ & 时\quad间, & t_1 \\ & 地\quad点, & 家中 \end{bmatrix} = G',$$

女主人通过把原事元 A 变成其逆事元 A^{-1}，就使得水表持续旋转浪费的是自来水公司的钱了，所以自来水公司就马上派人上门维修了，即使目标 G' 实现.

当然，这个案例不一定是真实的，但这种解决问题的思维模式是经常被用到的. 例如，对于心理逆反期的孩子，往往你让他做什么事，他偏偏不做，这时候就可以用这种逆向思维模式解决问题.

3. 利用逆变换的逆向思维模式

逆变换是相对于另一变换而言的. 对某对象 Γ, 存在变换 T, 使 $T\Gamma = \Gamma'$, 若存在另一变换 T', 使 $T'\Gamma' = \Gamma$, 则称 T' 为变换 T 的逆变换, 记作 $T' = T^{-1}$, 且 $TT^{-1} = E$.

利用逆变换的逆向思维模式为: 对某对象 Γ, 无法找到变换 T, 使 $T\Gamma = \Gamma'$, 若能找到逆变换 T^{-1}, 使 $T'\Gamma' = \Gamma$, 则可认为变换 T 实现.

例 5.29 古时候, 有个国家的国王想考验一下他的一位谋士的智慧, 便说: "你有没有本事把我从宝座上请到丹墀来?" 谋士说: "我没办法. 但如果您在下面, 我就有办法请您坐到宝座上去." 国王听后, 说: "我不信." 于是走下宝座, 到丹墀来. 这时谋士笑着说: "您不是被请下来了吗?"

在此例中, 谋士所应用的就是逆变换的方法. 设

$$M = \left(\begin{array}{ccc} 国王, & 位置, & 宝座上 \end{array} \right),$$

国王要谋士作变换 T, 使 $TM = \left(\begin{array}{ccc} 国王, & 位置, & 丹墀 \end{array} \right) = M'$.

显然, 变换 $T\bar{@}$, 谋士作了变换 T^{-1}, 使

$$T^{-1}M' = \left(\begin{array}{ccc} 国王, & 位置, & 宝座 \end{array} \right) = M,$$

即告诉国王他无法实现变换 T, 但是他可以让变换 T^{-1} 实现.

由于国王不相信谋士的变换 T^{-1} 能实现, 于是自己主动从宝座上下到丹墀来. 但谋士的目的不是为了实现 T^{-1}, 而是为了实现 T. 通过此逆变换, 谋士使国王的目标改变, 从而达到了自己的目标.

这种利用逆变换的逆向思维模式, 是很多奇谋妙计产生的办法.

由于所有的可拓变换都可以用事元来表示, 因此, 逆变换是逆事元中的一个特例. 此例也可用逆事元的逆向思维模式来分析. 有兴趣的读者不妨自己分析一下.

4. 利用逆蕴含的逆向思维模式

在可拓学中, 给出了蕴含关系的定义: 若 $B_1@$, 则 $B_2@$, 称 B_1 蕴含 B_2, 记作 $B_1 \Rightarrow B_2$.

所谓逆蕴含, 是指把上述蕴含关系中的 B_1 与 B_2 位置互换所得到的蕴含关系. 即若 B_2@, 则 B_1@, 称 B_2 蕴含 B_1, 记作 $B_2 \Rightarrow B_1$.

这一蕴含关系是上一蕴含关系的逆蕴含.

例 5.30 1820 年丹麦物理学家奥斯特发现了电流的磁效应, 即若物体 D 中有电流通过, 则物体 D 具有磁性. 亦即 "电 ⇒ 磁". 之后, 很多科学家开始思考一个问题: 既然电可以生磁, 那么磁可不可以生电? 1822 年, 31 岁的法拉第开始把磁转变成电的实验. 经过 10 年的不懈努力, 终于在 1831 年发现磁引起电的现象, 这种现象被称为电磁感应现象, 即 "磁 ⇒ 电". 从此, 法拉第确立了电磁感应的基本定律, 揭示了磁和电之间的联系, 成为现代电工学的基础. 法拉第还利用电磁感应原理, 设计了历史上第一台感应发电机.

此例若用基元的蕴含表达, 即若

$$B_1 = \begin{bmatrix} 通过, & 支配对象, & 电流 \\ & 接受对象, & 物体 D \end{bmatrix},$$

$$B_2 = \begin{bmatrix} 具有, & 支配对象, & 磁性 \\ & 接受对象, & 物体 D \end{bmatrix},$$

则 $B_1 \Rightarrow B_2$; 反之, $B_2 \Rightarrow B_1$.

这种逆向思维模式是科学家们经常应用的. 很多逆定理、逆命题等的提出, 都是应用了这种思维模式.

在解决矛盾问题的过程中, 如果用常规的蕴含关系无法解决, 则可考虑其逆蕴含能否成立, 若能成立, 则可能取得意想不到的结果.

5.10.3 共轭思维模式

对物的结构研究, 有助于利用物的各个组成部分去解决矛盾问题. 基于可拓学的共轭分析和共轭变换原理, 从物的物质性、系统性、动态性和对立性出发, 提出了虚实、软硬、潜显、负正四对对立的概念, 来完整地描述物的结构和组成, 深刻揭示物发展变化的本质. 任何物都有虚实、软硬、潜显、负正四对共轭部, 而且物的共轭部在一定条件下可以相互转化. 通过对物的共轭分析与共轭变换, 不但可以全面认识物, 而且可以利用共轭部之间的相互转化性去寻找创新或解决问题的途径.

共轭思维模式是可拓学特有的一种思维模式. 应用这种思维模式可以使我们更全面地了解物的结构, 分析其优缺点, 并根据共轭部在一定条件下的相互转化性, 有针对性地采取相应措施去达到预定的目标. 共轭思维模式是来源于中国传统文化精华的思维模式. 在创新或解决矛盾问题的过程中应用非常广泛, 如大家都非常了解的软件与硬件、软实力与硬实力、现实与虚拟现实、虚实融合等, 还有数字孪生、元宇宙等目前的热点技术, 也都与共轭思维模式相契合. 如果能很好地应用共轭思维模式, 不但可以全面、正确地分析自己的优势和劣势, 而且可以全面认识竞争者的情况, 以提高竞争力.

设某物为 O_m, 从物质性角度, 划分为实部 $\mathrm{re}(O_m)$, 虚部 $\mathrm{im}(O_m)$, 虚实中介部 $\mathrm{mid}_{\mathrm{im-re}}(O_m)$; 从系统性角度, 划分为硬部 $\mathrm{hr}(O_m)$, 软部 $\mathrm{sf}(O_m)$, 软硬中介部 $\mathrm{mid}_{\mathrm{sf-hr}}(O_m)$; 从动态性角度, 划分为显部 $\mathrm{ap}(O_m)$, 潜部 $\mathrm{lt}(O_m)$, 潜显中介部 $\mathrm{mid}_{\mathrm{lt-ap}}(O_m)$; 从对立性角度, 划分为正部 $\mathrm{ps}_c(O_m)$, 负部 $\mathrm{ng}_c(O_m)$, 负正中介部 $\mathrm{mid}_{\mathrm{ng-ps}}(O_m)$. 共轭部划分的演示图可用图 5.22 表示.

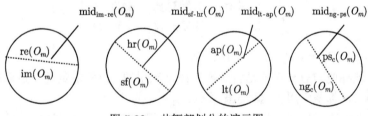

图 5.22　共轭部划分的演示图

在应用共轭思维模式时, 通常首先选定四种共轭思维模式中的一种, 然后建立相应的基元模型, 例如虚实共轭思维模式, 要先把导致问题产生的关键实部 $\mathrm{re}(O_m)$ 与虚部 $\mathrm{im}(O_m)$ 中的有关特征和相应的量值提取出来, 构建实部物元模型 M_{re} 与虚部物元模型 M_{im}, 然后利用共轭分析与共轭变换方法获取创新或解决矛盾问题的创意. 对于软硬共轭思维模式, 要构建硬部物元模型 M_{hr} 和软部关系元模型 R_{sf}; 对于潜显共轭思维模式, 要构建显部物元模型 M_{ap} 和潜部物元模型 M_{lt}; 对于负正共轭思维模式, 要构建关于某特征的正部物元模型 M_{ps_c} 和负部物元模型 M_{ng_c}. 由于中介部难以形式化, 在创新和解决矛盾问题的过程中, 只需要关注到中介部的存在, 并注意中介部对共轭部的分隔连接作用即可. 基于这些可拓模型, 再利用共轭变换方法, 获得创新或解决矛盾问题的创意. 关于共轭分析与共轭变换的相关内容请参阅本书相应内容, 此不详述.

下面利用案例说明共轭思维模式的应用.

例 5.31 随着物流业的不断发展, 物流速度不断提升. 但是水果属于生鲜类产品, 容易损坏也容易变质, 做好水果快递前的包装成为了一个重要环节. 特别是有些柔软多汁水果, 抗机械伤能力十分低, 要充分考虑运输过程中的承重承压问题. 除了增加外包装箱的硬度, 目前的解决方法包括: 给箱内每个水果加泡沫网袋、充气塑料袋、泡沫托盘、纸壳托盘等.

下面利用软硬共轭思维模式解读其中的矛盾问题及解决矛盾问题的过程.

从软硬共轭思维的角度分析, 设待运输的带外包装箱 O_{m1} 的 n 个水果 $\{O_{m2i},\, i=1,2,\cdots,n\}$, 外包装箱和水果本身都属于硬部, 箱及各水果之间的接触关系属于软部. 从潜显共轭思维的角度分析, 运输之前外包装箱 O_{m1} 和各水果 O_{m2i} 都是完好的, 这是显现的, 但在运输过程中, 却都存在潜在的被损坏的风险. 软硬中介部就是软与硬的分隔连接部, 潜显中介部就是潜与显的分隔连接部, 为简便起见, 此略.

如果各水果之间不增加区隔, 在运输过程中, 其他物品与外包装箱之间势必互相碰撞挤压, 必然导致箱及所装的 n 个水果的软部发生变化, 根据共轭变换可知, 硬部之间也势必互相碰撞挤压, 使水果损坏, 也就是使潜在的风险显化了.

设箱及各水果的硬部物元为

$$M_{hr1} = \left[\begin{array}{ccc} O_{m1}, & 质量, & v_{hr11} \\ & 体积, & v_{hr12} \end{array} \right],$$

$$M_{hr2i} = \left[\begin{array}{ccc} O_{m2i}, & 质量, & v_{hr21i} \\ & 体积, & v_{hr22i} \end{array} \right], i=1,2,\cdots,n$$

箱及各水果间的软部关系非常多, 此例只考虑如下关系: 箱 O_{m1} 与外部物品 O_{m3} 的挤压关系, 箱 O_{m1} 与装卸工人及快递员 O_{m4} 的装卸或运送关系, 箱 O_{m1} 与各水果 O_{m2i} 的挤压关系, 各水果 O_{m2i} 之间的挤压关系, 因此, 软部关系元为

$$R_{\text{sf1}} = \begin{bmatrix} \text{挤压关系}, & \text{前项}, & O_{m3} \\ & \text{后项}, & O_{m1} \\ & \text{程度}, & \text{高} \end{bmatrix},$$

$$R_{\text{sf2}} = \begin{bmatrix} \text{装卸} \vee \text{运送关系}, & \text{前项}, & O_{m4} \\ & \text{后项}, & O_{m1} \\ & \text{程度}, & \text{高} \end{bmatrix},$$

$$R_{\text{sf3}} = \bigwedge_{i=1}^{n} \begin{bmatrix} \text{挤压关系}, & \text{前项}, & O_{m1} \\ & \text{后项}, & O_{m2i} \\ & \text{程度}, & \text{高} \end{bmatrix},$$

$$R_{\text{sf4}} = \bigwedge_{i=1}^{n-1} \begin{bmatrix} \text{挤压关系}, & \text{前项}, & O_{m2i} \\ & \text{后项}, & O_{m2(i+1)} \\ & \text{程度}, & \text{高} \end{bmatrix}.$$

在运输、装卸与运送过程中, 软部关系元 R_{sf1} 与 R_{sf2} 是无法改变的. 为了解决水果挤压的问题, 除了用较硬的外包装箱 O_{m1}, 更有效且低成本的方式是给每个水果增加泡沫网袋或充气塑料袋 O_{m5i}, 相当于增加了一种硬部物质 O_{m5i}, 变换后的硬部可以导致箱及各水果之间的软部发生改变, 即对实部物元 $M_{\text{hr2}i}$ 实施增加变换

$$\varphi_{2i} M_{\text{hr2}i} = \begin{bmatrix} O_{m2i} \oplus O_{m5i}, & \text{质量}, & v'_{\text{hr21}i} \\ & \text{体积}, & v'_{\text{hr22}i} \end{bmatrix}, i = 1, 2, \cdots, n,$$

根据软硬共轭变换原理, 必然发生如下共轭变换

$$\varphi_{2i} T_{\text{sf3}} R_{\text{sf3}} = \bigwedge_{i=1}^{n} \left(\begin{bmatrix} \text{挤压关系}, & \text{前项}, & O_{m1} \\ & \text{后项}, & O_{m5i} \\ & \text{程度}, & \text{高} \end{bmatrix} \right.$$

$$\oplus \begin{bmatrix} 挤压关系, & 前项, & O_{m5i} \\ & 后项, & O_{m2i} \\ & 程度, & 低 \end{bmatrix},$$

$$\varphi_{2i} T_{sf4} R_{sf4} = \left(\bigwedge_{i=1}^{n-1} \begin{bmatrix} 挤压关系, & 前项, & O_{m2i} \\ & 后项, & O_{m2(i+1)} \\ & 程度, & 很低 \end{bmatrix} \right)$$

$$\oplus \left(\bigwedge_{i=1}^{n-1} \begin{bmatrix} 挤压关系, & 前项, & O_{m5i} \\ & 后项, & O_{m5(i+1)} \\ & 程度, & 高 \end{bmatrix} \right)$$

$$\oplus \left(\bigwedge_{i=1}^{n} \begin{bmatrix} 包裹关系, & 前项, & O_{m5i} \\ & 后项, & O_{m2i} \\ & 程度, & 高 \end{bmatrix} \right),$$

即由于泡沫网袋或充气塑料袋 O_{m5i} 有弹性, 会使得运输过程中箱中各水果之间的挤压和碰撞的程度降低, 进而实现运输过程中水果不被损坏的目标.

实际上, 这种思维模式处处都会用到, 但很多人往往重视硬部, 不太重视软部的改善, 就不利于问题的真正解决. 比如, 有的商家在水果很生的时候就摘下来运输, 导致客户收到的水果不能直接吃, 需要催熟后才能吃, 有时候催熟的水果口感并不好.

5.10.4 传导思维模式

在 §2.4 中, 我们介绍了传导变换和传导效应的有关知识. 所谓传导变换, 是在对某一对象实施某一变换后而导致的另一对象所发生的变换, 传导效应是传导变换所产生的效应.

在解决矛盾问题时, 有时实施某一变换不能直接解决矛盾, 但由此产生的传导变换却可以使矛盾问题得以解决. 这种利用传导变换解决矛盾问题的思维模式, 称为传导思维模式. 为便于读者掌握, 我们把这种思维模式形式化表示如下:

设某对象为 Γ_1(Γ_1 可以是基元、论域或关联准则)，变换 $\varphi\Gamma_1 = \Gamma_1'$ 无法解决矛盾问题，若 $\Gamma_1 \stackrel{\sim}{\rightarrow} \Gamma_2$，则可寻找变换 $_\varphi T_{\Gamma_2} \Leftarrow \varphi$，$_\varphi T_{\Gamma_2}\Gamma_2 = \Gamma_2'$，以使矛盾问题解决. 寻找 $_\varphi T_{\Gamma_2}$ 并实施的模式即是传导思维模式.

在利用传导思维模式时，要注意所采用的传导变换是否会引起二次传导变换. 如果会，还必须考虑二次传导变换的效应是正效应还是负效应，如果是负效应，就必须慎重考虑是否必须采用这种思维模式，若必须采用，则要考虑制定相应的协调方案，以免导致不良后果的发生.

例 5.32　2001 年的中秋佳节前夕，某食品有限公司 D 突然间受到公众瞩目，原因是某电视台报道了该公司在生产销售用隔年剩料制作的月饼. 一时间，整个环境对该公司的生产和销售形成了极大的压力，而该公司拙劣和迟滞的危机处理策略更使形势雪上加霜. 最终，"城门失火"(D 公司) 殃及"池鱼"——国内其他月饼生产厂商也受到很大的影响. 下面利用传导思维模式分析此例.

1) 相关网中一个物元的变换会导致与其相关的其它物元随之而变

为了构造一个相关网，令 $O_1 = $ "D 公司"，$O_2 = $ "O_1 所生产的月饼"，$O_3 = $ "制作 O_2 所使用的原料"，构造如下的多维物元

$$M_1 = \begin{bmatrix} O_1, & \text{产品类型}, & \text{月饼} \\ & \text{品牌名称}, & D \\ & \text{销量}, & v_{13} \\ & \text{信誉}, & v_{14} \\ & \text{利润}, & v_{15} \end{bmatrix} = \begin{bmatrix} O_1, & c_{11}, & O_2 \\ & c_{12}, & v_{12} \\ & c_{13}, & v_{13} \\ & c_{14}, & v_{14} \\ & c_{15}, & v_{15} \end{bmatrix} = \begin{bmatrix} M_{11} \\ M_{12} \\ M_{13} \\ M_{14} \\ M_{15} \end{bmatrix},$$

$$M_2 = \begin{bmatrix} O_2, & \text{质量}, & v_{21} \\ & \text{原料类型}, & v_{22} \\ & \text{单价}, & v_{23} \end{bmatrix} = \begin{bmatrix} O_2, & c_{21}, & v_{21} \\ & c_{22}, & v_{22} \\ & c_{23}, & v_{23} \end{bmatrix} = \begin{bmatrix} M_{21} \\ M_{22} \\ M_{23} \end{bmatrix},$$

$$M_3 = \begin{bmatrix} O_3, & \text{质量}, & v_{31} \\ & \text{价格}, & v_{32} \end{bmatrix} = \begin{bmatrix} O_3, & c_{31}, & v_{31} \\ & c_{32}, & v_{32} \end{bmatrix} = \begin{bmatrix} M_{31} \\ M_{32} \end{bmatrix},$$

根据领域知识和相关网方法可知，分物元 M_{13}、M_{14}、M_{15}、M_{21}、

M_{22}、M_{23}、M_{31}、M_{32} 间存在如下相关网:

$$M_{15}\overset{\backsim}{\leftarrow}M_{13}\overset{\vee}{\leftarrow}\left\{\begin{array}{l}M_{14}\overset{\backsim}{\leftarrow}M_{21}\\M_{23}\overset{\backsim}{\leftarrow}M_{32}\end{array}\right\}\overset{\wedge}{\leftarrow}M_{31}\overset{\backsim}{\leftarrow}M_{22}\ ,$$

在此相关网中, 当分物元 M_{22} 的量值 v_{22} 发生变化 (从当年新料改为隔年剩料) 时, 从而引起相关网中与其相关的每一个物元都要发生相应的传导变换.

2) 分析企业原生产策略的生成方法

实际上, 企业之所以选择隔年剩料, 是因为隔年剩料的价格便宜. 根据上述相关网可知, 企业应用的是相关网中对企业提高利润有利的相关路径, 即:

$$M_{15}\overset{\backsim}{\leftarrow}M_{13}\overset{\backsim}{\leftarrow}M_{23}\overset{\backsim}{\leftarrow}M_{32}\overset{\backsim}{\leftarrow}M_{31}\overset{\backsim}{\leftarrow}M_{22}$$

但企业并没有考虑 M_{31} 同时会影响到 M_{21}, 并进而影响企业信誉和利润等.

当消费者不知内情时, 即 M_3 都是未知的, 企业通过实施主动变换 $\varphi M_{22}=\begin{pmatrix}O_2, & c_{22}, & v_{22}'\end{pmatrix}=M_{22}'$, 再通过一系列传导变换, 可以达到提高利润的目标, 且企业认为不会发生负传导效应. 但由于电视台的爆光, 使得该公司处于非常不利的境地.

3) 该公司危机处理策略的负传导效应

D 公司在危机事件发生后, 主要采取了两种措施来处理突发的危机: ① 宣称使用隔年剩料生产月饼是行业内心照不宣的惯常作法, 并非独我一家, 而且隔年剩料的质量也没有问题; ② 降价销售已生产出的月饼.

这两个策略可以概括为两种变换:

(1) 实施变换 $\varphi_1 M_{31}=M_{31}'=(O_3,\ 质量,\ 合格)$, 即 "宣称隔年剩料的质量没有问题";

根据上述相关网, 由于 $M_{21}\overset{\backsim}{\leftarrow}M_{31}$, 则必存在传导变换 $_{\varphi_1}T_{21}$, $\varphi_1\Rightarrow{}_{\varphi_1}T_{21}$, 使得

$$_{\varphi_1}T_{21}M_{21}=M_{21}'=(O_2,\ 质量,\ v_{21}'),$$

但实际上, $v_{21}'=v_{21}$, 故其一阶一次传导效应为:

$$c^{(1)}\left(T_{\varphi_1}^{(1)}\right)=v_{21}'-v_{21}=0,$$

　　由此可以看出, D 公司所采用的策略 φ_1 并没有产生任何效果, 即无助于问题的解决. 而且, 根据上述相关网, 该策略还会进一步引起 M_{14}、M_{13}、M_{15} 依次发生传导变换, 即

$$\varphi_1 \Rightarrow_{\varphi_1} T_{21} \Rightarrow_{21} T_{14} \Rightarrow_{14} T_{13} \Rightarrow_{13} T_{15}.$$

使得

$$_{21}T_{14}M_{14} = \left(\begin{array}{ccc} O_1, & c_{14}, & v'_{14} \end{array} \right) = M'_{14}, v'_{14} < v_{14},$$

$$_{14}T_{13}M_{13} = \left(\begin{array}{ccc} O_1, & c_{13}, & v'_{13} \end{array} \right) = M'_{13}, v'_{13} < v_{13},$$

$$_{14}T_{15}M_{15} = \left(\begin{array}{ccc} O_1, & c_{15}, & v'_{15} \end{array} \right) = M'_{15}, v'_{15} < v_{15},$$

　　根据领域知识可知, 传导效应均为负效应, 即一阶四次传导效应为:

$$c^{(4)} \left(T_{\varphi_1}^{(1)} \right) = (v'_{21} - v_{21}) + (v'_{14} - v_{14}) + (v'_{13} - v_{13}) + (v'_{15} - v_{15}) < 0$$

　　(2) 实施变换 $\varphi_2 M_{23} = M'_{23} = (O_2, 价格, v'_{23}), v'_{23} < v_{23}$, 即 "降价销售已生产出的月饼".

　　根据上述相关网, 显然有如下传导变换

$$\varphi_2 \Rightarrow {}_{\varphi_2}T_{13} \Rightarrow {}_{13}T_{15}$$

使得

$$_{\varphi_2}T_{13}M_{13} = M''_{13} = \left(\begin{array}{ccc} O_1, & c_{13}, & v''_{13} \end{array} \right), \quad v''_{13} < v_{13},$$

$$_{13}T_{15}M_{15} = M''_{15} = \left(\begin{array}{ccc} O_1, & c_{15}, & v''_{15} \end{array} \right), \quad v''_{15} < v_{15},$$

　　故变换 φ_2 的一阶二次传导效应为:

$$c^{(2)} \left(T_{\varphi_2}^{(1)} \right) = (v''_{13} - v_{13}) + (v''_{15} - v_{15}) < 0.$$

　　由此可见, D 公司所采用的降价销售策略 φ_2 不但无助于问题的解决, 而且会产生负面作用.

　　所以, D 公司所采取的两个处理措施不但不能解决业已存在的问题, 而且会使问题变得更糟.

5.10.5 降维与升维思维模式

"降维" 原本是计算机科学技术方面的术语, 指将高维多媒体数据的特征向量映射到一维或者低维空间的过程. 例如, 机器学习领域中所谓的降维, 就是指采用某种映射方法, 将原高维空间中的数据点映射到低维度的空间中, 数据降维后, 便于计算和可视化, 其更深层次的意义在于有效信息的提取综合及无用信息的摈弃. 数据降维的主要方法是线性映射和非线性映射方法两大类. 再如, 在图像识别领域, 通过单幅图像数据的高维化, 将单幅图像转化为高维空间中的数据集合, 对其进行非线性降维, 寻求其高维数据流形本征结构的一维表示向量, 将其作为图像数据的特征表达向量, 从而将高维图像识别问题转化为特征表达向量的识别问题, 大大降低了计算的复杂程度, 减少了冗余信息所造成的识别误差, 提高了识别的精度.

从信息的角度, 如果把 "降维" 看成是有效信息的提取, 那么 "升维" 就是对不足信息的扩展. 在创新或解决矛盾问题的过程中, 如果信息过载, 可以采用 "降维" 思维, 如果信息不足, 可以采用 "升维" 思维.

在可拓学中建立的多维基元和多维复合元及其拓展分析原理与可拓变换原理, 在用于创新和解决矛盾问题时, 就很好地体现了降维与升维思维模式的价值. 因此, 降维与升维思维模式也是一种可拓思维模式.

1. 降维思维模式

在可拓学中, 降维思维模式的应用非常广泛. 例如 3.6 节介绍的第三创造法, 就是从已有产品及其部件的物元中提取缺点分物元, 也可以从已有产品的功能事元、结构关系元等中, 提取缺点分事元或缺点分关系元, 聚焦这些缺点进行拓展分析和可拓变换, 以获取改正缺点的创意, 这就是一种利用降维思维模式进行创新的方法. 再如, 第 4 章介绍的矛盾问题的求解方法, 不论是不相容问题还是对立问题, 都要根据原问题的可拓模型和领域知识, 构建核问题的可拓模型, 以聚焦到问题的矛盾点进行求解, 这也是一种降维思维模式的应用.

在实施可拓变换时, 如果对一个多维基元中的某些分基元实施可拓变换, 会导致另一个多维基元中某些分基元发生传导变换, 就说明这些分基元之间存在相关关系, 但并非这两个多维基元中的所有维度的分基元都存在相关关系. 因此, 在进行相关分析建立相关网的时候, 也要用降维思维模式, 先把待分析的多维基元分解为多个一维分基元, 然后再根据领域知识和相关网方法构建相关网.

以基元为例, 如果根据领域知识和多维基元的构造方法构造了一个 n 维基元, 则根据基元的可分解原理, 一定可以从原 n 维基元中提取一个 $m(m<n)$ 维基元, 这就是降维的思维模式. 如果应用原来的 n 维基元无法实现创新或解决矛盾问题, 则可以从提取出的 m 维基元入手, 再进行拓展分析和可拓变换, 就有可能实现创新或解决矛盾问题.

复合元也是同样的道理, 此略.

在创新或解决矛盾问题时, 由于人的习惯领域的束缚, 会人为给问题增加不必要的限制, 这就会导致建立的初始产品的可拓模型或问题的可拓模型增加不必要的维度. 因此在下一步进行拓展分析的时候, 就要注意应用降维思维模式, 聚焦待解决的问题进行拓展分析和可拓变换, 以更有针对性地实现创新或解决矛盾问题.

另外, 在进行产品创新时, 将产品分解为部件, 聚焦有缺点的部件进行创新, 也是一种降维思维模式; 在解决矛盾问题时, 对难以实现的目标进行分解, 或利用蕴含分析寻找其易于实现的下位目标, 也是一种降维思维模式.

在多特征多维基元可拓集中, 往往很难根据领域知识和数学知识建立多元关联函数, 也经常根据不同情况采取加权求和、取大或取小型方法, 将建立多元关联函数的难题降维为建立综合关联函数.

例 5.33　浙江义乌是全世界拥有商品种类和数量最多的城市. 如今闻名遐迩的义乌小商品市场, 其经营面积约 400 万平方米, 每日商贸流动人口达 21 万人, 共有 6.2 万多个交易摊位. 有人说, 在义乌, 只有你想不到的东西, 没有你买不到的东西. 以服装为例, 生产和设计服装是需要门槛的, 但服装配件的生产门槛却比较低, 而且服装配件是生产服装的厂家必须要用的. 各种服装配件, 如各种材质形状的蝴蝶结、各种材质形状的刺绣布贴、各种材质形状的纽扣等, 在义乌都可以找到生产加工厂家, 而且这些厂家也把服装配件的创新发挥到了极致. 做这样的服装配件加工厂, 经营成本低, 易于上手, 易于控制产品质量, 而且可以通过 "薄利多销" 获得较高的利润.

相对于服装生产而言，服装配件的生产就是一种降维思维模式的应用.

从多维物元的角度分析，服装的特征元非常多，而服装配件的特征元却相对较少；从多维功能事元的角度分析，服装的功能事元有很多，而服装配件的功能事元却较少；从多维结构关系元的角度分析，服装的结构关系元非常复杂，而服装配件的结构关系元却很简单.

以纽扣为例，是几乎所有的服装都要用到的，市场非常大，但竞争也非常激烈. 纽扣可以用类物元模型形式化表示为

$$\{M\} = \begin{bmatrix} \{纽扣\}, & 类型, & V_1 \\ & 材质, & V_2 \\ & 形状, & V_3 \\ & 颜色, & V_4 \\ & 直径, & V_5 \\ & 长度, & V_6 \\ & 宽度, & V_7 \\ & 孔数, & V_8 \\ & 装钉方式, & V_9 \\ & 打开方式, & V_{10} \\ & 扣合方式, & V_{11} \end{bmatrix}.$$

某纽扣生产企业为了避开激烈的市场竞争，通过市场调查，发现随着国家的强盛，国民的民族自信心增强，中式服装越来越受欢迎. 而中式服装普遍使用的"盘扣"正是该企业的优势产品，于是决定根据企业的人员技术优势，聚焦这个细分市场，将上述类物元降维为如下子类物元

$$\{M_1\} = \begin{bmatrix} \{盘扣\}, & 形状, & V_{11} \\ & 颜色, & V_{12} \\ & 长度, & V_{13} \\ & 孔数, & V_{14} \end{bmatrix}.$$

并不断进行拓展与变换，形成了多种特色盘扣，形成了细分市场优势.

　　由此可见，中小企业利用降维思维模式，根据自己的特长和资金情况，确定适合自己的生产加工对象，这也是中小企业在激烈的市场竞争中生存和发展的一种很好方式.

　　例 5.34　某葡萄酒公司在激烈的市场竞争中屡屡败阵，无法达到预定的利润目标，于是，对葡萄酒行业进行分析，试图找到出路.

　　设该公司通过市场调查后获得市场上现有葡萄酒产品的主要特征及相应的量值，可构成如下产品物元：

$$
M = \left[
\begin{array}{lll}
葡萄酒\ D, & 陈酿质量, & v_1 \\
& 所属类型, & v_2 \\
& 产地名声, & v_3 \\
& 宣传投入, & v_4 \\
& 可饮用度, & v_5 \\
& 可选择度, & v_6 \\
& 口味特殊度, & v_7
\end{array}
\right].
$$

　　葡萄酒行业白热化的竞争，使企业把成本主要集中在陈酿质量、所属类型、产地名声、宣传投入这 4 个特征上，顾客也大多考虑这 4 个特征以确定是否购买. 该公司一反过去，通过调查非顾客群，即不喝葡萄酒而饮啤酒和其他饮料的人群，了解他们为什么不喝葡萄酒. 发现他们对葡萄酒的另外 3 个特征不满意：可饮用度、可选择度和口味特殊度. 该公司决定避开红海，利用降维思维模式，聚焦葡萄酒的非顾客群的需求，即针对降维后的物元

$$
M_1 = \left[
\begin{array}{lll}
葡萄酒\ D_1, & 可饮用度, & v_{11} \\
& 可选择度, & v_{12} \\
& 口味特殊度, & v_{13}
\end{array}
\right]
$$

开发一种可饮用性更好、可选择性更强、口味特殊的酒，并命名为 "黄尾酒"，从而开创了蓝海，打开了一个新市场，逐步实现了公司的经营目标.

　　2. 升维思维模式

　　升维思维模式在解决矛盾问题中经常用到，例如我们曾经介绍过的 "用 6 支牙签摆 4 个正三角形" 的案例，很多人摆不出来，原因之一就是

把思维局限在平面上, 没有考虑到可以摆成空间图形, 或者没有考虑到正三角形的边长是可以改变的, 把思维局限在正三角形的边长相同上.

以基元为例, 如果根据领域知识和多维基元的构造方法构造了一个 n 维基元, 则再根据发散分析原理, 一定可以将该基元拓展为一个 $m(m>n)$ 维基元, 这就是升维思维模式. 如果原来的 n 维基元无法用于实现创新或解决矛盾问题, 拓展后的 m 维基元就有可能用于实现创新或解决矛盾问题.

复合元也是同样的道理, 此略.

例 5.35 在 "用 6 支长度均为 6cm 的牙签摆 4 个正三角形" 的案例中, 如果你最初建立的物元模型为

$$M_0 = \begin{bmatrix} 正三角形组 \ D, & 三角形个数, & 4 \ 个 \\ & 三角形边长, & 6cm \end{bmatrix},$$

则你很可能摆不出来. 如果利用升维思维模式, 即利用 "一对象多特征元" 的发散规则, 对该物元进行如下发散分析:

$$M_0 \dashv M = \begin{bmatrix} 正三角形组 \ D, & 三角形个数, & 4 \ 个 \\ & 三角形边长, & 6cm \\ & 位置, & 空间 \end{bmatrix}$$

则可以摆出一个正四面体的图形.

实际上, 如果再根据 "一对象一特征多量值" 的发散规则, 对 M 进一步发散为类物元:

$$M \dashv \{M_i\} = \begin{bmatrix} \{正三角形组 \ D_i\}, & 三角形个数, & 4 \ 个 \\ & 三角形边长, & \{6,5,4,3,2,1\}cm \\ & 位置, & \{空间, 平面\} \end{bmatrix}$$

则不仅可以在空间中摆出一个正四面体的图形, 还可以在平面上摆出更多种 "4 个正三角形", 因为题目并没有限制正三角形的边长一定都是 6cm, 也并没有说明牙签不可以折断. 有兴趣的读者可以自行尝试.

例 5.36 木桶原理又称短板理论, 由劳伦斯彼得提出, 其核心内容为: 一只木桶盛水的多少, 并不取决于桶壁上最高的那块木块, 而恰恰

取决于桶壁上最短的那块. 你认为这个原理有道理吗? 是不是有短板就没有竞争力呢?

根据常识知识, 设现有木桶 D 的物元模型为

$$M_0 = \begin{bmatrix} 木桶\ D, & 最长木板长度, & v_1 \\ & 最短木板长度, & v_2 \\ & 容积, & v_3 \end{bmatrix} = \begin{bmatrix} M_{01} \\ M_{02} \\ M_{03} \end{bmatrix}.$$

根据劳伦斯彼得的木桶原理可知: $M_{03} \overleftarrow{} M_{02}, v_3 = f_0(v_2)$, 即最短木板的长度决定了木桶的容积. 特别地, 当 $v_1 = v_2 = v$ 时, 就是常规的木板都一样长的普通木桶, v 即通常所说的木桶 D 的高度.

下面利用升维思维模式进一步分析该原理.

利用 "一对象多特征元" 和 "一对象一特征多量值" 的发散规则, 对 M_0 进行如下两次发散分析:

$$M_0 \dashv M_0' = \begin{bmatrix} 木桶\ D, & 最长木板长度, & v_1 \\ & 最短木板长度, & v_2 \\ & 容积, & v_3 \\ & 最长木板宽度, & v_4 \\ & 最长木板与地面的角度, & 90° \end{bmatrix}$$

$$\dashv M = \begin{bmatrix} 木桶\ D, & 最长木板长度, & v_1 \\ & 最短木板长度, & v_2 \\ & 容积, & v_3 \\ & 最长木板宽度, & v_4 \\ & 最长木板与地面的角度, & v_5 \end{bmatrix} = \begin{bmatrix} M_{01} \\ M_{02} \\ M_{03} \\ M_4 \\ M_5 \end{bmatrix},$$

显然, 根据领域知识可知, 当 $0° < v_5 < 90°$ 时,

$$M_{03} \leftarrow \begin{cases} M_{01} \\ M_4 \\ M_5 \end{cases}, \quad v_3 = f(v_1, v_4, v_5),$$

即最长木板的长度、宽度及最长木板与地面的角度同时影响木桶的容积.

由此可见, 利用升维思维模式, 当木桶可以通过支撑物支撑使其倾斜时, 木桶的容积是由最长木板的长度、宽度和倾斜角度决定的.

当然, 此例还可以对物元 M 进一步升维拓展, 即一个木桶的容积, 还取决于木桶的直径、形状、木板的厚度、底面的面积等等, 由此可以对 "木桶原理" 的结论进行拓展.

这种升维思维模式可以告诉人们: 一定要多角度 (多维) 考虑问题, 认识自己的能力的时候, 也不要只注重改善自己的短板. 如果你的能力有限或者先天的因素, 导致难以改变你的短板时, 也不必气馁, 可以通过加长长板, 增强自己的优势, 同样可以取得成功.

主要符号说明

符号	意义
$M = (O_m, c_m, v_m)$	一维物元
$M(t) = (O_m(t), c_m, v_m(t))$	一维动态物元
$A = (O_a, c_a, v_a)$	一维事元
$A(t) = (O_a(t), c_a, v_a(t))$	一维动态事元
$M = \begin{bmatrix} O_m, & c_{m1}, & v_{m1} \\ & c_{m2}, & v_{m2} \\ & \vdots & \vdots \\ & c_{mn}, & v_{mn} \end{bmatrix} = (O_m, C_m, V_m)$	n 维物元
$A = \begin{bmatrix} O_a, & c_{a1}, & v_{a1} \\ & c_{a2}, & v_{a2} \\ & \vdots & \vdots \\ & c_{an}, & v_{an} \end{bmatrix} = (O_a, C_a, V_a)$	n 维事元
$R = \begin{bmatrix} O_r, c_{r1}, v_{r1} \\ c_{r2}, v_{r2} \\ \vdots & \vdots \\ c_{rn}, v_{rn} \end{bmatrix} = (O_r, C_r, V_r)$	n 维关系元
$\mathrm{cp}M(O_m)$	物 O_m 的全征物元
$B = (O, c, v)$	一维基元
(c, v)	特征元
$B(t) = (O(t), c, v(t))$	一维动态基元
$B = (O, C, V) = \begin{bmatrix} O, & c_1, & v_1 \\ & c_2, & v_2 \\ & \vdots & \vdots \\ & c_n, & v_n \end{bmatrix}$	n 维基元
$B(t) = (O(t), C, V(t))$ $= \begin{bmatrix} O(t), & c_1, & v_1(t) \\ & c_2, & v_2(t) \\ & \vdots & \vdots \\ & c_n, & v_n(t) \end{bmatrix}$	n 维动态基元

续表

符号	意义
$\{B\} = \begin{bmatrix} \{O\}, & c_1, & V_1 \\ & c_2, & V_2 \\ & \vdots & \vdots \\ & c_n, & V_n \end{bmatrix} = (\{O\}, C, V)$	n 维类基元
C_O	复合元
$T\Gamma = \Gamma'$	置换变换
$T_1\Gamma = \Gamma \oplus \Gamma_1$	增加变换
$T_2\Gamma = \Gamma \ominus \Gamma_1$	删减变换
$T\Gamma = \alpha\Gamma$	扩缩变换
$T\Gamma = \{\Gamma_1, \Gamma_2, \cdots, \Gamma_n \| \Gamma_1 \oplus$ $\Gamma_2 \oplus \cdots \oplus \Gamma_n = \Gamma\}$	分解变换
$T\Gamma = \{\Gamma, \Gamma^*\}$	复制变换
T_φ 或 $_\varphi T$	主动变换 φ 的一阶传导变换
$T_{\varphi(n)}$	主动变换 φ 的 n 阶传导变换
$_{\Gamma_1}T_{\Gamma_2}$	Γ_1 的变换引起 Γ_2 的传导变换
$\varphi \Rightarrow {}_0T_1 \Rightarrow {}_1T_2 \Rightarrow \cdots$ $\Rightarrow {}_{n-2}T_{n-1} \Rightarrow {}_{n-1}T_n$	φ 的 n 次传导变换
T_2T_1	T_1 和 T_2 的积变换
T^{-1}	变换 T 的逆变换
$T_1 \wedge T_2$	T_1 和 T_2 的与变换
$T_1 \vee T_2$	T_1 和 T_2 的或变换
$c(\varphi) = c(B_0') - c(B_0)$	φ 关于特征 c 对于基元 B_0 的主动变量
$c(T_\varphi) = c(B') - c(B)$	φ 关于特征 c 对于基元 B 的一阶传导效应
$\tilde{E}(T)$	可拓集
E_+	$\tilde{E}$ 的正域
E_-	$\tilde{E}$ 的负域
E_0	$\tilde{E}$ 的零界
$E_+(T)$	$\tilde{E}(T)$ 的正可拓域 (正质变域)
$E_-(T)$	$\tilde{E}(T)$ 的负可拓域 (负质变域)
$E_+(T)$	$\tilde{E}(T)$ 的正稳定域 (正量变域)
$E_-(T)$	$\tilde{E}(T)$ 的负稳定域 (负量变域)
$E_0(T)$	$\tilde{E}(T)$ 的拓界
$\tilde{E}(B)(T)$	基元可拓集
$y = k(u)$	$\tilde{E}(T)$ 的关联函数
$y' = T_k k(T_u u)$	$\tilde{E}(T)$ 的可拓函数
$\langle a, b \rangle$	a 与 b 形成的区间, 既可表示开区间, 也可表示闭区间或半开半闭区间
$\rho(x, x_0, X)$	x 与区间 X 关于 x_0 的可拓距

符号	意义
$D(x, x_0, X_0, X)$	x 关于点 x_0 和区间 X_0、X 组成的区间套的位值
$P = G * L$, $G \uparrow L$	不相容问题
$P = (G_1 \wedge G_2) * L$, $(G_1 \wedge G_2) \uparrow L$	对立问题
$\mathrm{re}(O_m)$	物 O_m 的实部
$\mathrm{im}(O_m)$	物 O_m 的虚部
$\mathrm{hr}(O_m)$	物 O_m 的硬部
$\mathrm{sf}(O_m)$	物 O_m 的软部
$\mathrm{ap}(O_m)$	物 O_m 的显部
$\mathrm{lt}(O_m)$	物 O_m 的潜部
$\mathrm{ps}_c(O_m)$	物 O_m 的正部
$\mathrm{ng}_c(O_m)$	物 O_m 的负部
$=$	相等
$\neq$	不相等
$\sim$	相关
$\overset{\rightarrow}{\sim}$, $\overset{\wedge}{\sim}$, $\overset{\vee}{\sim}$	有向相关，与相关，或相关
$\Rightarrow$, $\overset{\wedge}{\Rightarrow}$, $\overset{\vee}{\Rightarrow}$	蕴含，与蕴含，或蕴含
$\dashv$	发散
$\oplus$	可加
$\otimes$	可积
$\ominus$	可减
$\oslash$	可删
$//$	分解
$@$	存在、实现
$\overline{@}$	不存在、不实现
$\wedge$	与运算
$\vee$	或运算
$\neg$ 或 $^-$	非运算
$B \dashv B'$	由 B 发散出 B'
$B \vDash B'$	由 B 推导出 B'
$\bar{B}$ 或 $\neg B$	B 的非基元
$\bar{M}$ 或 $\neg M$	M 的非物元
$\bar{A}$ 或 $\neg A$	A 的非事元
$\bar{R}$ 或 $\neg R$	R 的非关系元

参 考 文 献

[1] 蔡文. 可拓集合和不相容问题 [J]. 科学探索学报, 1983, (1)：83–97
   Cai Wen Extension Set and Non-Compatible Problems[A]. Advances in Applied Mathematics and Mechanics in China[C]. Peking:International Academic Pubishers, 1990, 1–21

[2] 蔡文. 物元模型及其应用 [M]. 北京：科学技术文献出版社, 1994

[3] 蔡文. 可拓论及其应用 [J]. 科学通报，1999, 44(7)：673-682
   Cai Wen. Extension theory and its application[J]. Chinese Science Bulletin, 1999, 44(17)：1538–1548

[4] 吴文俊，等."可拓论及其应用研究"鉴定意见. http://web.gdut.edu.cn/~extenics/jian-ding.htm. 2004,2

[5] 香山科学会议办公室. 可拓学的科学意义与未来发展——香山科学会议第271 次学术讨论会. 香山科学会议简报, 第 260 期, 2006, 1

[6] 蔡文, 杨春燕, 何斌. 可拓逻辑初步 [M]. 北京：科学出版社, 2003

[7] Yang Chunyan, Cai Wen. *Extenics: Theory, Method and Application*[M]. Beijing：Science Press，2013 & Columbus: The Educational Publisher, 2013

[8] 蔡文. 杨春燕, 林伟初. 可拓工程方法 [M]. 北京：科学出版社，1997
   Cai Wen, Yang Chunyan, Lin Weichu. Extension Engineering Methods [M]. Beijing：Science Press，2003

[9] 蔡文, 杨春燕. 可拓学的基础理论与方法体系 [J]. 科学通报，2013, 58(13)：1190-1199

[10] Yang Chunyan, Cai Wen. *Extenics: Theory, Method and Application* [M]. Beijing：Science Press，2013 & Columbus: The Educational Publisher, 2013

[11] 胡宝清, 王孝礼, 何娟娟. 区间上的可拓集及其关联函数 [J]. 广东工业大学学报，2000，17(2)：101-104.

[12] 李桥兴, 刘思峰. 基于区间距和区间侧距的初等关联函数构造 [J]. 哈尔滨工业大学学报，2006, 38(7)：1097-1100

[13] Florentin Smarandache. Extenics in Higher Dimensions[M]. Columbus: The Educational Publisher, 2012

[14] 杨春燕. 可拓创新方法 [M]. 北京：科学出版社，2017

[15] Chunyan Yang. Extension Innovation Method [M]. New York: CRC Press, 2019

[16] 钟义信. 知识论框架: 通向信息–知识–智能统一的理论 [J]. 中国工程科学, 2000, 2(9): 50–64

[17] 钟义信. 知识学: 信息–知识–策略–行为的统一理论 [A]. 中国人工智能进展 [C]. 北京：北京邮电大学出版社, 2003: 64–70

[18] 钟义信. 信息科学原理 (第三版)[M]. 北京：北京邮电大学出版社, 2004

[19] Chunyan Yang, Guanghua Wang, Yang Li, Wen Cai. Study on Knowledge Reasoning Based on Extended Formulas[A]. International Conference on AIAI[C]. New York, Springer, 2005, 9: 797–805

[20] 李立希, 杨春燕, 李铧汶. 可拓策略生成系统 [M]. 北京：科学出版社, 2006

[21] 蔡文, 杨春燕, 陈文伟, 李兴森. 可拓集与可拓数据挖掘 [M]. 北京：科学出版社，2008

[22] 杨春燕, 李小妹, 陈文伟, 蔡文. 可拓数据挖掘方法及其计算机实现 [M]. 广州：广东高等教育出版社, 2010

[23] 杨春燕，蔡文. 可拓学与矛盾问题智能化处理 [J]. 科技导报，2014，32(36)：15-20

[24] 杨春燕，汤龙主编. 中国原创学科可拓学发展报告 2016[M]. 北京：北京邮电大学出版社，2017

[25] 蔡文, 杨春燕. 可拓营销 [M]. 北京：科学技术文献出版社, 2000

[26] W. 钱. 金, 勒妮. 莫博涅 (美). 蓝海战略 [M]. 吉宓译. 北京: 商务印书馆, 2005

[27] 杨春燕. 我国管理可拓工程研究进展 [J]. 中国科学基金，2010，24(1): 13-16

[28] 杨春燕, 张拥军. 可拓策划 [M]. 北京：科学出版社, 2002

[29] 连菲. 可拓建筑策划的基本理论及其应用方法研究 [D]. 哈尔滨: 哈尔滨工业大学, 2010

[30] 赵燕伟, 苏楠. 可拓设计 [M]. 北京：科学出版社, 2010

[31] 赵燕伟，洪欢欢，周建强，任设东，王万良. 低碳设计可拓智能方法 [M]. 北京：科学出版社，2020

[32] 邹广天. 可拓学在建筑设计领域中的应用 [A]. 香山科学会议第 271 次学术讨论会: 可拓学的科学意义与未来发展 [C]. 北京. 2005. 61-64

[33] 薛名辉. 可拓建筑设计的基本理论及其应用方法研究 [D]. 哈尔滨: 哈尔滨工业大学, 2011

[34] 王行愚, 李健. 论可拓控制 [J]. 控制理论与应用, 1994, 11(1)：125–128

[35] 李德毅等编著. 中国人工智能发展报告–知识工程 (2019-2020)[C]. 北京: 电子工业出版社, 2020.